EXPOSITION UNIVERSELLE DE 1851.

TRAVAUX

DE

LA COMMISSION FRANÇAISE

SUR L'INDUSTRIE DES NATIONS.

EXPOSITION UNIVERSELLE DE 1851.

TRAVAUX

DE

LA COMMISSION FRANÇAISE

SUR L'INDUSTRIE DES NATIONS,

PUBLIÉS

PAR ORDRE DE L'EMPEREUR.

TOME V.

PARIS.

IMPRIMERIE IMPÉRIALE.

M DCCC LIV.

EXPOSITION UNIVERSELLE DE 1851.

TRAVAUX
DE LA COMMISSION FRANÇAISE.

IIIe GROUPE.

JURYS RÉUNIS.

2e SECTION.

XVIe, LES CUIRS ET LA SELLERIE;

XVIIe, LES PAPIERS ET L'IMPRIMERIE;

XVIIIe, LES TISSUS TEINTS OU IMPRIMÉS;

XIXe, LES DENTELLES, LES BRODERIES, LES TAPISSERIES;

XXe, LES EFFETS À USAGE : PRODUITS VESTIAIRES.

IIIE GROUPE.

PRÉSIDENT DU GROUPE :

M. LE COLONEL GEORGES ANSON,

MEMBRE DU PARLEMENT.

2e Section.

JURYS.		PRÉSIDENTS DES JURYS.
XVIe.	Cuirs et Sellerie............	Le colonel Georges Anson.
XVIIe.	Papiers et Imprimerie.......	M. Sylvain Van de Weyer.
XVIIIe.	Tissus teints ou imprimés....	M. Henri Tucker.
XIXe.	Dentelles, Broderies, etc....	Le Dr Pompeïus Bolley.
XXe.	Effets à usage..............	M. William Felkin.

TABLE

DES MATIÈRES PRINCIPALES

CONTENUES DANS LE Ve VOLUME.

IIe PARTIE DU IIIe GROUPE.

XVIE JURY.

CUIRS ET PEAUX,

FOURRURES, HARNAIS ET SELLERIE,

PLUMES, CRINS ET CHEVEUX,

PAR M. FAULER,

MANUFACTURIER.

COMPOSITION DU XVIe JURY.

MM. le colonel Georges Anson, membre de la chambre des communes à Londres, Président	Angleterre.
Charles Nottbeck, Vice-Président	Russie.
J. A. Nicolaï, marchand de fourrures à Londres / J. B. Bevington, tanneur à Londres	Angleterre.
J. S. Cunningham	États-Unis.
J. F. Fauler	France.
John Foster, fabricant de fleurs et plumassier à Londres / J. W. Newman, sellier à Walsall	Angleterre.
Hector Roessler, conseiller de commerce	Zollverein.
Edward Zohrab, commissaire pour la Turquie	Turquie.

ASSOCIÉ.

M. Georges Kidd, sellier et fabricant de harnais à Londres	Angleterre.

INTRODUCTION.

Le commerce des cuirs est une des branches les plus importantes de la fabrication en France; il occupe un nombre considérable d'ouvriers et réclame un capital énorme, à cause de la lenteur de l'opération du tannage. Il entre largement dans la consommation de toutes les classes de la société et se subdivise en tannerie, corroyerie, vernis, maroquins, moutons maroquinés, mégisserie, cuirs blancs, chamoiserie et parcheminerie.

Ces produits très-variés s'appliquent à la chaussure, l'équipement militaire, la sellerie, la carrosserie, la ganterie, la gaînerie, la reliure, la chapellerie et la machinerie.

En l'absence de documents authentiques, il est difficile de déterminer l'importance du chiffre de sa production d'une manière exacte. Cette fabrication, qui tire la plus grande partie de ses matières brutes du sol, a ses usines disséminées sur tous les points du territoire, et ne laisse aucuns moyens d'appréciation : nul travail antérieur, aucune statistique, ne peut guider dans ces recherches; néanmoins, elle doit être très-considérable; car elle figure, à l'exportation, au tableau des douanes de 1850, pour 43 millions de francs en peaux ouvrées et 24 millions de francs en peaux tannées, maroquinées, vernissées et corroyées; elle y occupe, comme chiffre, le troisième rang d'objets manufacturés. Elle tire de l'étranger pour 28 millions de francs de dépouilles brutes, qui complètent l'alimentation de ses usines.

En consultant toutes les statistiques sur l'existence, en France, des bestiaux et leur abatage, on ne trouve rien d'absolument précis; la ville de Paris seule publie un chiffre exact, mais on remarque, dans le tableau présenté par le ministre du commerce aux membres du Conseil général de 1850 sur la question du tarif d'importation des bestiaux, que l'abatage de la race bovine est de 3,700,000 têtes par année. En décomposant ce nombre d'après des données à peu près exactes, on trouve en chiffres ronds que la France abat annuellement environ 600,000 têtes de bœufs et de taureaux, valant en moyenne, compris la fabrication, 50 francs la pièce, ci........................ 30,000,000f.

1,000,000 de vaches tannées et corroyées, estimées 25 francs la pièce.............. 25,000,000

2,200,000 veaux vernis, cirés ou chamoisés, à 6 francs la pièce................ 13,200,000

On trouve pour ces trois articles un produit fabriqué de	68,200,000f
auquel il faut ajouter 28 millions de produits bruts importés, transformés en cuirs à semelles, vaches corroyées, veaux cirés et vernis, moutons, chevreaux et agneaux mégissés, doublés de valeur par la fabrication	56,000,000
Plus environ 400,000 cuirs de chevaux abattus, valant corroyés 16 à 17 francs la pièce	6,800,000
Total	131,000,000
6,000,000 à 7,000,000 de moutons abattus, estimés 1 fr. 50 cent. la pièce	10,000,000
Les chèvres, chevreaux, agneaux, porcs, tannés, mégissés ou maroquinés, pour	7,000,000
Les débris, tels que poils, colle, cornes et crins	4,000,000
Total	152.000,000

auxquels il convient d'ajouter les peaux préparées pour pelleteries :

Chèvres et chevreaux pour habits et tapis	200,000f
Moutons et agneaux pour le même usage	180,000
Lapins bruts et apprêtés	105,000
Lièvres	390,000
Castorins, loutres et phoques	30,000
Diverses peaux à pelleteries	2,000,000
Fouines, renards et putois	1,300,000
Lapins et apprêts	3,500,000
Loutres, chats, martres et autres	400,000
on arrive à un total de	160,105,000f

160 millions de francs environ, somme qui, sans être précisément exacte, n'est certainement pas exagérée : surtout si

l'on considère que beaucoup d'abats, faits dans la campagne et sans aucun contrôle, échappent à toute investigation.

Si l'on ajoute encore le prix de la main-d'œuvre pour transformer ces produits manufacturés en gants, fourrures, chaussures, harnais et autres objets en cuir, pour les livrer à la consommation, il n'est pas douteux que cette industrie ne représente un chiffre de plus de 300 millions.

Avec la laine, la soie et le coton, c'est certainement une des parties les plus importantes du commerce de la France.

HISTORIQUE.

Avant de rendre compte du résultat de l'examen fait par le jury de la XVIe classe à l'Exposition universelle de Londres, il ne sera pas sans intérêt de tracer l'historique des diverses industries qui composent cette classe, et notamment celle des cuirs et peaux jusqu'en 1816, époque de la paix générale, pour constater ensuite leurs progrès depuis que la cessation des hostilités a permis la lutte libre entre les divers peuples jusqu'en 1851.

La préparation et l'emploi des dépouilles d'animaux semble être aussi ancienne que la coutume de s'habiller. Les peuples primitifs, ignorant l'art de préparer les matières textiles pour en faire des vêtements, ont d'abord utilisé les peaux brutes, soit pour couvrir leur nudité, soit pour se garantir des rigueurs de la température. Ceux qui habitaient les bords de la mer, et qui se livraient presque exclusivement à la pêche, se vêtaient avec des peaux de veaux marins, et s'en servaient pour couvrir leurs abris et doubler leurs barques et leurs pirogues.

Ceux de l'intérieur des terres, adonnés à la chasse, utilisaient ces dépouilles pour faire des habits, des couches, des boucliers et des cuirasses qui résistaient au choc de leurs armes. L'histoire nous montre les guerriers célèbres de l'antiquité couverts de peaux de lions, de tigres et de buffles; les farouches peuplades du Nord qui se ruèrent sur les peuples de l'Occident, dans le IVe, le Ve et le VIe siècle, en étaient toutes vêtues.

Ainsi, pendant plusieurs siècles, les peuples nomades, et tous ceux qui ne se livraient pas à l'industrie, ne connurent d'autres vêtements que ceux que leurs fournissaient les peaux des animaux tués à la chasse et à la pêche.

Plusieurs d'entre eux, notamment les Kalmoucks, firent des vases et des ustensiles avec des peaux de bœufs, auxquelles ils donnaient des formes très-variées, et quelquefois très-délicates, en amollissant d'abord le cuir et en le faisant ensuite sécher au soleil ou à la fumée.

Depuis les temps les plus reculés, et dans quelques pays encore aujourd'hui, les habitants en font des outres qui servent à la conservation et au transport des liquides et de certaines matières solides.

Néanmoins les procédés de tannage usités aujourd'hui sont restés longtemps inconnus. Avant cette découverte, on ne faisait subir aux peaux qu'une simple préparation pratiquée avec les débris de ces mêmes animaux : l'huile, la graisse, la cervelle, le lait, l'urine et même la fiente. Cest à l'aide de ces moyens peu dispendieux que les peuples sauvages du centre de l'Amérique préparent encore les peaux de buffles et d'élans et savent leur donner une extrême souplesse.

Il serait difficile de fixer l'époque à laquelle les peuples anciens commencèrent à travailler et à tanner les peaux, et de connaître à quel degré de perfection ils amenèrent cette fabrication. Les anciens cuirs de Venise et les vieilles reliures en maroquin ou autres peaux indiquent cependant une certaine habileté. La peau préparée pour parchemins servait à écrire bien avant la découverte du papier : les Hébreux et les Grecs en faisaient usage plusieurs siècles avant Jésus-Christ.

Pline l'ancien croit qu'il fut seulement inventé à Pergame lorsque Ptolémée Épiphane eut défendu la sortie du papyrus d'Égypte; Cicéron dit aussi avoir vu à Rome toute l'*Iliade* d'Homère écrite sur du parchemin d'une si grande finesse, qu'on avait pu la renfermer dans une noix.

La préparation des peaux est donc sans aucun doute la plus

ancienne industrie à laquelle les peuples se soient livrés; elle a toujours éveillé la sollicitude des gouvernants, parce que, pendant longtemps, les dépouilles d'animaux ont été réellement le produit le plus nécessaire aux besoins des hommes, et, par suite, l'objet d'un trafic considérable, soit comme article de première nécessité, soit comme article de luxe chez les peuples civilisés.

Aussi remarque-t-on qu'en France une multitude d'édits, d'ordonnances et de lettres patentes ont été rendus successivement pour réglementer la tannerie et le commerce des cuirs, mesures qui ont été, dans la suite, l'objet de plaintes nombreuses et de vives réclamations de la part de nos tanneurs et mégissiers pendant le XVIIIe siècle.

La fabrication et le commerce des cuirs et peaux en France doit remonter à une époque très-éloignée; car, dès l'an 1005, les règlements faits par les juges royaux étaient publiés pour réprimer les abus qui se commettaient dans les tanneries. Le 6 août 1345, Philippe de Valois impose aux tanneurs, corroyeurs et baudoyers, des statuts qui ordonnent que, pour remédier aux fraudes qui se commettaient journellement, « nul « ne pourrait être tanneur s'il n'était fils de maître ou s'il n'avait « été apprenti pendant cinq ans, et ne pourrait exercer sa pro- « fession qu'après avoir fait *chef-d'œuvre* devant les maîtres « jurés nommés à cet effet, et prêté serment, s'il était reconnu « capable de faire bonne œuvre et loyale marchandise. »

Les corroyeurs furent aussi soumis aux mêmes règlements et tenus à jurer sur l'Évangile que « bien et loyalement ils cor- « roieraient le cordoüan de tout leur pouvoir, si qu'il n'y ait « défaut sous peine de voir brûler devant la porte de leurs « maisons le cuir mal corroyé, et de payer une amende fixée « par le prévôt de la ville. »

Malgré toutes ces précautions, il paraît que les abus continuèrent, car, en 1585, Henri IV, voulant aussi les réprimer, publia un édit ordonnant que, dans toutes les villes et gros bourgs, il serait établi des halles et marchés dans lesquels seraient apportés les cuirs pour y être marqués, après avoir été préalablement visités par les maîtres, gardes et jurés, « étant « notoire, dit l'ordonnance, qu'en toutes choses nécessaires à « l'entretiennement des hommes, les cuirs à faire des souliers « et autres ouvrages est une des principales, étant impossible « de s'en passer, non plus que de vivres et alimens; que les « tanneurs et mégissiers commettent de si grands abus à l'ap- « pareil d'iceluy, que le public en souffre grand détriment. »

Tous ces édits et ordonnances attestent l'importance de ce commerce et la sollicitude du Gouvernement pour la fabrication de bons produits. Ils règlent avec un soin très-minutieux les rapports entre les bouchers et les tanneurs, le mode du travail de rivière, le temps que les cuirs doivent rester dans les passements, dans les fosses, les conditions de la vente. Cependant, il suffit de voir les tristes résultats auxquels on est arrivé précisément à cause de tous ces règlements, qui, mal appliqués, devinrent vexatoires et abusifs à tel point que beaucoup de tanneries furent ruinées et fermées. On est forcé de reconnaître, surtout en comparant les résultats d'aujourd'hui avec ceux de cette époque, que la liberté du commerce et de la fabrication peut seule développer l'industrie, que l'intérêt des fabricants, les efforts de la concurrence, le désir naturel à chacun d'étendre ses affaires et de s'attacher une clientèle, sont des stimulants bien plus énergiques pour arriver à une bonne fabrication et loyale vente, que toutes les lois et ordonnances qui régissaient autrefois ces matières, et qui toujours devenaient intolérables par les abus que commettaient ceux qui étaient chargés de les appliquer.

Jusqu'en 1655 on n'avait eu d'autre but que de forcer les fabricants à ne rien négliger dans leur travail, on n'avait point encore pensé à mettre des impôts sur ces produits, mais, à cette époque, le fisc vint s'abattre sur cette branche d'industrie et frapper tous les cuirs et peaux d'un droit exorbitant, sans tenir compte que l'on imposait un des produits les plus nécessaires à l'homme : on créa une foule de charges, d'offices, de bureaux de contrôle; on nomma des jurés, des marqueurs, contrôleurs et vérificateurs, qui, n'étant soumis eux-mêmes à aucune surveillance, exerçaient ces fonctions suivant leur bon plaisir, tracassaient et pressuraient les tanneurs; on exigea, en outre, qu'il fût payé 600 francs pour la réception d'un ouvrier qui aurait fait son chef-d'œuvre et 200 francs pour un fils de maître.

La perception de ces impôts, faite par des employés ignorants et plus que rigoureux, devint si intolérable et si vexatoire, que, sur les nombreuses plaintes qui furent portées en août 1759, le roi rendit un édit qui reconnaissait que, dans beaucoup d'endroits, les droits avaient été perçus d'une manière si illégale, qu'ils avaient sensiblement altéré le cours du commerce, que dans beaucoup de localités les droits excessifs de vente et de revente avaient occasionné la chute de beaucoup de tanneries et de mégisseries, favorisé l'exportation des cuirs en vert et l'importation des cuirs tannés, au détriment de nos fabriques; qu'il y avait lieu, pour remédier à cet état de choses, de supprimer tous les offices et tous les droits attachés à ces offices, et de les remplacer par un droit unique payé aux fermiers régisseurs, suivant un tarif annexé.

Ce nouveau droit fut d'abord reconnu juste et équitable, mais bientôt de nouvelles difficultés s'élevèrent: les exigences de la régie, son exercice vexatoire dans les fabriques pour appliquer sa marque sur les produits, amenèrent bientôt de vives réclamations de la part des fabricants et marchands de cuirs, qui, dans un mémoire précis et raisonné adressé au roi en 1775, lui exposent très-énergiquement que la régie des cuirs était aussi contraire aux intérêts du pays que ruineuse pour la tannerie; que les abus de cet exercice avaient obligé plus de la moitié de nos tanneries à se fermer, et avaient porté une grave atteinte à la prospérité de l'agriculture. A l'appui de ces dires, ils produisirent, avec attestation des chambres de commerce et des municipalités, un état comparé des tanneurs existants dans les principales villes de France, qui établissait nettement que leur nombre, qui, en 1759, était de 822, était descendu, en 1775, à 198.

Malgré toutes ces remontrances, quelque justes qu'elles

fussent, le fisc ne voulut pas lâcher sa proie. Cet état de choses dura encore jusqu'en 1793; mais, dans cet intervalle, beaucoup de nos tanneurs se virent réduits à quitter la France et à chercher, avec un grand nombre de leurs ouvriers, une terre plus hospitalière pour y exercer leur industrie.

La marque et l'impôt furent enfin supprimés par la révolution; les effets désastreux des lois bursales sur les fabriques de cuirs furent si évidents pour tout le monde, que, malgré le rétablissement de l'impôt sur beaucoup d'autres produits, on ne songea pas à les remettre sur les cuirs et peaux, et, lorsque, en 1832, une proposition fut faite à la Chambre dans ce but, elle fut unanimement repoussée. Le principe de la liberté de ce commerce consacré comme un produit, ainsi que le disait Henri IV longtemps auparavant, était aussi nécessaire à l'homme que les vivres et les aliments.

Aussi, le commerce des cuirs, affranchi par la révolution de 1793 de toutes les entraves qui arrêtaient sa production, put alors se développer largement et faire face à tous les besoins que nécessitait le régime de guerre auquel la France fut soumise jusqu'en 1815.

Dans ce laps de temps, des efforts prodigieux furent faits pour satisfaire aux besoins impérieux de l'équipement militaire; on chercha, pour y parvenir, à diminuer la durée de l'opération du tannage, divers procédés furent mis en pratique. Celui indiqué par M. Séguin fut bientôt appliqué dans un grand nombre d'usines, et réduisit effectivement le temps de la fabrication; mais malheureusement la qualité du cuir, altéré par l'emploi d'acides, ne répondit pas aux besoins de la consommation : il était sec, cassant, sans consistance ni durée.

Il faut reconnaître cependant qu'il rendit alors de grands services, en permettant de livrer rapidement à la consommation des cuirs que les besoins incessants de l'armée ne pouvaient attendre des procédés ordinaires.

Mais cette innovation eut une influence fâcheuse sur la tannerie, et surtout sur celle de Paris; la plupart des usines avaient alors adopté ces principes, et livraient des cuirs mal tannés, mal séchés, qui se corrodaient et, par suite, étaient très-défectueux pour l'usage.

La corroyerie se ressentait de cet état de choses: les cuirs pour la chaussure n'avaient pas de durée; ceux préparés pour le harnachement se détérioraient promptement.

Il n'existait, à cette époque, pour la fabrication du vernis, introduite en France, en 1802, par M. Didier, que deux usines, mais dont les produits, n'ayant pas la souplesse nécessaire, ne pouvaient s'employer ni pour la chaussure ni pour les harnais, et ne s'appliquaient guère qu'à la confection des visières, des ceinturons et des revers de bottes.

La fabrication du maroquin, dont les premiers éléments ont été importés d'Orient en Europe et dont les premiers essais furent faits en France, à Choisy, en 1797, par MM. Fauler et Kemph, avait pris un développement assez rapide. Cette fabrication, encouragée par une des douze médailles d'or, qui fut donnée à ces deux industriels en 1801, et par les besoins de la consommation, fut bientôt en état de nous affranchir des importations étrangères; mais elle n'était parvenue à livrer au commerce que quelques couleurs rouges, brunes et noires, et n'avait pu encore réussir à faire cette variété de couleur, si difficile à obtenir sur la peau et qui devait, dans la suite, lui procurer au dehors des débouchés importants.

La mégisserie, qui comprend la fabrication des chevreaux et agneaux alunés pour la ganterie, et la préparation des moutons en cuir blanc pour doublure de chaussures, était alors très-limitée : les fabriques d'Annonay, de Milhau, de Grenoble, de Poitiers et autres, ne produisaient guère que 2 ou 3 millions de peaux de chèvres et d'agneaux.

La chamoiserie avait reçu, au commencement de ce siècle, un assez grand développement : l'emploi des culottes et des gants de peau par l'armée, les équipages de chasse, activaient cette fabrication; mais il restait quelques perfectionnements à apporter, qui ont été réalisés depuis.

C'est donc dans cet état que se trouvait, en France, le commerce des cuirs et des peaux, en 1816, lorsque la cessation des hostilités ramena cette industrie à son état normal.

La plupart des fabriques étrangères avaient subi l'influence du régime de guerre que nous venions de traverser. Les peuples d'Orient, qui nous avaient envoyé les premières peaux teintes, étaient restés stationnaires. La Belgique avait néanmoins conservé les bonnes traditions : elle avait la réputation de bien tanner; elle fabriquait sur une grande échelle les cuirs à semelles et à l'usage des harnais, tant pour sa consommation intérieure que pour l'Allemagne.

En Suisse, les usines qui servaient à fabriquer les cuirs à semelles, les veaux corroyés en blanc et cirés, étaient en pleine activité sous le régime impérial, sans toutefois avoir perfectionné leurs produits, qu'elles exportaient alors en Lombardie et en Italie, où ils étaient recherchés.

L'Angleterre, dont le territoire avait été respecté et qui, par la possession des mers, s'était assuré de vastes débouchés, avait seule marché dans la voie du progrès : ses cuirs avaient un mérite incontestable sur les nôtres, sa corroyerie s'était perfectionnée; elle fabriquait déjà les vernis appliqués à la sellerie; la ganterie, la chamoiserie, alimentées par des débouchés extérieurs, s'étaient largement développées.

Lorsque la paix générale, en 1815, vint mettre un terme aux malheurs de la guerre, lorsqu'elle ouvrit à tous les peuples par la liberté des mers un vaste champ à leurs débouchés, lorsque la France put reporter toutes les forces de son génie sur l'industrie, elle ne resta pas la dernière dans cette nouvelle lutte pacifique.

Les fabricants de cuirs et peaux perdirent, il est vrai, une partie de leurs placements par la réduction de l'armée; mais ils virent bientôt leurs ventes s'accroître par la consommation intérieure, qui se développa rapidement sous l'influence bienfaisante de la paix, et par les débouchés extérieurs qu'ils surent bientôt se créer à l'étranger vu la supériorité de la plupart de leurs produits.

La tannerie de Paris subit seule, pendant encore vingt ans,

l'influence fâcheuse des procédés mis en pratique sous l'Empire : ses cuirs, repoussés de tous les marchés, manquaient de placements; pour suivre le mouvement général, il fallut revenir à des procédés meilleurs, et perfectionner des produits qui n'auraient pu se vendre dans ces conditions d'infériorité.

C'est à l'exposition de 1834 que le jury put déjà apprécier quelques bons résultats obtenus dans cette branche importante de la fabrication, restée stationnaire tandis que toutes les autres avaient progressé rapidement.

Déjà le commerce spécial des cuirs, reconnaissant des efforts et des résultats obtenus par M. Sterling, s'empressait de lui offrir spontanément une médaille d'or, pour le remercier d'avoir ramené cette industrie à de meilleurs principes, et d'avoir imprimé aux fabriques de Paris une réaction morale et salutaire.

Mais ce fut seulement en 1839 que l'honorable M. Dumas, rapporteur de la section des cuirs et peaux, put constater de véritables succès, et l'état d'amélioration de cette industrie. Les divers procédés conseillés par d'habiles professeurs, combinés avec les connaissances pratiques de quelques bons tanneurs, les eurent bientôt mis sur la voie du progrès; d'excellents résultats furent obtenus par le plus grand nombre, et les hautes récompenses accordées, à cette époque, à plusieurs d'entre eux vinrent couronner leurs efforts.

La corroyerie, par suite de ces perfectionnements dans la tannerie, avait aussi livré des produits plus parfaits et apporté de notables améliorations dans sa fabrication; l'adoption du mode de cirage sur chair, devenu presque général, et l'emploi du chevalet anglais furent de véritables progrès.

Dans le midi de la France, quelques changements apportés au travail de rivière et l'emploi de l'écorce de chêne vert pour les tiges, amenèrent bientôt cette industrie à un tel degré de supériorité, que l'Angleterre elle-même vint lui offrir des débouchés considérables.

La mégisserie des chevreaux, à Annonay, révéla, par le

chiffre énorme de sa production, quels étaient les perfectionnements qu'elle avait su apporter dans cette intéressante branche du commerce des peaux.

La fabrication du vernis fut traitée avec tant de succès par MM. Nys et Longagne pour la chaussure, par M. Plummer, à Pont-Audemer, pour la sellerie, et prit un développement si rapide, qu'elle livrait déjà au commerce pour quelques millions de ses produits et annonçait le brillant avenir qui lui était réservé.

La fabrication des maroquins, veaux et moutons de couleur, était parvenue à appliquer sur ses diverses qualités de peaux toutes les nuances, même les plus délicates; elle avait vu s'augmenter ses produits et ses débouchés.

La chamoiserie et la parcheminerie, malgré des perfections incontestables, étaient seules restées stationnaires dans leurs chiffres de production par la substitution du drap feutre au chamois et enfin du papier au parchemin.

Depuis cette époque jusqu'en 1849, toutes ces industries suivirent une marche progressive, et l'exposition quinquennale vint, malgré les embarras créés par les circonstances, attester de nouveaux perfectionnements.

L'ouverture d'une exposition universelle à Londres, l'annonce d'un concours industriel entre toutes les nations, vint offrir au monde entier, et particulièrement au jury français, l'occasion de vérifier quel était, en 1851, l'état actuel de l'industrie chez chacun des peuples; et quels étaient ceux qui, pendant la longue période de paix que nous venions de traverser, avaient obtenu le plus de perfectionnements.

Pour bien faire comprendre les difficultés à vaincre et le mérite des résultats obtenus dans les diverses subdivisions de la fabrication des cuirs et peaux, il est utile d'indiquer préalablement quelles sont les conditions exigées par la consommation pour constituer de bons produits, indispensables au point de vue de l'économie domestique et de l'hygiène du consommateur.

Avant que l'on eût trouvé le moyen de tanner les peaux pour

les conserver et les assouplir, pour les rendre propres à tous les usages auxquels on les applique aujourd'hui, les anciens peuples, comme nous l'avons dit, les utilisaient brutes à couvrir leurs huttes et leurs boucliers, et en faisaient des vêtements et des semelles. Mais, à mesure que la civilisation se développa, que l'industrie prit son essor, on chercha à faire subir au cuir une préparation qui le rendît imputrescible, souple et durable, en le combinant avec le tannin et en transformant l'*albumine* et la *gélatine*, qui forment la base du cuir, en une matière inaltérable et insoluble.

Cette opération, ordinairement très-lente, demande beaucoup de soins dans la préparation première à faire subir aux peaux; le débourrage et le nettoyage doivent être traités de telle sorte que, tout en faisant disparaître le poil et les corps étrangers au cuir on n'altère pas par la chaux ou par l'échauffe la fibre qui le lie et lui donne toute sa solidité. Après ce travail, l'absorption du tannin par le cuir doit se faire lentement et progressivement, pour qu'il en soit imprégné dans toute son épaisseur.

Ce qui constitue donc la bonne qualité du cuir fort, le plus généralement employé pour semelles, c'ést sa compacité et sa souplesse : il faut qu'il soit serré et flexible en même temps, bien pénétré par le tannin et peu absorbant, pour résister à l'humidité et se plier à la forme du pied.

C'est sous ce point de vue que le jury français de la XVIe classe a apprécié tous les cuirs tannés qui lui ont été soumis.

Les produits envoyés par les tanneurs anglais sont de bonne qualité : le cuir est nerveux et serré, et, en général, d'un poids très-élevé. La fabrication est faite avec beaucoup de soin; les tanneurs abattent la tête et toutes les extrémités du cuir avant de le mettre en fosse et l'y laissent séjourner longtemps, afin que la transformation soit complète : aussi, à la coupe, reconnaît-on les cuirs parfaitement tannés et d'un bon usage, surtout pour la semelle des chaussures fortes; ils laissent seulement à désirer sous le rapport de la couleur et de l'écharnage : les chairs adhèrent encore aux cuirs et leur donnent un poids inutile et un aspect désagréable.

Ceux qu'ont présenté les tanneurs français, quoique plus minces, sont généralement bien traités; les cuirs de MM. Peltereau-Lejeune frères, ceux de M. Auguste Peltereau, de Château-Regnault, sont surtout remarquables par leur excellente fabrication : la surface est lisse et blanche; ils sont parfaitement écharnés et ne donnent aucun déchet à l'emploi; ils sont souples, peu absorbants; la coupe en est fine et serrée : ils ont enfin, suivant les termes du rapport anglais, *tous les signes caractéristiques d'une excellente fabrication.* Ces tanneurs ont dignement soutenu à Londres la réputation dont ils jouissent dans le midi de la France.

Nous exprimons ici le regret que nos habiles fabricants de Paris, Givet, Pont-Audemer, ne se soient point présentés; ils nous auraient aussi aidés à constater, sinon la supériorité, du moins l'égalité de la valeur de nos produits.

La Belgique a envoyé de bons produits bien tannés; elle fabrique à Liége, à Namur, et surtout à Stavelot, de fortes quantités de cuirs à semelles qui sont toujours recherchés par l'Allemagne. Quelques-unes de ses tanneries sont montées au capital de plusieurs millions; la qualité de ses produits peut se comparer à celle des cuirs qui se font dans le nord de la France. Elle tanne, en général, beaucoup de cuirs étrangers et exporte en vert une assez forte partie de ses veaux et cuirs légers.

L'Allemagne, comme la France, a marché dans la voie du progrès : ses peaux sont bien tannées, mais elles manquent de fermeté. Il est juste de faire remarquer ici qu'en général les cuirs du Nord sont moins serrés de leur nature que ceux du Midi, et que, malgré l'habileté des tanneurs, ils ne peuvent jamais obtenir avec ces cuirs indigènes de bons produits pour semelles.

La Suisse avait des vaches de bonne qualité bien tannées. Les progrès dans la fabrication de ce pays, depuis 1816, nous paraissent évidents : le travail est bien supérieur à ce qu'il était à une époque où les besoins continuels faisaient passer sur ses imperfections; la bonne qualité des produits bruts et des écorces, la douceur et la pureté des eaux, secondent admirablement ce pays dans ses efforts d'améliorations. Il exporte outre-mer une certaine quantité de ses produits en concurrence avec la France.

Les États-Unis avaient envoyé quelques veaux en croûte d'une excellente fabrication. Nous avons aussi remarqué des cuirs tannés dans ce pays avec le hemlock (écorce de la ciguë); des cuirs préparés en Angleterre au libidivi ou avec la terra japonica ou la valonia comme principal agent, ainsi que d'autres que l'on suppose avoir été préparés avec le seigle dans l'exposition russe.

Mais, bien que ces substances et beaucoup d'autres aient été appliquées utilement au tannage des cuirs, en ce qu'elles abrégent la durée de l'opération et diminuent le coût de la production, on n'a cependant trouvé encore aucun agent qui réunisse autant de qualités précieuses que l'écorce de chêne, surtout pour le tannage des cuirs à semelles; elle remplit plus complétement les pores de la peau et la rend moins perméable.

Nous avons aussi constaté que, malgré toutes les recherches et toutes les tentatives faites dans les divers pays concurrents, on n'est encore arrivé nulle part à produire de bons cuirs en procédant trop rapidement. On a bien réduit de deux ans ou deux ans et demi à quinze ou dix-huit mois la durée de l'opération; mais toutes les tentatives faites pour tanner les gros cuirs dans un temps plus court n'ont donné, jusqu'à présent, aucun résultat bien satisfaisant à moins d'employer l'acide; mais les bons tanneurs y ont renoncé, car, en pénétrant le cuir et en activant le tannage, l'acide corrode et brûle, pour ainsi dire, les deux surfaces externes du cuir, qui est alors dur, cassant et sans durée.

Néanmoins, il est à désirer que de nouveaux essais soient encouragés, que nos tanneurs, guidés par leur expérience, par les conseils d'une chimie éclairée, fassent de nouveaux efforts pour arriver à un tannage prompt et satisfaisant, pour éviter les pertes qui résultent d'un capital énorme enfoui dans les fosses et des variations de cours impossibles à prévoir si longtemps à l'avance.

Malgré tout, les progrès faits par nos fabricants depuis vingt ans sont incontestables; la plupart de nos tanneries ont repris le rang qu'elles doivent occuper. Dans cette industrie, un seul abus reste encore à déraciner: c'est l'état d'humidité dans lequel on livre les cuirs dans quelques parties de la France. Un grand nombre de fabricants de chaussures, s'attachant plus souvent au bon marché qu'à la sécheresse des peaux, ont encouragé cette funeste habitude. Surchargé d'eau, le cuir ne peut se conserver longtemps sans se détériorer par la fermentation, ni se transporter sans éprouver une diminution de poids de 2 1/2 à 3 kilogrammes.

Il serait à désirer que, mieux éclairés sur leurs intérêts, les consommateurs rejetassent ces produits, qui contiennent jusqu'à 5 et 6 kilogrammes d'eau par cuir, dont la perte n'est jamais compensée par le meilleur marché auquel on les livre au commerce.

Nous avons remarqué peu de différences dans les prix; les cuirs anglais sont, en apparence, d'un prix moins élevé que les nôtres, mais, en réalité, aussi chers par les déchets.

La Belgique, l'Allemagne et la Suisse ont des cours aussi élevés que les nôtres.

CORROIERIE.

La corroierie consiste dans les diverses préparations à faire subir aux cuirs après le tannage, soit pour la chaussure, la sellerie ou la carrosserie. La fabrication des tiges est la plus importante: aucun article n'entre plus avant dans la consommation des classes pauvres et des classes riches, aussi est-il intéressant, sous le rapport du prix et de l'économie domestique qui peut résulter d'une bonne fabrication, d'adopter les moyens qui assurent la plus grande souplesse au cuir et sa plus grande durée.

La mise en noir, le dérayage, l'assouplissement, le cambrage, sont autant d'opérations qui demandent beaucoup de soins pour conserver aux cuirs leurs qualités naturelles, les rendre doux et imperméables sans trop les charger de dégras qui tache les vêtements et nuit au cirage.

L'Angleterre en prépare une très-grande quantité. Dans ce pays on porte généralement de fortes chaussures, sans doute à cause du climat : aussi le mode de travail usité par les corroyeurs anglais est fait pour résister à l'humidité; mais les tiges sont plus grossières et plus chargées que les nôtres; elles sont très-durables, mais moins agréables, en ce qu'elles durcissent rapidement.

MM. Ventujol et Chassang, Guillot, de Paris, ont exposé des tiges qui paraissent réunir toutes les qualités exigées, finesse, douceur, légèreté : elles sont, en général, faites avec les veaux dits de Bordeaux. M. Courtépée en avait envoyé de plus fortes en veaux de l'abat de Paris, réunissant à une extrême souplesse, une plus grande *durabilité*. MM. Suser, de Nantes, Dezaux-Lacour, de Guise, Herenschmitz, de Strasbourg, avaient aussi d'excellents produits.

Dans ce genre de fabrication, la France paraît avoir atteint le plus haut degré de perfection; pour en juger il suffira de rapporter ici les termes mêmes du rapport anglais :

« Les fabricants de France, dit-il, ont, depuis longues an-« nées, excellé dans leur manière de tanner et de préparer les « plus belles sortes de cuirs de veau; ceux venus du sud de la « France (Bordeaux), que l'on dit être tannés avec l'écorce du « chêne vert, sont extrêmement doux et souples, et leur mé-« rite est évident d'après les grands débouchés qu'ils trouvent « dans ce pays. »

Favorisée par la bonne qualité de nos produits indigènes et par celle de nos écorces qui donnent un tannage blanc et doux, surtout celle du chêne vert du Midi, qui communique au veau et à la chèvre une souplesse que nulle autre ne pourrait remplacer, la France, avec ces éléments de prospérité, conservera bien longtemps encore une supériorité incontestable, si ses habiles praticiens continuent comme aujourd'hui à tirer tout le parti possible de ces avantages.

La Russie avait des tiges d'une excellente qualité et d'une finesse remarquable, des cuirs jaunes et rouges à odeur qui sont, pour ainsi dire, une propriété exclusive de sa fabrication; des veaux tannés avec le poil conservé pour faire une doublure chaude à l'intérieur, parfaitement préparés.

M. Mercier, de Lausanne, avait envoyé des tiges et des veaux cirés qui attestaient une bonne qualité et une excellente fabrication.

Il n'y avait rien de remarquable chez les exposants des autres nations.

Les cuirs préparés pour la sellerie et le harnachement sont très-bien faits en Angleterre; ils sont disposés avec un soin extrême, souples, ont la surface très-unie, et une très-grande résistance à l'emploi. Les peaux de porc pour selle méritent d'être mentionnées particulièrement.

La France avait également de bons produits, mais nous regrettons de n'y point avoir rencontré les cuirs de Pont-Audemer qui excellent dans ce genre.

Les cuirs de chevaux anglais ont un noir brillant et poli que n'ont pas ceux de la France et d'autres pays, mais ils sont beaucoup moins souples que les nôtres.

Les peaux préparées pour cardes et courroies sont remarquables en France, en Belgique et en Angleterre. Nous avons vu quelques appareils en fer établis pour tendre les cuirs destinés aux courroies, pour leur faire perdre toute l'élasticité qui nuit à leur application aux machines.

Nous avons aussi remarqué des cuirs d'hippopotame extrêmement épais et bien tannés, des bandes de cuir provenant de la peau du valrus (poisson), ayant 4 à 5 centimètres d'épaisseur, qui servent en Angleterre au polissage de l'acier.

Nous avons apprécié dans les produits de l'Inde quelques essais que le jury a cru devoir encourager : ce sont des cuirs de marsouin qui sont cirés comme des veaux pour tiges et d'une ténacité remarquable, et des échantillons de cuir de peau de baleine refendus en trois parties, mais d'une texture grossière.

VERNIS.

L'application du vernis sur le cuir a pour but de le rendre imperméable et brillant; mais ce travail est très-difficile et présente de telles difficultés, que, quoique, depuis vingt ans, l'on ait commencé à l'appliquer avec succès à la chaussure, quelques maisons seulement, en France et en Allemagne, ont pu livrer des cuirs bien appropriés à cet emploi.

En effet, pour que le vernis ne se fendille ni ne s'écaille et puisse résister à l'action incessante du pied, il faut une homogénéité parfaite entre le cuir et le vernis, et surtout que ce dernier soit combiné de telle sorte, que son élasticité se prête à la souplesse indispensable du cuir, et en suive tous les mouvements sans s'enlever ni se gercer.

Cette fabrication a pris beaucoup de développement, et il est certain que la consommation s'augmentera progressivement à mesure qu'un plus grand nombre de fabricants seront parvenus à produire des vernis réunissant toutes les conditions exigées pour un bon usage.

L'Angleterre est la première qui, vers 1780, ait livré des cuirs vernis au commerce; leur application aux harnais et aux voitures a été le complément du luxe qui distinguait déjà la carrosserie et la sellerie de ce pays, mais ceux qu'elle fabriquait pour la chaussure laissaient beaucoup à désirer.

M. Plummer introduisit en France, au commencement de ce siècle, la fabrication des cuirs vernis pour la carrosserie; l'excellence de ses produits les fit adopter immédiatement pour les voitures et harnais, et ils jouissent encore aujourd'hui d'une réputation méritée. Plus tard, MM. Nys et Longagne, qui s'étaient appliqués à la fabrication des vernis pour chaussure, parvinrent enfin, vers 1830, à leur donner la solidité, la souplesse et le brillant nécessaires pour l'appliquer à l'usage de la cordonnerie; ce résultat fut une révolution complète dans la chaussure de luxe. L'usage s'en répandit rapidement;

les pays étrangers, l'Angleterre même, devinrent nos tributaires: aussi cette industrie, presque nulle en 1816, livre aujourd'hui pour 7 ou 8 millions de ses produits, et elle ne s'arrêtera certainement pas à ce chiffre.

En effet, les avantages qu'offre ce produit à la consommation justifient un si rapide développement: le vernis est toujours luisant, facile à nettoyer, imperméable et durable quand il est bien préparé.

Les cuirs vernis anglais pour la sellerie et la carrosserie qui nous ont été soumis sont très-brillants, très-glacés, et d'une dimension remarquable; ils ont, de plus, dit-on, la propriété de ne pas se rayer à l'emploi, mais ils manquent un peu de souplesse et cèdent facilement à la pression du doigt.

Nous avons été étonnés de ne trouver aucun cuir de veau verni pour la chaussure, quoique l'Angleterre en consomme une grande quantité; elle les tire de France et d'Allemagne: son climat ne se prête pas à la fabrication de ce genre de vernis, qui, pour être bon, doit en quelque sorte être *oxydé* par son exposition au soleil.

Mais, en revanche, elle fabrique une grande quantité de phoques, qu'elle vernit et grène comme la vache: elle en a importé, assure-t-on, 700,000 à 800,000 en 1850. La chaussure faite avec le phoque est solide, mais grossière, et ne conserve pas son brillant comme le veau.

Dans le quartier français, nous avons constaté avec bonheur que la plupart de nos fabricants les plus distingués, ceux qui avaient déjà reçu à nos expositions les distinctions les plus honorables, avaient répondu à l'appel de l'Angleterre.

Les produits de la maison Nys et Cie et de M. Houette, destinés à la chaussure, se distinguaient par leur supériorité; ils réunissent, au premier degré, la douceur et la solidité du vernis: on peut les plier, les froisser en tous sens sans les altérer.

Les produits de M. Gauthier se faisaient remarquer par la souplesse extrême et la solidité du vernis de ses cuirs et vaches à capotes, qui résistaient à tous les efforts faits pour les rompre : ils ont certainement, sous ce rapport, une supériorité sur les cuirs anglais.

MM. Deadé et Courtois attiraient l'attention par l'éclat et la grande variété de leurs nuances.

L'Allemagne fixait aussi les regards par la bonté de ses vernis et par leur brillant. Cette industrie se fait dans le Zollverein sur une très-grande échelle. Les peaux de veau du pays sont fines et convenables à cette destination, mais la fabrication n'est peut-être pas aussi parfaite que la nôtre, le vernis est moins bien glacé, et le cuir, sans doute trop amolli par le travail, ne produit pas des chaussures aussi lisses que celles faites avec nos cuirs ; néanmoins, ils nous font une sérieuse concurrence par leur bon marché.

MM. Mayer, Michel et Deniger, qui ont à Mayence une fabrique considérable, et M. Cornélius Heyld, à Worms, méritent d'être cités.

En Belgique, M. Jorey fils, de Bruxelles, avait aussi de beaux vernis à sellerie. Depuis 1842 on a entrepris dans ce pays cette fabrication, qui y a pris d'assez grands développements : elle exporte en Allemagne et en Angleterre. Depuis peu seulement on y fait le petit veau à chaussure, non sans quelque succès.

Nous avons remarqué que ce genre de production tend à s'accroître. La plupart des divers peuples exposants avaient envoyé leur contingent : l'Inde même avait des veaux et des kangourous vernis. Néanmoins la France tient toujours le premier rang, et le gardera longtemps si elle parvient à réduire un peu ses prix, car, si l'Allemagne lui fait concurrence sur les marchés étrangers, c'est bien plutôt par la modicité de ses cours que par sa supériorité réelle.

MAROQUINS.

De toutes les préparations et manipulations que l'on fait subir aux cuirs et peaux, la fabrication du maroquin est sans contredit la plus intéressante et la plus difficile : c'est, avec le vernis, la partie luxueuse des cuirs ; elle se fait remarquer par la vivacité de ses couleurs et la variété de ses nuances; elle exige non-seulement, de la part du praticien, une connaissance parfaite de la fabrication des peaux, mais encore des notions chimiques pour la préparation et l'application des couleurs.

Si les procédés de tannage, de corroirie et de mégisserie remontent, ainsi que nous l'avons dit, à une époque très-reculée en France, il n'en est pas de même de la teinture des peaux : il est constant que ce n'est que vers le milieu du dernier siècle que l'on commença à en teindre quelques-unes. Des essais furent faits par Barrois et quelques autres tanneurs pour imiter les cuirs coloriés de Russie et les maroquins rouges et jaunes du Levant. On faisait aussi quelques bruns à l'aide du campêche, mais on n'avait que des procédés très-imparfaits. Le plus souvent ces couleurs étaient appliquées avec la brosse et le chiffon ; il en résultait des produits très-défectueux : aussi en était-on réduit à tirer les beaux maroquins du Levant ou de l'Angleterre. Ce fut seulement vers la fin du dernier siècle que MM. Fauler et Kemph fondèrent à Choisy une usine spécialement affectée à la fabrication du maroquin.

Avec la cochenille et à l'aide d'une composition qui resta longtemps leur secret, avec une manipulation simple et beaucoup plus facile que celle décrite par Delalande sur la manière de teindre en rouge dans le Levant, ces fabricants livrèrent aux consommateurs des rouges écarlates connus encore dans le commerce sous le nom de rouges de Choisy. Ils furent bientôt reconnus supérieurs pour la beauté et l'éclat à tous ceux importés de l'étranger; en effet, la fixité de cette couleur est telle, qu'elle peut résister pendant plusieurs jours à l'action astringente du sumac, et que les acides ne peuvent l'altérer.

Peu après, on obtint des couleurs plus variées et plus unies avec le campêche, le brésil et le bois d'épine-vinette; mais ce n'est que de 1815 à 1820 que les fabricants de maroquins réussirent à teindre en bleu au moyen de la cuve, préparée à peu près comme celle qui sert à teindre la laine. Jusque-là les essais avaient été infructueux : on ne produisait avec la dissolution d'indigo que des bleus de fausses nuances et qui étaient souvent brûlés. Il fallut trouver le moyen de détruire la couleur fausse et verdâtre que le sumac communique à la peau qui en est imprégnée. Cette difficulté vaincue, on arriva bientôt à produire avec la cochenille des violets, des pensées, des lilas et des couleurs légères très-brillantes, très-vives et d'une extrême solidité.

Ce fut aussi vers le même temps qu'à l'instar de ce qui se pratiquait en Allemagne on commençà, dans les fabriques de Strasbourg, à appliquer avec succès le mordoré à reflets métalliques, obtenu par la décoction du bois de campêche et à l'aide de certains sels. Cette nuance dorée et brillante fut fort recherchée à son début pour la chaussure; on réussit aussi à l'appliquer sur des chevreaux alunés qui, quoique très-minces, ont une très-grande résistance. La consommation de cet article a diminué à l'intérieur, mais on en exporte toujours une certaine quantité, principalement pour les mers du Sud.

A cette époque encore, la fabrique de Choisy commença à livrer au commerce des nuances claires et très-variées, imitées de celles faites sur les produits textiles. Cette application offrit de sérieuses difficultés : la peau, produit naturel des dépouilles d'animaux, porte avec elle des imperfections que le fabricant ne peut pas souvent faire disparaître; les maladies, les effets de l'intempérie des saisons, et le plus souvent encore le peu de soin que les bouchers apportent à la dépouille et à la conservation de leurs peaux après l'abatage, rendent la plupart des cuirs impropres à ce genre de couleurs.

La contexture de la peau elle-même ne se prête que très-difficilement à cette teinture : l'épiderme serré et épais, mince et mou, suivant les diverses parties de la peau, absorbe inégalement la couleur, qui ne peut être appliquée qu'à une température moyenne, pour ne pas altérer ni détanner le cuir. Ce travail exige infiniment de soins et d'intelligence de la part de l'ouvrier pour arriver à fixer avec égalité sur la peau jusqu'à trois couleurs, afin d'obtenir des gris sans nuances ni irrégularités.

Néanmoins, à force de recherches, de soin et de travail, on est parvenu à vaincre ces difficultés et à imiter des nuances rassorties à la soie pour les meubles, et aux satins pour les bottines.

Tous ces résultats en teinture sont d'autant plus remarquables, que cette industrie a toujours été, pour ainsi dire, livrée à elle-même. Les chimistes, qui auraient pu accélérer sa marche, ne s'en occupaient pas; tous les essais qu'ils faisaient, tous les procédés qu'ils publiaient, ne s'appliquaient qu'à la laine, à la soie et au coton, qui n'ont aucune similitude avec des cuirs imprégnés de tan ou de sumac, et qui contiennent une certaine quantité d'acide gallique toujours nuisible à l'application des couleurs.

Dans un écrit sur l'exposition de 1827, M. Blanqui regrettait de ne pas y voir figurer de maroquins chagrinés et des grains du Levant, ne fût-ce que des peaux imprimées avec la planche. Effectivement, à cette époque, le chagrin se faisait seulement sur des morceaux découpés à la demande par des relieurs, à l'aide d'une planche gravée et chauffée qui s'appliquait sur les cuirs à une température moyenne. Ce grain n'imitait que très-imparfaitement la véritable peau de chagrin; il n'avait ni la fermeté ni la régularité désirables, et les gaîniers et relieurs ne pouvaient l'employer sans qu'il perdît beaucoup entre leurs mains.

Thouvenin, l'un de nos célèbres relieurs, fut le premier qui commença à chagriner le maroquin à la main. Après avoir découpé ses pièces, les avoir encollées et préparées convenablement, il les roulait avec le liége et la paumelle et obtenait un grain ferme, serré et à pointe diamantée, qui fut immédiatement recherché par les amateurs de livres; mais ce moyen était long et dispendieux, à cause du déchet.

Ce fut alors que des tentatives furent faites pour chagriner les peaux entières après la teinture; mais ce grain, qui ne se forme que par le renflement de l'épiderme du cuir et par un travail long qui exige beaucoup d'adresse de la part de l'ouvrier, ne put s'obtenir d'abord que très-imparfaitement, les parties molles et faibles de la peau ne donnant qu'un grain très-irrégulier. Ce ne fut qu'au bout d'un temps assez long que l'on parvint à faire des maroquins dont le grain égal, ferme, serré, mat au fond, brillant à la surface, eut immédiatement un grand succès; la gaînerie, la reliure, en emploient aujourd'hui de très-grandes quantités. Cet article plaît non-seulement à cause du grain, mais encore à cause de son bon usage.

Cette innovation dans le corroyage du maroquin vint fort à propos lui assurer de nouveaux débouchés, alors que le vernis venait le remplacer en partie dans la confection de la chaussure. Il est certain que, si la vente du maroquin ne s'est pas ralentie, c'est en partie à cette cause qu'il faut l'attribuer.

Ce procédé diffère essentiellement de celui employé à Astrakhan et chez tous les Orientaux, qui obtenaient ce grain par un moyen assez bizarre. Après avoir fait subir à la peau les préparations ordinaires pour la purger et la teindre, ils répandent de la graine de moutarde sur la surface du cuir, puis l'exposent au soleil du côté de la chair; cette graine pénètre profondément en séchant dans la peau, et forme, après être tombée, des parties saillantes qui imitent la peau de chagrin; mais on conçoit que ce produit se détériore facilement quand l'ouvrier qui l'emploie le mouille ou le dole.

Le maroquin gros grain, dit du Levant, fait par les mêmes peuples, est dû à l'épaisseur et à la grossièreté de l'épiderme de leurs peaux de chêne plutôt qu'à un travail particulier : aussi le nôtre l'emporte-t-il de beaucoup par la régularité et la beauté de son grain.

Un autre moyen plus facile, plus économique, a aussi été mis en œuvre ici. Avec une planche en cuivre gravée et à l'aide d'un cylindre, on a pu faire des chagrinés beaucoup plus vite et à meilleur marché; mais les peaux soumises à cette pression ressemblent au papier chagriné : le grain ne se soutient pas au travail; et les amateurs, qui savent bien les distinguer, les rejettent.

Après tous ces perfectionnements dans la teinture et le corroyage des peaux, il restait encore une autre difficulté à vaincre pour obtenir une sèche prompte et facile en toute saison. Toutes les nuances délicates, ainsi que les verts, dans lesquels il entre une assez forte quantité de dissolution d'indigo, s'altèrent promptement à l'air; la fabrication en était très-difficile et même impossible dans les temps pluvieux : on était alors, dans les fabriques de maroquin, dans l'obligation de congédier les ouvriers toutes les fois que le ciel était sombre et pluvieux, et de les ajourner au retour du beau temps.

Il en résultait nécessairement un très-grand préjudice pour le fabricant, un chômage fatal à l'ouvrier et une grande irrégularité dans le travail; de plus, on était souvent dans l'impossibilité de livrer aux exportateurs les commandes à jour fixe, ou exposé à fournir des cuirs mal séchés qui fermentaient et se détérioraient soit dans les caisses, soit dans les magasins.

On chercha bien pendant longtemps le moyen d'y remédier; l'étuvage, malgré tous les courants d'air que l'on établissait, ne réussissait pas : la couleur était altérée, le cuir se corrodait; il fallait l'air libre pour la plupart des nuances. Un moyen très-ingénieux fut néanmoins mis en pratique par M. Friès, qui imagina de tendre des fils de fer horizontalement dans les cours des fabriques, et d'y suspendre des peaux à l'aide de crochets mus par des cordes et des poulies comme pour faire marcher des rideaux de fenêtres. Ce moyen rendit quelques services, on put en sécher à l'air extérieur d'assez grandes quantités; mais tous ces procédés étaient insuffisants, et les exigences des livraisons à jour fixe pour le départ des navires et les besoins toujours croissants du commerce forcèrent à chercher dans un moyen factice, la possibilité de sécher en tout temps, sans altérer ni les cuirs ni leur teinture, si légère qu'elle fût.

Toutes les tentatives faites dans des étuves munies de courants d'air et de cheminées d'aérage, qui n'avaient pas la puissance nécessaire pour enlever la quantité d'eau qu'il fallait vaporiser, furent infructueuses; malgré une température qui s'élevait jusqu'à 60 et 70 degrés, la dessiccation se faisait mal, les cuirs et les couleurs en étaient détériorés.

MM. Fauler avaient néanmoins remarqué que des essais faits dans des greniers ouverts à tous vents, en soumettant la peau à l'action de la chaleur de cloches rougies au feu, avait donné de bons résultats, que la peau conservait sa couleur intacte et sa souplesse par suite du renouvellement constant de l'air. Ils furent convaincus que si, à l'aide d'un moyen puissant de ventilation, on pouvait enlever la vapeur à mesure qu'elle se formait dans les étuves, le succès était assuré.

Ils firent en conséquence établir dans leur usine, à Choisy, une étuve disposée de telle sorte que l'air de la chambre à air chaud placée immédiatement au-dessous puisse se répandre également dans toutes les parties de ce séchoir, et pût être enlevé au fur et à mesure qu'il se saturait d'eau, à l'aide d'un ventilateur à ailes courbes de l'ingénieur Combes, mû par une machine à vapeur avec une vitesse de 400 à 500 tours par minute.

Le succès fut complet : avec cette force motrice, ils réussirent à vaporiser et à enlever, dans une étuve de moyenne grandeur, dans l'espace de deux ou trois heures, 300 à 400 litres d'eau, et à sécher à une température de 25 degrés (celle de l'air libre en été) sans aucun dommage pour le cuir et en conservant la couleur intacte.

Ce résultat obtenu fut une des plus grandes améliorations apportées dans cette fabrication. Ce moyen, peu dispendieux par rapport au grand nombre de pièces qui purent ainsi être desséchées chaque jour, permit de fabriquer en tout temps et de livrer en toute saison, soit à l'intérieur, soit à l'exportation, des peaux parfaitement sèches, bien réussies en couleur, et qui pouvaient sans inconvénient être dirigées sur les points les plus éloignés.

La vapeur est aussi appelée, depuis quinze années, dans la même usine, à concourir à la production du maroquin. Des presses hydrauliques et à rouleaux, des foulons y sont établis; de vastes tonneaux cylindriques recevant par leur axe un filet d'eau constamment renouvelé, contribuent à débarrasser rapidement les cuirs de la chaux dont ils sont surchargés en sortant des pleins.

Le lustrage des peaux, opération très-longue et très-fatigante pour les ouvriers qui le font avec la force des bras sous une pression équivalente à un poids de 200 kilogrammes environ, se fait aujourd'hui avec des machines, qui indépendamment de leur plus grande puissance, produisent plus vite et plus régulièrement.

Il faut reconnaître que tous ces moyens mécaniques obtenus par l'emploi de la vapeur, sont autant d'éléments de force et d'activité qui permettent à l'usine qui les a créés de produire plus rapidement et à meilleur marché.

A l'aide de tous ces perfectionnements, malgré l'emploi du vernis, cette industrie est toujours prospère. Le maroquin chagriné a trouvé de nouvelles applications. La vente du mouton maroquiné a pris une très-grande extension; ses débouchés à l'extérieur sont toujours croissants, surtout avec l'Amérique, et sont assurés par la bonne qualité des produits.

Introduite en France vers le milieu du siècle dernier, cette industrie a toujours suivi une marche ascendante jusqu'au moment où le vernis put être appliqué à la chaussure : elle consiste dans l'application de toutes les couleurs à la trempe sur les peaux de chèvres, veaux et moutons. La souplesse du cuir, l'égalité et la solidité des nuances, constituent son principal mérite; mais, pour y arriver, il y a beaucoup d'obstacles à surmonter, si l'on considère que l'on ne peut se servir de forts acides ni d'une grande chaleur sans altérer les fibres de la peau ou détruire le tannage. L'épiderme du cuir soumis à la teinture présente de grandes inégalités dans sa texture : épais et serré dans les parties exposées à l'air, il est ouvert et spongieux dans les aines et sous le ventre de l'animal : aussi l'absorption de la couleur est-elle inégale et variable; les inégalités se font remarquer surtout dans les couleurs claires.

L'Angleterre, qui n'a pas de chèvres sur son sol, en tire d'assez grandes quantités de la Suisse, de l'Allemagne, du Cap de Bonne-Espérance, du Maroc et des Indes orientales. Dans les couleurs qui nous ont été soumises, nous avons remarqué les rouges, les jaunes, les grenats obtenus par l'orseille, qui sont très-beaux, des gris bien réussis, mais dont la variété est très-limitée.

Elle tire de France et d'Allemagne les verts et les noirs, qui forment la base de la consommation; ses veaux coloriés pour couverture de livres sont très-beaux, mais les gros grains, dits du Levant, et les beaux maroquins chagrinés pour la reliure riche lui viennent aussi de France.

Elle produit ou elle reçoit du Cap et de l'Australie des quantités considérables de peaux de moutons très-grandes, mais creuses, qui sont refendues à la scie, ensuite tannés ou teintes, et appliquées à la reliure commune et à la chapellerie.

Dans cet état elle en exporte de grandes quantités en Allemagne, en Amérique et sur d'autres points.

MM. Bayvet frères, qui exploitent aujourd'hui la fabrique de Choisy-le-Roi, la première établie en France, ont envoyé de très-beaux maroquins; la variété de leurs nuances, la vivacité de leurs couleurs, la fixité et la finesse de leurs noirs, justifient l'importance de cet établissement qui a su s'assurer des débouchés considérables à l'étranger, et soutenir ainsi cette industrie que la substitution du veau verni au maroquin menaçait de faire décroître.

MM. Emerick et Georger, de Strasbourg, ont exposé des maroquins, noirs et dorés, qui soutiennent la réputation dont jouit cette maison.

Cette fabrication, en général, a atteint, en Europe, une grande perfection. La France se distingue par la beauté et la solidité de ses noirs et par la variété de ses couleurs : ses maroquins chagrinés et gros grain sont partout recherchés; ses grands veaux et ses moutons pour reliure, amincis à la main, sont beaucoup plus fins et durables que ceux d'Angleterre et d'Allemagne, qui sont énervés par la scie.

Depuis 1800, une industrie à peu près nulle auparavant s'est développée en France : c'est la préparation des chèvres tannées à l'écorce de chêne vert dans le Midi, mises ensuite en noir et chargées d'huile pour la chaussure des femmes. De cette époque à 1839 elle prit d'assez larges développements; mais, à partir de cette année, cet accroissement devint beaucoup plus considérable. Un tableau du mouvement des peaux de chèvres de Mogador dans le port de Marseille, que nous avons sous les yeux, indique cette progression rapide.

En 1839, cette ville ne recevait encore que 6,140 balles d'Afrique; en 1850, les arrivages s'élevaient à 15,437.

Ce mode de préparation fournit une excellente chaussure et peu dispendieuse : c'est une industrie toute française, que les autres peuples n'ont point encore imitée et dont le chiffre s'élève à 4 ou 5 millions.

La fabrique de Mayence a exposé une très-grande variété de nuances et de genres, tous bien traités; ses habiles fabricants tirent tout le parti possible des peaux un peu molles et creuses que leurs contrées produisent; leurs veaux à reliure sont très-fins et très-unis en couleur.

Les échantillons du Maroc, de la Turquie et de l'Égypte, sont loin de soutenir la réputation que ces peaux avaient à une certaine époque. « Ils nous montrent, dit le rapport anglais, cette fabrication telle qu'elle était à son origine : aucun changement ne paraît avoir été apporté dans la manière de teindre et de préparer la peau, depuis l'époque à laquelle l'Europe occidentale a connu d'eux cette fabrication. »

La qualité des peaux est bonne, le rouge est solide, mais les chairs sont brutes et la surface teinte n'est pas corroyée. Ces maroquins sont peut-être bien adaptés à l'usage du pays qui les fabrique, mais ils ne pourraient aujourd'hui soutenir en Europe la concurrence des peaux qui s'y préparent.

Un fabricant de Barcelone a envoyé des maroquins variés de nuances très-bien réussies.

Nous avons remarqué des moutons teints et imprimés en relief sur chair, présentés par un fabricant anglais pour imiter le velours d'Utrecht : cette innovation pourrait avoir de l'avenir et trouver plusieurs applications utiles.

MM. Delisle et Cie, de Grenoble, avaient quelques échantillons de moutons et maroquins imprimés en couleurs solides, destinés à la chaussure et aux meubles; ce procédé n'est pas nouveau, mais il paraît mieux appliqué qu'il ne l'a été jusqu'à présent.

Nous avons vu aussi avec intérêt les progrès d'une industrie qui a pris un développement assez grand en Angleterre, et qui n'a pas encore eu de résultats satisfaisants en France où on l'a essayée : c'est la teinture des peaux avec leur laine.

Après avoir dégraissé, nettoyé avec soin et aluné ces peaux, on les teint en mèches pour en faire des tapis de pied qui sont d'un grand usage en Angleterre; la plupart des couleurs obtenues sont très-vives et solides, on est même parvenu à obtenir plusieurs nuances dans la même peau, et l'on nous a présenté des peaux de chèvres angora, venues de Smyrne, dont les mèches soyeuses et la beauté de la couleur étaient admirables.

Les housses, remarquables par leur blancheur, qui recouvrent les selles des horse-guards, sont obtenues par le même procédé.

Il serait à désirer que cette industrie se développât en France; elle trouverait une utile application dans les appartements et les waggons de chemins de fer.

CHEVREAUX ET MOUTONS MÉGISSÉS.

La peau alunée est surtout fabriquée pour la ganterie et la doublure de souliers. Annonay a aujourd'hui le privilége à peu près exclusif de la préparation des chevreaux pour gants; les soins apportés à ce genre de travail, la propriété des eaux de ses montagnes, qui ont le mérite d'assouplir les peaux sans les altérer, y ont à peu près concentré toutes les usines de ce genre.

Il est positif que l'art de mégisser les agneaux et chevreaux pour gants, était connu en France depuis de longues années, car cette industrie était déjà florissante dans le courant du XVIIIe siècle; la France possédait alors de nombreux troupeaux de chèvres qui pourvoyaient abondamment aux besoins de ses fabriques. Les étrangers venaient vendre leurs peaux en poils à nos mégissiers; nos gants étaient très-recherchés par les autres peuples et jouissaient d'une faveur très-méritée sur tous les marchés.

Grasse, Grenoble, Poitiers, Blois, en fabriquaient de grandes quantités, mais la révocation de l'édit de Nantes porta un coup fatal à cette industrie : un grand nombre de mégissiers français s'expatrièrent et portèrent les premières notions de cet art en Angleterre, en Italie, en Allemagne, et jusqu'en Russie; plusieurs fabriques ne tardèrent pas à s'y élever et à venir acheter des peaux jusque dans nos montagnes.

Une autre cause contribua encore à diminuer l'importance de cette fabrication : le Gouvernement, effrayé du déboisement de nos forêts, ordonna la destruction des chèvres, qui lui furent signalées, entre autres causes, comme une de celles qui contribuaient au dépérissement des jeunes arbres dont elles mangent les bourgeons. Cet ordre fut exécuté avec tant de rigueur, que non-seulement on ne permit plus le pacage dans les bois sous peine de mort pour ces animaux, mais que même la maréchaussée chargée de l'exécuter pénétra jusque dans les maisons pour les tuer.

Alarmés de cet état de choses, les gantiers de Grenoble, dans une requête adressée au roi, en 1784, exposèrent leurs doléances et dirent que leur industrie était menacée d'une extinction totale, si l'exportation des peaux en poils et mégissées se continuait; que leurs fabriques de gants étaient d'autant plus exposées à une ruine certaine, que les étrangers entretenaient des agents dans les principaux endroits où l'on mégissait, pour enlever les plus belles peaux; que ces derniers, qui jusque-là s'étaient approvisionnés chez nous, avaient prohibé l'entrée des gants français chez eux si sévèrement, que leur introduction, dans les trois royaumes unis, exposait à une peine infamante et à une amende énorme, tandis qu'ils favorisaient l'entrée des peaux en poils et mégissées en ne les assujettissant qu'à un droit minime; que toutes ces fabriques étrangères ne se soutenaient que par les matières qu'elles nous enlevaient et les ouvriers qu'elles nous débauchaient, et que les nôtres succomberaient inévitablement si le Gouvernement ne prenait pas des mesures protectrices.

Ils concluaient en demandant la prohibition des peaux de chevreaux et d'agneaux à la sortie, et l'entrée libre de ces mêmes peaux venant de l'étranger.

Pour faire droit à leur demande, un édit du 13 avril 1786 frappa d'une taxe considérable à la sortie, eu égard à la valeur de cette marchandise à cette époque, les peaux en poils et mégissées.

Cette mesure eut un effet tout contraire à ce qu'ils en attendaient. Ceux des étrangers qui faisaient encore mégisser en France s'abstinrent d'y envoyer leurs peaux et firent tous leurs efforts pour se passer de nos gants. Elle produisit bientôt un tel ralentissement dans la production, que les mégissiers sollicitèrent eux-mêmes le retrait de cette ordonnance.

Effectivement, un arrêt du conseil d'État du 21 septembre 1788 vint remettre les choses en l'état où elles étaient auparavant. Cette fabrication se soutint ainsi assez péniblement jusqu'en 1793, où, libre comme toutes les autres, elle reprit son essor et reconquit sa supériorité sur les fabriques étrangères.

Cette industrie, limitée encore en 1816 à la fabrication de nos produits indigènes et de quelques pays limitrophes, a pris un accroissement prodigieux depuis 1827.

Vers cette époque, M. Boudard père appliqua avec tant de supériorité le système des couleurs fixes employées par les Anglais, que bientôt on vit arriver à Annonay une très-grande quantité de peauxde chevreaux de toutes les parties du monde: la Suisse, l'Italie, l'Allemagne, les Indes orientales, l'Irlande même, y apportèrent leur contingent, pour nous le reprendre ensuite converti en gants.

Les peaux de France ont une qualité supérieure à celles de toutes les autres provenances.

Au commencement du XVIIIe siècle, la grosse ou douze douzaines de peaux de chevreaux mégissés, se vendait de 40 à 45 livres; les gants, de 9 à 10 livres la douzaine. En 1784, les mêmes quantités de peaux se vendaient de 115 à 120 livres, et les gants de 11 à 13 livres. Grenoble ne livrait au commerce intérieur et à l'exportation que pour environ 12,500 francs de produits.

On fabrique aujourd'hui à Annonay au moins 6 millions de peaux, qui ont une valeur de 18 à 20 millions, et qui, transformées en gants, donnent un chiffre de 33 à 35 millions : aussi le nombre des ouvriers s'est considérablement augmenté et leur salaire a presque doublé.

Cette belle industrie, si intelligemment traitée en France, a trouvé des débouchés dans toutes les parties du monde civilisé: avec la botte vernie, le gant de chevreau complète la parure de l'homme bien mis.

Il faut aussi observer que la recherche de ce produit en a presque doublé la valeur.

Aujourd'hui, chaque douzaine de peaux se vend de 30 45 francs; les gants en chevreau, de 30 à 42 francs.

L'Amérique en consomme les 4/10
L'Angleterre *idem* 3/10
La France *idem* 2/10
La Russie, l'Allemagne, l'Italie, en consomment 1/10

Nous avons vu avec peine l'absence à ce concours des fabricants d'Annonay; cette industrie était seulement représentée par quelques peaux dans les vitres des gantiers et quelques échantillons de peaux de chevreaux fabriquées à Paris, et qui étaient très-bien traitées.

L'Angleterre fabrique aussi cet article, mais avec moins de

succès qu'en France. Il est digne de remarque qu'elle excell dans la préparation des peaux d'agneaux pour le même usage qu'une très-grande quantité de peaux sont envoyées de beau coup de pays pour y être fabriquées. A Sewil, en Sommerset shire, et dans les environs, les Anglais attribuent au climat et à la qualité des eaux la fermeté que conservent les peaux fabri quées dans ce comté; tandis que les nôtres sont molles e creuses, à l'inverse des peaux de chevreaux, qui, en raison d leur nature, doivent être assouplies. La préparation de agneaux doit tendre, au contraire, à les rendre fermes et ser rés, pour qu'ils soient durables à l'usage.

Nous signalons ce fait aux mégissiers qui s'occupent de ce article; il est d'une assez grande importance pour mérite leur attention sérieuse.

En aucun pays, le cuir blanc ne se fabrique aussi bie qu'en France, à Paris surtout; la bonne qualité de nos abats les perfectionnements apportés depuis longtemps par nos mé gissiers, lui assurent une supériorité incontestable. On e exporte peu, car, n'étant à peu près employé que pour dou blure, cet article n'est que secondaire, et chaque pays l'em ploie tel qu'il le fabrique.

Nous devons signaler une heureuse innovation dans cett fabrication. Depuis 1820 environ, au lieu de laisser séjourne pendant huit jours sur les peaux en laine la chaux dont o les recouvre pour l'épilation, on a trouvé le moyen d'arrive à ce résultat en douze heures en y ajoutant une certaine quan tité d'orpin. Par ce procédé, la laine n'est plus altérée, et l cuir est moins creusé par la chaux.

Avant 1830, la préparation des peaux de chevreaux et d'a gneaux était à peu près inconnue en Belgique, si ce n'est dan le duché de Luxembourg, cédé en 1844 à la Hollande; mais depuis cette époque, et surtout depuis quelques années, ell produit des peaux à ganterie et en exporte même une certain quantité, malgré le droit qui les frappe à la sortie. Dix ou douz mille ouvriers sont employés à la confection des gants.

Une fabrique de Luxembourg, sous le nom de *Ganteri*

française de l'Union, a exposé des peaux de chevreaux bronzées et noires bien teintes.

Le Zollwerein avait aussi des peaux d'agneaux pour gants également bien teintes.

CHAMOISERIE.

Le caractère particulier imprimé à la peau chamoisée destinée aux vêtements, à la gaînerie et aux touches de piano, est une extrême souplesse obtenue par l'emploi de l'huile qui remplace le tannage.

Cet article se fait avec des peaux de cerf, d'élan, de daim, de chamois, rennes, boucs et chèvres, moutons et agneaux, bœufs et vaches. Les daims qui viennent d'Amérique sont les plus recherchés par les culottiers et les fabricants de pianos. Cette peau est devenue rare et chère.

Dans le cours du siècle dernier, on fabriquait de très-grandes quantités de peaux de chamois en Allemagne et en France, avec de jeunes boucs. La coutume était alors pour les cavaliers et surtout pour les paysans et bûcherons, de porter des culottes et gilets de peau; l'armée en consommait de grandes quantités; la ganterie en employait aussi beaucoup.

Il existait des chamoiseries importantes à Niort, Strasbourg, Grenoble, Annonay et Maringues; avec l'Amérique, l'Auvergne et le Dauphiné alimentaient ces usines.

Il se faisait alors comme aujourd'hui des buffles avec la peau de vache et de bœuf. La consommation de cet article varie beaucoup suivant l'état de paix ou de guerre.

La substitution du drap au chamois pour les vêtements, du feutre au daim pour les pianos, ont ralenti la fabrication, et l'on en emploie beaucoup moins qu'autrefois.

L'Angleterre, la France et l'Allemagne, ont envoyé des peaux parfaitement préparées et très-convenables pour gants et autres usages où ce genre de préparation est nécessaire; on remarque très-peu de différence dans la qualité des produits exposés par ces diverses nations. L'Angleterre en emploie d'assez grandes quantités; elle reçoit directement du Canada et d'autres lieux de production des peaux convenables.

En France, le veau bronzé pour chaussure, le mouton chamoisé avec ou sans fleur sans être refendu, sont recherchés pour leur solidité, leur souplesse et leur teinture par les peuples du sud de l'Amérique, du Brésil et de la Bande orientale.

PARCHEMINS.

Le vélin se fait avec des peaux de veau, le parchemin avec celles de mouton; ce produit est destiné à l'impression pour les actes et les titres de valeur, pour la reliure, et pour couvrir les caisses de tambour. Cette industrie a perdu un peu de son importance; on emploie aujourd'hui des papiers très-forts, mais qui cependant ne résistent pas encore à la destruction du temps comme les parchemins.

Cette fabrication se fait par un procédé très-simple: on laisse séjourner la peau pendant un certain temps dans la chaux, on l'expose ensuite à l'air sur des cadres. Pour que le parchemin soit bon, il faut qu'il soit serré et en même temps transparent, que la surface soit fine et unie; le plus difficile est de l'amener à cet état par le raclage, qui demande beaucoup d'adresse.

MM. Berthaud jeune, à Issoudun (France), ont envoyé un très-grand assortiment de vélins et de parchemins convenablement traités pour la reliure, la peinture et la machinerie.

Nous avons trouvé aussi dans le quartier anglais de beaux produits; ceux coloriés étaient surtout bien traités.

Pour résumer ce long travail d'examen sur la fabrication des cuirs et peaux dans toutes ses parties et en tirer quelques inductions, il serait bon de joindre à ce rapport la liste des récompenses obtenues par chacune des nations concurrentes, relativement au nombre d'exposants qui se sont présentés dans chaque pays; nous bornerons néanmoins ce détail à l'Angleterre, la France, l'Allemagne, et réunirons toutes les autres contrées sous la dénomination d'*autres pays*.

LISTE DES RÉCOMPENSES OBTENUES.

ÉTATS.	NOMBRE D'EXPOSANTS.	TANNEURS.	CORROYEURS.	VERNIS.	MAROQUINS.	MÉGISSIERS.	PARCHEMINS ET CHAMOIS.	TOTAUX.
MÉDAILLES DE PRIX.								
Angleterre	62	6	5	2	1	3	2	19
France	55	5	7	5	2	2	2	23
Allemagne	32	"	"	4	"	"	"	4
Autres pays	98	1	4	1	"	"	"	6
Total	247	.....	.....	.....	.....	.....	.....	52
MENTIONS.								
Angleterre	"	2	4	"	4	2	2	14
France	"	2	5	"	3	"	1	11
Allemagne	"	1	1	4	"	"	"	6
Autres pays	"	3	1	2	1	3	1	11
Total	"	.....	.....	.....	.....	.....	.....	42

	Médailles.	Mentions.
Ainsi la France, sur 55 exposants, a obtenu..	23	11
L'Angleterre, sur 62....................	19	14
L'Allemagne, sur 32....................	4	6
Tous les autres pays réunis, sur 98.......	5	11

La détermination prise par la Commission royale anglaise de publier la liste des récompenses par ordre alphabétique, et d'intervertir ainsi le classement par ordre de mérite, adopté dans la plupart des sections par les jurés appréciateurs, nous fait un devoir de publier ici les noms des fabricants suivant le numéro d'ordre donné à chacun d'eux d'après le mérite évident de leur production.

Ce travail a été fait avec la plus scrupuleuse attention, en tenant compte de la nature des produits bruts ouvrés par chacun des peuples qui se sont présentés au concours, et enfin des besoins et des habitudes de leur consommation.

Il est juste que, dans les grandes industries surtout, où les membres du jury anglais se sont refusés à accorder de grandes médailles et où tous les mérites ont été confondus dans la publication des médailles de prix, les fabricants retrouvent dans un classement équitable la place qui leur a été assignée dans le rapport du jury suivant la qualité et la bonne fabrication de leurs produits.

MÉDAILLES DE PRIX.		MENTIONS.	
NOMS DES EXPOSANTS.	ÉTATS.	NOMS DES EXPOSANTS.	ÉTATS.
	TANNEURS.		
Hepbourn	Angleterre.	Everchen	Angleterre.
Peltereau-Lejeune frères	France.	Masson	Belgique.
Peltereau (Auguste)	*Idem.*	Prin	France.
Cox	Angleterre.	Estivant frères	*Idem.*
Draper	*Idem.*	Buchman	Suisse.
Fieux	France.	Bauchau de Baré	Belgique.
Craffort	États-Unis.	Hauser	Suisse.
Landron	France.	Read	Angleterre.
Kelsey	Angleterre.		
Bucknelle	*Idem.*		
Holmes	*Idem.*		
Duport	France.		
	CORROYEURS.		
Ventujol et Chassang	France.	Hécarty	Angleterre.
Courtépée	*Idem.*	Southey	*Idem.*
Guillot	*Idem.*	Paillard	France.
Bossard	Angleterre.	Vood	Angleterre.
Mercier	Suisse.	Busc	*Idem.*
Suser	France.	Renlos	France.
Dezeau-Lacour	*Idem.*	Budin	*Idem.*
Hermschmitz	*Idem.*	Obercoutz	Allemagne.
Stokel	Angleterre.	Vincent Taillet	Belgique.
Hauvort et Linsley	*Idem.*	Geslin Dubois	*Idem.*
Lambert	*Idem.*	Fortier-Beaulieu	France.
Tetu	Canada.	Massemin	*Idem.*
Serowzoff	Russie.		
Cozens et Grentrex	Angleterre.		
Merklinhoms et Vex	Allemagne.		
Prin	France.		

MÉDAILLES DE PRIX.		MENTIONS.	
NOMS DES EXPOSANTS.	ÉTATS.	NOMS DES EXPOSANTS.	ÉTATS.
	VERNISSEURS.		
Nys et Cie	France.	Meyer (Ignace)	Allemagne.
Houette	*Idem.*	Vigneaux	Espagne.
Gauthier	*Idem.*	Holl et Cie	Sydney.
Deadé	*Idem.*	Roth	Francfort.
Courtois	*Idem.*	Rupt et Bechstein	Allemagne.
Mayer (Michel) et Deniger.	Allemagne.	Minoprio-Horresner	*Idem.*
Heidt (Cornelius)	*Idem.*		
Hemtze	*Idem.*		
Door et Remhart	*Idem.*		
Dixion et Vating	Angleterre.		
Vastmer et Palmer	*Idem.*		
Jorey fils	Belgique.		
	MAROQUINS.		
Bayvet frères	France.	Giraud frères	France.
Emerick et Georger	*Idem.*	Roig (Salvador)	Espagne.
Vilson, Walker et Cie	Angleterre.	David	France.
		Deed	Angleterre.
		Georges (Clément)	*Idem.*
		Lutryche et Georges	*Idem.*
		East et Son	*Idem.*
		Delille	France.
	MÉGISSIERS (POUR MOUTONS TEINTS EN LAINE).		
Bewington et Morris (médaillés comme fourreurs).	Angleterre.	Vindsor et Son	Angleterre.
Deed	*Idem.*	Rood	*Idem.*
Klarck	*Idem.*	Ganterie franç. de l'Union.	Belgique.
Correy	*Idem.*	Boulogne	Autriche.
Barande	France.	Mattat et fils	Danemark.
Lolagnier	*Idem.*		
	PARCHEMINS.		
Berthaut fils	France.	Edward Samston	Angleterre.
Liver	Angleterre.	Sunderman	*Idem.*
	CHAMOISEURS.		
Pulman	Angleterre.	Randul et Dick	Angleterre.
Tixier	France.	Laydet	France.

FOURRURES.

Le commerce des fourrures est, dans certaines contrées, l'objet d'un trafic considérable; il n'y a pas un pays du globe qui ne fournisse son tribut, mais c'est dans l'Amérique du Nord et en Russie que se trouvent les plus belles et les plus nombreuses pelleteries.

L'usage en est devenu si général, que, malgré l'accroissement de la récolte, qui augmente chaque année en raison des efforts que font les chasseurs pour se procurer des dépouilles d'animaux, le prix va croissant depuis vingt-cinq ans, dans la proportion, pour beaucoup d'articles, du double au triple; depuis 1815, le prix moyen de toutes les pelleteries a plus que doublé.

L'Angleterre, qui possède la compagnie de la baie d'Hudson, qui exploite la partie la plus productive de l'Amérique en belles fourrures, et qui reçoit en outre presque tout ce que les négociants américains envoient de pelleteries en Europe, est un marché considérable pour cet article et tend, par la facilité des communications et l'absence de toute espèce de droit à l'entrée, à devenir le centre et l'entrepôt de cet important commerce. C'est là que se vendent en vente publique, et deux fois par an, les pelleteries de l'Amérique du Nord, qui sont ensuite dirigées sur tous les points du globe.

Le commerce des fourrures, qui est immense dans tout le nord de l'Europe, est aussi très-considérable en Angleterre, où il est favorisé par l'humidité du climat, qui en rend l'usage indispensable pendant neuf mois de l'année. C'est donc chez les Anglais plutôt un article de nécessité que de luxe : aussi la confection en est généralement très-ordinaire.

C'est en Russie et en France que se portent les plus belles pelleteries, et c'est en France que l'art du fourreur est le plus perfectionné, que les plus grands progrès ont été faits. On est parvenu à donner à certaines pelleteries un lustre ou teinture qui en augmente la valeur et la belle apparence.

Malheureusement aucun de nos fourreurs ne s'était fait

représenter à Londres : il a été impossible de comparer sur place le mérite de la préparation des fourrures, dont les formes, le bon goût et la bonne confection sont, de notoriété publique, acquis à la France.

L'Angleterre avait exposé un grand nombre de produits très-variés : M. Nicolaï avait une grande collection de boas, de martres d'Allemagne et de renards du Nord et du Canada.

La Russie avait aussi quelques fourrures de prix.

Le Canada, de vastes pelisses pour garnir des traîneaux.

La Belgique a exposé deux grands tapis ronds composés de diverses peaux assemblées d'un assez joli effet.

La Hongrie un manteau de boyard en agneau noir frisé à l'intérieur, brodé et orné de dessins assez remarquables à l'extérieur.

Le commerce des pelleteries comprend aussi toutes les peaux propres à fournir les poils qui servent à la confection des chapeaux de feutre : ce sont les peaux de castors et de rats musqués de l'Amérique du Nord, les peaux de lièvres d'Allemagne et de Russie, et, pour la France, les peaux de lièvres et de lapins. La valeur du poil qui s'exporte de France, sans compter ce qu'elle en emploie pour sa consommation intérieure, peut être évaluée à 1,800,000 francs.

16 fourreurs, dont 7 anglais et 9 d'autres pays, se sont présentés et ont obtenu :

Angleterre...............	7 médailles.
Russie..................	2
Prusse..................	2
Divers pays..............	5
Total.....	16

SELLERIE ET HARNAIS.

La confection des selles et harnais laissait beaucoup à désirer en 1816 : la forme de ces objets était lourde, grossière, sans élégance; à part quelques articles de luxe, qui n'étaient pas irréprochables au point de vue du bon goût, nous étions fort arriérés auprès de nos voisins d'outre-mer.

La ferrure était mal comprise, les cuirs mal préparés; les piqûres seules étaient soignées : aussi nos chevaux étaient-ils mal garnis et souvent blessés, parce que l'on ne s'attachait pas alors comme aujourd'hui à établir le harnais suivant les formes du cheval.

Ce n'est qu'à partir de cette époque que quelques maisons, comprenant les perfectionnements à apporter dans cette industrie, s'appliquèrent, les unes à donner aux ferrures la cambrure et le fini, les autres à la coupe des cuirs et à la confection les formes élégantes et commodes qui constituent une bonne fabrication.

A leur exemple, on vit chaque année nos selliers rivaliser de zèle pour arriver à la meilleure confection, et avec tant de succès, que, dès 1825, les produits de cette industrie étaient recherchés à l'égal de ceux des Anglais.

Ce commerce, en France, doit se diviser en deux parties très-distinctes : les articles pour la consommation intérieure, et ceux établis pour l'exportation.

Dans le premier cas, les produits qui sortent des ateliers de nos selliers qui livrent à la clientèle riche ne le cèdent en rien à aucun autre peuple : élégance, solidité, bonne appropriation, rien ne leur manque. Nous ne craignons pas d'affirmer que c'est par un reste de préjugé, acquis par la supériorité que les Anglais ont eue longtemps sur nous, que l'on préfère encore quelquefois leur sellerie. Nous avons sur eux l'avantage de produire à 25 et 30 p. 0/0 meilleur marché; on comprend, du reste, l'avantage que donne aux fabricants le haut prix que les consommateurs anglais n'hésitent pas à payer.

Dans l'autre cas, la sellerie destinée à l'exportation se fait à des prix vraiment surprenants : quelques fabricants sont parvenus à établir un équipage complet pour cheval de selle au prix de 20 à 25 francs, qui a la forme, l'élégance et tous les dehors de ceux du prix le plus élevé; il n'en a certainement pas la qualité, mais il convient, sous le rapport du bon marché, aux pays qui le consomment.

Néanmoins il faut le dire, bien qu'excités par la concurrence, il est un point où nos fabricants doivent s'arrêter; car l'abaissement successif du prix finit par nuire à la confection et à la qualité des produits, et pourrait les faire rejeter des marchés qui les reçoivent. Il faut ajouter que, depuis quelques temps, un revirement favorable a eu lieu en ce sens.

L'Angleterre avait un très-grand nombre d'exposants et des articles très-variés dans leur forme et leur application; cette exposition soutient la vieille réputation de ses produits.

Les harnais sont bien traités, les formes bien appropriées à leur usage; les selles sont d'une bonne exécution : on pourrait seulement leur reprocher de ne pas avoir l'élégance, l'élasticité et la légèreté des nôtres, qui réunissent la même solidité à tous ces avantages.

Toute la ferrure, la bouclerie, le mors, la couverture, le fouet, sont établis comme pour des gens qui savent apprécier le bon usage et la qualité en y mettant le prix.

Les harnais confectionnés pour les chevaux de trait sont aussi très-bien faits; établis en cuir noir de bonne qualité, garnis de ferrures galvanisées, ils réunissent à la bonne confection la propreté et la légèreté, qui manquent souvent à nos harnais de ce genre: aussi leurs attelages, ceux de trait et de labour, sont-ils mieux équipés et mieux entretenus que les nôtres. Nos chevaux sont surchargés par de lourds colliers, le plus souvent recouverts par une peau de mouton en laine, qui en ramollissant les épaules, les énerve et leur fait contracter des maladies hideuses presque inconnues en Angleterre. Il serait à désirer que nos entrepreneurs de transports de tout genre et nos fermiers comprissent enfin que la légèreté et la propreté sont indispensables à la santé des animaux, et qu'en entretenant avec soin les harnais ils économisent leur bourse et préservent leurs chevaux de funestes maladies.

A part quelques échantillons de nouveaux corps de collier qui demandent à être expérimentés, la France n'était représentée que par MM. Prax et Lambin : cette maison réunissait, à son exposition, presque tous les objets qui composent la sellerie, depuis la selle légère de course jusqu'à celle plus rustique de l'équipement militaire, le harnais verni, léger et coquet jusqu'à celui de fatigue en cuir noir; tout était traité avec intelligence et succès. Leurs selles dont le cuir est bien choisi, les piqûres très-soignées, la forme élégante, ont fixé l'attention des connaisseurs; elles sont certainement plus légères et plus gracieuses que celles de tous les autres pays.

Celles pour l'équipement militaire étaient aussi examinées avec soin; elles paraissent réunir la solidité à une bonne entente de formes, et sont généralement d'un poids léger, ce qui est fort important pour la cavalerie.

Nous avons remarqué une selle de course, garnie de ses courroies, qui pesait moins d'un kilogramme et qui paraissait joindre à cette extrême légèreté une grande résistance, et deux autres selles tout en cuir, imitées de celles faites sur les indications de M. Baucher, qui s'adaptent parfaitement, par leur élasticité, à la forme de tous les chevaux.

L'Algérie avait aussi payé son tribut : quelques selles brodées or et argent à l'usage des Arabes, d'autres, de formes anglaises, où les auteurs avaient cherché à concilier les exigences du pays avec des formes plus agréables; une en soie attirait surtout l'attention.

Un harnais en cuir verni envoyé de Philadelphie fixait surtout les regards : garni en argent massif, il représentait non-seulement un objet de prix, mais de mérite sous le rapport de la bonne confection, bien découpé, parfaitement piqué; c'était une des pièces les plus remarquables de l'exposition.

En général, l'extrême légèreté des formes dans les harnais américains est peut-être un défaut; mais il paraît que, dans ce pays, il les faut très-légers en apparence.

Le Maroc, la Turquie et l'Égypte brillaient par le luxe des ornements de leurs selles, sinon par les formes. Le style oriental de ces produits contraste singulièrement avec celui de l'Europe : elles ne peuvent s'employer que dans les pays qui les fabriquent, mais il semble que des selles moins lourdes, pour des chevaux en général assez légers, conviendraient mieux surtout dans ces pays à haute température. On s'arrête avec curiosité devant ces articles de luxe chargés d'or, de broderies et d'ornements, mais on les quitte sans regret.

Le Canada avait envoyé deux fort jolis harnais plaqués de très-bon goût; la bride, surmontée d'une aigrette en crin bleu clair, et une large sellette garnie de grelots et de glands en crin figuraient un très-élégant attelage de rennes pour un traîneau. Ces harnais méritent une mention particulière.

En Belgique, M. Ladoubé le jeune avait envoyé un harnachement en cuir verni de bon goût et un collier rustique bien compris pour son usage.

Le Zollwerein, la Saxe, l'Autriche, étaient représentés par des produits assez bien traités.

MM. Prax et Lambin ont obtenu une médaille de prix.

PLUMES.

Ces objets ont deux destinations tout à fait différentes : les plumes de prix servent à l'ornement des chapeaux et à la coiffure des dames, et sont aussi employées dans l'équipement militaire; c'est un article de luxe d'un prix souvent très-élevé, et qui se lie essentiellement aux fleurs artificielles. C'est, du reste, une industrie toute parisienne: elle brille par la vivacité et la solidité de ses couleurs et le bon goût de ses modèles.

Les vitres de nos exposants ne contenaient que quelques plumes comme complément de leur exposition de fleurs.

Une maison de Londres en avait une complète, qui attirait les regards par la valeur qu'elle représentait; mais les plus beaux articles étaient une imitation des modèles français.

Malgré l'avantage que les Anglais ont sur nous, puisque le marché de Londres reçoit plus particulièrement ces produits bruts, les plumassiers de Paris ne redoutent nullement la concurrence étrangère : aussi réclament-ils incessamment la libre entrée des plumes brutes, même de celles fabriquées, et l'abolition d'un droit qui nuit à la production, et rapporte peu au Trésor.

Celles destinées à la fabrication des plumeaux rentrent aussi dans la catégorie des articles de l'industrie parisienne; elle donne lieu à un mouvement d'affaires de 850,000 francs à un million et demande le concours de plusieurs centaines d'ouvriers. Cette industrie, qui ne remonte pas, surtout pour l'emploi de la plume de vautour, au delà de trente-cinq ans, tend à acquérir tous les jours plus d'importance; elle est à peu près concentrée en France, et, malgré les tentatives faites à l'étranger, on n'a pu encore l'imiter, du moins d'une manière satisfaisante.

Le plumeau se fabrique avec la plume de coq de France et de Russie, mais principalement avec celle dite *de vautour,* qui est celle de l'autruche bâtarde de l'Amérique du Sud. La consommation tend à s'accroître. C'est Paris qui fabrique et fournit la presque totalité de ce qui se consomme, tant en France qu'à l'étranger.

Trois maisons françaises seulement se sont présentées; elles ont exposé des éventails et des plumeaux très-bien établis. Les formes variées et la légèreté de ces produits les rendent applicables à beaucoup d'usages. Le prix en est, en général, peu élevé.

CHEVEUX ET CRINS.

La fabrication des ouvrages en cheveux comprend celle des perruques, toupets, nattes et autres objets appelés à dissimuler les ravages du temps, et les tissus, bracelets, cordons et autres articles montés en or et argent, comme ornements de toilette.

Cette dernière industrie a pris naissance sous l'Empire; elle fut importée par des prisonniers anglais, qui s'en firent un moyen d'existence. Pendant longtemps elle resta pour ainsi dire inaperçue; il n'existait guère que deux ou trois modèles.

Mais, vers 1816, quelques Français établirent des ateliers qui commencèrent à livrer au commerce des produits beaucoup plus variés. En 1824, la maison Lemonier père imprima à cette industrie un mouvement bien plus actif, qui contribua à la formation d'un assez grand nombre de fabriques. Le goût, la variété des modèles, en firent bientôt une des branches importantes de la bijouterie.

Cet article fut aussi demandé par l'exportation; il s'en vend beaucoup en Angleterre et en Espagne.

C'est à Paris et à Lyon que sont les ateliers les plus importants. Plus de 1,500 ouvriers sont occupés aujourd'hui à la confection des bracelets, garnitures de broches, médaillons, bagues et autres.

Les objets faits en Angleterre qui nous ont été soumis sont confectionnés avec soin, mais il n'existe que peu de variations dans les modèles : quelques perruques, nattes, un bouquet en cheveux et quelques articles seulement pour ornements.

En France, MM. Lemonier et Cie ont exposé un assortiment complet de tous les objets en cheveux qui s'appliquent à la parure. La variété de leurs modèles, le bon goût de leurs articles, le soin apporté à la monture en font presque un objet de luxe. Cette maison en livre de fortes quantités à l'exportation; elle établit aussi des tableaux en cheveux, dont les dessins sont le plus souvent des sujets allégoriques, commandés par un sentiment religieux ou comme un souvenir de famille. Ce genre, s'il ne peut être classé parmi les objets d'art, a néanmoins le mérite d'être exécuté avec beaucoup de soin et de talent.

M. Croizat, de Paris, a présenté une machine très-ingénieuse servant à implanter les cheveux sur le tissu.

La confection des perruques et toupets s'est constamment perfectionnée depuis 1816; on est parvenu à imiter la nature de manière à tromper l'œil le plus exercé.

Une maison d'Éberfeld, en Prusse, expose une série de bracelets, fleurs et cheveux bien traités.

Nous avons aussi remarqué, en Allemagne, quelques dessins exécutés en cheveux sur un tissu en soie assez joli, une perruque grise faite à Rotterdam, d'une parfaite exécution.

Les crins naturels ou teints sont ordinairement appliqués en mèches, comme ornement aux équipements militaires, ou tissés pour meubles, casquettes ou autres objets.

M. Delacourt avait exposé une variété de tissus naturels teints, variés de dessins très-bien appropriés à leur usage.

MM. Haussen et Vilrode, en Belgique, avaient aussi un très-grand assortiment de crins tissés, parfaitement établis.

Nous avons remarqué une très-belle collection de soies de porc pour brosses et autres usages, envoyée par M. Capellemans, de Bruxelles.

FIN.

TABLE DES MATIÈRES.

XVIIe JURY.

IMPRIMERIE, LIBRAIRIE, PAPETERIE

ET INDUSTRIES AUXILIAIRES,

PAR M. AMBROISE FIRMIN DIDOT [1],

MEMBRE DU JURY CENTRAL DE FRANCE, ETC.

COMPOSITION DU XVIIe JURY.

MM. Sylvain VAN DE VEYER, ambassadeur de Belgique en Angleterre, Président.	Belgique.
Thomas DELARUE, fabricant de papiers, encres et autres objets de bureau, à Londres, Vice-Président.	Angleterre.
le vicomte MAHON, pair du R. U.	Angleterre.
Charles WITTINGHAM, imprimeur à Londres.	Angleterre.
C. VENABLES, ancien fabricant de papiers à Londres.	Angleterre.
A. Firmin DIDOT, chargé définitivement du rapport pour le grand Jury de Londres.	France.
le professeur HÜLSSE, directeur de l'Académie polytechnique à Dresde.	Zollverein.
Henry STEVENS-BARNET, État de Vermont.	États-Unis.
ASSOCIÉ.	
M. Georges TURNER.	États-Unis.

PREMIÈRE PARTIE.

IMPRIMERIE.

CONSIDÉRATIONS GÉNÉRALES.

A quatre siècles de distance, la date de la *grande Exposition de l'industrie universelle* coïncide avec celle de l'invention de l'imprimerie. On dirait que toutes les nations se sont réunies

[1] Sur la demande de l'honorable M. Sylvain Van de Weyer, président de la XVIIe classe, et sur les instances de mes honorables collègues du jury de Londres, qui ont bien voulu me nommer rapporteur, je me suis chargé de la partie historique et technique concernant les diverses branches de la

dans la capitale de l'Angleterre pour fêter le jour séculaire de cet art, complément de la parole, et l'instrument le plus puissant de la civilisation du monde. C'est par l'imprimerie que les peuples se sont communiqué leurs pensées et leurs sentiments, et ont reçu une vie commune. Sans ce lien merveilleux, livrés à l'ignorance et aux préjugés qui entretiennent les guerres nationales, ils n'auraient jamais offert l'admirable spectacle d'une concorde universelle et d'une généreuse émulation.

Les fêtes d'Olympie, où concouraient toutes les nations de la Grèce, sont effacées des fastes de l'humanité par cette fête solennelle qui a réuni tous les peuples de la terre.

typographie, de la *librairie* et de la *fabrication du papier*. J'ai tâché de présenter dans mon rapport une histoire abrégée et une statistique suffisamment détaillée de chacun des pays dont nous étions chargés d'examiner les produits, afin de constater l'état actuel des connaissances acquises dans chaque industrie, et d'offrir un point de comparaison pour les futures *Expositions universelles* auxquelles celle de Londres servira de point de départ.

Les épreuves de ce travail ont été envoyées à Londres à mes collègues, pour y être traduites. Dans le rapport général, publié en anglais, mes honorables collègues ont consigné le résultat des connaissances spéciales à plusieurs d'entre eux, et ont ajouté quelques détails plus circonstanciés sur les pays qu'ils étaient chargés de représenter ou sur les industries auxiliaires annexées à notre Classe.

Ainsi, dans le rapport publié à Londres, c'est à M. Delarue qu'on doit plusieurs chapitres se rattachant, par l'universalité de ses connaissances pratiques, à la variété des objets dont je n'ai point cru devoir m'occuper dans ce rapport.

Un chapitre intéressant, mais excédant de beaucoup les bornes du cadre que je m'étais tracé, concerne les impressions, livres, appareils, destinés aux aveugles. Il est dû à M. Stevens Barnet, ainsi que les détails très-circonstanciés sur l'imprimerie, la fonderie des caractères et la papeterie dans les États-Unis. On pourra les consulter dans le rapport anglais.

Enfin, divers renseignements sont dus au savoir étendu et si varié de M. Van de Weyer, ainsi qu'à l'habile imprimeur M. Wittingham, nommé d'abord rapporteur; à M. le professeur Hülsse; à M. Venables, ancien et célèbre fabricant de papiers, et au vicomte Mahon, petit-fils de lord Stanhope, dont le nom, attaché à la presse en fonte et au stéréotypage par le moyen du plâtre; deux inventions qui lui sont dues, restera à jamais honoré parmi les typographes de tous les pays.

A mon premier travail, mis dans un meilleur ordre, j'ai joint des additions essentielles et nombreuses qu'exigeait le plan adopté par la Commission française.

Si, dès sa naissance, l'imprimerie est apparue comme un nouveau sens donné à l'homme pour communiquer ses idées aussi vite que la pensée; si les papes, les rois, les évêques, les universités et la Sorbonne, l'ont déclarée une invention divine, le spectacle que nous avons sous les yeux justifie leur admiration.

Lorsqu'on songe au prix excessif des manuscrits, à la difficulté de se les procurer, à tous les bienfaits dont la société était privée avant la découverte de l'imprimerie, tout homme ami de l'étude et des nobles spéculations intellectuelles doit s'estimer heureux de vivre à une époque où ces trésors d'instruction sont mis par elle à la portée de tous.

Dans chaque pays, l'imprimerie, dès son origine, constate l'état de la civilisation dont les livres sont le miroir, et l'histoire de l'esprit humain est inscrite dans la bibliographie. En effet, les premiers livres imprimés en Allemagne sont presque totalement consacrés à la théologie et à la scolastique, tandis qu'à Paris l'ancienne littérature occupe le même rang que la théologie. A Rome, où le souvenir des lettres romaines avait conservé encore un grand empire, l'imprimerie, dirigée par les évêques d'Aleria et de Teramo, reproduit de préférence les chefs-d'œuvre de l'ancienne littérature. L'influence chevaleresque de François Ier fait ensuite apparaître en France une foule d'ouvrages de chevalerie. L'empereur Maximilien, non moins zélé protecteur des lettres et des beaux-arts, concourt lui-même à l'exécution littéraire et typographique d'un poëme chevaleresque dont il est le héros, et qu'il fait imprimer à Nuremberg avec un luxe inouï. C'est à cette passion pour les récits chevaleresques, qui dominait tous les esprits, qu'est due l'introduction de l'imprimerie en Angleterre. Sur les soixante-deux ouvrages imprimés alors à Londres par Caxton, la théologie n'en compte pas dix; tout le reste est consacré à la chevalerie, à l'histoire plus ou moins romanesque, à la littérature et aux coutumes. Enfin, à l'époque où les papes fondaient à Rome la célèbre imprimerie pour la Propagation de la foi et des saintes Écritures, la première Bible traduite en anglais qui paraissait à Londres était brûlée; tandis qu'aujourd'hui cette grande imprimerie de la Propagande reste oisive, quand l'Angleterre inonde chaque année le monde d'un million de Bibles et de Nouveaux Testaments, traduits dans toutes les langues [1].

Dès son origine, l'art de l'imprimerie avait atteint une grande perfection; ce n'est même qu'à la fin du siècle dernier qu'on peut signaler réellement quelques progrès, dus aux efforts d'Ibarra en Espagne, de Baskerville et de Bulmer en Angleterre, de Bodoni en Italie, et de la famille des Didot à Paris. Les caractères furent mieux gravés et mieux fondus, l'encre redevint aussi bonne que celle des premiers imprimeurs, le papier fut mieux fabriqué, et le tirage plus égal.

On admirait alors la célérité avec laquelle, à chaque coup du levier mû par la main de l'ouvrier, toutes les pages que pouvait contenir une feuille entière de papier se trouvaient écrites d'un seul coup. Cette rapidité, qui permettait à un ouvrier de produire en un jour ce que mille scribes n'auraient pu écrire, ne suffisait plus au mouvement des esprits excités par des besoins sans cesse renaissants.

Au commencement de ce siècle, lord Stanhope, par l'invention de la presse qui porte son nom, et d'un nouveau procédé de stéréotypage plus simple et plus économique, venait d'apporter à la typographie une grande amélioration, lorsque MM. Kœnig, horloger en Saxe, et Bauer, son élève, secondés par l'habileté des mécaniciens anglais et par la persévérance intelligente et courageuse de M. Bensley, appliquèrent la puissance de la vapeur à un nouveau système qui produisit une révolution dans l'imprimerie. Les tampons en cuir, que les ouvriers pressiers maniaient si péniblement, furent remplacés par les rouleaux en gélatine. Au lieu de la platine que le bras de l'ouvrier abaissait lentement sur les caractères, deux cylindres imprimèrent avec rapidité les deux côtés de

[1] La société biblique de Londres, pour favoriser le mouvement des idées chrétiennes qui se manifestent en Chine, fait imprimer en ce moment (avril 1854) un million d'exemplaires de Bibles *en langue chinoise,* dont 500,000 de l'Ancien Testament et 500,000 du Nouveau Testament.

la feuille, quelle qu'en fût la grandeur. Au moyen de cette immense machine, bien simplifiée depuis, le journal *le Times* fut imprimé avec une célérité qui est à la presse de Gutenberg ce que la presse de Gutenberg a été à la main des copistes.

Là semblaient devoir s'arrêter les progrès de l'imprimerie; mais, après s'être successivement transformée, cette machine nous apparaît aujourd'hui sous une forme toute nouvelle, et on pourrait croire, lorsqu'on voit le journal *le Times* imprimé par le nouveau système d'Applegath, que le dernier degré est atteint, si l'expérience ne défendait à l'homme d'oser assigner un terme à la perfection des choses humaines et aux vues impénétrables de la Providence[1].

CHAPITRE PREMIER.

DE L'IMPRIMERIE DANS LES DIVERS PAYS.

I.

ALLEMAGNE.

Née à Strasbourg et à Mayence, l'imprimerie, qui d'abord crut devoir s'exercer en secret, soit par crainte de blesser des préjugés et d'irriter les intérêts des scribes nombreux occupés à copier les manuscrits, soit pour faire croire aux acheteurs que les livres sortis de ses presses étaient des manuscrits, trouva, dès son origine, des protecteurs parmi les princes et les riches particuliers[2]. L'empereur Maximilien, qui coopérait lui-même comme auteur aux livres qu'il faisait imprimer[3],

[1] Voir, pour ce qui concerne les presses à imprimer, la Classe du jury à laquelle il appartient d'en rendre compte.

[2] Telle était la famille des riches banquiers d'Augsbourg, les Fugger. On sait que notre célèbre Henri Estienne, encouragé et soutenu par eux dans ses dispendieuses publications, honora leur nom et leur témoigna sa reconnaissance en imprimant sur le titre de plusieurs de ses plus belles éditions : *Excudebat Henricus Stephanus illustris viri Hulderici Fuggeri typographus.*

[3] On peut en juger par le chef-d'œuvre typographique du poëme de Tewr-

portait un vif intérêt à l'art typographique et en exigea des chefs-d'œuvre. Par ses ordres, les dessinateurs et les graveurs les plus habiles secondèrent les efforts de son imprimeur Schœnsperger.

En tout temps, l'amour des livres s'est maintenu en Allemagne, le nombre de ses impressions et l'immensité d'un commerce de librairie dont elle est encore aujourd'hui le principal marché, a puissamment contribué à propager cette solide instruction dont on est redevable au savoir des nombreux professeurs de ses universités et au zèle éclairé de ses libraires et de ses imprimeurs, que distinguent leur instruction et leur amour pour leur profession.

AUTRICHE.

A cette exposition, l'Imprimerie impériale d'Autriche est apparue avec un éclat qui a causé une surprise générale. Non moins encouragée aujourd'hui par ses modernes souverains qu'elle le fut autrefois par l'empereur Maximilien, elle s'est montrée à la hauteur de ses devoirs, en hâtant les progrès de l'art par de nombreux essais en tous genres. La xylographie, la gravure, la fonte des caractères, le stéréotypage, soit par des moules en plâtre, soit au moyen de la gutta-percha et de la galvanoplastie; l'électro-métallurgie, qui fait que les poissons et animaux fossiles enfouis dès les temps antédiluviens se reproduisent eux-mêmes sur le papier, la galvanographie, la galvanotypie, la chimitypie, toutes ces nouvelles applications de l'art et de la science, qui nous font entrevoir un avenir dont les bornes sont inconnues, s'y présentent réunies; et la lithographie, cette nouvelle sœur de la

danck, imprimé par Schœnsperger, et par l'unique exemplaire complet*, sur peau de vélin, du livre d'heures dont l'exécution typographique est supérieure encore. On possède à Munich l'exemplaire qui appartenait à l'empereur Maximilien, et dont chaque page est entourée de dessins d'Albert Durer; malheureusement, il est en grande partie incomplet.

* Depuis que cette note est écrite, M. Butch, ancien libraire à Augsbourg, m'a cédé un exemplaire complet, transmis de père en fils dans sa famille.

typographie, y apparaît aussi avec ses nouvelles annexes, la typochromie et la lithochromie.

La belle et riche collection des caractères orientaux, dont nous avons compté plus de cent sortes diverses, toutes aussi bien gravées que bien fondues, prouve qu'en Autriche l'érudition n'est pas moins encouragée que les arts, et que son Imprimerie impériale veut rivaliser avec la nôtre pour la richesse et la perfection des types de tant de langues étrangères anciennes et modernes. Le jury a remarqué la série des *Pater noster* imprimés en 608 langues ou dialectes, dont 206 sont imprimés avec les caractères particuliers à ces langues.

Pour pouvoir reproduire les anciens ouvrages dont l'origine remonte au berceau de l'imprimerie (les incunables), elle a fait graver un grand nombre de caractères offrant les fac-simile des types employés par les anciens imprimeurs aux diverses époques.

A côté d'un grand nombre d'objets qui se rattachent à la typographie, les physiciens admirent cette planche de plus de 10 mètres de long sur un mètre de large, obtenue par des piles galvaniques d'une puissance et d'une perfection telles, qu'on ne s'étonne plus de voir exécutés par ce procédé des tableaux typographiques ayant chacun 4,000 centimètres carrés, qui reproduisent sur cuivre les caractères en toutes les langues, et qui peuvent imprimer plusieurs millions d'exemplaires sans être altérés.

Rien de plus beau que les produits lithochromiques de l'Imprimerie impériale d'Autriche, soit que la vue s'arrête avec plaisir sur de beaux tableaux de fleurs et de fruits ou sur une charmante figure de jeune fille, soit qu'elle considère, avec la curiosité de l'artiste et l'intérêt du médecin, les représentations de ces affligeantes infirmités résultant des maladies de la peau.

Mais, si ces grands établissements où le Gouvernement centralise d'aussi puissants moyens d'action sont profitables aux progrès de l'art, il en résulte néanmoins l'inconvénient, pour l'industrie particulière, de ne pouvoir lutter qu'avec peine contre de pareilles institutions. Aussi voit-on, dans les pays où elles ont pris un tel développement, bien peu d'imprimeries et de fonderies posséder des caractères orientaux; tandis qu'en Angleterre, et même en Prusse, où il n'existe pas de semblables établissements royaux, la prodigieuse quantité de types orientaux que possèdent les fonderies de caractères et les imprimeries particulières est pour nous un sujet d'étonnement.

M. Haas, à Prague, s'est distingué par les efforts qu'il a faits en divers genres pour soutenir la réputation de son ancienne imprimerie. C'est le seul établissement particulier, en Autriche, qui ait envoyé des produits à l'Exposition universelle.

PRUSSE.

Après l'imprimerie impériale d'Autriche, nous mentionnerons celle de M. Decker, imprimeur de l'Académie royale de Berlin.

La Bible grand in-folio, traduction allemande de Luther, est un véritable chef-d'œuvre de l'art typographique. L'impression en est parfaite, les caractères bien gravés et bien fondus, l'encre aussi noire que brillante, le papier magnifique.

Nous en dirons autant de l'édition des œuvres complètes de Frédéric le Grand, monument littéraire et typographique élevé par la Prusse à ce héros littérateur. Les cinq volumes grand in-quarto déjà publiés sont dignes, par leur exécution typographique, de l'importance d'un tel ouvrage.

M. Decker offre, dans le spécimen des caractères de sa fonderie, de beaux types orientaux gravés en partie avec le concours de l'Académie de Berlin.

SAXE.

M. Hirschfeld, à Leipsick, et quelques autres établissements typographiques, maintiennent l'imprimerie dans une honorable situation en Allemagne.

Le nombre considérable de publications imprimées en une seule année par M. Brockhaus, à la fois imprimeur, fondeur en caractères et libraire-éditeur à Leipsick, a frappé l'attention du jury. Toutes les entreprises littéraires de ce grand établissement sont dirigées vers un but d'utilité littéraire et scientifique, et s'impriment à un très-grand nombre d'exemplaires. Quoique l'imprimerie de M. Brockhaus s'occupe moins de la perfection de l'art que de la célérité d'exécution et de la correction de ses éditions, nous avons cependant remarqué un charmant petit volume intitulé : *Die betzauberte Rose,* par Schultze. Les livres qu'il a exposés, au nombre de 356, *ont tous été imprimés par lui dans le courant de l'année 1850.* En supposant que chacune de ces publications ne formât qu'un seul volume, tiré seulement à 1,000 exemplaires, ce serait 356,000 volumes sortis de son imprimerie dans une année. On sait que chaque édition de son *Dictionnaire de la conversation,* en 12 volumes in-8°, qui a atteint aujourd'hui sa dixième édition, n'est jamais tiré à moins de 8,000 exemplaires.

Les livres imprimés et publiés par M. Wieweg, de Brunswick, qui est aussi fondeur de caractères et fabricant de papiers, ne sont pas moins remarquables par leur but d'utilité scientifique que ceux que publie M. Brockhaus. L'exécution, quoique sans luxe, est très-satisfaisante et telle qu'il convient à ce genre de librairie.

II.

ITALIE.

L'imprimerie, presque aussitôt après sa découverte, fut transportée à Rome par des imprimeurs allemands. Les papes Sixte V, Léon X et Clément XIV y fondèrent la célèbre imprimerie du Vatican pour publier les œuvres des saints Pères, les saintes Écritures, et pour propager la foi catholique. Les beaux types orientaux destinés à cet usage font toujours honneur à cette imprimerie ; mais les publications y sont rares, et ne se ressentent pas du mouvement des idées qui agitent le monde.

Presque en même temps qu'à Rome, vinrent s'établir à Venise les Vendelin de Spire et les Jenson, qui apportèrent aux caractères d'heureuses modifications en les rapprochant des beaux types des inscriptions romaines. Les Alde les améliorèrent encore, et créèrent le caractère penché, dit *italique*. Leurs savantes éditions sont remarquables encore aujourd'hui par la beauté de l'exécution typographique.

A la fin du siècle dernier et au commencement de celui-ci, Bodoni, typographe consommé, à la fois graveur et fondeur de ses caractères qu'il imprimait avec tant de soin, publia ses belles éditions, véritables chefs-d'œuvre qui lui ont mérité une juste renommée, mais où il a sacrifié peut-être trop au luxe typographique.

L'Italie n'a envoyé que peu de produits typographiques à l'Exposition de 1851. Cependant le jury a remarqué avec intérêt le grand volume in-folio, *Histoire de l'abbaye d'Altacomba*, fort bien imprimé à Turin grâce au talent de MM. Chirio et Mina, qui ont fait usage des beaux caractères gravés par Firmin Didot père : chaque page est entourée d'encadrements imités d'un des plus riches manuscrits du xve siècle. Les gravures sur bois, multipliées par la galvanoplastie, sont d'une exactitude très-satisfaisante.

III.

FRANCE.

Dès 1470, l'imprimerie fut introduite à Paris, sous l'influence de la Sorbonne. Ses progrès furent rapides : Rembold, l'associé de Géring, Antoine Vérard, Simon de Colines, Pigouchet et autres, portèrent l'art de l'imprimerie à un haut degré de perfection. Au mérite typographique des éditions de Robert et de Henri Estienne s'est joint le savoir personnel de ces imprimeurs, dont la gloire est immortelle.

Les Camuzat, les Delatour, les Coustelier et les Barbou maintinrent à Paris les bonnes traditions des anciens imprimeurs; ce que firent également à Lyon les Rouille et les de Tournes. Vers la fin du siècle dernier, Ambroise Didot fut chargé par

Louis XVI d'imprimer la collection des classiques français dite *du Dauphin*. On dut ensuite aux travaux réunis de Pierre Didot et de Firmin Didot, à la fois graveurs, fondeurs en caractères et imprimeurs, les belles éditions imprimées au palais national du Louvre; l'art typographique leur est redevable de plusieurs importantes améliorations. C'est auprès d'eux, et dans leurs établissements, que se formèrent de jeunes typographes qui ont porté le goût de leur art dans les provinces et dans les pays étrangers.

Maintenant, par l'effet de la concurrence portée à ses dernières limites, le caractère original et personnel des anciens typographes s'efface de jour en jour. Le système de la division du travail, qui est la conséquence de cette lutte, ne leur permet plus, comme autrefois, de graver eux-mêmes et de fondre leurs caractères, de fabriquer leur encre, de surveiller la construction de leurs presses, et même de prendre des mains des ouvriers pressiers les balles ou tampons, pour leur enseigner à s'en mieux servir. A ces connaissances techniques si variées beaucoup d'entre eux réunissaient un grand savoir littéraire.

Aujourd'hui la concurrence oblige chacun de concentrer tous ses efforts et toute son aptitude sur une seule des branches qui constituent la typographie. Le graveur est seulement graveur, le fondeur en caractères ne s'occupe que de cette partie; il en est de même du fabricant d'encre, du fabricant de rouleaux à imprimer, du libraire et de l'éditeur; à plus forte raison de l'imprimeur, qui ne peut réussir, dans cette profession pénible et ingrate, que s'il est avant tout habile administrateur. On voit donc souvent, dans plusieurs imprimeries, deux associés, l'un s'occupant des détails techniques de l'art, l'autre de la partie commerciale et administrative. De cette division extrême du travail et de la précipitation qu'on est obligé d'apporter à l'exécution des travaux, il résulte une certaine uniformité dans les produits de la typographie moderne. On doit dire cependant qu'en général, et par l'effet même de cette concentration des efforts de chacun sur chaque partie de l'art, l'ensemble de la fabrication est très-satisfaisant en France, comme en Angleterre et dans la plupart des pays.

IMPRIMERIE IMPÉRIALE.

Cet établissement fut fondé en 1640 par Louis XIII. Il y réunit les types gravés par Garamond d'après l'ordre de François Ier, qui les confiait aux imprimeurs les plus distingués, honorés du titre d'*imprimeurs royaux,* pour servir aux belles éditions qui sortaient de ces imprimeries particulières. Sous les règnes suivants, l'Imprimerie royale s'est illustrée par de grandes publications scientifiques, telles que la collection des Ordonnances des rois de France, celle des Pères de l'Église et des Conciles, celle des Historiens byzantins, la grande édition de Buffon, etc. Après la chute de la royauté, elle devint une vaste manufacture où successivement furent concentrées toutes les impressions des services administratifs, divisées auparavant entre les imprimeries particulières. L'Empereur en confia la direction, en 1802, à M. Marcel, qui avait fait partie de l'expédition d'Égypte, et avait fondé l'imprimerie arabe établie au Caire par le général Bonaparte, membre de l'Institut. Mettant à profit les types de la Propagande de Rome transportés à Paris, M. Marcel imprima en cent cinquante langues l'Oraison dominicale, dont il eut l'honneur de présenter plusieurs feuilles au pape Pie VII, lorsque Sa Sainteté vint visiter cet immense établissement en 1805. Elle vit ainsi s'opérer sous ses yeux, à Paris, l'impression des caractères apportés du Vatican, où ils sont depuis retournés.

C'est surtout sous le règne de Louis-Philippe que l'Imprimerie, alors royale, améliora ses moyens d'exécution et fit graver un grand nombre de types orientaux, exécutés sous la direction spéciale de nos plus savants orientalistes, tels que MM. Burnouf, Hase, Mohl, etc. Tous sont remarquables par leur belle exécution, et par les heureuses combinaisons qui, sans altérer la pureté des formes, ont simplifié la gravure et la fonte des lettres, et en ont facilité la composition. Nous citerons particulièrement le caractère hiéroglyphique gravé sous la direction de MM. Letronne et Em. de Rougé, composé de deux mille quatre cents poinçons avec lesquels on peut reproduire toutes les inscriptions égyptiennes. Remarquons aussi le caractère assyrien, dont la décomposition a réduit à cent le nombre des poinçons nécessaires pour en figurer les diverses combinaisons. La réunion de cent cinquante corps de caractères étrangers, dans le livre d'épreuves exposé par l'Imprimerie nationale, rivalise avec la riche collection de l'Imprimerie impériale d'Autriche. Le jury a distingué particulièrement le goût pur et la parfaite exécution des encadrements imprimés en or et en couleur, pour imiter les beaux dessins et vignettes des élégants manuscrits orientaux. Citons enfin la perfection des superbes cartes géologiques exécutées par la lithographie établie dans cette Imprimerie; les repères des planches, dont chacune apporte une couleur différente, sont d'une parfaite régularité. Ces perfectionnements ont fait donner la médaille de prix à M. Derenémesnil.

Il est à désirer que l'Imprimerie impériale de France, à l'exemple de l'Imprimerie impériale d'Autriche et des manufactures de Sèvres et des Gobelins en France, accroisse successivement son dépôt déjà si riche et si parfait de types étrangers, et se livre plus spécialement aux essais en tout genre qui se rattachent à la typographie. Ces essais, qui exigent le concours des savants et des artistes en divers genres, sont une charge honorable pour un gouvernement tel que celui de la France.

L'exécution typographique, sous le rapport des types, de l'harmonie, de l'éclat et de la pureté des dessins, exécutés par MM. Chenavard et Clerget, est parfaite.

Rien de plus splendide que les trois volumes de la Collection orientale envoyés par l'Imprimerie nationale et qui furent exécutés sous la direction de M. P. Lebrun, membre de l'Académie française, alors directeur de l'Imprimerie impériale[1]. Ce sont :

[1] M. de Saint-Georges, ancien préfet, qui lui a succédé, s'occupe en ce moment d'importantes améliorations qui feront apparaître l'Imprimerie impériale avec un nouvel éclat à la prochaine exposition de 1855.

1° Le premier livre des Rois;

2° Le premier volume de l'Histoire des Mongols;

3° Le premier volume du Bhagavata Purana.

L'*imprimerie française* a été honorablement représenté à cette Exposition par les beaux ouvrages qu'ont exécuté MM. Dupont, Plon et Claye, pour Paris[1], et MM. Silbermann Mame et Desrosiers, pour les départements.

Les objets exposés par ces habiles imprimeurs sont en général les mêmes que ceux qui figuraient à l'Exposition française de 1849, et qui ont mérité la médaille d'or à MM. Dupont, Plon et Mame, la croix d'honneur à M. Desrosiers et une médaille d'argent à M. Claye.

Nous ne pourrions donc que répéter ici les éloges qui leur ont été donnés dans le rapport du jury de cette Exposition de 1849. Nous regrettons que M. E. Duverger, à qui l'imprimerie française est redevable de plusieurs perfectionnements n'ait point envoyé à l'Exposition de Londres les impressions exécutées par les procédés de son invention pour la musique et les cartes géographiques.

Il est fâcheux que les imprimeurs anglais n'aient pas cru devoir envoyer le produit de leurs presses à l'Exposition de Londres; la comparaison de leurs belles impressions aurait été honorable et même profitable à eux-mêmes et aux autres concurrents des divers pays. En l'absence de rivaux si redoutables, les imprimeurs français comprendront les motifs qu m'engagent à m'abstenir d'éloges par un sentiment de convenance qu'ils apprécieront. Je ne saurais cependant m'empêcher de signaler ce qui a été généralement remarqué, c'es que le grand nombre d'ouvrages exposés par nos imprimeurs se distinguaient généralement par l'élégance des lettres, le goût et la supériorité d'exécution des vignettes et des fleurons qui les décorent. Ce concours d'ornementations diverses, qui est le caractère distinctif des progrès de l'art typographique à notre époque, fait le plus grand honneur tout à la fois à

[1] Par un singulier hasard, tous les trois ont été les élèves de la typographie de M. Firmin Didot père.

nos artistes graveurs sur bois et sur métaux, à nos fondeurs de caractères et de vignettes et à nos imprimeurs.

La fabrication de l'encre rendue plus noire, plus brillante et plus siccative; la parfaite égalité des papiers fabriqués mécaniquement, la composition de leur pâte plus spongieuse sans nuire à la solidité, enfin le parfait glaçage du papier, ont contribué puissamment au perfectionnement de cette partie de l'art.

IV.

ANGLETERRE.

En 1474 parut, en Angleterre, le premier livre imprimé par Caxton. Presque tous les ouvrages qu'il imprima et qu'il traduisit lui-même pour plaire à Marguerite, sœur du roi Édouard IV, ainsi qu'aux grands seigneurs et aux grandes dames d'alors qui l'en sollicitaient, furent consacrés à la chevalerie. Ses caractères, et ceux de ses successeurs Wynkyn de Worde et Pynson, sont une imitation peu élégante de l'écriture usitée alors en Angleterre. Jusqu'à Buckley, en 1733, l'imprimerie fit peu de progrès en Angleterre, et c'est Baskerville, en 1757, qui lui donna un véritable élan. Les caractères gravés par son burin sont élégants. Le papier qu'il fit fabriquer était supérieur et l'encre améliorée ; enfin ses caractères, quoiqu'un peu maigres, ont joui d'une telle estime, que Beaumarchais en a fait l'acquisition pour imprimer au fort de Kehl ses diverses éditions de Voltaire. A la fin du dernier siècle, William Bulmer et Thomas Bensley marquèrent un nouveau progrès dans l'art de l'imprimerie, et leurs belles éditions rivalisèrent avec ce que la France, l'Espagne et l'Italie avaient produit de plus remarquable. La magnifique édition des œuvres de Shakspeare, en neuf volumes in-folio, ornée de gravures d'après les plus habiles artistes de l'Angleterre et imprimée par Bulmer avec un talent remarquable, excita le zèle de Pierre et de Firmin Didot; ils voulurent aussi élever en France un monument, et le jury français déclara, dans son rapport de l'année 1806, que l'édition de Racine était « la plus belle « production de tous les pays et de tous les âges. »

Au commencement de ce siècle, M. Charles Wittingham fit paraître ces charmantes éditions, éditées par M. Pickering, qui ont rendu célèbre la *Chiswick press*. Personne, jusqu'alors, n'avait imprimé aussi parfaitement les gravures sur bois, en appliquant avec art les *hausses* et les *découpages* pour obtenir les gradations dans les teintes. Ce succès encouragea les graveurs à donner aux tailles sur le bois une finesse inconnue au temps où Albert Durer, Wohlgemuth et autres artistes en ce genre, étaient obligés d'employer de larges tailles nécessitées par la rugosité des papiers et l'imperfection des presses, qui rendaient alors impossible l'impression des tailles fines.

Aujourd'hui que la célérité semble la condition la plus impérieusement exigée par le besoin incessant qu'éprouvent les particuliers et le Gouvernement de propager leurs pensées dans tout l'univers avec la rapidité de la parole, les moyens d'y satisfaire sont partout nombreux et puissants. On en peut juger à Londres par l'imprimerie de M. Clowes, où deux machines à vapeur mettent en mouvement vingt-huit presses mécaniques qui, en ce moment, travaillent jour et nuit; par celle de M. Spottiswood, imprimeur du Parlement, etc., et par les imprimeries du *Times* et des autres grands journaux de Londres[1], qui publient dès le matin les longs discours des Chambres, quoique les membres ne s'y assemblent que le soir et que les discussions se prolongent souvent jusqu'à deux heures du matin. Cette rapidité d'exécution eût semblé fabuleuse au siècle dernier; et cependant elle ne nuit en rien, en Angleterre, à la correction typographique, qui généralement est remarquable, même dans ces immenses journaux quotidiens.

Cet avantage doit être attribué, en grande partie, au maintien des anciens usages de la corporation des imprimeurs.

[1] *Le Times* s'imprime chaque jour à 35,000 exemplaires, et la réunion des feuilles, qui quelquefois ont un supplément, couvrirait chaque jour l'étendue de plus de seize hectares. Par la nouvelle invention de MM. Cowper et Applegath, au moyen de deux machines, dont l'une pour la retiration, dix mille feuilles s'impriment par heure des deux côtés.

Bien qu'en Angleterre la liberté de la presse soit illimitée et que chacun ait le droit d'élever une imprimerie ou une librairie, les anciens usages qui exigeaient impérieusement sept années révolues d'apprentissage, de tout ouvrier typographe qui se destinait soit à la composition, soit à l'impression, sont maintenus dans toute leur rigueur. Cette mesure salutaire, par laquelle l'ouvrier devient plus capable et plus attaché à sa profession, tend à se rétablir dans tous les pays où, par suite de commotions politiques, elle était tombée en discrédit ou en désuétude, au grand détriment de l'art.

Tandis que, dans les autres pays de l'Europe, la protection du Gouvernement semble indispensable pour créer et développer un grand nombre d'industries plus ou moins intimement liées aux beaux-arts et à la science, l'Angleterre est le seul pays de l'Europe où elles peuvent naître et se développer sans cet appui. La force de ses institutions, son esprit d'association, l'immensité de ses capitaux, fécondés par une persévérance à toute épreuve, permettent à la typographie de s'y développer par la seule force des choses. Les sociétés bibliques, qui ont imprimé les Écritures saintes dans toutes les langues, sont une preuve évidente de ce pouvoir de l'association, animée d'un esprit religieux [1]. Les nombreuses et volumineuses encyclopédies, dont la seule *Encyclopædia Britannica*, en 26 grands grands volumes in-4°, est parvenue à sa septième édition, et tant d'importantes publications populaires, constatent les immenses ressources de ce pays; enfin, la création de ce prodigieux Palais de cristal, au moyen de souscriptions

[1] L'état publié en mai 1851 par la seule société *British and foreign Bible society*, fondée en 1804, constate la création de 24,247,667 exemplaires de l'Ancien et du Nouveau Testament, en cent quarante langues différentes, qui ont été répandus sur toute la surface du globe par les soins des missionnaires protestants. Les souscriptions s'élevaient, à cette époque, outre les engagements annuels, à 3,751,555 liv. sterl., soit quatre-vingt treize millions. La seule société biblique *anglaise et étrangère* a exposé 175 bibles dont 170 imprimées en une langue différente. L'exécution de chacune de ces éditions est fort satisfaisante et plusieurs même sont très-remarquables.

particulières, en est une preuve évidente aux yeux de l'univers.

Quoique l'Université d'Oxford n'ait rien envoyé à l'Exposition, nous devons mentionner la beauté toujours soutenue de ses éditions grecques et latines, dont le mérite littéraire est universellement reconnu, et qui se recommandent par la perfection et le luxe de leur exécution typographique.

M. Parker, libraire de cette Université, a exposé comme éditeur plusieurs ouvrages sur l'architecture du moyen âge, remarquables par l'exactitude et la belle exécution des gravures sur bois qui les accompagnent.

Le jury a vivement regretté, et ce regret a été consigné au procès-verbal de la XVIIe classe, que la presque totalité des imprimeurs de l'Angleterre se soient abstenus d'exposer les beaux produits de leurs presses.

V.

BELGIQUE ET HOLLANDE.

L'imprimerie y fut introduite en même temps qu'en Angleterre. Martin d'Alost, à Anvers, et les Frères de la Vie commune, à Bruxelles, y publièrent les premiers livres. Mais l'art du typographe n'y était guère plus avancé qu'en Angleterre. Ce fut vers 1554 que les Plantins, à Anvers, et, en 1616, les Elzevirs, à Leyde d'abord, puis à Amsterdam, portèrent l'art typographique à un si haut degré de perfection, que leurs éditions sont encore recherchées et appréciées dans toute l'Europe. Les Wettstein et les Blaeuw furent leurs dignes émules et leurs continuateurs.

Mais on peut dire que, dans ces pays, si renommés pour la réimpression des livres en notre langue, l'art typographique était encore un art français, puisqu'on sait que les beaux caractères employés par les Elzevirs pour leurs charmantes éditions étaient ceux que notre célèbre Garamond avait gravés, et que les papiers si fins et si solides, qui se conservent encore aul'imprimeur. Paul Godefroy a encore proposé de fixer les rails sur les deux côtés de la table, de placer dessus le baquet muni de galets, et de l'y faire mouvoir au gré de l'ouvrier imprimeur, soit à droite, soit à gauche.

Si l'on considère,

1° Que l'alliage dont se composent les clichés est attaquable par certains acides ou sels acides, et que la gravure est bientôt détériorée à mesure que les couleurs sont plus ou moins acides dans leur constitution ;

2° Que les planches composées de clichés ne peuvent dépasser certaines dimensions, puisque, dans ce cas, elles deviendraient trop lourdes pour être maniées avec dextérité :

On concevra qu'on ait dû chercher quelque matière qui pût être substituée au métal. C'est à la gutta-percha que l'on a eu recours.

Ainsi MM. de la Morinière, Gonin et Michelet, composent maintenant des planches avec des cachets moulés en gutta-percha qui ne présentent aucun des inconvénients signalés ci-dessus.

IMPRESSION EN CREUX (TAILLE-DOUCE.)

L'impression en creux ou dite en taille douce est intermittente et dite *à la planche plate,* ou continue et dite *au rouleau.*

IMPRESSION INTERMITTENTE.

Au fur et à mesure que les machines à imprimer au rouleau devenaient plus applicables, l'impression à la planche plate perdait de son importance : aussi n'est-elle plus employée aujourd'hui que pour des articles spéciaux. C'est pour des foulards, des mouchoirs, quelques tissus de coton ou des basins piqués, etc., qu'on en fait encore usage en France et dans quelques manufactures aux environs de Londres. En Écosse, elle sert plus spécialement à opérer des rentrures en noir d'application sur des mouchoirs rouges turcs, dessins enlevage à la presse écossaise.

Vers 1825, un nommé Durand, de Lyon, avait construit

VI.

ESPAGNE.

Le jury a regretté de ne voir figurer à l'Exposition universelle aucun produit typographique exécuté en Espagne, ce pays qui, en 1772, vit paraître à Madrid la superbe édition de Salluste, si parfaitement imprimée et sur un si beau papier par l'imprimeur du roi, Joachim Ibarra.

C'est en Espagne qu'ont été élevées les plus anciennes fabriques de papier connues en Europe.

VII.

DANEMARK.

Nous n'avons pu juger de l'état de l'imprimerie dans le Danemark, qui n'a envoyé aucun livre imprimé. Nous avons vu seulement une machine ingénieuse pour composer les caractères d'après un système tout nouveau. Elle nous a paru trop compliquée pour être d'une utilité pratique.

VIII.

RUSSIE.

Un seul spécimen envoyé de Saint-Pétersbourg offre la réunion de plusieurs caractères russes et orientaux dont est entourée une vignette en bois représentant tous les peuples de la Russie. Le tout est parfaitement imprimé.

IX.

SUÈDE.

M. Broling, imprimeur de la banque de Suède, a exposé des spécimens de billets de banque parfaitement exécutés, soit sous le rapport de la variété des combinaisons, de la belle impression, de l'exactitude du registre et des divers procédés mis en œuvre pour les préserver de la contrefaçon.

....

X.

GRÈCE.

On a regretté de ne pas voir figurer les produits typographiques de la Grèce parmi ceux des nations civilisées. L'imprimerie établie à Athènes depuis la délivrance de la Grèce est un résultat qui rappelle la puissance de la presse, puisque, par elle, l'opinion des peuples chrétiens, soulevée en Europe, a entraîné les rois, dont les étendards, catholique, protestant et du rit grec, flottèrent réunis à Navarin.

A cette Exposition, la Grèce s'est bornée à inscrire sur ses bannières, en gros caractères, les sentences de ses anciens poëtes, comme présage d'un meilleur avenir :

Θαρσεῖν χρή..... τάχ' αὔριον ἔσσετ' ἄμεινον[1].

Ζηλοῖ δέ τε γείτονα γείτων
Εἰς ἄφενον σπεύδοντ'. Ἀγαθὴ δ' ἔρις ἥδε βροτοῖσι.

XI.

ÉGYPTE.

Tandis qu'aujourd'hui les anciennes langues de l'Égypte sont imprimées en Europe avec des caractères hiéroglyphiques, coptes et grecs, il est intéressant de voir figurer à l'Exposition de Londres cent soixante-cinq volumes de tous formats imprimés en arabe, en turc et en persan, au Caire (l'ancienne Memphis)[2]. Parmi ces livres nous en avons remarqué quelques-uns enrichis d'arabesques exécutées typographiquement avec goût. Ceux-là sont imprimés sur un papier particulier, fabriqué à Boulac par l'ancien procédé des cuves. La pâte nous a paru se rapprocher de celle qu'on obtient en Chine et

[1] « Prenons courage! un avenir meilleur s'approche. » (*Théocrite.*)
« La rivalité d'artistes s'efforçant de concourir au bien-être de tous est « la meilleure des luttes pour les mortels. » (*Hésiode.*)

[2] A Boulac, faubourg du Caire.

dans l'Inde par l'emploi de matières premières telles que le bambou et le bananier. Peut-être l'antique papyrus reparaît-il maintenant en Égypte sous cette nouvelle forme.

Parmi ces livres arabes, consacrés presque tous à l'art militaire, à la médecine, à la géographie et à l'éducation, je signalerai l'*Histoire des rois de France contemporains des sultans d'Égypte*; l'*Histoire de l'empire Ottoman*, par Wassef; les *Avantages de la guerre sous le rapport religieux*; et en traduction : la *Géographie de Malte-Brun*; le *Traité des bons conseils*; *des Soins à donner aux petits enfants*; l'*Ami des enfants*, par *Berquin*; le *Petit Poucet*; enfin, un *Voyage en Amérique*, avec quelques gravures exécutées à Boulac, ainsi que le texte.

XII.

PERSE.

L'Europe aurait pu jouir de l'imprimerie dès l'année 1310 de Jésus-Christ, si elle avait eu connaissance d'un ouvrage de Râchid-ed-din, qui, dès cette époque, avait décrit le procédé de l'imprimerie connue des Chinois, dans son ouvrage persan intitulé : *Djemma'a et-tewarikh*.

La Perse n'a envoyé à l'Exposition que quelques beaux manuscrits; cependant la presse typographique n'y est pas inconnue, puisqu'il s'y publie un grand journal en langue persane.

XIII.

AMÉRIQUE DU NORD.

On connaît quelques ouvrages imprimés aux États-Unis qui auraient pu donner une idée moins défavorable des produits de l'Amérique que ceux qui ont paru à cette Exposition. L'imprimerie américaine s'est bornée à envoyer une foule de journaux dont l'impression n'offre rien de remarquable. La modicité de leur prix n'a même rien qui surprenne, puisqu'il ne sont renchéris par aucun droit de timbre ni par aucun impôt sur le papier.

Toutefois on ne saurait trop s'étonner de l'extension rapide que l'imprimerie a prise dans ce pays, où l'on compte aujourd'hui plus de 4,000 imprimeries. En 1811, le nombre était déjà de 500. A cette époque l'accroissement que prit l'imprimerie fut tel, que les fondeurs de caractères augmentèrent leurs prix de 25 pour cent.

La diffusion des journaux n'est pas moins prodigieuse : ainsi, au 1er juin 1850, on comptait jusqu'à 2,800 journaux dans la Confédération, tirés, terme moyen, à 1,785 exemplaires; ce tirage produit un résultat de plus de 422 millions de feuilles par an, et consomme près d'un million de rames de papier. Parmi ces journaux 350 sont quotidiens et 2,000 sont hebdomadaires.

L'Amérique du Nord a suivi d'un pas rapide les progrès de l'art typographique, et on lui est même redevable de la presse *colombienne,* dite aussi *américaine.* C'est à la patrie de Franklin que l'on doit un système de presse qui, en substituant le *levier* à la *vis,* a mérité de porter le nom du pays qui l'a inventé.

A l'exposition des produits envoyés par les contrées les plus septentrionales de ce pays, nous avons remarqué un livre d'épreuves contenant un grand nombre de beaux caractères de la fonderie de M. Palsgrave, à Montréal. Ce typographe a exposé aussi des planches stéréotypées.

XIV.

AMÉRIQUE DU SUD.

L'Amérique méridionale n'a envoyé aucun produit à l'Exposition. On ne doit pas s'en étonner, puisque la presque totalité des livres espagnols qui sont débités dans ces contrées sont imprimés à Paris.

XV.

AUSTRALIE.

Le jury a examiné, avec un véritable intérêt, plusieurs ouvrages imprimés en Australie, à Hobart-Town, par M. William Pratt, et quelques livres imprimés par Henri Dowling, tels que le *Tasmanian journal,* deux gros volumes accompagnés de lithographies dessinées et imprimées également en Australie; leur exécution est très-satisfaisante.

Nous en dirons autant des *Acts and Ordinances of the governor and council of New-South-Wales,* imprimés à Sydney, en 1844, par M. William-John Row, avec des caractères fondus à Sydney.

Il est à regretter qu'on n'ait point vu figurer dans une pareille solennité l'universalité des nations représentées par les produits de la presse, introduite maintenant jusqu'à ces confins de la terre, où, peu d'années auparavant, le don de la parole était à peine connu de l'homme sauvage.

CHAPITRE II.

NOUVEAUX PROCÉDÉS SE RATTACHANT À L'IMPRIMERIE.

CONSIDÉRATIONS GÉNÉRALES.

L'Imprimerie impériale d'Autriche nous a offert l'ensemble des nouvelles applications de l'art typographique, telles que la galvanoplastie, la galvanoglyphie, la galvanographie et la chimitypie, qui apportent à la typographie leur concours et lui permettent de reproduire, en quelque sorte, la nature elle-même. D'autres inventions ont ouvert de nouvelles voies. On peut dire que ces branches nouvelles sont à la typographie ce que la photographie est à l'art du dessin. Les agents physiques et chimiques tendent de plus en plus à remplacer la main de l'homme.

I.

GALVANOPLASTIE.

C'est par de nouveaux procédés qu'à cette Exposition nous avons vu des poissons antédiluviens reproduits sur papier avec l'exactitude de la nature même, à l'aide de la galvanoplastie.

Au moyen de couches successives de gutta-percha appliquées sur la pierre où le poisson pétrifié se détache en relief, on obtient un moule qui, soumis ensuite à l'action puissante d'une pile galvanique, se couvre bientôt de plusieurs couches de cuivre formant une planche où tous les traits du poisson, reproduits en relief et imprimés ensuite à la presse typographique, donnent sur le papier un résultat identique à l'objet même. Si l'on veut imprimer sur le moule, alors on fait usage de la presse en taille-douce; dans ce cas, le moule en creux au lieu d'être en gutta-percha, est obtenu en cuivre par la galvanoplastie.

M. Hulot, mécanicien-chimiste attaché à l'Hôtel des Monnaies de Paris, a exposé des feuilles contenant chacune trois cents figures identiques destinées aux *timbres de la poste;* elles sont imprimées d'un seul coup sur la planche en bronze obtenue d'une seule pièce par la galvanoplastie et contenant la reproduction de ces trois cents reliefs. C'est par un procédé particulier que M. Hulot parvient à reproduire identiquement, et sans le moindre retrait, le poinçon primitif gravé en acier, mais qui pourrait aussi bien être gravé sur tout autre métal, et même sur bois[1]. On obtient ce même résultat sous la presse en taille-douce lorsque le moule est en creux.

[1] Ce procédé, appliqué à la *typographie*, remplace avantageusement celui que M. Perkins avait inventé vers 1830, et qui consistait en une contre-épreuve, obtenue sur une molette en acier d'abord non trempée, d'une gravure en taille-douce exécutée sur une plaque d'acier, laquelle avait été durcie par la trempe. Cette molette, après avoir été également durcie par la trempe, imprimait sur une plaque de cuivre ou d'acier non trempé, à

C'est par un procédé semblable que M. Hulot a reproduit identiquement, pour la Banque de France, les billets gravés en relief avec tant de perfection par nos plus habiles artistes.

Cet artiste distingué vient de reproduire identiquement par la galvanoplastie la belles planche de Calamatta, sans que la planche originale ait été altérée par cette opération. Ce résultat admirable sera d'une grande utilité pour éterniser désormais les chefs-d'œuvre de la gravure en taille-douce.

II.

GALVANOGRAPHIE.

L'Imprimerie impériale d'Autriche nous a offert dans un autre genre des résultats remarquables. Un peintre recouvre une planche de cuivre argenté de diverses couches d'une peinture composée soit d'un oxyde de fer, soit même de la terre de Sienne brûlée, broyés avec de l'huile de lin. L'épaisseur de ces couches est nécessaïrement plus ou moins grande, selon le degré plus ou moins grand d'intensité donnée aux ombres ou aux clairs. La planche ainsi disposée est alors soumise à l'action de la pile galvanique, d'où résulte une autre planche de cuivre reproduisant en creux toutes les aspérités de la peinture primitive. C'est donc une véritable gravure en taille-douce imitant l'*aqua-tinta*, et qui est obtenue sans l'aide d'aucun graveur.

III.

GALVANOGLYPHIE.

Les essais de galvanoglyphie ne sont pas moins intéres-

l'aide d'une forte pression mécanique, cette contre-épreuve. Voilà comment, par ces reproductions successives, on obtenait en *taille-douce* la gravure primitive, multipliée identiquement sur la planche autant de fois qu'on le voulait. C'est ce procédé dont la Banque d'Angleterre fait usage pour obtenir des impressions identiques de ses *bank-notes*, dont le nombre est immense, puisque chacun de ses billets, dès qu'il rentre à la Banque, est annulé.

sants. Sur une planche de zinc enduite de vernis, on grave à l'eau-forte un dessin. On étend ensuite sur ce vernis, avec un rouleau fin, une couche légère de vernis ou d'encre siccative, qui ne se dépose qu'aux endroits où le vernis n'a pas été entamé par le burin, et laisse vides tous les creux de la gravure. Lorsque la première couche de cette sorte de peinture est sèche, on en applique une seconde, puis une troisième, et ainsi de suite, jusqu'à ce qu'on juge que les creux primitifs ont acquis assez de profondeur. Alors la plaque ainsi préparée est plongée dans la pile galvanique, et sur la planche en cuivre que son action a créée tous les creux de la gravure se trouvent reproduits en relief. Ce relief est plus ou moins élevé, selon le nombre et l'épaisseur des couches déposées successivement. Ce procédé a été inventé en Angleterre par M. Palmer[1].

IV.

CHIMITYPIE.

Pour obtenir d'une gravure en taille-douce des clichés en relief, le procédé de la chimitypie n'est pas moins ingénieux.

[1] Au sujet de ces reproductions, qu'on pourrait appeler *miraculeuses*, je crois devoir signaler ici que depuis longtemps (17 février 1827) il a été fait en France des impressions en taille-douce de planches *gravées* par la lumière solaire et les agents chimiques. En juin 1849, M. Lemaître, graveur, m'a remis une des précieuses épreuves qu'il avait obtenues avec le concours de MM. Fizeau et Hurlimann : c'est par des procédés chimiques très-délicats qu'ils sont parvenus à graver en creux la plaque de doublé d'argent de Daguerre, et à imprimer en taille-douce avec cette même plaque sur laquelle ils avaient fixé et gravé avec une étonnante perfection l'image de plusieurs médailles. Malheureusement le peu de solidité de l'argent ne permet d'imprimer qu'un petit nombre d'exemplaires. On peut il est vrai reproduire la planche par la galvanoplastie, mais la finesse primitive est un peu altérée. Cette admirable découverte a, depuis, fait quelques progrès, et, le 23 mai 1853, MM. Niepce de Saint-Victor et Lemaître ont présenté à l'Académie des sciences des plaques d'acier gravées, accompagnées d'épreuves et d'un mémoire sur leur procédé de gravure héliographique, comme nouvelle application des procédés de Joseph-Nicéphore Niepce, *dans*

On recouvre une planche de zinc d'une couche de vernis à la cire qu'emploient les graveurs, et, après avoir fait mordre à l'eau-forte le dessin exécuté au burin à travers le vernis, on ôte ce vernis, et l'on prend soin que tout l'acide soit parfaitement enlevé ; à cet effet, on lave le creux de la gravure avec de l'huile d'olive, puis avec de l'eau; on essuie ensuite, afin qu'il ne reste absolument aucune trace de l'acide; alors on fait chauffer, à l'aide d'une lampe à l'esprit-de-vin, le dessous de la planche sur laquelle on a déposé du métal fusible râpé; dès que ce métal fondu a rempli toute la gravure et qu'il est refroidi, on le rabote jusqu'au niveau de la planche de zinc, de manière qu'il ne reste de ce métal fusible que ce qui est entré dans les creux de la gravure. La planche de zinc ainsi alliée au métal fusible est alors soumise à l'action d'une solution d'acide muriatique faible; et, comme de ces deux métaux l'un est négatif et l'autre positif, il résulte que le zinc seul est mangé par l'acide, et que le métal fusible entré dans les creux de la gravure reste en relief, et peut être imprimé ensuite par la presse typographique.

le but honorable d'assigner à notre pays une des plus belles inventions des temps modernes. (Voir les *Comptes rendus de l'Académie des sciences*, t. IX, p. 155, où les procédés sont décrits dans la communication faite à l'Académie par M. Arago, le 19 août 1839.)

La plaque d'acier, après avoir été bien polie et décapée, est recouverte de bitume de Judée dissous dans l'essence de lavande. Sur la plaque ainsi préparée, on applique le recto d'une épreuve photographique positive sur verre albuminé ou sur papier ciré; puis on expose le tout à la lumière pendant le temps nécessaire pour engendrer la contre-épreuve, qu'on fait apparaître en se servant d'un dissolvant formé de trois parties d'huile de naphte rectifiée ou d'une partie de benzine, et l'on arrête à point son action en projetant une nappe d'eau sur la plaque. Le métal est ensuite creusé à l'aide de mordants employés pour la gravure sur acier. Cette première opération de faire mordre ne doit qu'indiquer la gravure; il faut bien sécher la plaque, puis y déposer un grain de résine comme pour l'*aqua tinta*, ce qui permet de faire mordre plus profondément, et donne au métal le grain nécessaire pour retenir l'encre d'impression et former de beaux noirs sous la presse en taille-douce.

V.

PANÉICONOGRAPHIE.

C'est un nouveau procédé inventé par M. Gillot, de Paris, qui a paru pour la première fois à l'Exposition de Londres. Il consiste à reproduire, au moyen de la presse typographique, toute épreuve lithographique, autographique, typographique, tout dessin au crayon ou à l'estompe, toute gravure sur bois ou sur cuivre, exécutée soit à l'eau-forte, soit au burin.

Sur une plaque de zinc polie avec de la pierre ponce, M. Gillot exécute le report de l'épreuve lithographique; il peut même réunir sur la même planche des épreuves provenant de la lithographie, de la gravure sur bois ou de la taille-douce. Lorsque ce report a été encré, on le saupoudre, au moyen d'un tampon en ouate, de colophane réduite en poudre impalpable, qui adhère aux parties grasses de l'encre et les solidifie.

Lorsque, après quelques minutes, on veut procéder au relief, on pose la plaque au fond d'une caisse remplie d'eau acidulée de 5 à 12 degrés. Par un mouvement de bascule donné à la caisse posée à cet effet sur un axe, on fait passer l'eau acidulée sur la surface de la plaque, lentement et incessamment. Une demi-heure après, le relief est obtenu, si c'est un dessin au crayon. Quant aux grands blancs que l'acide ne saurait creuser assez profondément, ils sont enlevés au moyen de la scie à repercer.

S'il s'agit d'un texte ou d'un dessin à la plume ou au pinceau dont les tailles ou le pointillé offrent de faibles espaces, on retire la plaque de temps en temps pour l'encrer légèrement à l'encre lithographique; et, après avoir de nouveau enduit de colophane cet encrage, on réitère l'opération dans la boîte jusqu'à ce qu'on ait obtenu le creux nécessaire.

Pour le transport d'anciennes gravures sur bois, après les avoir épongées plusieurs fois au dos avec une préparation acidulée, on opère, ainsi qu'il a été dit précédemment, sur le décalque obtenu par les procédés employés à cet effet par les lithographes.

VI.

CHROMOTYPIE.

Le coloriage exécuté à la main par le pinceau exigeait un travail long et dispendieux, malgré la modicité du prix des journées des femmes employées généralement à ce genre de travail. Quelquefois il était exécuté totalement ou en partie par la lithochromie ou par la taille-douce, coloriée à l'aide du pinceau sur la planche même en cuivre.

La typographie a cherché à remplacer ces industries par des procédés moins dispendieux, et elle y est parvenue pour un assez grand nombre d'objets. D'année en année, cette nouvelle application de la typographie fait de notables progrès.

Les premiers essais de ce genre d'impression remontent à Albert Durer; je possède des impressions à plusieurs teintes de planches en bois exécutées par lui; chaque gravure en bois apporte sa couleur différente sur la feuille de papier au moyen de points de repère.

Papillon, dans son traité de la gravure sur bois, a donné quelques *spécimens* fort grossiers de ces impressions à plusieurs teintes.

M. Savage, dans son beau livre qui traite de la manière d'imprimer en couleur, publié en 1822 [1], a indiqué divers préceptes qui, dans les derniers temps, ont été améliorés en Angleterre par M. Delarue, surtout pour la belle qualité des encres de couleur où cet artiste excelle, et par M. Congrève à l'aide de ses ingénieux procédés mécaniques auxquels son nom est consacré.

M. Silbermann, de Strasbourg, a exposé des produits en ce genre, remarquables par la beauté de l'exécution; tels sont les superbes vitraux peints de la cathédrale de Strasbourg,

[1] Practical hints on decorative printing, by William Savage. *Londres*, in-4°, 1822.

et quelques imitations de manuscrits enrichis de vignettes coloriées par ce procédé. Tels sont aussi d'autres produits notables pour leur bon marché; nous citerons particulièrement cette multitude de petits soldats coloriés qui sortent annuellement des presses de M. Silbermann, au nombre de cent vingt mille feuilles, et qui envahissent la France, l'Allemagne et l'Angleterre, *au grand déplaisir des amis du Congrès de la paix*, qui les ont particulièrement signalés dans les journaux pendant l'Exposition, comme un puissant obstacle à l'accomplissement de leurs vœux.

Par l'impression successive d'un certain nombre de planches toutes gravées de dimension égale et retombant parfaitement en *repère*, M. Silbermann obtient des effets compliqués, qui multiplient la combinaison des couleurs. Ainsi, par exemple, la planche qui imprime le *bleu* forme tout à la fois le vert lorsqu'elle vient recouvrir les parties imprimées précédemment en *jaune;* et cette même planche *bleue* produit les teintes violettes lorsqu'elle vient recouvrir les parties imprimées précédemment en rouge.

Au moyen de huit planches et même moins, M. Silbermann obtient des résultats très-satisfaisants, et avec plus d'économie que ne pourrait le faire la lithochromie.

Une carte géologique coloriée avec neuf teintes distinctes, un tableau représentant les effets du contraste des couleurs, dont l'emploi a trouvé une heureuse application dans l'ouvrage de M. Chevreul, membre de l'Institut, et d'autres impressions exécutées par ce procédé, prouvent que la science profitera, aussi bien que les arts et le commerce, de cette nouvelle industrie.

C'est par ce même procédé que M. Haase, à Prague, a produit un tableau exécuté typographiquement au moyen de vingt-six planches apportant chacune leur couleur; sans être parfait, il offre un certain mérite.

Rien de plus beau et de plus parfait comme exécution que les charmantes planches coloriées d'après le procédé de M. Bagster; mais ces objets ayant été rangés dans la classe plus spécialement affectée aux beaux-arts, c'est à elle qu'il appartient d'en signaler le mérite.

VII.

CHRYSOGLYPHIE.

Voici un nouveau procédé auquel nous avons donné le nom de *chrysoglyphie*, parce que c'est au moyen de l'or et des agents chimiques que l'on obtient de belles gravures en relief[1].

Sur une planche en cuivre recouverte du vernis ordinaire des graveurs, on fait mordre, au moyen d'une eau acidulée, le dessin à la pointe qu'on y a tracé; on ne fait mordre qu'une fois, afin que la profondeur des tailles soit la même partout, puis on enlève le vernis qui recouvre les parties non mordues; cela fait, on revêt la planche d'une couche d'or, soit par l'action de la galvanoplastie, soit en employant la dorure au feu.

On recouvre alors d'un mastic inattaquable aux acides toute la surface de la planche, que l'on chauffe en-dessous pour que le mastic pénètre bien dans toutes les parties creusées; puis, avec un grattoir à graveur, on enlève à la surface de la planche le mastic qui ne reste que dans les parties gravées. On frotte ensuite avec une pierre ponce ou un charbon la surface de la planche, pour enlever l'or; en sorte que le cuivre est mis à nu partout où le dessin n'est pas préservé par l'or et le mastic qui recouvrent les traits.

Alors, au moyen de morsures réitérées, on attaque le cuivre à des profondeurs diverses, selon les besoins, et on emploie l'échoppe ou la scie à repercer là où il est nécessaire.

Par ce moyen, on obtient des effets de gravure que l'eau forte seule peut donner en taille-douce.

[1] Un brevet d'invention a été pris par MM. Firmin Didot frères, en avril 1854, pour cette nouvelle invention.

VIII.

IMPRESSION NATURELLE.

C'est dans l'Imprimerie impériale d'Autriche que, peu de temps après l'Exposition universelle de 1851, à Londres, M. Auer, directeur, et M. Woring, prote de ce bel établissement, ont obtenu, par un procédé aussi simple que parfait, la reproduction identique par les objets eux-mêmes.

Il suffit de placer sur une planche en cuivre soit une plante, soit une dentelle, une étoffe, une plume d'oiseau ou l'aile d'une mouche, et de recouvrir ces objets avec une plaque de plomb. Par une pression obtenue entre deux cylindres dans lesquels on fait passer les deux plaques, les objets interposés se gravent en creux sur la planche de plomb où ils s'incrustent. Après avoir lavé cette plaque, on y fait déposer galvaniquement du cuivre. On obtient ainsi une planche en cuivre sur laquelle on imprime un aussi grand nombre d'exemplairesque sur toute autre planche gravée soit à l'aqua-tinta, soit autrement.

En multipliant ces planches, sur chacune desquelles on ne conserve que les parties que l'on veut obtenir coloriées de telle ou telle manière, on obtient, par autant de tirages que l'on veut obtenir de nuances, la reproduction des objets avec leurs couleurs mêmes.

CHAPITRE III.

IMPRESSIONS EN DIVERS GENRES.

I.

MUSIQUE EXÉCUTÉE TYPOGRAPHIQUEMENT.

Dès 1490, la musique fut imprimée typographiquement, ainsi qu'on le voit par le Psautier imprimé à Mayence en

1490 [1], où deux sortes de plain-chant, grand et petit, ont l
notes imprimées en noir, et les portées ou lignes, en roug
au moyen d'un second tirage.

La forme des notes différait de celle que l'on adopta pl
tard pour le plain-chant. Elles devinrent alors carrées, et fure
ensuite remplacées, pour la musique profane et même pour
musique sacrée, par la forme en losange : telle est celle qu'ex
cuta Pierre Hautin, graveur, fondeur et imprimeur à Par
Il grava d'une seule pièce chaque note avec les cinq porté
adhérentes à chaque note [2].

C'est ainsi qu'en 1530 vingt-neuf chansons à quatre parti
furent imprimées à Paris par Pierre Attaignant en quat
petits volumes oblongs : 1° *Superius*, 2° *Tenor*, 3° *Contratenc*
4° *Bassus*.

En 1552, Adrien Leroy, musicien de Henri II, et Robe
Ballard, son beau-frère et son associé, obtinrent, en France,
privilége d'imprimeurs du roi pour la musique. Les caractèr
dont ils firent usage furent gravés par Guillaume Le Bé, h
bile artiste de ce temps.

Le système est le même que celui de Pierre Hautin.

En 1579, Angelo Gardano imprima à Venise, en cara
tères de musique, d'après ce même procédé, les *Madrigali a s*

[1] Les caractères de cette édition sont les mêmes que ceux qui ont ser
à l'impression du Psautier de Mayence de 1457, de 1459 et mên
de 1502. Dans les deux premières éditions la musique, notes et portée
sont écrites à la main; on ignore par quel motif, dans l'édition de 1502, l
notes seules sont imprimées en noir; les portées ou lignes sont réglées à
main.

[2] « On grava, dit Fournier, les notes et leurs queues sur le même poi
« çon, qui portait cinq barres; et le tout était fondu dans un seul moul
« dont le corps contenait l'étendue de cinq barres. Ce mécanisme suffit ta
« que la musique resta dans sa première simplicité; mais les modificatio
« du chant étant devenues plus compliquées, il fallut chercher de nouvea
« moyens pour former les tirades de croches et doubles croches. Pour cel
« on fit porter en bas de la queue des notes des traits obliques en divers sen
« propres à s'accoler les uns avec les autres pour former ces traits. » (Fou
nier, *Traité sur l'origine et les progrès des caractères de fonte pour l'impre
sion de la musique*, in-4°, Berne, 1765, p. 20.)

voci di Sabino : l'exécution n'en est pas belle, et celle d'autres ouvrages, portant la date de 1606, est encore pire.

L'opéra de *Thésée*, mis en musique par Lulli fut imprimé par Ballard en 1688 ; l'exécution typographique est très-imparfaite. Le même ouvrage fut imprimé par lui également en 1720 ; mais la musique, gravée en *taille-douce* par Beausenne, est tellement supérieure à la musique typographique, qu'on commença dès lors à abandonner celle-ci [1].

Le privilége exclusif accordé à Ballard avait été maintenu dans cette famille, sans contestation, jusqu'en 1639, époque où Sanlecque, autre graveur de Paris, obtint des lettres patentes de Louis XIII pour imprimer seul, pendant dix ans, le plain-chant, au moyen d'un *nouveau mécanisme de son invention.*

C'est par suite de ce privilége et des procès qui s'ensuivirent, que la gravure en *taille-douce* de la musique commença, dès 1675, à supplanter l'impression typographique. La famille Ballard voulut s'opposer à l'introduction de la *taille douce*, dont l'application était funeste à la typographie en ce qui concerne la musique; mais ses prétentions furent repoussées.

En 1746, Dornel, musicien et organiste de l'église Sainte-Geneviève, s'associa avec M. Keblin, graveur et fondeur en caractères à Paris, pour exécuter typographiquement un *duo* dont chaque ligne fut coulée en sable. Par cet essai de stéréotypage, l'impression offrit quelques avantages; toutefois ce procédé fut abandonné.

En 1764, Breitkopf, fondeur en caractères et imprimeur à Leipsick, réussit dans ses essais de gravure et de fonte de la musique. La princesse électorale de Dresde, en témoignage de sa satisfaction, lui confia l'impression, par ce procédé, d'un drame de sa composition, intitulé *il Trionfo della fidelta* [2].

[1] Le plus ancien ouvrage de musique gravée sur cuivre en *taille-douce* que l'on connaisse est celui qui a été publié par Erhard Oglin, à Augsbourg, de 1500 à 1515.

[2] Stampato in Lipsia, nella stamperia di Giovan Gottlob Immanuel

Dans ces caractères, les notes étaient composées de plusieurs pièces, tandis que précédemment, en Allemagne comme en France, chaque note portait sa figure entière.

Ce système de composer la musique avec de petites pièces séparées, pour en former un tout par leur réunion, évite certaines difficultés, mais en crée d'autres; il rend la fonte plus coûteuse et la main-d'œuvre bien plus compliquée.

A la même époque, et par un procédé analogue, MM. Enschédé, à Harlem, firent graver par Fleischman, très-habile graveur de leur établissement, une musique dont l'exécution est parfaite, et n'a pas été dépassée depuis; mais le système en était trop compliqué pour pouvoir devenir pratique.

En 1762, M. Rosart, de Bruxelles, trouvant que les pièces de cette musique étaient trop nombreuses, en exécuta une qui n'a pourtant pas moins de 300 pièces.

Celle que M. Fournier jeune fit de son côté eut un succès durable : le nombre des sortes dont elle se composait ne dépassait pas 160. Elle obtint un rapport favorable de l'Académie royale des sciences, dans sa séance du 18 août 1762.

M. Reinhard, de Strasbourg, fut breveté pour un nouveau procédé par lequel il exécutait la musique imprimée typographiquement avec des formes solides et des caractères mobiles. L'exécution est parfaite; mais l'impression en est dispendieuse, parce que les portées sont imprimées après coup.

Vers 1810, un graveur français, nommé Olivier, exécuta une musique d'après le système de pièces séparées; elle était fort belle, mais la difficulté de la composition la rendit inutile.

En 1832, M. Duverger, de Paris, inventa un procédé ingénieux. Les notes sont gravées et fondues indépendantes des portées ou lignes. Par là sont évités les inconvénients qui résultent de l'imperfection des points de jonction, toujours

Breitkopf inventore di questa nuova maniera di stampar la musica con caratteri separabili e mutabili : è questo Drama pastorale la prima opera stampata di questa nuova guisa; comminciata nel mese di luglio 1755, e terminata nel mese d'aprile 1756.

plus ou moins grande quand les portées sont gravées et fondues inhérentes aux notes et aux queues des notes; en effet, les notes et leurs portées étant traversées dans leur longueur par cinq lignes ou portées, il en résulte qu'à droite il se trouve *cinq* points de jonction et autant à gauche, qui laissent des interstices plus ou moins apparents.

Pour obvier à cet inconvénient, M. Duverger moule dans du plâtre les pages qu'il a composées ainsi sans les portées; puis, au moyen d'un tire-ligne, procédant mécaniquement, il trace dans le moule en plâtre les lignes ou portées, et les creuse jusqu'à ce qu'elles atteignent le degré juste de profondeur pour se trouver au niveau des notes enfoncées dans le moule. Alors, au moyen du clichage, il obtient un relief sur lequel les lignes et les notes se trouvent reproduites dans toute leur longueur, et ne laissent apercevoir aucun point de suture.

MM. Tantenstein et Cordel, élèves de M. Duverger, se bornèrent à composer les pages de musique par le procédé ordinaire des notes avec les portées; ils moulèrent les pages dans le plâtre, et, profitant en partie de l'idée de M. Duverger, ils retouchèrent le moule dans les portées, pour faire disparaître en partie les aspérités et inégalités résultant des points de jonction entre chaque note. Ce procédé, quoique moins parfait que celui de M. Duverger, a donné de bons résultats à l'Exposition: jusqu'à présent c'est le plus pratique, bien qu'il ne soit point encore entièrement satisfaisant.

Les caractères de musique de M. Sainclair, d'Édimbourg, n'ont rien offert de nouveau à cette Exposition quant aux procédés; l'exécution nous en a paru très-soignée.

M. Derriey, habile graveur et fondeur de caractères à Paris, est le seul qui ait fait voir, à l'Exposition de Londres, un nouveau système; mais c'est au temps à lui donner sa sanction. Son procédé, qui est ingénieux, consiste à composer les notes de musique entre chaque portée, par pièces détachées fondues sur cadratins. Chez lui, la portée est formée par une lame de cuivre d'une seule pièce ayant la longueur de toute la ligne; elle est parfaitement égale en hauteur aux notes fondues isolément. Ces notes, gravées, fondues et frottées avec la plus grande exactitude, s'appliquent juste soit entre les lames, soit même en deux pièces lorsqu'elles sont coupées par la lame formant la ligne qui les traverse; en sorte que les rondes, les blanches et les noires, quoique étant de deux pièces et séparées par cette lame qui les traverse, offrent un tout si exact, qu'on croirait voir une seule pièce. Néanmoins, nous craignons fort que, dans la pratique, et lorsque les sortes isolées et fondues avec un soin tout particuler auront perdu de leur vive arête, les interstices ne deviennent apparents à l'impression.

Malgré tant d'efforts, il nous semble que la musique exécutée typographiquement n'a pu surmonter encore tous les obstacles.

Le report sur pierre lithographique de la musique gravée d'abord *en taille-douce,* offre un avantage en faveur de ce nouveau système d'impression, vu que la lithographie peut multiplier ainsi à l'infini les planches gravées en taille-douce; mais les frais d'un tirage lithographique sont plus élevés que ceux du tirage typographique.

II.

CARTES GÉOGRAPHIQUES.

On trouve dans quelques éditions de Ptolémée des cartes géographiques exécutées sur bois, mais ce sont de simples gravures xylographiques.

Arnold Bucking est le premier qui exécuta en planches gravées sur cuivre les belles cartes qui accompagnent la première édition de Ptolémée, publiée à Rome en 1478. Ces planches, *imprimées en taille-douce,* accompagnent l'édition commencée par Sweynheim et terminée par Bucking.

A la fin du siècle dernier, M. Guillaume Haas, de Bâle, imagina de composer des cartes géographiques au moyen de caractères typographiques dont les combinaisons imitaient le cours des fleuves et des rivières, les limites territoriales, les montagnes, et offraient un résultat satisfaisant. Les positions des villes et leurs noms, composés en caractères mobiles, étaient ajustés avec art dans les formes typographiques[1].

En 1823, M. Firmin Didot exposa des cartes typo-géographiques d'une exécution parfaite, d'après un système nouveau dont il donna connaissance à l'Académie des sciences dans la séance du 11 août 1823.

Frappé de la confusion qu'apportait dans les cartes l'uniformité d'impression en noir de tous les objets qu'elles représentent, il voulut, au moyen de sept planches gravées en relief, et qui chacune apportait successivement une couleur différente sur le papier, établir des distinctions dont la vue fût frappée par ces sept couleurs, affectées à l'indication de divers ordres de choses. La planche des noms des villes était seule composée en caractères mobiles.

Ces cartes, par leur clarté et leur belle exécution, furent très-recherchées. Pour que leur utilité devînt universelle, il aurait suffi de changer la planche composée en caractères mobiles, contenant les noms des villes, départements, etc., et de recomposer ces noms dans les langues diverses. L'aspect du pays restant le même, on aurait pu, à peu de frais, avoir, pour tous les pays, des cartes d'une parfaite exécution et d'une grande clarté.

En 1844, M. Duverger exposa des cartes géographiques exécutées par un ingénieux procédé qui consiste à incruster dans une table de plomb des filets très-minces en cuivre, au moyen desquels il dessine en relief avec beaucoup de précision les contours des rivières et des fleuves; puis, partout où il est nécessaire, il applique les noms des villes et des pays, après les avoir clichés et découpés, en les ployant quelquefois de manière à ce que ces mots n'occupent pas plus de place que sur les cartes gravées en taille-douce. Ces mots sont

[1] M. Firmin Didot père a rendu justice à ce travail ingénieux.

soudés ensuite sur la table de plomb; au-dessus des positions des villes, bourgs, rivières, etc. Il résulte de son procédé que ces cartes, très-claires et très-lisibles, peuvent s'imprimer très-économiquement et à la presse mécanique.

Ces cartes ne sauraient rivaliser, pour la beauté de l'exécution, avec celles de M. Firmin Didot; mais les procédés en sont beaucoup moins dispendieux.

M. Raffelsberg, imprimeur à Vienne, a fait voir à l'Exposition de Londres des cartes géographiques exécutées typographiquement. La mappemonde est satisfaisante, mais le procédé n'a rien de nouveau et ne paraît pas offrir d'économie. Les planches sont gravées sur bois.

Les cartes géographiques coloriées que l'Imprimerie nationale de France a exposées sont exécutées entièrement par la lithographie. C'est au moyen de plus de vingt pierres différentes qu'on est parvenu à reproduire sur le papier ces dessins si purs et ces couleurs si habilement et surtout si également appliquées.

III.

IMPRESSION POUR LES AVEUGLES.

C'est en 1784 que M. Valentin Haüy, frère de notre célèbre minéralogiste, imprima le premier livre où les lettres ressortaient en relief sur le papier ou carton, afin de pouvoir, au toucher, être lu par les aveugles. L'idée lui en fut suggérée en voyant une jeune pianiste reconnaître sur un livre de musique les clefs et même les notes par le faible relief que laissait l'impression en taille-douce sur le papier et distinguer les détails des cartes géographiques en relief exécutées alors par M. Weissembourg, de Manheim. M. Haüy fit connaître cette méthode par l'ouvrage qu'il publia, intitulé : *Exposé de différents moyens, vérifiés par l'expérience, pour mettre les enfants aveugles en état de lire à l'aide du tact, d'imprimer des livres dans lesquels ils puissent prendre des connaissances de langues, d'histoire, de géographie, de musique, etc., d'exécuter différents travaux relatifs aux métiers.* (Imprimé par les enfants aveugles. Paris, 1786, in-4°.) Cet essai fut traduit en anglais par le poëte aveugle le docteur Blacklock, et publié, en 1796, à Londres.

Mais ces premières impressions, exécutées en gros caractères, furent très-améliorées par les soins du docteur Guillé. Parmi les ouvrages qu'il fit exécuter, figure une grammaire grecque en 2 volumes, des extraits d'auteurs grecs et latins, des choix d'Horace, Virgile et Phèdre, etc.; un traité de la fugue, par Fétis; des éléments d'arithmétique; la géométrie de Legendre; des études de piano, par Cramer, etc.

M. Dufau, qui succéda à M. Guillé, fit encore mieux, et les livres devinrent moins volumineux.

L'Angleterre et les États-Unis exécutèrent un grand nombre d'ouvrages dans ce but. La Société américaine de la Bible, à New-York, ne recula pas devant la dépense nécessaire pour exécuter la Bible en relief. C'est par les soins du docteur Howe qu'elle parut en 6 volumes, à Boston, et fut même réimprimée.

M. Marcellin Legrand a exposé des pages obtenues par les caractères qu'il a gravés et fondus pour cette destination.

IV.

IMPRESSIONS ORNEMENTALES.

Le procédé employé jusqu'au commencement de ce siècle consistait à mêler au vernis servant de base à l'encre, de la poudre d'or en guise de noir de fumée, et c'est avec cette encre d'or qu'on imprimait sur vélin, sur satin et sur papier. Mais, par ce procédé, les impressions en or n'avaient jamais l'éclat qu'elles ont obtenu depuis, lorsque, au lieu de mêler l'or avec le vernis d'imprimerie, on imprima avec le vernis seul, sur lequel on étendit ensuite de la poudre d'or qui, en adhérant au vernis, en dora la surface, et, par le polissage, donna au métal un vif éclat. Le plus beau livre imprimé ainsi est le Nouveau Testament, petit in-4°, sorti des ateliers de M. Delarue vers 1834. Les caractères qu'il fit graver exprès eurent des déliés moins fins que pour les impressions ordinaires, afin qu'étant plus apparents ils fissent briller l'or avec plus d'éclat sur le papier porphyrisé, dit porcelaine, c'est-à-dire enduit de blanc de plomb ou céruse.

Les impressions en or gagnent beaucoup à être passées entre deux plaques d'acier poli et satinées entre deux cylindres. En 1816, M. Whittaker, très-habile imprimeur à Londres, imagina, pour la splendide impression de la *Magna Charta*, grand in-folio, de faire chauffer à un degré convenable les pages de caractères, ou plutôt les clichés de ces pages, sur lesquels il appliquait des feuilles d'or fort épaisses. Par la pression typographique l'or adhérait à la feuille de papier, qui préalablement avait été frottée avec une composition de blanc d'œuf sec et de résine. Le résultat fut parfait et l'or brilla de tout son éclat.

C'est par un procédé semblable que l'Imprimerie nationale de Paris a exécuté l'un des titres en or du superbe spécimen que nous avons admiré à l'Exposition. Cette impression nous a semblé supérieure au beau livre imprimé en or et avec des encadrements aux pages, sur papier *porcelaine*, exécuté par MM. Hase et fils, de Prague, intitulé : *Die vier Bücher von der Nachfolge Christi* (les quatre livres de l'Imitation de Jésus-Christ).

V.

IMPRESSION EN RELIEF POUR LE GAUFRAGE.

Les gaufrages sur papier, ou impressions en relief au moyen de la presse typographique, ont pris une grande importance dans ces derniers temps en France, en Angleterre et en Allemagne.

Pour obtenir sur le papier ce gaufrage, soit en or, soit en argent, soit en couleur, on dessine sur une plaque de plomb, de zinc, de cuivre, ou sur pierre, l'objet que l'on veut obtenir en relief; puis on creuse aux endroits voulus, plus ou moins profondément, les parties du dessin, selon la saillie plus ou moins grande qu'on veut obtenir. On coule ensuite dans ces creux de la gutta-percha, qu'on retire quand elle est refroidie et durcie; ce relief, ainsi obtenu, est placé sur le tympan de la presse, de sorte qu'en abaissant le tympan, le relief et le creux tombent l'un sur l'autre et forment emboîtage. On place dans ces creux, aux endroits voulus, des feuilles ou de la poudre d'or, d'argent ou toute autre couleur, en sorte qu'à chaque coup de barreau donné par l'ouvrier, la feuille de papier reproduit ces couleurs que la pression y fait adhérer. Ce procédé économique donne de charmants résultats.

VI.

IMPRESSIONS PAR LE PROCÉDÉ COLLAS.

M. Barrière a exposé des impressions dont l'exécution semblerait un prodige, si on ne savait qu'elle est le produit d'un procédé mécanique dont M. Collas est l'inventeur, et qui est un perfectionnement du tour à portrait. C'est d'après ce procédé de M. Collas qu'on a publié, en France, le Musée glyptique, où la reproduction des médailles, des sceaux et des bas-reliefs, fait vraiment illusion.

Des vignettes microscopiques destinées aux billets de banque et au commerce sont tracées sur des planches d'acier, avec une perfection et une finesse extrêmes, au moyen d'une pointe en diamant appliquée au tour dit *à portraits*, opérant avec une vitesse rotative de plusieurs centaines de tours par seconde.

C'est ainsi que M. Barrière obtient, mécaniquement, en acier et même en pierre dure, des réductions de médailles ou de bas-reliefs d'un travail tellement fini, que la loupe même n'y laisse apercevoir aucun sillon.

L'impression des planches de divers bas-reliefs exécutées, par M. Barrière, d'après ce procédé, ne laisse rien à désirer; il semble qu'on voie les objets eux-mêmes avec tout leur relief.

CHAPITRE IV.

DES CARACTÈRES.

I.

GRAVURE DES CARACTÈRES.

Dans les premiers livres imprimés en Allemagne, la forme des caractères fut d'abord gothique, puis les angles des lettres s'arrondirent et devinrent semi-gothiques. Elles se modifièrent complétement en Italie, sous l'influence des inscriptions romaines et des beaux manuscrits de l'antiquité.

Un Français, Nicolas Jenson, graveur de la Monnaie royale de France, fut envoyé, en 1462, à Mayence par Louis XI, pour y apprendre les secrets de l'art naissant de l'imprimerie. Les troubles civils l'ayant empêché d'introduire cet art en France, ce fut à Venise qu'il grava, pour l'imprimerie qu'il y établit, les beaux types des caractères romains que Garamond prit ensuite pour modèles au siècle de François Ier, et dont on ne saurait s'écarter sans tomber dans le bizarre ou le mauvais goût. C'est avec ces caractères que les Estienne, Vascosan et les plus célèbres imprimeurs français ont exécuté leurs belles éditions; les matrices de ces beaux types existent encore à notre Imprimerie impériale.

En Angleterre, Caxton adopta un genre de caractères imitant l'écriture d'alors, pour l'impression des ouvrages de chevalerie. Antoine Vérard employait en France, à la même époque, des caractères à peu près semblables, mais mieux gravés et mieux fondus. L'un et l'autre semblent avoir voulu donner des *fac-simile* des manuscrits du temps.

Les formes romaines adoptées par les Alde et par les Estienne firent tomber en désuétude ces formes semi-gothiques, et ce fut Alde l'ancien qui créa le caractère *italique*, gravé par François de Bologne d'après la belle écriture de Pétrarque.

. . . .

Les Elzevirs et les Plantin se servirent, pour leurs éditions, des caractères gravés par Garamond, par Sanlecque et Le Bé.

Ibarra en Espagne, Baskerville en Angleterre et Enschédé à Harlem, modifièrent la forme des types d'après le goût du temps. Les caractères gravés par Fleischmann, à Harlem, pour la fonderie d'Enschédé sont très-remarquables. Baskerville gravait lui-même ses caractères.

A la fin du siècle dernier, Fournier jeune, à la fois fondeur et graveur en caractères, fit faire quelques progrès à cet art, qu'il a décrit dans son *Manuel.*

Firmin Didot, qui avait gravé les caractères dont son père et son frère firent usage pour leurs belles éditions, s'efforça de donner à ses types le plus haut degré d'élégance. Rien de plus parfait en ce genre que les poinçons du *Racine* imprimé au Louvre, et ceux qu'il employa pour la belle édition du *Camoens* et de la *Henriade,* format in-4°. Ses caractères imitant l'écriture sont regardés comme des chefs-d'œuvre en ce genre. — Quelques années plus tard, M. Henri Didot gravait ces petits caractères, dits *microscopiques,* qui servirent à l'impression de l'édition des *Maximes de la Rochefoucauld* et d'*Horace.* C'est le *nec plus ultra* de l'exiguïté; leur fonte n'offrait pas moins de difficultés que la gravure.

Les graveurs anglais, tout en conservant aux caractères une partie de leur élégance, cherchèrent à les rendre plus durables, et peut-être même plus lisibles, en renforçant les déliés et en donnant plus de talus à leurs poinçons. D'après ce système, ils portèrent la gravure des types à un haut degré de perfection.

Toutefois nous devons remarquer que, dans tous leurs livres d'épreuves, la gravure des *vignettes* et des *fleurons* n'a fait aucun progrès, et forme un contraste avec la beauté des caractères; la même remarque s'applique à l'Allemagne. La France est la seule qui ait apporté un véritable goût dans ce genre d'ornements. M. Derriey a apporté de nouveaux perfectionnements dans ce genre d'ornementation, grâce au moyen ingénieux par lequel on peut donner aux vignettes des courbes et inclinaisons, tout en les soumettant aux règles de l'angle droit, qui est généralement obligé pour la composition des formes typographiques.

Dans ces derniers temps on a vu la forme des caractères, livrée aux aberrations de la mode, s'allonger, s'élargir, s'amaigrir et se renforcer, selon le caprice de chacun. Il en fut de même des caractères si bien désignés sous le nom de *fantaisie*, dont la bizarrerie fut souvent portée à l'absurde, afin d'attirer les regards par cette bizarrerie même.

Aujourd'hui, plusieurs des plus célèbres imprimeurs de Londres reviennent aux anciennes formes de Jenson et de Garamond. M. Wittingham en a donné l'exemple à l'instigation de l'éditeur Pickering, qui a rendu son nom célèbre par les charmantes éditions qu'il a publiées. Beaucoup de très-beaux ouvrages sont imprimés maintenant dans ces formes archaïques, tant il est vrai qu'*il n'y a de nouveau en ce monde que ce qui est vieux*. Ce proverbe trouve également son application pour la papeterie : puisque, au lieu de ces beaux papiers dits *vélin*, dont l'égalité est parfaite, le public, en Angleterre, préfère aujourd'hui les papiers *vergés*, c'est-à-dire portant les marques des coutures et de la construction imparfaite des formes, à une époque où l'on ne savait pas encore tisser les toiles métalliques. Les inégalités provenant de la vergure sont telles, qu'on ne saurait employer avantageusement les papiers ainsi fabriqués à l'impression des gravures sur bois.

II.

FONTE DES CARACTÈRES.

Depuis l'invention de Pierre Schœffer pour fondre les lettres, procédé qui remonte à l'origine même de l'imprimerie, cet art n'avait fait aucun progrès. Le moule en fer, composé de deux pièces s'ouvrant et se fermant par la main de l'ouvrier qui décrochait et replaçait successivement la matrice à l'orifice inférieur, était adopté dans tous les pays, et s'introduisait partout où pénétrait l'imprimerie [1].

Ce fut seulement au commencement de ce siècle qu'un léger perfectionnement résulta du moule dit *américain*, qui permet à l'ouvrier de décrocher la matrice plus facilement, et de pouvoir fondre un tiers en plus. Ce perfectionnement rendit un peu plus facile le travail de l'ouvrier fondeur, sans toutefois modifier sensiblement le principe du moule primitif. C'est avec des lettres fondues par ce nouveau moyen, que fut imprimée, en 1798, l'*Encyclopédie américaine*, en 21 volumes grand in-4°. Ce perfectionnement est dû à MM. Binny et Ronaldson.

On doit reconnaître que l'usage généralement adopté en Angleterre, de frotter les lettres au moyen de limes pour enlever les ébarbures de la fonte, est un procédé infiniment supérieur à celui dont on fait usage en France et qui consiste à frotter les lettres sur des meules en pierre. En effet, quelque serré que soit le grain de la meule, les côtés de la lettre sont plus grossièrement façonnés, et les traits *à vif* de l'œil de la lettre risquent plus d'être endommagés que par la lime. Ce procédé est plus dispendieux, mais plus parfait.

M. Figgins, célèbre fondeur en caractères, a exposé un grand châssis en fer dont les bords, traversés par des vis, servent à serrer des lames de fer qui s'appliquent contre une immense page composée de petits caractères (dits *perle*) au nombre de 220,000 lettres. Pendant toute la durée de l'Exposition, ce châssis, soutenu en l'air dans une position horizontale par quatre pieds sur lesquels reposaient les bords du châssis, n'a laissé échapper aucune lettre, ce qui prouve à la fois la parfaite régularité de la fonte de ces 220,000 lettres et la supériorité des châssis à vis serrant des lames d'acier appliquées contre les lettres et servant de *serre-pages*. Si ces lames avaient été remplacées par les *biseaux et coins en bois*

[1] En 1735, la première fonderie en caractères fut établie aux États-Unis par l'imprimeur Christophe Sower, à Germantown, près Philadelphie.

dont on fait ordinairement usage, les seules variations de la température, resserrant ou relâchant la fibre du bois, auraient très-probablement laissé *tomber en pâte* ces milliers de petits parallélipipèdes ainsi suspendus et formant un poids aussi énorme.

A mesure que, par de nouveaux procédés mécaniques, les presses ont accru leur puissance de pression sur les formes[1], on a recherché les moyens de donner plus de dureté au métal des caractères. Déjà l'alliage ordinaire, composé de 50 kilogrammes de plomb et de 18 kilogrammes de régule d'antimoine, avait été remplacé, par M. Firmin Didot père, pour l'exécution de son procédé de stéréotypage, par 20 kilogrammes de cuivre, 30 kilogrammes d'étain et 50 kilogrammes de régule d'antimoine. Ces caractères avaient une dureté telle, qu'ils pouvaient être enfoncés dans des plaques de plomb, lesquelles servaient ensuite de matrices.

C'est avec cet alliage modifié que M. Firmin Didot fondait les caractères qui servaient à son imprimerie. Vers 1840, M. Colson, fondeur en caractères, parvint à introduire le fer allié à l'étain dans la composition du métal pour les caractères d'imprimerie. Ce procédé, qui devient de jour en jour plus usuel, accroît la durée des caractères dans une proportion qui n'est pas moindre du triple et du quadruple.

C'est en Amérique que M. Luc Vander Van Newton a mis en usage, le premier, le procédé qui consiste à recouvrir en cuivre l'œil de la lettre des caractères d'imprimerie au moyen de la galvanoplastie, moyen qui augmente considérablement leur durée. Le brevet qu'il a pris pour cet ingénieux procédé date du 2 août 1850.

MOULES PENCHÉS POUR L'IMITATION DE L'ÉCRITURE.

En 1806, M. Firmin Didot, pour donner aux lettres imitant l'écriture l'inclinaison plus ou moins grande inhérente à

[1] Les presses en fonte à vis dites *Stanhope*, celles à levier dites *colombiennes*, et surtout les presses mécaniques à cylindre mues par la vapeur.

chaque genre d'écriture, inventa le moule penché avec angle saillant et rentrant. En même temps, par la division ingénieuse des lettres liées par l'écriture, dont il décomposa de diverses manières les diverses parties, il parvint, même pour l'imitation de l'écriture anglaise, qui offrait le plus de difficultés, à éviter complétement l'inconvénient de laisser apparaître la séparation entre chaque lettre, obstacle qui avait empêché jusqu'alors la réussite de toute tentative en ce genre. Les lettres semblèrent dès lors ne plus former qu'une seule pièce. Ces caractères, gravés par lui et par son fils, furent un véritable progrès de l'art : ils eurent un grand succès en Europe. La taille-douce et la lithographie purent seules lutter contre la perfection de ce système.

MOULE POLYAMATYPE.

Vers la même époque, M. Henri Didot inventa le moule à refouloir, et ensuite le moule qu'il nomma *polyamatype*, attendu qu'au moyen de ce moule cent quarante lettres sont fondues d'un seul coup. Ce procédé fut vendu à M. Pouchée 48,000 francs. Il prit un brevet à Londres en 1823; mais les fondeurs en caractères s'opposèrent à sa mise à exécution, et cette invention fut livrée à MM. Caslon et Cie, sous la condition qu'elle serait abandonnée et les moules détruits.

M. Marcellin Legrand, habile graveur et fondeur en caractères, successeur de M. Henri Didot, a exposé les produits de ce moule, qui pour donner de bons résultats exige une rare précision et un soin extrême. Aussi, malgré les avantages qu'il offre, c'est dans ce seul établissement que l'application a pu s'en faire en grand et avec succès.

En 1820 M. Didot Saint-Léger, à qui on est redevable de la machine à fabriquer le papier sans fin, introduisit en France une machine automatique de son invention pour fondre les lettres. Une manivelle faisait avancer simultanément deux appareils, à l'extrémité desquels était placée une des deux parties qui constituent le moule (la pièce dite *du dessus* d'une part, et la pièce dite *du dessous* de l'autre), en sorte que, quand ces deux appareils se trouvaient en contact, le moule était fermé. Au moyen de ressorts à boudin, toutes les opérations pour placer la matrice, l'appuyer fortement sur l'orifice du moule, la décrocher ensuite, brosser le moule, etc., s'effectuaient d'une manière très-ingénieuse. Quand le moule était fermé, son ouverture se trouvait rapprochée d'un tuyau placé dans le creuset contenant le métal en fusion, qui, au moyen d'un piston, était lancé dans l'intérieur du moule pour y former la lettre; alors la matrice se décrochait au moyen d'un ressort, le moule s'ouvrait pour laisser tomber la lettre, et recommençait incessamment la même opération.

Après avoir essayé cette machine ingénieuse dans notre établissement de fonderie de caractères, nous reconnûmes que la pratique en rendait l'usage difficile, attendu que les ressorts à boudin, perdant peu à peu de leur élasticité par l'effet du travail, exigeaient des pertes de temps considérables pour y remédier.

Cependant, depuis quelques années, l'usage de moules mécaniques mus par le bras d'un tourneur de manivelle, que remplacera bientôt l'action de la vapeur, est employé avec succès aux États-Unis, où M. William Johnson prit un brevet en 1828 pour l'invention de son système, qui a été mis en pratique en Allemagne, en Angleterre et en France; mais l'Allemagne en a su tirer un meilleur parti que l'Angleterre et la France. Cela tient peut-être à ce que, dans les caractères allemands, les extrémités des pleins des lettres ne sont pas terminées par des traits vifs, se coupant à angle droit, ce qui accuse la moindre inégalité dans l'alignement. Cette parfaite régularité fait à la fois le mérite et la difficulté de la fonte des caractères romains.

A l'Exposition universelle de 1851, nous avons examiné le moule mécanique de M. Brockhaus, qu'il emploie avec succès depuis longtemps pour le service de son imprimerie, et celui de M. D....[1] Dans le premier, le mouvement des *platines* du

[1] C'est par erreur que, dans la traduction anglaise de cette partie de mon

moule (ou pièces dites du *dessous* et du *dessus*) agit horizontalement, et dans l'autre, verticalement. L'injection de la matière en fusion s'opère, dans l'un et dans l'autre, au moyen d'un piston agissant dans le creuset et chassant vivement la matière dans le moule.

M. Laboulaye, directeur de la fonderie générale des caractères, à Paris, est parvenu à obtenir de très-bons résultats du système perfectionné, dit *Brockhaus*. Plusieurs machines construites par M. Laboulaye sont en activité et avec succès dans son établissement.

LOGOTYPES.

A l'Exposition universelle, comme aux Expositions précédentes, on a présenté des combinaisons de syllabes fondues d'une seule pièce, afin d'éviter aux ouvriers compositeurs la perte de temps qui résulte de l'obligation de prendre dans chaque case une lettre isolée. Mais l'expérience a démontré l'inconvénient qui résulte de l'augmentation du nombre des cassetins destinés à contenir ces nouveaux signes ou logotypes. Éloignés nécessairement de la main de l'ouvrier ces groupes se présentent moins fréquemment que les lettres simples, lesquelles, selon leur fréquence, sont placées le plus près de la main de l'ouvrier. L'emploi de ces ogotypes devient incommode et surpasse l'avantage qu'on pourrait attendre de cette idée, séduisante au premier coup d'œil.

Depuis longtemps on a abandonné l'usage des lettres doubles dont on avait fait un constant usage jusqu'au commencement de ce siècle, telles que ct, &, ft, fi, etc[1]. Les reproduire serait un retour vers un système suranné.

rapport, on a imprimé Didot. La lettre D, que portait mon cahier de notes manuscrites envoyé à Londres pour la traduction de mon rapport indiquait un autre fondeur (M. Dressler, de Francfort, je crois).

[1] La collection dite du comte d'Artois, parce qu'elle fut imprimée d'après son ordre par mon aïeul Ambroise Didot, de 1780 à 1784, est l'un des derniers ouvrages où se trouve l'emploi des lettres doubles. Dans les quatre derniers volumes, elles ont complétement disparu.

CARACTÈRES CHINOIS.

En 1844, M. MARCELLIN LEGRAND exposa la série de 4,600 poinçons, et d'autant de matrices, pour reproduire tous les signes figurant les mots de la langue chinoise. Son système, qui consiste à annexer à la pièce représentant la *clef* une autre pièce qui la modifie, a réussi complétement, puisque non-seulement en Amérique, mais en Chine même, l'usage en a été adopté, et qu'on imprime maintenant à Macao et à Ning-Po, avec les caractères gravés par M. Legrand. C'est M. Marcellin Legrand qui le premier a eu le courage d'entreprendre à lui seul cet immense travail de gravure et de fonte, par lequel l'écriture chinoise se trouve aujourd'hui reproduite par la typographie européenne. Nous avons vu figurer, à l'Exposition universelle, les Évangiles, que la Société presbytérienne des missions d'Amérique a fait imprimer avec les caractères de cet habile artiste français.

Un tableau imprimé, où chaque mot chinois est accompagné d'un chiffre, suffit pour indiquer à l'ouvrier que tel chiffre correspond à tel mot. Dans la casse contenant les caractères, chacun d'eux est rangé par ordre numérique, et porte, sur un des côtés de la tige, un numéro correspondant à ceux du tableau; ce qui facilite le travail manuel et évite une foule d'erreurs. Il suffit au sinologue qui veut faire imprimer un ouvrage d'indiquer sur son manuscrit le numéro de chaque mot qu'il veut employer, pour que l'ouvrier compose les caractères chinois presque aussi facilement qu'un ouvrage ordinaire.

Nous avons vu figurer à l'Exposition une page d'impression en caractères chinois gravés par M. Auguste Beyerhaus, de Berlin. Au moyen, 1° de 1,200 poinçons et matrices pouvant se combiner, 2° de 2,800 caractères gravés d'une seule pièce, 3° de 105 autres dits *perpendiculaires*, il compose 24,000 caractères différents. Les caractères sont toujours divisés perpendiculairement, tandis que, dans le système adopté par M. Marcellin Legrand, les divisions sont les unes perpendiculaires et les autres horizontales.

Ce système paraît offrir d'heureux résultats, à en juger par la page d'impression qui a figuré à l'Exposition. Elle ne laisse rien à désirer quant à l'exécution, et M. Wells-William, savant sinologue qui habite la Chine, en a fait un grand éloge[1].

L'Imprimerie impériale d'Autriche, décomposant chaque partie d'un mot chinois en autant de pièces qu'il contient de traits de pinceau, reconstitue ce mot au moyen de ces petites pièces que groupe l'ouvrier compositeur pour construire chaque mot chinois. Ce système, bien qu'il soit ingénieux, paraît être d'une application difficile. Le nombre considérable de ces petites pièces (environ 400) qu'il faut composer et combiner pour former l'ensemble d'un seul mot chinois, et le temps indispensable pour distribuer ensuite chacune d'elles, doivent rendre les opérations plus coûteuses et plus pénibles que ne le serait la gravure du mot sur bois, ainsi qu'on le fait en Chine.

Nous avons vu, à cette Exposition, presque toutes les langues du monde figurées typographiquement avec leurs propres caractères, soit dans les spécimens de l'Imprimerie nationale de Paris, soit dans les nombreux tableaux de l'Imprimerie impériale d'Autriche, soit dans les Bibles imprimées en presque toutes les langues du monde par la Société biblique, soit enfin dans les spécimens de la Fonderie générale des caractères, à Paris, dans ceux de M. Marcellin LEGRAND et dans ceux de M. DERRIEZ, qui sont on ne peut mieux imprimés par M. Ernest MEYER; dans ceux de M. DECKER, à Berlin; de M. BEYERHAUS, qui a gravé un caractère égyptien d'après les conseils de M. Bunsen[2]; enfin dans les spécimens de MM. CASLON, BESLY, FIGGINS, etc., à Londres, et surtout de M. MAVORS-WATTS, de Londres, qui a gravé lui-même une série considérable de types orientaux qui sont l'honneur de

[1] M. Beyerhaus a exposé un autre caractère plus petit, qui est aussi très-bien exécuté.

[2] Les figures en sont évidées, tandis que les deux corps que l'Imprimerie nationale de France a fait graver sont noirs (*en silhouette*).

sa fonderie de caractères, la plus riche en ce genre qui existe dans les établissements particuliers.

Parmi tous ces types au moyen desquels les langues diverses disséminées sur la surface du globe expriment le don de la parole, les plus nombreux et les plus compliqués sont ceux de la langue chinoise, où chaque idée, chaque mot, est représenté par un caractère différent. Du moment où cette difficulté a pu être surmontée de nos jours par la typographie, on ne saurait douter que bientôt il n'existera pas un seul idiome, sur la terre, qui ne soit sauvé de l'oubli par la typographie. Elle sera, pour le salut des langues, ce que la presse de Gutenberg fut pour le salut des manuscrits, lors de sa découverte.

III.

PHONOGRAPHIE.

M. Isaac Pitman, est le zélé propagateur, en Angleterre, d'un nouveau système d'écriture et d'impression pour faciliter aux enfants et aux étrangers la lecture et la prononciation de la langue anglaise. Il se sert d'une orthographe qui fait disparaître les anomalies et les difficultés dont le système en usage est hérissé; il a montré à la Commission du jury les ouvrages qu'il a composés à ce sujet et les impressions nombreuses qu'il a exécutées avec un ensemble de caractères où les lettres ordinaires sont modifiées et quelques signes nouveaux sont introduits. M. Pitman aurait désiré que, du moins, sous le rapport de l'industrie et des avantages commerciaux résultant de publications destinées à faciliter les relations écrites et parlées entre les peuples, et même eu égard à l'économie de temps et de place qu'offre son système d'impression, la Commission s'occupât de ces productions.

Quoique la Commission n'ait pas jugé qu'il y eût lieu de s'occuper d'objets qui lui ont semblé étrangers à sa mission, je ne crois pas devoir passer sous silence tant d'efforts persévérants et incessamment réitérés depuis l'origine de l'im primerie, dans le but d'amener une réforme nécessaire et réclamée dès longtemps par de bons esprits. Son utilité semble encore mieux démontrée par le concours des peuples divers que l'Exposition universelle a rassemblés à Londres, essayant tous de prononcer plus ou moins mal la langue anglaise.

Secondé par un savant professeur de Cambridge, le docteur John Ellis, et par de nombreux adhérents en Angleterre et dans les États-Unis, M. Pitman, après de nombreux essais[1], a fixé, en 1845, le système des caractères avec lesquels il a imprimé plus de deux cent mille exemplaires de la *Méthode phonographique* et d'importants ouvrages, tels que *l'Ancien et le Nouveau Testament*, le *Paradis perdu* de Milton, etc., enfin avec lesquels il a publié, dès 1842, un *Journal phonographique*[2].

J'ai donc cru devoir mentionner, dans l'intérêt général, ces tentatives dont les chances de succès semblent s'accroître de jour en jour; elles méritent d'être encouragées, puisque le système de MM. Pitman et Ellis tend à éviter aux étrangers, de même qu'aux enfants, qu'un temps précieux soit stérilement employé à étudier et à fixer dans leur mémoire les nombreuses anomalies de l'orthographe de la langue anglaise, dix fois plus anomale que la nôtre.

[1] Au XVIe siècle les professeurs Meigret, Ramus et Pelletier avaient fait de semblables essais, pour la langue française; ces tentatives sont renouvelées, en ce moment, par M. Feline.

[2] Le 13 juillet 1845, dans une assemblée à Birmingham, présidée par le docteur Melson, une souscription pour les frais d'exécution des caractères phonotypiques fut proposée par M. le professeur J. Hill, père de M. Rowland Hill, à qui l'on doit la réduction du tarif des lettres; elle fut aussitôt remplie.

La forme des caractères adoptée d'abord fut modifiée d'après les avis de M. Ellis; dernièrement, elle a reçu quelques améliorations par les soins de M. Clifton, qui a fait imprimer chez nous sa *Méthode de prononciation fondée sur la phonotypie*.

En Amérique, l'Académie des arts et des sciences de Boston s'est prononcée sur l'utilité de cette réforme qu'elle déclare devoir réussir *inévitablement*. Le système de M. Pitman est introduit dans les écoles publiques d'Albany, ville qui, pour l'instruction, occupe le premier rang après New-York.

La commission de législation du Massachusets, à Boston, composée de deux membres du Sénat, du président et de trois membres de la Chambre, fit,

IV.

STÉRÉOTYPIE.

Dès l'origine de la typographie, l'idée du stéréotypage dut se présenter en voyant la reproduction des légendes sur les cloches fondues au moyen âge; mais il est probable que les tentatives que l'on fît pour mouler des pages échouèrent par l'imperfection des procédés connus alors. Cependant, dès 1735, on conservait en entier les pages de Bibles, en allemand et en français. Dans le siècle dernier, Samuel Luchtmans, à Leyde, par un nouveau procédé de clichage, obtint des planches sur lesquelles il put imprimer. Vers 1700, Valleyre imprimait, à Paris, des calendriers sur des formes qu'il avait obtenues par un moulage, et, en 1725, William Ged, orfévre à Édimbourg, était parvenu à mouler des pages, et, sur le relief qu'il en retira, il put imprimer, en 1739, une édition de Salluste; mais son procédé, encore imparfait, fut abandonné après sa mort. Michel Funchter, à Erfurt, renouvela ces essais.

En 1786, l'alsacien Hoffmann obtint, de moules composés d'une argile apprêtée avec une colle gélatineuse, des clichés en métal qui servirent à l'impression des *Recherches historiques sur les Maures,* par Chénier, 3 vol. in-8°. Ce procédé, fort imparfait, fut bientôt abandonné.

le 17 mai 1851, un rapport qui fut publié par ordre du Sénat. Dans ce rapport, la commission déclare qu'il résulte de l'examen fait sur douze enfants,

1° Qu'un élève lit, par le système phonétique (*phonetically*), en dix fois moins de temps que par la méthode ordinaire;

2° Qu'il apprend ensuite à lire dans les caractères ordinaires en quatre fois moins de temps que par le système en usage;

3° Que la bonté du système permettra à des millions de personnes jusqu'alors ignorantes, d'apprendre d'elles-mêmes à lire;

4° Que ce moyen met à même de prononcer correctement tout mot de la langue.

La commission a reconnu, en outre, huit avantages secondaires à ce procédé, que deux cents écoles primaires ont adopté dans le Massachusets, province renommée par son instruction.

En 1791, M. Carez, imprimeur à Toul, eut l'idée de prendre une page composée en caractères mobiles, de la serrer par des vis dans une boîte, puis de la faire tomber sur du plomb en fusion, au moment où il était prêt à se figer. Mais, souvent, il arrivait que les caractères se fondaient si le plomb était trop chaud, ou s'écrasaient s'il se trouvait trop froid. Ces essais ne purent donc réussir.

Éclairé par ces diverses tentatives, M. Firmin Didot, qui, dès 1795, avait inventé un procédé de stéréotypage au moyen duquel il imprima les *Tables de logarithmes* de Callet, avec une correction si parfaite, qu'on peut les regarder comme exemptes d'erreurs de chiffres, imagina, en 1798, de fondre des caractères en un métal fort dur, composé de cuivre, d'étain et de régule d'antimoine. Il donna à ces caractères moins de hauteur qu'ils n'en ont ordinairement, pour que leur solidité s'en accrût; puis, au moyen d'un fort balancier, il enfonça dans une plaque de plomb vierge chaque page composée avec ces caractères très-durs, fortement serrés dans une boîte en fer. La plaque ou matrice de page ainsi obtenue fut appliquée au sommet d'un mouton, au-dessous duquel on versait dans une caisse en papier un alliage pareil à celui des caractères ordinaires. Bien que cet alliage fût en fusion, sa chaleur n'était pas assez intense pour brûler le papier, et l'intensité de la couleur rousse que prenait le papier était un indice du moment où l'alliage, après avoir été pelotonné dans cette caisse en papier, se trouvait juste au point de se figer. La matrice de la page attachée au sommet du mouton tombait alors sur cet alliage, et formait une page en relief dont la netteté ne laissait rien à désirer. On peut en juger par la collection connue sous le nom d'*Éditions stéréotypes des principaux classiques français et étrangers*, qui se compose de plus de 200 volumes et dont le bas prix fut un événement.

En même temps que Firmin Didot réussissait par ce procédé, M. Herhan, qui d'abord avait été son associé, recourait à un autre moyen. Il frappait en cuivre un grand nombre de matrices, où l'œil de chaque lettre était enfoncé à une égale profondeur et une parfaite régularité, soit pour la ligne, soit pour l'espacement, soit pour la hauteur des tiges; de cette manière, au lieu de composer une page avec des lettres mobiles dont l'œil fût en relief, on la composait avec ces petites pièces où l'œil de la lettre était en creux. La page ainsi composée et placée sous la tête d'un mouton tombait sur un alliage encore en fusion, et donnait une page entière en relief, obtenue par le moyen de cette page de matrices en creux. Ce procédé ingénieux mais dispendieux offrait plus d'inconvénients que celui de Firmin Didot.

L'un et l'autre ont été remplacés, en 1810, par le procédé qu'inventa lord Stanhope, qui, reprenant les premiers essais de stéréotypage, moula en plâtre pur ou en albâtre les pages composées en caractères ordinaires; puis, au moyen d'une cuisson de ces moules convenablement opérée, retira des reliefs suffisamment nets, en plongeant les moules dans une chaudière remplie de métal en fusion. Ces opérations, plus simples et plus économiques, firent tomber en désuétude le procédé de Firmin Didot et d'Herhan.

Depuis quelques années, de nombreux essais ont été faits pour remplacer ce moulage en plâtre par l'emploi de feuilles de papier entre lesquelles on place du blanc d'Espagne. Mais les résultats sont très-inférieurs au moulage en plâtre. M. Curmer, de Paris, a exposé des clichés ainsi obtenus, remarquables par leur grande dimension. Les objets qu'il a clichés soit par le procédé du plâtre, soit par celui du papier, sont remarquables.

Pour les vignettes, la reproduction en bitume a très-bien réussi, et les clichés ainsi obtenus ont donné de très-bons résultats.

Dès 1832, M. Michel, à Paris, avait exécuté des clichés en bitume qui reproduisaient parfaitement les types originaux; mais leur durée n'était pas très-longue, et quelquefois le bitume avait l'inconvénient de se fendre.

MM. Manchin et Morel de Londres ont exposé de fort belles reproductions de vignettes ainsi obtenues.

La *galvanoplastie* est un nouveau procédé de stéréotypage qui compense l'inconvénient d'être moins prompt par l'avantage d'offrir des reliefs en cuivre qui peuvent imprimer cent fois plus que les clichés obtenus avec l'alliage ordinaire. Cette reproduction est entièrement conforme à l'objet même, qu'il soit en bois, en cire ou en toute autre substance. La gravure, la ciselure, se trouvent ainsi transmuées en métal, et les finesses les plus délicates sont d'une identité parfaite.

L'Imprimerie impériale d'Autriche a exposé des tableaux typographiques d'une seule pièce en cuivre, ayant chacun 540 pouces carrés, reproduisant la nombreuse série de caractères orientaux qu'elle possède. La durée de ces planches en cuivre, obtenues dans les moules faits pour la plupart en gutta-percha, ne saurait être surpassée que par des planches stéréotypes admirablement fondues en fer par la fonderie ducale de Rubeland, en Thuringe.

PAGES FONDUES EN FER.

Le jury a examiné avec une attention toute particulière ces pages en fer, format in-8°, qui ont servi à l'impression de la huitième édition de la Bible, imprimée à Nordhausen, en 1848, par MM. Muller. La qualité particulière du phosphate de fer qui permet à la fonderie ducale d'exécuter des travaux de fonte d'une extrême délicatesse pouvait seule conserver aux déliés des lettres une aussi parfaite netteté.

CHAPITRE V.

DES MOYENS D'IMPRESSION.

I.

ENCRE D'IMPRIMERIE.

L'encre des premières impressions du XVe siècle nous offre toutes les qualités désirables. Elle est noire, luisante, et quatre siècles écoulés ont prouvé qu'elle avait conservé, jusqu'à ce jour, ses qualités primitives.

Il n'en fut pas de même pour les impressions postérieures où, dans la plupart, l'encre s'est plus ou moins décomposée; cependant celle que fabriquaient eux-mêmes les Alde, les Estienne, les Elzevirs, les Plantin, les Ibarra, les Bodoni, et tous les imprimeurs jaloux de leur renommée typographique, a conservé, jusqu'à nos jours, toutes ses qualités primitives.

Maintenant la fabrication de l'encre s'est perfectionnée sous quelques rapports, et le broyage, qui ne saurait être trop complet, est devenu plus facile par l'application des procédés mécaniques.

Les noirs de fumée ont été mieux épurés; malheureusement, par économie, on préfère, en général, pour les encres d'un emploi ordinaire, l'huile de lin à l'huile de noix, qui est plus siccative.

L'amélioration dans la qualité des encres d'imprimerie est due surtout à l'Angleterre, qui nous a précédés dans l'impression des vignettes gravées sur bois. Les progrès réels faits dans cette branche importante de la typographie ont beaucoup contribué à l'extension toujours croissante de ces publications dites *illustrées*.

C'est surtout à M. Delarue que cette fabrication doit de véritables améliorations, ainsi qu'on en peut juger par ses impressions en diverses couleurs, soit sur carte, soit sur papier. La vivacité de ses couleurs est aussi remarquable que leur variété, et ses encres peuvent être lissées et glacées immédiatement après l'impression.

L'éclat des impressions en or exécutées par les procédés qu'il emploie distingue tout ce qui sort de ses ateliers. Toutefois, pour l'éclat du vermillon, il est difficile d'égaler l'intensité du rouge des impressions du xve et du xvie siècle.

Quant aux encres d'imprimerie envoyées à l'Exposition, le temps est le seul juge qui puisse décider des qualités de chacune d'elles. Une encre, d'ailleurs, convenable à tel climat ne saurait convenir à tel autre; enfin l'encre doit être diversement modifiée selon les conditions atmosphériques, toujours si variables. D'après ces considérations, le XVIIe Jury a cru devoir s'abstenir de donner son avis sur ce genre de produits, dans la crainte de voir ses jugements cassés par le temps, qui seul dévoile la vérité.

II.

ROULEAUX GÉLATINEUX.

Sans cette importante découverte, le système des presses mécaniques devenait impraticable.

Lord Stanhope avait tenté de remplacer par des rouleaux recouverts en peau l'ancien emploi des balles d'imprimerie, et le mode si fatigant d'appliquer l'encre sur les caractères avec ces balles; mais l'impression perdait toute sa netteté; ces rouleaux, recouverts en peau, avaient, de plus, le grave inconvénient de laisser des marques aux coutures, d'où résultaient des inégalités dans l'impression. Malgré les tentatives réitérées et dispendieuses auxquelles se livra lord Stanhope, qui savait que le succès des presses mécaniques à cylindres dépendait de l'application de ce nouveau procédé, on dut revenir à l'ancien.

En 1810, M. Harrild eut l'idée de recouvrir les balles d'imprimerie avec un tissu enduit d'une couche élastique composée d'un mélange de mélasse et de colle-forte. M. Donkin, adoptant cette idée, composa des rouleaux d'une semblable matière. MM. Kœnig et Cowper en firent aussitôt l'application à leurs presses mécaniques.

C'est à M. Gannal [1] qu'on doit en France les premiers essais des rouleaux en gélatine pour remplacer les rouleaux en peau de veau dont lord Stanhope avait essayé l'emploi.

L'usage des rouleaux gélatineux devint bientôt général,

[1] M. Gannal s'était occupé depuis longtemps de la fabrication de la colle à bouche, qui consiste en un mélange de sucre et de colle forte ou gélatine. M. A. Chegaray, prote chez M. Smith, imprimeur à Paris pour les Sociétés bibliques de Londres, réussit, d'après les conseils de M. Gannal, à composer les rouleaux d'imprimerie avec cette composition élastique, si convenable à l'impression.

malgré l'opposition de la routine et les obstacles que suscitèrent avec obstination les ouvriers pressiers en France et en Angleterre, quoique cette invention les délivrât en grande partie de la fatigue qui résultait pour eux de la distribution, à force de bras, de l'encre sur les balles, et des préparations des cuirs en peau de mouton ou de chien, travail pénible et même dégoûtant[1].

Il n'est aucun d'eux qui voulût aujourd'hui revenir à l'ancienne méthode; l'opposition, de leur part, serait, dans ce cas, bien plus grande et bien plus rationnelle.

Il est fâcheux que, par des raisons d'économie, on ait remplacé le sucre et la gélatine dont M. Gannal avait composé ses premiers rouleaux, par la mélasse et la colle forte, ce qui les rend moins durables et plus susceptibles de moisir.

De la bonne composition des rouleaux et du rapport des proportions de la mélasse avec la colle forte, conformément aux variations de la température, résulte la netteté de l'impression. Cette composition est tellement hygrométrique, que l'on doit observer les moindres variations de l'atmosphère pour l'emploi de rouleaux qui ne doivent être ni trop durs ni trop mous.

[1] On faisait souvent macérer les cuirs dans de l'urine.

SECONDE PARTIE.

LIBRAIRIE.

CONSIDÉRATIONS GÉNÉRALES.

Jusqu'à ces derniers temps la librairie n'avait point figuré aux Expositions de l'industrie, et les instructions données aux jurys de la *Grande Exposition de l'industrie de toutes les nations* ne lui assignaient point de place distincte. Aussi, dans les divers pays du monde, les libraires se sont abstenus d'envoyer leurs publications, ne croyant pas que leur commerce, lié plus ou moins étroitement aux sciences et aux lettres, pût être considéré comme une industrie.

Mais plusieurs libraires de Paris ont pensé que la création d'un livre étant le résultat de la combinaison de diverses branches industrielles, telles que la gravure sur bois, la chalcographie, le coloriage, le choix des caractères, les diverses natures de papier, etc., tout cet ensemble devait faire considérer le libraire comme le créateur, en partie du moins, de ces produits industriels, dont souvent il avait conçu l'idée.

DE LA PROPRIÉTÉ LITTÉRAIRE INTERNATIONALE.

Espérons que cette union de tous les peuples, dont l'Exposition de 1851 est un éclatant témoignage, hâtera la solution pacifique d'une question qui intéresse à la fois les droits de la justice, ceux des lettres et ceux des sciences et de la typographie. La propriété, cette base inaltérable de la société, ne saurait être moins sacrée pour les œuvres du génie que pour les intérêts matériels. L'imprimerie et la librairie, en unissant leurs réclamations à celles des artistes et des gens de lettres, ont démontré que la libre reproduction des ouvrages dans les divers pays présente, au point de vue commercial, et indépendamment des considérations morales, plus d'inconvénients que d'avantages.

La reconnaissance de la propriété littéraire, renfermée dans de justes limites, donnera plus de vie intellectuelle et d'imagination créatrice aux pays où la reproduction des œuvres étrangères étouffe la littérature et la science indigènes.

Les douanes, forcées maintenant d'établir une surveillance souvent hostile, renonceront à des entraves gênantes pour le commerce et les lettres, et on ne verra plus des éditions réimprimées à l'envi les unes des autres en toute hâte, souvent remplies de fautes, ou tronquées au gré d'un spéculateur, être une cause de ruine pour l'auteur ou pour l'éditeur qui a eu le courage d'entreprendre le premier une publication à ses risques et périls.

Enfin, l'assurance d'un plus vaste marché sera un encouragement pour les écrivains de talent et les éditeurs de tous les pays, qui souvent ne sauraient entreprendre de grandes publications dans la crainte de voir leur œuvre, créée avec tant de peines, immédiatement reproduite. Pour assurer le succès de grandes entreprises littéraires et scientifiques, le concours universel est indispensable.

Le jour même où s'imprime ce rapport[1], la convention spéciale et définitive entre la France et la Belgique, signée par le Président de la République le 22 août 1852, pour garantir aux deux nations la propriété littéraire, vient d'être finalement promulguée, après des négociations qui sont entamées depuis près de quarante ans. Cette convention, si ardemment désirée, a été précédée par des traités semblables avec l'Angleterre, les duchés de Hanovre, Brunswick, Saxe-Weymar, Nassau, Hesse-Ducale, Hesse-Électorale, Waldeck, le Portugal, l'Espagne. C'est un grand bienfait pour les lettres, les sciences et les arts.

On est redevable de la conclusion de tous ces traités à la ferme volonté de l'Empereur Napoléon III, qui, en 1850,

[1] 13 avril 1854.

avait conclu définitivement, comme Président de la République, le traité avec la Sardaigne, signé, en 1843, par le roi Louis-Philippe[1].

I.

LIVRES.

Le jury a vu, à l'Exposition universelle, la librairie de Paris honorablement représentée par MM. Renouard, Baillière, Gaume, Masson, pour les sciences et les lettres; par MM. Langlois et Leclercq et par M. Pagnerre, pour les livres d'éducation; par MM. Bance, Gide et Charles Texier, pour l'architecture; par M. Mathias, pour sa Bibliothèque industrielle et scientifique, si convenablement appropriée aux besoins de la science mécanique; enfin, par Mlle Huzard, pour les ouvrages d'agriculture.

Parmi les ouvrages exposés par les libraires-éditeurs, le jury a remarqué l'édition d'*Hippocrate* en grec et en français, formant 7 volumes in-8°, et le premier volume de la Collection des Médecins grecs, l'*Oribase,* sorti des presses de l'Imprimerie nationale; M. Baillière est l'éditeur de ces ouvrages, ainsi que de l'*Anatomie du corps humain,* par M. Cruvelhier.

Les œuvres complètes de saint *Jean Chrysostome* et de saint *Basile,* avec la traduction latine en regard du texte grec, et l'édition des œuvres complètes de saint *Augustin,* publiées par M. Gaume, sont de belles et honorables entreprises littéraires. Elles reproduisent avec avantage les textes in-folio donnés par les Bénédictins.

On doit mentionner aussi la *Vie des Peintres et des Artistes,* publiée par M. Jules Renouard; la beauté de l'impression fait le plus grand honneur à M. Claye, et les artistes graveurs en

[1] On doit aussi signaler le zèle aussi actif qu'éclairé de M. Latour-Dumoulin, directeur de l'imprimerie et de la librairie en 1852 et 1853, et l'habileté aussi persévérante qu'énergique apportée aux négociations diplomatiques par M. le ministre des affaires étrangères, M. Drouyn de Lhuys, secondé par MM. Delesseps et De Clercq.

bois rivalisent, dans cet ouvrage, avec la taille douce, pour la reproduction des tableaux des grands maîtres des diverses écoles. C'est dans le rapport de la XXXe classe qu'on lira avec intérêt ce qui concerne les progrès que la gravure sur bois a faits dans ces derniers temps, grâce à la perfection de toutes les parties qui concourent à la beauté de l'impression : 1° régularité parfaite de la presse en fonte substituée à la presse construite en bois, dont autrefois la platine en bois était attachée avec des *nerfs de bœuf*, et qui s'abaissait sur le *marbre* qui même n'était qu'une *pierre;* 2° égalité parfaite du papier fabriqué mécaniquement, et rendu plus souple et plus moelleux par l'emploi des cotons fins et des mousselines; 3° glaçage du papier au moyen des lisses à cylindre; 4° qualité supérieure des encres, etc. Les moyens qu'on possède aujourd'hui de n'exercer l'impression que sur la surface du bois, sans que le papier soit forcé de s'enfoncer dans les tailles, comme au temps de Wolgemuth et d'Albert Dürer, permet aux habiles artistes, graveurs sur bois, de rivaliser presque en finesse et en pureté d'exécution avec les belles gravures en taille-douce.

Les *Monuments de Ninive*, exécutés à l'Imprimerie nationale, et dont M. Gide est l'éditeur; et, dans un autre genre, quelques livres destinés aux études scientifiques, tels que les *Leçons de botanique*, par M. Lemaout, et le *Cours de chimie*, par M. Regnault, exposés par M. Victor Masson, qui en est l'éditeur, attestent la perfection à laquelle on est aujourd'hui parvenu pour la belle exécution des livres de luxe et des livres destinés aux études classiques.

Si les libraires-éditeurs de l'Angleterre, de l'Allemagne et des autres pays, avaient envoyé un seul exemplaire de leurs produits, je crois que les vastes solitudes que l'on remarquait dans certaines parties des salles du Palais de cristal auraient à peine suffi pour les contenir. Puisque quelques-uns des produits de ce genre ont été admis, on doit regretter qu'on ait cru devoir refuser ceux d'éditeurs tels que MM. Longmann, Murray, Pickering, Bohne, etc., et qu'on n'ait pas vu figurer à l'Exposition les livres publiés à si bas prix par M. Ch. Knight; le nombre auquel ils s'impriment est tel, qu'il semble fabuleux[1].

M. Brockhaus, de Leipsick, a envoyé un seul exemplaire de chacun des ouvrages qu'il a publiés en 1850. Ils couvraient à eux seuls une vaste table qui occupait une des salles de l'Exposition.

II.

RELIURE.

Le luxe des reliures est un goût qui remonte aux temps les plus reculés. La rareté des manuscrits et les ornements en tout genre dont on les enrichissait en faisaient des objets si précieux, qu'ils étaient exposés sur des pupitres pour satisfaire la vue et l'orgueil du possesseur. Sénèque disait d'eux : *Plerisque libri non studiorum instrumenta sunt, sed ædium ornamenta.* Mais, si ces riches reliures en relief, dont quelques beaux modèles de l'époque de la Renaissance existent dans les bibliothèques publiques, étaient autrefois un luxe convenable et même lorsque, aux premiers temps de l'imprimerie, les livres étaient presque aussi rares que les manuscrits, elles sont un anachronisme aujourd'hui que leur multiplicité nous force à les entasser, si serrés les uns contre les autres, sur les rayons de nos bibliothèques. Ces magnifiques couvertures, confectionnées en grande partie par des bijoutiers, qui les enrichissaient de reliefs en or, en argent, en acier, en ivoire, rehaussés de pierres précieuses, d'émaux et de décors en tout genre, ne sauraient convenir qu'aux Missels et Antiphonaires placés, dans nos églises, sur des pupitres, à des livres de mariage, ou à des présents faits par des souverains. En voyant, à l'Exposition, renfermées dans les meubles superbes envoyés en don

[1] Le *Penny magazine*, journal hebdomadaire, qui a servi de modèle au *Magasin pittoresque*, s'est imprimé, à Londres, jusqu'au nombre de 180,000 exemplaires, chaque samedi. Le journal *l'Illustration* n'a pas obtenu un moindre succès.

par l'Autriche à la reine Victoria, de superbes reliures en ivoire artistement ciselé, ou en or et en argent incrustés de pierres précieuses et d'émaux plus précieux encore, on croirait que ce sont des châsses renfermant de saintes reliques, ou même la cassette de Darius, dans laquelle Alexandre avait déposé les poëmes d'Homère.

Mais, laissant de côté ces exceptions, qui cependant apparaissent en grand nombre à l'Exposition de 1851, c'est surtout dans les reliures ordinaires que le jury aurait voulu découvrir des progrès plus réels. En général ce genre de reliures est bien exécuté par les relieurs français et anglais; mais le prix est toujours fort élevé comparativement à celui des livres, qui a beaucoup diminué par l'effet des nouveaux procédés d'impression et de fabrication du papier.

Nous avons remarqué, à cette Exposition, des papiers imitant le parchemin et le vélin, diversement colorés, et offrant une très-grande solidité; peut-être pourrait-on remplacer, pour des reliures ordinaires, la peau de veau et de mouton par ces nouveaux produits industriels, et opérer ainsi une économie sur cette coûteuse portion de la reliure.

Les cartons employés par les relieurs sont plus solides et mieux fabriqués qu'autrefois, et le prix en est moindre. Les lettres en cuivre, pour les doreurs, sont maintenant fondues, au lieu d'être gravées [1], et leur emploi est devenu plus facile; enfin les ornements sont en partie estampés par des plaques au moyen de presses ou balanciers. Le vernis de MM. Soehnée frères est très-supérieur à ceux dont les relieurs avaient fait usage jusqu'à présent.

Une nouvelle machine pour endosser et une autre pour coudre les livres, envoyées par les États-Unis à l'Exposition universelle, peut apporter encore de l'économie dans la main-d'œuvre.

Le jury croit devoir appeler l'attention des relieurs sur ces

[1] M. Gauthier, de Paris, a exposé des caractères ainsi fondus en cuivre, dont l'exécution est très-satisfaisante.

divers points; il reconnaît toutefois qu'en Angleterre, au moyen d'ateliers montés en grand, où la division du travail est bien entendue, il est résulté quelque diminution dans le prix des reliures ordinaires.

Entre les reliures simples et celles dont le luxe est porté aux extrêmes, sont celles qu'affectionnent les bibliophiles, et qui réunissent à la solidité l'élégance, et à la perfection presque toujours la simplicité, qualité préférable à la richesse des dorures.

A l'époque de la Renaissance, des artistes pleins de goût exécutèrent d'admirables reliures pour les rois, les princes et quelques riches et savants amateurs, dont les noms se conservent dans les souvenirs des bibliophiles et qui entretenaient dans leurs hôtels des relieurs dont ils dirigeaient le goût[1]. Les uns, dans leur reliure, s'inspirèrent du style byzantin; les autres, en plus grand nombre, adoptèrent le genre dit *renaissance*, que nos relieurs se bornent à imiter, en appliquant ce style indistinctement à toute espèce de livres.

Depuis quelque temps, mais pour les cartonnages seulement, on a adopté des ornements se rapportant, par le dessin, au sujet traité dans le livre qu'ils recouvrent. Il est désirable que les relieurs, sortant de leurs habitudes routinières, cherchent désormais à donner à leurs reliures un caractère plus particulier. Ainsi, comme principe général, le choix des couleurs plus ou moins sombres, plus ou moins claires, devrait toujours être approprié à la nature des sujets traités dans les livres. Pourquoi ne réserverait-on pas le rouge pour la guerre et le bleu pour la marine, ainsi que le faisait l'antiquité pour les poëmes d'Homère, dont les rapsodes vêtus en pourpre chantaient l'Iliade et ceux vêtus en bleu chantaient l'Odyssée[2]? Je me rappelle avoir vu dans la belle bibliothèque de mon père un magnifique exemplaire de l'Homère de Barnès, dont

[1] C'est là probablement la cause qui nous a fait ignorer le nom de ces premiers artistes.

[2] *Εἰ δε καὶ τὴν Ὁμηρικὴν ποίησιν οἱ ὕστερον ὑπεκρίνοντο δραματικώτερον, τὴν μὲν Ὀδύσσειαν ἐν ἀλουργοῖς ἐσθήμασι, τὴν δε Ἰλιάδα ἐν ἐρυθροβαφέσιν,*

le volume de l'Iliade était relié en maroquin rouge, tandis que l'Odyssée l'était en maroquin bleu. On pourrait aussi consacrer le violet aux œuvres des grands dignitaires de l'Église, le noir à celles des philosophes, le rose aux poésies légères, etc., etc. Ce système offrirait, dans une vaste bibliothèque, l'avantage d'aider les recherches en frappant les yeux tout d'abord. On pourrait aussi désirer que certains genres d'ornements indiquassent sur le dos si tel ouvrage sur l'Égypte, par exemple, appartient à l'époque pharaonique, ou arabe, ou française, ou turque; qu'il en fût de même pour la Grèce antique, la Grèce byzantine ou la Grèce moderne, la Rome des Césars ou celle des papes.

La reliure s'exécute, en Angleterre, en manufacture, et non pas, comme en France, par des artistes qui, malgré les avis qui leur ont été donnés, persistent à vouloir exécuter par leurs propres mains presque toutes les parties si variées dont se compose la reliure d'un livre. Aussi rien de plus parfait que ce qui sort des mains d'artistes tels que Bauzonnet, Ottman, Niedrée, Duru, Lortic, Capé, etc.; mais le prix de ces chefs-d'œuvre est très-élevé, quoique peu profitable à leurs artistes, attendu le temps considérable qu'ils y consacrent personnellement : chez eux la passion pour leur profession est telle, qu'ils veulent faire tout par eux-mêmes.

A l'exposition des produits de l'industrie française en 1844 et en 1849, le rapporteur, après avoir rendu justice au mérite des reliures quant à l'élégance, tout en blâmant le trop grand luxe de dorure, défaut fréquent et qui se reproduit dans une proportion plus exagérée encore à l'Exposition universelle de 1851, donnait des conseils qu'il est utile de reproduire, à la vue de tant de dorures qui éblouissent la vue :

« Un livre, quelque soignée qu'en soit la dorure, doit con-
« server avec une noble simplicité le caractère qui lui convient.
« Chaque art a des principes dont il ne doit point s'écarter.

ἐκεῖνο μὲν κατὰ τοὺς παλαιοὺς διὰ τὴν ἐν θαλάσσῃ πλάνην τοῦ Ὀδυσσέως, τοῦτο δὲ διὰ τοὺς ἐν Τροίᾳ φόνους καὶ τὰ ἐντεῦθεν αἵματα. (Eustathe, *Commentaires sur l'Iliade d'Homère*, Ραψ. A. 6, 10.)

« Les reliures modestes, mais bien exécutées, qui se cachent « derrière ces riches objets d'étalage, sont cependant celles « que le jury apprécie le plus, tout en désirant que leur prix « soit encore moins élevé. Les relieurs ne parviendront à cet « important résultat que lorsque, devenus d'habiles adminis- « trateurs, ils organiseront complétement la division du travail « dans leurs ateliers. C'est ainsi qu'en Angleterre il existe de « très-importants établissements de reliure qui font bien et à « meilleur marché que nous, quoique, à Londres, tout soit plus « cher, et surtout la main-d'œuvre. »

MM. Remnant, Westley, Evans, Wright, Baten, Leighton et autres, ont su concilier ces deux conditions indispensables: l'art et l'administration; sans elles, aucun établissement ne saurait prospérer en grand. C'est au chef à se réserver la partie de travail que seul il peut faire, et à savoir distinguer parmi ses ouvriers ceux auxquels il peut confier avantageusement telle ou telle partie, qu'ils exécuteront d'autant mieux et plus vite que leur travail sera toujours le même.

Une Bible, fort bien reliée à New-York par M. Walker, contient, dans l'épaisseur de la couverture, un cahier destiné à l'inscription des actes de famille : naissances, mariages, décès.

L'Autriche a exposé des livres reliés magnifiquement, et des boîtes ou portefeuilles renfermant des dessins originaux. Rien de plus parfait pour l'art et la richesse que les ornements sculptés soit en ivoire, soit en or ou en argent, enrichis de pierres précieuses et d'émaux. L'exécution ne laisse rien à désirer; mais de pareils chefs-d'œuvre ne peuvent, par leur luxe, convenir qu'à des souverains. Presque tous sont exécutés par M. Girardet, Français établi à Vienne, qui a exposé aussi un grand nombre de livres très-bien reliés.

Madame Gruel ne s'est pas moins fait remarquer par la magnificence des *reliures-bijoux* qu'elle fait exécuter à grands frais et avec un goût exquis. MM. Niédrée et Lortic ont exposé des chefs-d'œuvre divers de reliure, qui ont été l'objet d'un examen attentif du jury et qui sont aussi remarquables par leur élégance que par leur solidité; mais il est regrettable que MM. Bauzonnet-Trantz, Ottman, Duru, Capé et autres célèbres relieurs français n'aient point concouru avec les relieurs anglais.

La reliure et la réglure des registres pour le commerce ont fait des progrès en solidité et en netteté; les grands-livres de commerce exposés par MM. Gaymard et Gérault, de Paris, et M. Néraudeau, ne laissaient rien à désirer sous ces deux rapports.

TROISIÈME PARTIE.

PAPETERIE.

HISTORIQUE GÉNÉRAL.

L'introduction du papier, fabriqué d'abord avec du coton, ensuite avec des chiffons de toile[1], remonte, pour la partie sud-ouest de l'Europe, à l'arrivée des Arabes en Espagne et en Sicile; et, pour la partie sud-est, au temps des croisades. Ainsi c'est de l'Orient que de deux côtés nous fut transmis ce procédé originaire de la Chine, où l'art de former les feuilles de papier avec des écorces d'arbre, du bambou, de vieux chiffons de soie, de chanvre ou de coton réduits en bouillie, remonte au commencement du deuxième siècle de l'ère chrétienne[2].

L'usage du papyrus, fabriqué en Égypte, cessa en Europe vers le IXe siècle, quand les relations commerciales de Venise, de Naples et de Sicile y introduisirent le papier de coton, dont on faisait grand usage en Orient.

Édrisi, qui écrivait en 1150, nous apprend qu'à Xativa[3], ancienne ville du royaume de Valence, le papier qui s'y fabriquait était excellent, et qu'on l'expédiait en Orient et en Occident. Au commencement du XIVe siècle, il existait à Fabriano, dans le Picénum, et à Colle, en Toscane, des fabriques

[1] *Ex rasuris pannorum*, dit Pierre le Vénérable, abbé de Cluny.

[2] C'est entre les années 89 et 105 de Jésus-Christ qu'on fait remonter l'invention du papier en Chine.

[3] «Xativa est une jolie ville, possédant des châteaux dont la beauté et la «solidité ont passé en proverbe; on y fabrique du papier (كاغد) tel qu'on «n'en trouve pas de pareil dans tout l'univers. On en expédie à l'Orient et «à l'Occident.» (*Géographie d'Édrisi*, traduite par A. Jaubert, t. II, p. 37.) Xativa s'appelle aujourd'hui San-Felipe.

de papier ayant des cours d'eau pour moteurs[1]. C'est des fabriques de Fabriano que Bodoni tirait, au commencement de ce siècle, le papier de ses belles éditions; cette industrie s'y continue encore aujourd'hui avec succès, ainsi que le prouvent les superbes papiers fabriqués à la cuve que M. Milliani, de Fabriano, a envoyés à cette Exposition.

La fabrication du papier en France remonte aussi au XIVe siècle. Les villes de Troyes et d'Essonnes sont les plus anciennement citées pour cette industrie.

L'Allemagne s'y livra vers la même époque. En 1390 il existait une fabrique de papier à Nuremberg.

En Angleterre, la fabrication du papier ne fut introduite que fort tard; elle se le procurait de la France[2].

Cependant on voit, par la pièce de vers qui se trouve au livre imprimé par Wynkyn de Worde vers 1496 : *Bartholomæus de Proprietatibus rerum*, que le papier en avait été fabriqué par John Tate le jeune, dont le moulin à papier était près de Stevenage, comté de Hertford. Il paraît, toutefois, que cette industrie ne put prospérer alors, puisque c'est en 1588 que la reine Élisabeth accorda à son joaillier, John Spilman, le droit de construire un moulin à papier; et l'on prétend que cette papeterie, établie à Dartfort[3], fut la première mise alors en activité. Jusqu'au milieu du siècle précédent on ne fabriquait en Angleterre que des papiers très-communs et d'enveloppe. C'est seulement vers 1770 que Whatman, après avoir voyagé sur le continent, où il apprit comme ouvrier la fabrication du papier dans les meilleures manufactures, établit quelques cuves à Maidstone. Les papiers qu'on y fabrique encore aujourd'hui soutiennent leur antique réputation et ont occupé le premier rang à l'Exposition.

A l'époque où l'art de fabriquer le papier fut introduit en

[1] La charte du 6 mars 1377 est relative à la location d'un moulin avec chute d'eau, *ad faciendas cartas.*

[2] Voyez le plaidoyer de De Thou en faveur des vingt-quatre libraires jurés. (*Extrait des registres du Parlement,* 17 janvier 1564.)

[3] C'est à Dartford et aussi dans le comté d'Herford que furent exécutés,

Europe, on écrivait et on imprimait sur parchemin (peau de mouton) ou sur vélin (peau de veau). Pour entrer en concurrence avantageusement avec ces peaux, le papier dut offrir une grande solidité. Il fut donc fabriqué avec d'excellents chiffons de toile de chanvre et de lin, non blanchie ni lessivée par les procédés maintenant en usage, qui énervent les fibres végétales; la pâte fut lentement triturée au moyen de pilons, et le papier, fabriqué par la main de l'ouvrier, fut ensuite fortement collé à la gélatine. Aussi ces papiers, durcis par la colle animale, ont conservé, jusqu'à nos jours, leurs qualités primitives.

En 1750, Baskerville, pour éviter les rugosités que les papiers offraient jusqu'alors, fit fabriquer, au moyen de formes d'un tissu plus serré, des papiers plus fins et plus favorables à l'impression. Sa belle édition du *Virgile,* 1757, imprimée en grande partie sur ce papier, où n'apparaissaient ni vergeures ni pontuseaux, frappa l'attention de M. Ambroise Didot; celui-ci engagea MM. Johannot, d'Annonay, à fabriquer du papier semblable, auquel il donna le nom de *papier vélin* [1].

Jusqu'alors les chiffons étaient réduits en pâte à papier au moyen de pilons rangés en batteries. Ce moyen était lent, exigeait une force motrice considérable et occupait beaucoup de place.

La Hollande, privée de cours d'eau et n'ayant que des moulins à vent pour moteurs, dut chercher la première à économiser une force aussi variable et aussi faible, qui mettait en mouvement les batteries de maillets. Ce pays, si renommé encore aujourd'hui par ses beaux papiers collés, inventa les cylindres armés de lames tranchantes en acier pour déchirer promptement les chiffons.

C'est à la fin du siècle dernier que furent faits, à Essonnes, dans la papeterie de François Didot, les premiers essais de la

trois siècles plus tard, les premiers essais de la fabrication du papier continu au moyen des machines.

[1] Le premier essai parut dans les quatre derniers volumes de la collection qu'il imprimait pour M. le comte d'Artois (depuis Charles X).

machine à papier continu, dont l'idée première est due à M. Robert, employé dans cette fabrique. Quelques feuilles de papier continu y furent obtenues ; mais les circonstances fâcheuses où se trouvait la France à cette époque firent ajourner des essais aussi longs que dispendieux. Dès que la paix d'Amiens renoua les relations avec l'Angleterre, M. Didot fils, convaincu de l'avenir qu'avait une telle découverte, alla chercher en Angleterre ce qui manquait alors à la France, des capitaux, des ingénieurs mécaniciens, et des fabricants confiants dans l'avenir. Il s'associa avec M. John Gamble, son beau-frère, et ils prirent un brevet en Angleterre, le premier en 1801, le second en 1803. Après de longs essais et de grandes dépenses dans la papeterie de MM. Foudriner, à Dartfort, la fabrication du papier continu devint l'une des plus belles découvertes de notre siècle.

Grâce à l'habileté de l'ingénieur mécanicien M. Donkin, alors employé dans les ateliers de M. Hall, où furent fabriquées les pièces des machines qu'on venait de mettre en activité chez MM. Foudriner, les difficultés qui, jusqu'alors, avaient empêché la complète réussite de cette machine si belle et si compliquée furent vaincues ; et c'est en 1803 que MM. Didot et Donkin parvinrent à la voir marcher régulièrement. Elle fut installée à Frogmore, dans le comté de Hertford. L'année suivante, une seconde machine perfectionnée fut montée à Two-Waters. En 1810, M. Berthe ayant obtenu de M. Didot Saint-Léger les plans et les instructions nécessaires pour prendre un brevet en France (16 octobre 1811), mit à exécution cette belle invention française dans la fabrique de Saint-Roch, près Anet.

En 1809, M. John Dickenson, à sa papeterie de Nash-Mill, près de Two-Waters, inventait un autre procédé pour fabriquer du papier continu au moyen d'un système d'aspiration opérant le vide dans un cylindre recouvert d'une toile métallique soutenue par des traverses ou *pontuseaux* en cuivre. Par cette aspiration exercée intérieurement dans ce cylindre tournant dans une *pile* remplie de pâte, où il plonge à moitié, la pâte s'applique aux parois de la toile et forme la feuille de papier, qui, détachée du cylindre à mesure qu'elle s'y forme, vient s'appliquer sur un autre cylindre recouvert d'un feutre, et devient continue.

Le système de cette machine, connue sous le nom de *Dickenson,* comme l'autre porte le nom de *Didot,* offre quelques avantages et quelques inconvénients. Le papier Dickenson est plus nébuleux; mais les fibres de la pâte à papier, condensées au moyen de l'aspiration, laissent les pores plus ouverts, ce qui rend ce papier plus favorable à l'impression.

L'application des pompes aspirantes à la machine Didot a enlevé à la machine Dickenson l'avantage qu'offrait l'aspiration opérée dans le cylindre pour éviter l'écrasement de la feuille à la première pression. C'est à M. Canson, d'Annonay[1], qu'est due cette heureuse idée des pompes aspirantes, qui a facilité et perfectionné la fabrication du papier, puisque, par leur action incessante, on soutire une partie de l'eau dont la feuille est imbibée lors de sa formation, en sorte que cette feuille, devenue plus compacte, s'écrase beaucoup moins lorsqu'elle passe sous la première pression. Cette invention fait maintenant partie intégrante de la machine à fabriquer le papier. C'est en 1826 que M. Canson appliqua ce système d'aspiration au-dessous de la toile métallique sur laquelle se forme le papier. Il conserva six ans le secret de ce procédé, qu'il communiqua, en 1832, à MM. Wise et Middleton.

En 1839, M. T. B. Crompton prit un brevet pour obtenir un effet à peu près semblable par le moyen d'un ventilateur placé sous la toile métallique, à l'aide duquel il obtint une raréfaction uniforme; il appliqua ce moyen avec succès dans ses immenses établissements de papeterie[1].

[1] En 1822, M. Canson a monté en France une machine à papier construite à Londres par M. Donkin. La première machine à papier continu fut construite en France, à Sorel (Saint-Roch) près Anet, dans la papeterie de MM. Berthe et Grewenich, en 1811, d'après les conseils et les instructions de M. Didot; elle fut exécutée par M. Calla, habile mécanicien français.

[1] La somme payée à l'excise par M. Crompton pour le droit sur le papier

MOYENS DE FABRICATION.

CONSIDÉRATIONS PRÉLIMINAIRES.

Pour apprécier exactement le mérite relatif des fabricants par rapport au prix auquel ils vendent leurs papiers, nous avons dû tenir compte, autant qu'il nous a été possible, des conditions diverses dans lesquelles chaque fabrique était placée dans les différents pays, en tenant compte du système des moteurs, du prix du combustible, de la qualité des chiffons, du prix de la main-d'œuvre et des divers agents chimiques. A ces conditions diverses où les fabriques se trouvent placées à l'égard les unes des autres s'ajoute la différence qui résulte de leur éloignement des villes centrales. Ainsi, par exemple, en France, le prix de la main-d'œuvre, dans les Vosges, est infiniment moins élevé qu'aux environs de Paris; mais cet avantage est compensé par le prix des transports, qui est plus élevé pour les fabriques éloignées des centres de consommation.

Toutes ces considérations ont été pesées par le jury, d'après les documents qu'il a pu se procurer. En général, il a reconnu que les fabriques établies dans les pays où la civilisation était peu avancée étaient dans des conditions favorables. Ainsi Smyrne, qui se bornait, il y a quelques années, à convertir les chiffons de l'Asie en carton, qu'elle vendait avantageusement aux fabriques de papier de l'Europe, les convertit aujourd'hui en très-bons papiers, dont le bas prix prouve que la main-d'œuvre et les matières premières y sont à un prix très-modique.

I.

MOTEURS.

Les chutes d'eau n'étant pas très-nombreuses en Angleterre,

qu'il fabrique annuellement s'élève à 408,000 francs, terme moyen depuis dix ans. Or, le droit, étant de 1 penny par livre, prouve la quantité de papier fabriqué dans sa papeterie, où dix machines sont continuellement en activité. Sa fabrication annuelle dépasse 1,400,000 kilogrammes.

en Hollande et en Belgique, et leur force hydraulique étant généralement peu considérable, l'emploi des machines à vapeur comme puissance motrice est devenu presque général dans ces pays. Bien que le prix du charbon soit peu élevé en Angleterre et en Belgique, la consommation considérable qu'on en fait occasionne cependant une forte dépense; mais elle est compensée par la régularité d'un travail sans interruption, attendu que la fabrication n'est pas exposée aux inconvénients du chômage résultant soit des irrigations et des longues sécheresses, qui paralysent souvent les moteurs hydrauliques dans les contrées du Midi, soit des gelées dans les contrées du Nord.

En France et dans beaucoup d'autres pays, plusieurs fabriques ont établi des machines à vapeur pour suppléer, en temps de sécheresse, au manque de force motrice; on évite ainsi un chômage préjudiciable, surtout aux grands établissements.

Comme moteur hydraulique, les turbines, notamment celles de M. Fontaine, près de Chartres, sont généralement préférées aux anciennes roues hydrauliques, surtout en raison de la rapidité imprimée à la roue horizontale, qui communique plus directement le mouvement aux cylindres broyeurs. Cette rapidité simplifie et diminue le nombre des roues d'engrenage.

Les courroies pour faire marcher les cylindres remplacent aussi avec avantage les anciens engrenages en fonte faisant tourner les cylindres broyeurs. On commence à remplacer les courroies en cuir par des courroies en *gutta percha.*

II.

MAIN-D'ŒUVRE.

Quoique la main-d'œuvre soit généralement plus élevée en Angleterre qu'en France et qu'en Allemagne, cependant, par le soin et l'habileté des ouvriers anglais, et surtout par la perfection des machines, pour lesquelles aucune dépense n'est épargnée, on peut affirmer que les frais de main-d'œuvre, en Angleterre, ne dépassent pas ceux des autres contrées de l'Europe.

En général partout où la main-d'œuvre est chère, on cherche à compenser cet inconvénient par des systèmes mécaniques plus complets et plus perfectionnés, tels que loups, bluttoirs, épurateurs, etc.

Le prix de la main-d'œuvre dans les papeteries varie de 1 fr. 25 cent. à 1 fr. 25 à 1 fr. 75 cent. pour les hommes; de 1 fr. 10 à 1 fr. 50 cent. pour les *délisseuses* des chiffons; et de 75 centimes à 1 fr. 10 cent. pour les femmes employées à l'apprêt du papier. Mais il y a des prix exceptionnels qui s'élèvent beaucoup plus haut, surtout pour les ouvriers, selon leur capacité, et selon les diverses localités.

Dans quelques fabriques, telle est celle de M. Godin en Belgique, des tarifs sont établis pour chaque opération, et les ouvriers sont payés d'après ce tarif, qui varie selon la bonté de l'exécution. Des retenues leur sont faites pour toute opération manquée.

III.

COMBUSTIBLE.

En France et dans quelques pays du Nord, il est certaines fabriques, situées près de vastes forêts, où il est plus avantageux de consommer le bois que le charbon.

Le charbon de terre ne peut être employé avantageusement, pour produire une force motrice et remplacer les chutes d'eau, que dans des pays où il abonde, comme en Angleterre et en Belgique.

Le séchage du papier au moyen de la vapeur a donné un avantage assez important aux fabriques qui peuvent se procurer le charbon de terre à des prix peu élevés.

En Angleterre, la tonne de houille coûte, terme moyen, 4 shillings (5 francs) dans les provinces du Nord, et 15 francs à Londres, pris sur la Tamise. En France, à Rouen, elle coûte 33 francs les 1,000 kilogrammes. A ce prix il faut ajouter les frais de transport aux fabriques, lesquels parfois doublent le coût du combustible; en sorte que, dans certains pays privés de charbon de terre, la dépense pour le séchage du papier est considérable.

IV.

PRIX ET CONSOMMATION DES CHIFFONS.

Le prix des chiffons est la principale base du prix des papiers, et, conformément à une loi générale, la valeur des chiffons est presque toujours en rapport avec le degré de richesse et de prospérité des divers peuples.

Nous prendrons pour terme de comparaison les chiffons *blancs*. C'est, en général, d'après leur prix que se règle celui des qualités inférieures.

Prix des 100 kilogrammes en 1851.

En Amérique, le prix des chiffons blancs est de...	70f 00c
En Angleterre...	63 00
En France (en 1840 et années suivantes, le prix était de 60 à 62 francs; en 1848 et 1849, il varia de 38 à 40 francs) il est aujourd'hui de...	50 00
Dans le Zollwerein...	48 00
En Autriche (les plus grands dépôts sont à Pesth et à Agram.)...	30 00
En Suisse...	45 00
En Belgique...	48 00
En Hollande (par un décret d'avril 1854, l'exportation du chiffon vient d'être prohibée)...	50 00
En Italie, Royaume Lombardo-Vénitien...	36 00
—— Royaume des Deux-Siciles... (jusqu'à 1850 il ne coûtait que 24 francs les 100 kilogrammes.)	31 50
—— États romains...	29 00
—— Royaume de Sardaigne...	44 00

En Espagne	43 00
En Russie	40 00
En Pologne (la qualité est inférieure)	18 00
En Danemark	48 00
En Suède	44 00

Malgré sa population de 21 millions d'habitants, malgré la quantité de toiles d'emballage résultant de son immense commerce, et la masse de voiles et de cordages de sa nombreuse marine, etc., c'est des pays étrangers et de l'Irlande que l'Angleterre tire le supplément dont elle a besoin. L'importation des chiffons venant de l'étranger y est annuellement de 8,124 tonnes, ou 8,124,000 kilogrammes [1], dont la moitié provient des Villes hanséatiques.

Cette abondance de cordages, de voiles et d'emballages, dont la fibre n'est point énervée par les teintures diverses, par l'usure, par les lessivages et les blanchiments trop énergiques, compense la débilité qui résulte de l'innombrable quantité de chiffons de coton très-usés que fournissent les populations de l'Angleterre.

Il en est de même pour les États-Unis.

Les papeteries d'Angleterre trouvent dans les filatures de coton de Manchester un puissant secours. Le poids des déchets de coton s'y élève annuellement à d'énormes quantités[2]. Malgré la perte résultant des diverses opérations pour les dégraisser et les nettoyer, qui n'est pas moindre de 60 p. 0/0, la solidité de cette matière première, lorsqu'elle n'a encore rien perdu de sa force primitive, compense avantageusement

[1] De la Russie, 856 tonnes; — du Danemark, 206 tonnes; — de la Norwége, 101 tonnes; — des Villes hanséatiques, 4,449 tonnes; — de la Toscane, 1,352 tonnes; — des États pontificaux, 305 tonnes.

[2] La quantité de coton importée en Angleterre, en 1845, s'est élevée à 360 millions de kilogrammes : c'est donc 1,000 tonnes de coton brut pour la consommation de chaque jour.

En 1850, l'importation du lin s'est élevée à 1,822,000 quintaux, non compris ce qui peut être exporté (le quintal équivaut à 50 kilogrammes).

les frais de manutention qu'exige cette matière encore toute neuve.

Les pays du Nord sont généralement dans de bonnes conditions pour la nature des chiffons, où le chanvre et le lin dominent.

La France, malgré les 60 millions de kilogrammes de coton qu'elle reçoit chaque année de l'Amérique, et dont une grande partie est transformée en chiffons, se trouve dans des conditions plus favorables sous le rapport des matières premières, telles que le chanvre et le lin; mais malheureusement, surtout dans les villes, ils sont brûlés par des blanchiments trop caustiques, ce qui rend plus difficile de donner aux papiers cette solidité qui étonne dans les anciennes éditions.

La fabrication du papier dans les Trois Royaumes (Angleterre, Écosse et Irlande) ayant été, en 1851, de 74,910,737 kilogrammes, a nécessité une consommation en chiffons d'un poids de 112,366,105 kilogrammes, puisque le déchet, pour transformer le chiffon en papier, est, en général, de 33 p. o/o; mais, sur ce poids de chiffon brut, il faut en déduire 8,120,000 kilogrammes importés dans la Grande-Bretagne des divers pays étrangers. Or, en admettant que la perte des linges, dont une notable partie échappe au crochet des chiffonniers, soit compensée par l'emploi de diverses matières propres à la fabrication du papier, tels que les cordes et les déchets de lin ou de coton, il en résultera que la population des Trois Royaumes étant de 27 millions et demi, la quantité de chiffons produite par chaque individu s'élève à plus de 3 kilogrammes.

La France ayant fabriqué, en 1849, 42 millions de kilogrammes de papier, le poids des chiffons nécessaires pour cette fabrication, a dû s'élever à 63 millions de kilogrammes attendu le déchet de 33 p. o/o qui résulte des diverses opérations nécessaires pour convertir le chiffon en papier. Comme le nombre des habitants de la France était, en 1851, de 36 millions, il en résulte que chaque individu n'emploie pas 2 kilogrammes de linge.

Le prix du chiffon étant, terme moyen, de 25 cent. le kilogramme, on peut estimer que, dans la hotte d'un chiffonnier, le chiffon figure au plus pour un tiers[1]. Or, en calculant le prix de la journée d'un chiffonnier à Paris et dans les campagnes à 1 fr. 50 cent., ce seraient deux kilogrammes de chiffons qu'il recueillerait par jour, soit six à sept cents kilogrammes par an.

Les 63 millions de kilogrammes occuperaient donc cent mille personnes vivant de cette industrie; toutefois, il faut défalquer de ce calcul les cordages et les déchets de lin qui ne sont pas le résultat du travail des chiffonniers, et qu'on peut évaluer à 10 ou 12 p. cent sur l'ensemble.

L'exportation des chiffons est prohibée en France, et l'importation ne s'élève pas à plus de 1,605,093 kilogrammes (année 1851): dans cette faible quantité, la Suisse figure pour 178,998 kilogrammes et l'Algérie pour 648,070 kilogrammes. Par rapport à l'Angleterre, l'importation des chiffons n'est donc que dans la proportion de 1 à 5.

D'après la quantité de chiffon consacrée, dans le Zollverein, à la fabrication du papier, la proportion serait, comme en France, de 2 kilogrammes par tête; on peut estimer qu'elle est de 1 kilogramme et demi en Autriche.

Dans les États-Unis, de juin 1849 à juin 1850, l'importation des chiffons a été de 10,348,438 kilogrammes dont la moitié provient de l'Italie. Les villes hanséatiques, Trieste et la Sicile, sont les principaux lieux d'approvisionnement.

V.

LESSIVAGE DES CHIFFONS.

Cette opération, si importante dans la fabrication du papier, vient de recevoir une grande amélioration.

La machine rotative inventée tout récemment par M. Donkin offre l'avantage de lessiver les chiffons introduits dans un cy-

[1] Le reste se compose de verres, porcelaines, faïences cassés, d'os d'animaux, ferrailles, etc.

lindre percé de trous, lequel se meut circulairement dans un cylindre immobile servant de fourreau à ce cylindre mobile. Lorsque les chiffons sont suffisamment lessivés on retire le cylindre mobile qui les contient, pour le vider; on le fait rentrer, après l'avoir rempli successivement de chiffons, dans le cylindre immobile, et, quand l'appareil a été hermétiquement fermé, la vapeur y est introduite à haute pression. Les chiffons étant mis ainsi en contact perpétuel avec la chaux, rendue caustique par la potasse, il s'ensuit que la combinaison de la chaux avec les matières grasses sortant des chiffons s'opère mieux que par les appareils précédemment en usage. Cette lessive, recueillie après une première opération, peut être utilisée de nouveau en la fortifiant par une nouvelle addition de substances alcalines. Il résulte de cette opération et de ce procédé un meilleur lessivage et une économie de lessive.

Il serait à désirer que, dans toutes les papeteries, au lieu de laisser se perdre les eaux grasses, chargées de matières animales et de potasse, provenant du lavage et lessivage des chiffons, on les utilisât, soit pour l'irrigation des prés, soit pour l'arrosage des terres, auxquelles elles serviraient d'excellents engrais. C'est ce qui a été mis en pratique avec succès dans quelques fabriques de France.

VI.

BLANCHIMENT DES CHIFFONS.

Dès la fin du siècle dernier, la découverte du procédé de blanchiment au moyen du chlore, dont on est redevable à Berthollet, fut appliquée avec succès à la papeterie, et permit d'employer avantageusement des chiffons rebutés jusqu'alors. Avec des cordes et des toiles d'emballage, on parvint à fabriquer de très-beaux papiers; mais l'abus de ce procédé de blanchiment énerva la fibre des substances végétales qui constitue le papier. Le chlore employé à l'état gazeux et le chlorure de chaux, que quelques fabricants, par ignorance, ont mis en poudre dans la pile pour donner aux pâtes plus de blancheur, altérèrent la qualité du papier. Le temps, qui dévoile tout, signala bientôt les inconvénients de ces agents trop énergiques, lorsqu'on vit ces superbes papiers jaunir, roussir, se tacher, et tomber en poussière.

On dut donc recourir de préférence au chlore à l'état liquide, et surtout multiplier les lavages et les rendre plus complets. L'invention des tambours laveurs, due à M. Breton, et perfectionnée par MM. Blanchet et Kléber, contribua beaucoup à cet heureux résultat. Enfin, pour surcroît de précautions, on recourut aux antichlores, particulièrement aux sulfites, afin de neutraliser les parcelles du chlore qui pouvaient rester encore dans les pâtes; mais c'est au temps, qui nous a signalé le mal, à nous dévoiler les meilleurs procédés pour empêcher l'altération des papiers. En attendant la découverte ou l'application d'agents chimiques plus efficaces encore que les sulfites, on ne saurait trop recourir aux lavages des pâtes, en renouvelant l'eau abondamment et en laissant longtemps la pâte dans des *piles relaveuses.*

C'est ainsi que l'on parviendra un jour à rendre aux papiers modernes la solidité et l'inaltérabilité des anciens papiers, tout en conservant les avantages qui résultent de l'économie considérable qui a permis de réduire à moitié et même plus le prix des papiers, tout en leur donnant un plus grand degré de blancheur.

Les grandes améliorations déjà réalisées doivent rassurer les bibliophiles sur l'avenir des papiers fabriqués depuis 1850, époque où de grandes précautions ont été prises dans les papeteries soigneuses de leur réputation.

VII.

AGENTS CHIMIQUES.

Les papeteries d'Angleterre se procurent le chlorure de chaux à un prix très-inférieur à celui de France. Ce produit chimique est obtenu particulièrement à Glasgow, où sont montés d'immenses établissements pour ce genre de fabrication. Le prix à Glasgow est de 14 shillings les 112 livres (soit 33 francs les 100 kilogrammes); en France, à Rouen ou à Paris, il coûte 47 francs les 100 kilogrammes [1].

Cette différence de 43 p. o/o sur un des éléments les plus importants de la fabrication du papier, est d'autant plus onéreuse pour nos papeteries, que l'importation des produits chimiques de pays étrangers est *prohibée* en France.

Dans quelques fabriques, l'emploi du sulfate d'alumine est préféré à l'alun, comme étant plus économique.

C'est de l'Allemagne que la France et l'Angleterre tirent en grande partie leur manganèse [2]; la différence dans les prix est peu considérable.

L'acide muriatique ou hydrochlorique coûte plus cher en Angleterre qu'en France, où en ce moment il a considérablement baissé de prix; il est aujourd'hui tombé, à Paris, à 7 francs les 100 kilogrammes [3].

La résine, que l'on tire d'Amérique, des landes de Bordeaux ou de la Russie, la fécule et l'alun, sont à peu près au même prix dans les divers pays.

VIII.

COLLAGE DE LA PÂTE.

Pour parvenir à remplacer le vélin et le parchemin employés à l'écriture et à l'impression, la solidité fut une des

[1] Par l'ordonnance du 1er mai 1853, l'accroissement de 10 francs par 100 kilogrammes sur l'impôt déjà fort onéreux que supporte le sel, a forcé, en France, les fabricants de payer 50 francs l'acide hydrochlorique, soit deux cinquièmes de plus qu'il ne coûte en Angleterre. Peut-être conviendrait-il d'établir un drawback sur le papier exporté de France, pour permettre à nos fabriques de lutter à charges égales avec celles de l'Angleterre.

[2] En France, le manganèse des mines de Romanèche est d'une très-bonne qualité.

[3] Cet avantage momentané n'existe plus : dès que la loi pour l'accroissement de l'impôt sur le sel a été rendue (en 1853), les fabricants de produits chimiques et les fabriques de Saint-Gobain ont porté de 7 à 11 francs le prix de l'acide hydrochlorique.

principales qualités exigées du papier : aussi admire-t-on encore aujourd'hui la conservation parfaite et le nerf du papier des anciennes éditions.

Cette solidité, qui tient particulièrement à la qualité des chiffons non blanchis par les acides, et à leur lente trituration au moyen des maillets, provient surtout du collage à la gélatine.

Mais cette opération du collage animal entraîne beaucoup de frais, de soins et de main-d'œuvre. Bien des tentatives furent faites en France pour y suppléer. On essaya d'abord de coller avec le savon de Marseille, mais ce collage rendait le papier mou. M. Canson, en 1827, imagina de faire un savon dont la cire était la base, et M. Delcambre en composa un autre dont la base était la résine; l'un et l'autre offraient des inconvénients.

C'est à M. Obry père, associé de M. Grenard dans l'exploitation de la fabrique de Prouzel, qu'on a dû, dès 1827, la combinaison de l'alun avec la fécule de pomme de terre et la résine dissoute par les cristaux de soude. Cette colle, longtemps connue sous le nom de *Grenard,* fut une immense amélioration apportée à la fabrication du papier; elle est maintenant d'un usage général en France, où elle réussit parfaitement. En Angleterre et dans quelques autres pays, elle n'a pu obtenir le même succès, soit en raison de l'abondance des chiffons de coton, auxquels ce genre de collage est moins convenable, soit plutôt à cause de la nature de certaines eaux; car le même phénomène se reproduit dans certaines fabriques où le sol est granitique et siliceux.

On eut donc recours, en Angleterre, à la colle animale pour donner aux papiers un degré d'imperméabilité et de solidité dont ils étaient d'autant plus dépourvus que la masse des chiffons de coton, déjà si considérable en Angleterre, s'accroît annuellement; aussi les papiers anglais sont-ils presque tous collés à la gélatine, et, sous le rapport de la solidité[1], ne laissent rien à désirer. Peut-être même abuse-t-on de ce

[1] Cette solidité consiste plutôt dans la roideur que donne la colle animale à la feuille de papier, que dans la contexture de la pâte.

genre de collage; car, sur la surface de la plupart des papiers anglais, dont l'apparence est souvent un peu grasse et huileuse, la plume glisse et l'encre s'étale, sans laisser aux déliés la finesse qu'ils conservent dans les papiers français, où les traits de la plume ne pénètrent que jusqu'au degré nécessaire pour ne pas les traverser.

Le papier anglais nécessite donc perpétuellement l'emploi du papier buvard dès qu'on veut tourner une page qu'on vient d'écrire ou de signer, attendu que l'encre restée à la surface ne s'imprègne pas dans le papier aussi promptement que dans le papier français.

L'usage de la colle animale offre souvent un inconvénient assez grave. Si elle n'a pas été suffisamment séchée, elle nuit aux impressions en couleur et au lavis. On reconnaît ce défaut lorsque, en mouillant le papier et y appliquant la main, on sent qu'elle y adhère.

Le collage gélatineux, connu dès l'origine de la fabrication du papier, offrait des difficultés dans son application à la machine à papier. C'est à feu M. Huth qu'on est redevable du procédé par lequel on fait maintenant passer la feuille de papier, à demi séchée, entre deux pressions cylindriques garnies de feutres, sur lesquelles arrivent continuellement en sens opposé deux jets de colle animale.

Maintenant la feuille de papier continue, après avoir traversé une auge remplie de colle animale, s'engage entre deux cylindres en bronze, de sorte qu'elle ne conserve que la quantité de colle nécessaire; puis elle est séchée sur les cylindres chauffés.

Ce système de collage, qui exige de grands frais, serait très-onéreux en France et dans les pays où le charbon de terre est d'un prix élevé. Il nécessite l'emploi de l'air chaud agité par de nombreux ventilateurs, et une consommation considérable de combustible. De plus, il exige un local immense: dans quelques fabriques cet appareil n'occupe pas moins de 80 mètres de longueur.

Parmi les papiers anglais les mieux collés et les mieux fabriqués se distinguent ceux de M. Joynson, dont la papeterie, située dans le comté de Kent, à Sainte-Marie-Cray, est justement célèbre[1]. Ceux de la fabrique non moins reconnue de M. Cowan[2], à Édimbourg, occupent aussi le premier rang.

IX.

ÉPURATEURS.

A l'exemple des fabricants anglais, partout on a multiplié considérablement le nombre des épurateurs, afin d'obtenir des pâtes exemptes d'impuretés; à cet égard, les papiers anglais ne laissent rien à désirer. Indépendamment de très-grandes tables avec compartiments en cuivre, disposées de manière à retenir les corps les plus pesants engagés dans la pâte, tels que le sable et le gravier, qui autrefois endommageaient les caractères d'imprimerie, deux autres sortes d'appareils servent maintenant à purifier la pâte. Longtemps on s'était borné à la caisse dite *à boutons,* inventée par M. Donkin; cette caisse consistait en barreaux de cuivre très-rapprochés, entre lesquels la pâte se tamisait, en ne laissant passer que les parties les plus ténues. A cet appareil on en a joint un autre dont le système agit dans un sens opposé, c'est-à-dire que, placé au-dessus de la pâte, celle-ci est forcée de remonter en passant à travers une autre série de barreaux en cuivre, en sorte que les ordures et les pâtons restent au fond de la cuve.

Quelquefois, au lieu de barreaux mobiles comme dans les épurateurs ordinaires, système Donkin, une grande plaque, d'une seule pièce, est fendue à des distances très-rapprochées et avec une régularité parfaite. Par ce système on est préservé contre les variations qu'offrent les barreaux mobiles distancés chacun l'un de l'autre par de petites équerres mobiles qui en fixent l'écart; mais ce système offre l'inconvénient de ne pou-

[1] Avec deux seules machines de grandes dimensions, 90 centimètres de largeur, marchant à la vitesse de 20 mètres à la minute, il produit 25,000 kilogrammes (25 tonnes) par semaine. C'est un fait qui est incontestable, quoiqu'il paraisse presque incroyable.

[2] M. Cowan est membre du Parlement.

voir resserrer ou élargir les distances entre les barreaux, selon que l'exige la nature des pâtes ou des papiers qu'on veut fabriquer.

X.

SATINAGE.

L'usage des plumes en fer a rendu de plus en plus indispensable le glaçage du papier. Dans l'origine on se bornait à mettre les feuilles entre des cartons, et à les presser fortement sous la presse hydraulique. En 1818, M. Heath commença le premier à placer les feuilles entre des cartons et à les satiner en les faisant ainsi passer entre deux cylindres ou laminoirs; puis on substitua aux cartons des plaques de zinc ou de cuivre; enfin, pour obtenir un glaçage plus parfait, on chauffa ces plaques.

Pour les cartes à jouer, M. Delarue ayant remplacé l'impression à l'huile par l'impression avec des couleurs à l'eau, prit, en 1832, un brevet pour son procédé de satinage au moyen de puissants cylindres.

Depuis quelques années, on cherche à satiner et à glacer le papier au moyen de trois forts cylindres. Celui du centre, composé de rondelles en papier très-nerveux appliquées les unes contre les autres, et fortement serrées par le moyen d'une presse hydraulique, forme, après avoir été tourné, un cylindre en carton solide et lisse; le cylindre supérieur et le cylindre inférieur, tous deux en fonte bien polie, sont chauffés intérieurement par l'introduction de la vapeur. Par ce moyen, le papier, surtout lorsqu'il est passé plusieurs fois entre ces cylindres, acquiert un glaçage qui n'offre pas l'inconvénient de produire de petits trous, que l'on remarque toujours plus ou moins dans les papiers glacés sous des plaques de zinc ou de cuivre.

Mais l'électricité, qui se dégage lorsque la feuille de papier est appliquée entre les deux cylindres, présente certains inconvénients. Souvent cette feuille adhère à l'un des deux cylindres par l'effet de l'électricité, surtout pour les papiers collés à la colle végétale, dont la résine est la base ; malgré cet obstacle, ce système commence à être employé avec succès dans quelques fabriques. C'est à la physique qu'il appartient de soutirer l'électricité dont l'action cause cette perturbation.

Si cet appareil de glaçage, placé à la suite de la machine à fabriquer le papier, pouvait glacer immédiatement la feuille sans fin, ce serait le dernier complément imaginable. Alors se trouverait évité l'inconvénient de voir les feuilles isolées adhérer aux cylindres par l'effet de l'électricité, puisque la feuille sans fin, se trouvant engagée dans les cylindres à mesure qu'elle se fabrique, se soutiendrait d'elle-même tout en s'enroulant sur les dévidoirs. Mais on n'a pu encore vaincre l'obstacle des plis ou *fronces* du papier, résultant soit de quelque imperceptible différence dans le parallélisme de la traction de la toile métallique ou des feutres, soit de quelque inégalité dans l'épaisseur de ceux-ci, ce qui occasionne une différence partielle dans le séchage du papier.

Nous avons cependant remarqué un rouleau exposé par MM. Drewsen frères, fabricants de papier à Silkeborg, dans le Jutland en Danemark, qui est parfaitement glacé par ce procédé. D'après les renseignements qui nous ont été donnés, ce rouleau de papier n'aurait pas été satiné immédiatement par un appareil placé à la suite de la machine, mais isolément, et après la fabrication achevée. Tout en signalant le mérite d'avoir glacé ainsi ce grand rouleau, nous devons remarquer que ce papier n'est que faiblement collé. Il est probable que, s'il l'eût été davantage, la difficulté de le satiner d'une seule pièce s'en fût accrue.

M. Venables a présenté aussi à l'Exposition un grand rouleau de 2 mètres de large en papier brun, destiné au *pliage*, et parfaitement glacé.

Les essais que nous venons de constater prouvent qu'on ne doit point désespérer d'atteindre ce résultat, le dernier qu'on puisse exiger de la machine à papier, puisqu'alors toutes les opérations pour fabriquer le papier se trouveraient complétement exécutées par cette machine; à moins qu'on ne voulût encore exiger d'elle qu'après avoir reçu à l'une de ses extrémités la pâte liquide, elle livràt le papier mis en rame, fabriqué, séché, glacé et coupé.

C'est en 1830 que M. Ibotson, fabricant de papier à Poyle, inventa l'usage des appareils dits *sabliers*, pour retenir les ordures, graviers, boutons et nœuds de fil, etc., qui endommageaient les caractères d'imprimerie, au point que quelquefois une fonte entière considérable était perdue à la fin de l'impression d'un volume. M. Donkin perfectionna ces appareils.

On doit à M. J. Wilks l'emploi des rouleaux égoutteurs, qui, en s'appliquant librement sur la feuille de papier au moment où elle prend de la consistance, lui enlèvent une partie de l'eau dont sa pâte est encore chargée; cela permet de fabriquer plus vite et de glacer en quelque sorte la partie supérieure du papier tout en le condensant.

XI.

SÉCHAGE.

Le système du séchage du papier par la vapeur, à mesure qu'il se fabrique, fut un autre progrès qui permit d'en accroître rapidement la production pour suffire aux besoins incessants des journaux, dont le nombre et la dimension vont toujours croissant. C'est à M. Crompton qu'on est redevable de ce procédé, qui consiste à laisser la feuille s'engager, à mesure qu'elle se forme sur la machine à papier, entre un feutre et un cylindre en fonte chauffé à la vapeur : en sorte qu'après s'être successivement appliquée sur plusieurs cylindres elle en sort parfaitement séchée. Le premier appareil fut monté chez lui en 1820, et rendit inutiles les vastes bâtiments dits *séchoirs* dans lesquels on étendait les feuilles de papier pour les faire sécher à l'air.

En 1826, MM. Firmin Didot s'empressèrent d'introduire ce système dans leur papeterie du Ménil, où il fonctionna pour la première fois en France.

En 1828, M. Crompton prit un brevet avec M. Taylor pour couper le papier longitudinalement, au moyen de couteaux circulaires, à mesure qu'il se fabrique.

C'est à M. Thomas Barret, à Sainte-Marie-Cray, qu'on doit l'apprêtage au moyen d'un appareil de cylindres lisseurs, ou lisses, superposés les uns aux autres et placés immédiatement après les cylindres sécheurs. Il eut l'idée de roder ces lisses sur elles-mêmes avec une vitesse différente, sans recourir à l'émeri, mais en faisant tomber un jet d'eau continuel. Ces cylindres, restant ainsi en contact, acquièrent un poli d'autant plus parfait que l'opération est plus prolongée. En 1830, M. Barret prit un brevet pour ajouter aux toiles mécaniques sans fin des marques imitant les filigranes, ce qui donne aux papiers fabriqués à la mécanique l'apparence des papiers vergés.

En 1831, M. J. J. Jequier inventa le moyen de donner au papier mécanique l'apparence du papier à vergeures fabriqué par la main de l'ouvrier.

DES DIVERS GENRES DE PAPIER.

I.

PAPIERS D'IMPRESSION.

A égalité de prix, les papiers d'impression sont généralement mieux fabriqués en Angleterre qu'en France, excepté dans quelques-unes de nos manufactures.

Les pâtes des papiers d'écriture et des papiers d'impression sont aussi beaucoup plus pures que celles des fabriques de France et des autres pays.

Les papiers fabriqués par M. Dickenson d'après son procédé, auquel vient en aide sa longue expérience, jouissent toujours de leur ancienne faveur auprès des imprimeurs.

La papeterie dirigée par M. Journet, au Souche, dans les Vosges, a exposé un papier destiné à l'impression, où il n'est fait emploi d'aucun acide. Ce papier est très-blanc et très-beau, et rassure les amateurs de livres sur le sort futur des papiers fabriqués par les procédés ordinaires; il est un peu moins blanc, et coûte un peu plus cher.

Les papiers d'impression exposés par MM. Blanchet et Klebler, Odent, Doumerc, Montgolfier, Gratiot et autres fabricants réunissent aux qualités de la solidité les conditions de la modicité des prix.

II.

PAPIERS D'ÉCRITURE.

Les fabricants anglais, par leur fort collage à la colle animale, donnent à leur papier à écrire une solidité et une imperméabilité complètes. A côté de ces avantages, quelques inconvénients ont été signalés précédemment. Les papiers d'Annonay, ceux d'Angoulême et des autres principales fabriques de France, très-suffisamment collés, réunissent les conditions désirables en solidité et en imperméabilité.

Quant aux papiers d'écriture minces et aux papiers dits *pelure*, il a été généralement reconnu par les fabricants anglais que les papeteries d'Angoulême, si anciennement connues par leur belle fabrication, et particulièrement celle de M. Lacroix, l'emportent de beaucoup sur les papiers de ce genre exécutés jusqu'à ce jour par les fabriques des divers pays.

MM. Callaud, Bellisle et Cie ont aussi exposé un grand nombre de produits de leurs papeteries d'Angoulême, dont la parfaite exécution ne saurait trop être louée.

En Angleterre, les papiers d'écriture sont ou fortement azurés, ou ont une teinte s'approchant de celle de la crème, ce qui fait désigner ce papier sous le nom de *cream laid post*. Les uns et les autres ont des vergeures et des pontuseaux très-apparents, et généralement chaque feuille porte le nom ou la marque du fabricant. Le papier *cream laid post* a été fabriqué en Angleterre par M. Hollingworth, et cette teinte, adoptée généralement par la mode, dès son apparition, l'a été également par tous les fabricants. Elle est sans doute agréable à l'œil ; cependant elle n'a pas le charme des beaux papiers si éclatants de blancheur, fabriqués en France, en Belgique, et dans les pays où le chanvre et le lin abondent.

III.

PAPIERS A DESSIN.

C'est encore à la cuve que ce genre de papier est le mieux fabriqué; pour lui donner plus de solidité, on colle deux ou trois feuilles que l'on superpose. Pressées et satinées ensemble, elles ne forment qu'une seule feuille plus ou moins épaisse, à laquelle la nature de la pâte de chaque épaisseur de papier dont elle se compose, donne les qualités désirables, soit de roideur, soit de flexibilité, soit d'un collage plus ou moins intense, selon qu'on veut tel ou tel genre de papier pour le dessin ou le lavis. Mais on ne peut faire à la cuve que des papiers d'une grandeur limitée.

Toutefois, les produits en ce genre, exécutés par des machines dans les fabriques si justement renommées de MM. Canson, dans celle du Marais dirigée par M. Doumerc et dans celle de M. Blanchet, de Rives, ont donné des résultats très-satisfaisants, et qui souvent ne laissent rien à désirer.

IV.

PAPIERS DE COULEUR.

La fabrication des papiers de couleur a fait de très-grands progrès. On peut en juger par les fleurs artificielles en papier, dont les couleurs le disputent, pour l'éclat et la variété des nuances, avec la nature même. Les assortiments nombreux, de toutes couleurs, envoyés des divers pays sont très-satisfaisants; mais il n'en est aucun qui puisse soutenir la concurrence avec le papier rose-carmin fabriqué par M. JOURNET, de la papeterie du Souche. Il a été signalé à l'Exposition comme infiniment supérieur à tout ce que les autres fabriques avaient pu produire en ce genre.

La même supériorité existe pour le papier noir exposé par M. Obry, de Prouzel, et qui est destiné à envelopper les batistes et dentelles. Par le contraste de sa couleur, il rehausse la blancheur de ces objets précieux sans en ternir l'éclat, inconvénient inhérent plus ou moins aux papiers de ce genre, qui, lorsqu'ils ne sont pas aussi parfaitement fabriqués, laissent se détacher quelques parcelles de noir, dont le contact est funeste aux objets précieux qu'ils enveloppent.

V.

PAPIERS SPÉCIAUX.

Les papiers *à gargousses incombustibles et imperméables*, exposés par M. Odent, par MM. Blanchet et Kléber, de Rives, et par M. Montgolfier, d'Annonay, ont appelé l'attention des membres du jury. Ces papiers, fabriqués avec des substances animales, d'après un procédé dont on est redevable à feu M. Mérimée, joignent à l'avantage d'une solidité égale à celle du parchemin celui d'être incombustibles; c'est-à-dire que, si, dans le service des canonniers de la marine, auquel ces papiers sont surtout destinés, le feu y prenait, il s'éteindrait de lui-même et ne se communiquerait point.

C'est M. Odent qui, le premier, a fabriqué ce papier d'après les instructions de feu M. Mérimée.

PAPIERS IMITANT LE PARCHEMIN.

M. Odent père expose aussi des papiers imitant le parchemin, qui, par leur solidité, peuvent remplacer le parchemin pour la couverture des livres, particulièrement des livres de classes, des registres, etc.; ils peuvent servir à un grand nombre d'usages.

M. Montgolfier, d'Annonay, dont la beauté des produits est connue de père en fils, a eu l'idée d'appliquer ce genre de produits, imitant si parfaitement le parchemin, à d'autres emplois, et notamment dans les filatures de laine aux machines à étirer, défeutrer et bobiner.

Ce papier est aussi employé par les batteurs d'or, d'argent et de cuivre, en remplacement du parchemin, qu'ils ne pouvaient employer qu'après un long laps de temps. Il faut en effet que les parties graisseuses contenues dans le parchemin soient oxydées par l'action de l'air atmosphérique pour convenir aux batteurs d'or et d'argent, tandis qu'ils peuvent employer immédiatement ce nouveau produit. S'il eût été plus tôt mis en usage, combien de chartes précieuses et d'anciens manuscrits auraient échappé à la destruction du marteau des batteurs d'or et d'argent, au grand profit des lettres!

VI.

PAPIERS POUR USAGES CHIMIQUES.

La science est redevable à M. Journet d'un papier à filtrer, destiné à remplacer, dans nos laboratoires de chimie, le papier dit *Berzelius*. Il réunit, en effet, toutes les conditions des papiers de Suède, reconnus jusqu'alors comme les plus purs, et qui sont consacrés aux opérations chimiques. On peut juger de la pureté de la pâte par l'analyse qu'en a faite le chimiste M. Barreswill.

Une feuille pesant $9^{gr},6970$, ayant en surface $0^{m},2336$, a donné en cendres $0^{gr},0293$.

D'où il résulte que 100 kilogrammes de ce papier donneraient 302 grammes de cendres, soit 3 millièmes de cendres pour un gramme; ce qui est un résultat très-satisfaisant.

Tout en tenant compte à M. Journet de son habileté et du soin extrême qu'il a apporté à cette fabrication, il faut reconnaître que la nature du sol granitique et siliceux traversé par le cours d'eau du Souche, dans les Vosges, laisse aux eaux une pureté qui est une condition indispensable pour obtenir un pareil résultat.

On doit espérer que ces conditions exceptionnelles permettront à M. Journet de fabriquer un papier favorable à l'héliographie, et de venir en aide aux merveilles qu'on est en droit d'espérer de cette découverte.

VII.

FABRICATION DU PAPIER DANS LES DIVERS PAYS[1].

(1851.)

Conformément aux progrès de la civilisation, on voit s'introduire successivement les machines à fabriquer le papier dans les diverses parties du monde, dès que la sécurité et l'intelligence se développent.

L'Amérique du Nord en possède un grand nombre; celle du Midi n'en a point encore en activité.

En Asie, sous la protection du sultan Abdul-Medjid, une machine pour fabriquer le papier continu vient récemment d'être introduite à Smyrne. Les produits que cette fabrique a envoyés à l'Exposition sont assez remarquables pour que le jury les ait comparés à ceux des meilleures papeteries de l'Europe.

En Afrique, il n'existe qu'une seule fabrique à la cuve, près du Caire, à Boulac.

Autant que le temps et les distances le permettaient, le jury, qui s'est fait donner le prix de vente de chacun des papiers exposés, et a tenu compte des conditions différentes où chaque papeterie, dans les divers pays, se trouvait placée, a cru utile et intéressant de constater dans ce Rapport les renseignements qu'il a réunis sur l'état de la fabrication dans les divers pays.

[1] Ces données sont approximatives (excepté, toutefois, pour la Grande-Bretagne, où la taxe, dont le papier est frappé dans les manufactures mêmes, constate le chiffre exact de la fabrication). Les papiers de tenture et d'emballage sont compris dans ces calculs.

Une machine à papier occupe, terme moyen, 75 ouvriers; une cuve, 15 ouvriers. On peut, d'après cette base, calculer très-approximativement le nombre d'ouvriers employés dans chaque pays à la fabrication du papier. Un nombre à peu près égal est occupé à ramasser les chiffons.

ANGLETERRE.

La production totale, en 1850, a été de 62,960,000 kilogrammes [1], dont la valeur doit être estimée, non compris le droit perçu par le Gouvernement, à 70 millions de francs.

Les machines à papier sont au nombre de 322.

Plus 266 cuves, dont le produit annuel (à 50 kilogr. par jour pour chaque cuve) peut être évalué à 4,000,000 kilogrammes.

Les 59 millions de papier fabriqué par les 322 machines en Angleterre donnent pour terme moyen un produit de 610 kilogrammes par jour pour chaque machine; soit 183,000 kilogrammes par an pour une machine en calculant 300 jours de travail.

Le nombre des cylindres est de 1,616.

L'exportation (non compris les papiers peints et de tenture) s'est élevée à 3,284,000 kilogrammes.

La première machine à papier a fonctionné en 1804 [2].

ÉCOSSE.

Il y a 58 machines, 19 cuves et 286 cylindres.

La production du papier a été de 14,300,009 kilogrammes, le droit payé au fisc de 4,692,175 francs, l'exportation de 520,000 kilogrammes.

IRLANDE.

33 machines, 15 cuves et 86 cylindres.

La production a été de 3,309,751 kilogrammes, l'exportation de 5,000 kilogrammes.

FRANCE.

Il y a 210 machines, dont le produit peut être évalué,

[1] Ce chiffre est exact, il résulte de la vérification faite par les employés du fisc dans les manufactures mêmes du papier fabriqué; pour ces 62,960,977 kilogr. de papier, il a été perçu près de 20 millions de francs.

[2] Anderson, dans son *Histoire du Commerce*, dit qu'on ne commença qu'en 1690 à fabriquer du papier pouvant servir à l'impression et à l'écriture, et que jusqu'à cette époque l'Angleterre en achetait à la France pour 100,000 liv. sterl. chaque année.

comme en Angleterre, à 610 kilogrammes par jour, soit par an (300 jours de travail) .... 39,430,000^{k}
et 250 cuves, dont le produit annuel est de... 2,250,000
soit en totalité un poids annuel de.......... 41,680,000

L'exportation a été, en 1849 :

Papier blanc et de musique.............. 2,923,885
——— colorié......................... 67,866
Enveloppes coloriées..................... 814,619
Papiers imprimés, en rouleaux et de tenture de soie.............................. 674,431
Papiers de tenture de Chine.............. 920

La première machine à papiers sans fin a été construite en France, en 1811, à la papeterie de Sorel.

ZOLLVEREIN.

On y compte 800 papeteries, ayant 140 machines à papier, fabriquant environ 600 kilogrammes par jour, soit annuellement 25,200,000 kilogrammes, et 1024 cuves, produisant annuellement 12 millions de kilogrammes. L'exportation en papiers divers, blancs, de tenture, etc., est de 3,566,900 livres.

L'importation est seulement de 250,000 kilogrammes, et consiste en papier de qualité inférieure; une partie des papiers de belles qualités est exportée.

La première machine à papier a été établie dans le Wurtemberg.

En Prusse, 72 machines et 503 cuves. La première machine y fut établie en 1818.

En Bavière, 11 machines et 257 cuves.

En Saxe, 6 machines et 68 cuves.

Grand-duché de Hesse, 1 machine et 27 cuves.

Électorat de Hesse, 6 machines et 39 cuves.

Bade, 14 machines et 33 cuves.

Nassau, 6 machines et 30 cuves.

Divers États associés au Zollverein, 14 cuves.

États de Thuringe, 53 cuves.

Les renseignements manquent pour le Wurtemberg et le Brunswick[1].

AUTRICHE.

Il existe 49 machines à papier, produisant 8,820,000 kilogrammes, et 900 cuves, produisant annuellement 13,500,000 kilogrammes.

Les principales fabriques sont dans la Lombardie, la basse Autriche et la Bohême. Il y en aussi dans le Tyrol et la terre ferme de Venise.

On exporte d'Autriche pour environ 3,600,000 francs par an.

DANEMARK.

6 machines, et 1 dans le Holstein; en tout 7 machines, fabriquant environ 600 kilogrammes par jour, soit annuellement 1,260,000 kilogrammes, et 20 cuves, fabriquant des papiers communs. Les exportations sont nulles, et on importe des papiers de la Belgique et de la France. En 1847, l'importation a été de 300,000 kilogrammes.

La première papeterie fut établie à Frédéricsburg, par ordre de Christian III, et la première machine à fabriquer le papier, construite par M. Bryan Donkin, fut mise en activité par M. J. C. Dreswen, en 1826.

SUÈDE.

On y compte 7 machines en activité et 8 cuves.

BELGIQUE.

La fabrication du papier n'y a pris de l'extension que depuis 1814. L'exportation s'est élevée, en 1849, à près de 1 million de francs. L'importation est peu considérable et ne dépasse

[1] C'est à l'obligeance de M. le professeur Hulse, membre du jury, que je dois ces détails sur les États qui composent le Zollverein.

pas 70,000 francs. Il existe 80 papeteries, mais la plupart à la cuve, dont quelques-unes sont mues par des moulins à vent. La papeterie de M. Godin, à L'Huy, est très-célèbre et mérite la réputation qu'elle a justement acquise; cette fabrique, qui, par son immense étendue, semble être une petite ville, est la seule qui ait exposé. Ses produits sont aussi remarquables par leur mérite que par leur quantité. La plus grande partie est destinée à l'exportation, qui, en 1849, s'est élevée à 900,000 francs, dont un tiers pour la Hollande.

On compte en Belgique 28 machines à papier.

PAYS-BAS.

La fabrication, quoique très-restreinte, y soutient son antique réputation, à en juger d'après les produits exposés par MM. Honig, de Zaandyk, et par MM. Van Gelder et fils, de Vormerwer. Les papiers fabriqués à la cuve ont toutes les qualités désirables, qu'on ne rencontrait autrefois que dans les papiers de Hollande.

J'ignore si ce pays possède des machines à papier; mais on y compte un grand nombre de cuves.

D'après un état officiel dressé en avril 1854, il y aurait en Hollande aujourd'hui 168 papeteries, dont 125 dans les provinces de Gueldre; 18 dans le Nord-Holland; 15 dans le Zuid-Holland et 10 dans les quatre autres provinces. Ces établissements occupent 2,248 ouvriers; en 1853, ils ont employé 5,083,100 kilogrammes de chiffons, quantité peu considérable, il est vrai. Cependant l'accroissement de la consommation a paru assez important au Gouvernement, pour que, dans l'intérêt des papetiers, il ait défendu l'exportation du chiffon en avril 1854.

ESPAGNE.

Il y a 17 machines[1]; elles ont été importées d'Angleterre,

[1] Dont 2 dans la Vieille-Castille, 2 à Valence, 3 dans la Nouvelle-Castille, 1 en Estrémadoure, 2 en Catalogne, 2 en Aragon, 1 en Andalousie,

de France et de Belgique. La première machine fut établie près de Manzanarès, dans la Manche, par D. Tomas Jordan.

Les 17 machines, évaluées à 600 kilogrammes par jour, donnent annuellement 3,060,000 kilogrammes.

Il existe encore 250 cuves; la Catalogne en a conservé le plus grand nombre.

Les 250 cuves donnent annuellement 2,250,000 kilogrammes.

Sur les 3,400,000 rames qui se fabriquent annuellement en Espagne, la Catalogne en produit 700,000.

Le poids du chiffon employé en Espagne s'élève à environ 18 millions de kilogrammes.

L'exportation est nulle, excepté pour Cuba, où l'Espagne exporte annuellement 94,000 rames; au Chili, 16,000 rames; à Porto-Rico, 10,000, et en divers lieux, 20,000 rames.

ITALIE.

Royaume lombardo-vénitien. — 6 machines sont réparties entre 4 fabriques.

Royaume des Deux-Siciles. — 12 machines à papier. MM. Firmin Didot frères et Lefèvre établirent, en 1847, la première de ces machines, avec brevet d'introduction, à la papeterie du Fibrène (à l'*Isola di Sora*). Les 12 machines occupent environ 1,200 ouvriers.

Les anciennes fabriques à cuves étaient établies à Amalfi, Viétri, etc. On en comptait 60: maintenant il n'en reste qu'une douzaine en activité; elles occupent 300 ouvriers environ.

En évaluant à 600 kilogrammes par jour le produit des machines et à 50 kilogrammes celui des cuves, la production de la Sicile serait annuellement de 2,340,000 kilogrammes.

3 en Guipuscoa et 1 en Navarre. Les principales sont celles de Burgos; de Rascafria, près Madrid; de Candelario, près Bejar; et de Capellades, près de Barcelone.

Les exportations assez considérables se font surtout pour la Sicile, Rome, Livourne, Malte, les îles Ioniennes et la Grèce.

La Sicile avait 2 fabriques à cuves; la concurrence des machines établies dans le royaume de Naples les a fait disparaître.

États romains. — 3 machines à papier ont été élevées à Anatrelle, à Fiume et aux environs de Rome. M. Miliani a exposé des papiers de bonne qualité.

Toscane. — Il existe une fabrique près de Florence, avec 2 machines à papier construites par M. Donkin, et plusieurs fabriques à la cuve.

Royaume de Sardaigne. — 12 machines à papier et 60 cuves.

La première machine a été établie à Borgo-Sesia par M. Molino. On évalue la production, en 1848, à 6 millions de florins. Une faible quantité de papier est exportée par Gênes.

Le papier dit *de Gênes,* c'est-à-dire fabriqué dans les contrées environnantes, jouissait encore, au commencement du siècle dernier, d'une grande réputation en Angleterre, puisque nous voyons par une pétition adressée, sous la reine Anne, par les fabricants de cartes à jouer à la chambre des communes, que leur consommation pour cette fabrication s'élevait à 40,000 rames de *papier blanc de Gênes.* L'Angleterre, en effet, n'a perfectionné que fort tard la fabrication du papier. Celui de Gênes, par sa douceur et sa solidité, convenait mieux que tout autre à la confection des cartes à jouer.

SUISSE.

Il y a environ 26 machines et un grand nombre de cuves.

La fabrication est de 13 millions de kilogrammes, dont 3 millions par le canton de Zurich seul.

On y compte encore 40 papeteries à cuves.

Le prix de la journée des hommes est de 1 fr. 25 cent., et des femmes 75 centimes.

Point d'exportation.

TURQUIE.

Il existe une fabrique à Smyrne, avec une machine à papier;
Une fabrique avec cuves à Constantinople;
Une fabrique à la cuve à Boulac, près du Caire, en Égypte.

ÉTATS-UNIS.

En 1730, la première fabrique à cuves fut établie dans le Massachusets; la première machine à papier continu y fut importée en 1820.

Les progrès de la fabrication du papier sont tels, surtout depuis dix ans, que, malgré l'immense consommation de papier de journaux, d'emballage, etc., et de papier de tout espèce qui a lieu dans ce pays, l'importation n'est plus que de 2 à 3 pour cent.

RUSSIE.

La Russie n'a envoyé aucun des produits de la papeterie impériale établie à Péterhoff, près de Saint-Pétersbourg.

Aujourd'hui, aux environs de cette capitale, on compte plusieurs papeteries occupant une dizaine de machines. A Moscou, douze machines sont en activité; à Kief, le prince Kotchubey a élevé une papeterie considérable; à Vilna, M. Pouslowky en a fait autant.

C'est surtout par Riga, où il existe des dépôts considérables de chiffons, que les fabriques de la Russie s'approvisionnent.

POLOGNE.

La papeterie établie par M. Planche à Jeziorna, près de Varsovie, pour le compte de la banque de Pologne, est remarquable par les perfectionnements les plus complets que cet habile fabricant y a introduits [1].

[1] On peut juger de l'étendue des connaissances théoriques et pratiques de M. Planche, par le traité sur la papeterie qu'il vient de publier à Paris, et qui a obtenu une médaille de la Société d'encouragement de Mulhouse.

VIII.

TENTATIVES POUR SUBSTITUER AUX CHIFFONS D'AUTRES SUBSTANCES VÉGÉTALES.

Nous avons vu paraître à l'Exposition des papiers fabriqués dans les Indes et au Brésil avec des substances végétales employées à leur état primitif, en sorte qu'elles ont conservé toute leur énergie. La solidité, la flexibilité de ces papiers sont telles, qu'ils peuvent être employés avec avantage dans plusieurs industries.

Depuis longtemps un grand nombre de tentatives avaient été faites pour remplacer le chiffon par des substances végétales, puisqu'on sait que toute plante contenant de la cellulose est apte à la fabrication du papier.

Dans quelle proportion se trouve-t-elle, et quels sont les frais nécessaires pour l'obtenir dégagée des autres principes afin de pouvoir la blanchir sans trop de frais? Jusqu'à présent la solution de cette question a été tout en faveur du chiffon, attendu que le lin, le chanvre ou le coton, qui en sont la base, ont obtenu, avant d'arriver aux papeteries à l'état de chiffon, des préparations préliminaires qui les exemptent des opérations coûteuses de lessivage et de blanchiment auxquelles toute matière première doit être soumise.

Si pourtant le prix des chiffons devenait excessif, alors il y aurait avantage à recourir à quelques matières premières, telles que le bananier, l'aloès, le bois blanc, et même la paille. Mais il faudrait toujours y joindre une certaine quantité de chiffons pour atténuer la transparence et l'effet vitreux qu'offrent les papiers fabriqués avec ces substances, ainsi qu'on en peut juger par ceux que M. Gratiot a exposés, et qui ont été fabriqués à la papeterie d'Essonnes.

Après bien des essais infructueux, on est cependant parvenu à employer avec plus ou moins de succès la paille et le bois; mais sans pouvoir détruire jusqu'à présent le principe colorant, qui ne permet d'en faire l'emploi que dans des proportions restreintes et dans les papiers de qualités inférieures.

Aux expositions de l'industrie française, en 1839 et en 1844, on vit paraître des papiers obtenus au moyen de lianes d'Amérique et de feuilles de bananier dont M. Rocques et M. Fléchey ont présenté des échantillons. Le papier était satisfaisant, et sa solidité très-grande; mais les essais multipliés qui furent faits alors prouvèrent qu'un énorme déchet résultait des opérations indispensables pour convertir en papier ces matières brutes. Aussi, d'après les conseils qui lui furent donnés, M. Rocques a établi un puissant lessivage alcalin à la Havane, afin de débarrasser ces matières premières d'une grande partie du gluten et des matières hétérogènes inutiles ou nuisibles à la fabrication du papier. Toutefois, ces filasses, même en cet état, exigent des blanchiments très-actifs, qui leur font perdre au moins 30 pour cent de leur poids; les frais de lessivage et de blanchiment sont très-considérables.

A l'Exposition de Londres, M. Fléchey a fait voir des échantillons de papiers fabriqués avec le palmier nain (*chamærops humilis*) dont la surface de l'Algérie est couverte, et dont on pourrait, d'après ses calculs, obtenir annuellement 4 millions de quintaux sans autre peine que celle de le faire recueillir par des enfants ou des femmes, en sorte que son prix de revient serait très-minime. D'après ses calculs, la matière brute ainsi recueillie ne dépasserait pas 2 francs les 100 kilogrammes. Quant au rendement, il prétend que, battue à l'état humide, elle donne 35 p. o/o, et à l'état sec 50 p. o/o de pâte dite *défilée*, n'exigeant que deux heures de raffinage pour être convertie en papier.

Les échantillons de papier ainsi fabriqués, blanchis et non blanchis, offrent les qualités désirables, surtout quant à l'extrême solidité. La pratique seule pourra décider si leur emploi est profitable.

L'Algérie, couverte de ce palmier nain, pourrait, par sa situation rapprochée de l'Europe, fournir avec le plus d'avantages ces substances végétales, qui ne seraient pas grevées de frais de transport aussi considérables que lorsqu'on les importe des pays lointains. De même que le papier est fabriqué en Chine avec le bambou et qu'à la Havane il est confectionné avec les produits végétaux indigènes[1], il se pourrait qu'on pût tirer profit du palmier nain d'Algérie, ou, du moins, s'en servir comme d'un supplément nécessaire, dans le cas où les progrès croissants de la civilisation, multipliant subitement les besoins de l'écriture et de la lecture, renchériraient considérablement le prix des chiffons.

[1] A Vaucluse, département de Vaucluse, nos fabriques font du papier avec du bois de saule haché, et passé sous la meule.

QUATRIÈME PARTIE.

INDUSTRIES ACCESSOIRES.

I.

CARTES A JOUER.

La fabrication des cartes à jouer, outre son importance sous le rapport de l'industrie et du commerce, offre un intérêt historique, puisque l'on croit qu'elle a mis sur la voie de la découverte de l'imprimerie. Les cartes étaient connues en Chine dès l'an 1120; elles l'étaient aussi dans l'Inde et l'Orient, d'où il paraît certain qu'elles furent introduites en Occident au retour des croisades[1], en 1387.

Un compte de l'argentier du roi de France Charles VI porte : « Qu'on donna 50 sols parisis à Jacquemin Gringon-« neur, peintre, pour trois jeux de cartes à or et à diverses « couleurs, ornés de plusieurs devises pour porter devant le « seigneur roi pour son esbattement. » Le jeu de cartes, qui s'était introduit dans la bourgeoisie, fut interdit par le prévôt de Paris dans son ordonnance du 22 janvier 1397. Par un document de l'année 1441, les fabricants de cartes à Venise se plaignent au sénat que leur commerce de cartes à jouer et de figures imprimées éprouve un grand dommage par la quantité considérable de cartes à jouer qui étaient *imprimées et peintes* hors de Venise.

Sous la reine Anne, dans une pétition où les fabricants de cartes exposent à la Chambre des communes la nécessité de réduire l'impôt sur les cartes, on déclare qu'annuellement 40,000 rames de papier, provenant de Gênes, sont utilisées en Angleterre à cette fabrication. Ce nombre de rames de papier est évidem-

[1] Niccolà di Covelluzzo, dans sa chronique manuscrite, au f° 28, dit : *Anno 1379, fu recato in Viterbo el gioco delle carte, che vienne de Saracinia, e chiamasi, fra loro* NAIB.

ment exagéré. D'après le calcul de M. Delarue, il aurait produit 5 millions de paquets ou jeux; tandis qu'en 1851, la fabrication, en Angleterre, se bornait à 507,672 paquets, tant pour la consommation intérieure que pour l'exportation.

La fabrication des cartes est restreinte à Londres et à Westminster, en Angleterre; à Dublin, en Irlande : en Écosse, elle est interdite.

En Russie, la manufacture impériale jouit seule du privilége de cette fabrication, dont le revenu est affecté intégralement à l'hôpital des Enfants trouvés. Les cartes y sont imprimées avec des couleurs à l'eau et parfaitement lissées, au moyen d'une machine inventée par M. Applegath. La fabrication quotidienne de 14,000 paquets ou jeux ne suffit pas aux besoins des Russes.

Dès l'origine et jusqu'à ces derniers temps, les cartes étaient exécutées à la brosse, au moyen de patrons découpés.

C'est en 1832 que M. Delarue apporta de grandes améliorations à la fabrication des cartes; il substitue à l'usage des couleurs à l'eau appliquées à la brosse, celui des couleurs à l'huile, qui sont bien plus vives, et qu'il applique soit sur des blocs de métal ou de bois avec lesquels il imprime au moyen de la presse, soit par le procédé de la lithographie. Les couleurs qu'il emploie ont le mérite particulier de sécher promptement sans s'étendre au lissage qu'il opère au moyen de fortes calandres, et non par l'ancien procédé du caillou qui était aussi long que fastidieux.

Les cartes exposées par M. Delarue ont tous les degrés de perfection désirables.

M. Hulot a présenté et exposé des plaques obtenues au moyen de l'électrotypie pour l'impression des cartes. Son procédé a l'avantage de donner autant de planches identiques les unes aux autres qu'on peut en désirer, ce qui offre une garantie contre la contrefaçon.

Les cartes exposées par les fabricants des divers pays annoncent, en général, par leur bonne exécution, que cette industrie a fait de grands progrès.

II.

PAPIERS DE FANTAISIE.

Nous nous bornerons à signaler ce qui a frappé le plus notre attention dans la quantité innombrable d'objets qui se rapportent à ce genre d'industrie.

PAPIER À DENTELLE.

Le goût et l'art avec lesquels ce papier est façonné méritent d'être signalés. Autrefois son emploi était borné à recouvrir, dans les boîtes de fruits et de dragées, les objets qu'elles contenaient; aujourd'hui l'on applique ces papiers dentelles à beaucoup d'autres usages, comme garde-jour pour les lampes et comme entourages soit gauffrés, soit découpés, qui enjolivent un grand nombre de gravures coloriées ou non, destinées particulièrement à des sujets religieux. L'exportation de ces objets est considérable; ils sont exécutés avec un goût remarquable par les exposants français, MM. Marion, Devrange et Arrault.

La variété des papiers peints ou imprimés en or, en argent, en couleurs vives, soit par la presse typographique ou lithographique, soit par la chromolithographie, est aussi multipliée que l'emploi qu'on en fait.

PAPIER-PORCELAINE.

Le papier dit *porcelaine* ou *porphyrisé,* plus connu sous le nom de papier *kremnitz,* fut employé d'abord à Francfort. On a substitué le sulfate de baryte au blanc de plomb dont on se servait pour donner au papier cet éclat et ce poli si favorables à l'impression en taille-douce des cartes de visite et autres objets dorés. Les papiers, cartes et cartons, ainsi préparés par M. Boudon, à Paris, ne laissent rien à désirer.

truit toute la grâce du dessin, qui n'a rien du goût français et présente une uniformité peu flatteuse au coup d'œil.

Ces riches articles sont moins élégants que nos fines broderies au métier sur mousseline et sur batiste; leur prix est souvent excessif. La robe d'enfant dont il est parlé ci-dessus était de 60 livres sterling (1,515 francs).

Il y a cependant dans la broderie anglaise un genre particulier à saisir pour nos fabriques françaises : c'est un style original dont on peut tirer un parti avantageux.

Nous commençons à bien faire ce qu'on appelle les bandes anglaises, et les cols dans le genre commun et demi-fin; nous réussissons surtout parfaitement le point de feston. On pourrait perfectionner cette fabrication, et arriver à produire des objets nouveaux et de bon goût, à des prix favorables à la vente.

La broderie d'Écosse, très-ouvragée, a beaucoup d'analogie avec l'ancienne guipure de la Flandre. Il y aurait là pour nos habiles ouvrières et pour nos fabricants intelligents des idées à prendre et des genres nouveaux à produire.

On a adopté pour la broderie anglaise la division méthodique du travail. Chaque ouvrière a son occupation spéciale : les unes préparent les aiguilles, le métier, le coton, etc.; les autres font le plumetis, les jours, le cordonnet et le point de feston. On arrive ainsi à terminer les morceaux et les bandes d'une manière régulière, et l'ensemble est toujours d'un fini parfait.

Il y avait également en broderies, à l'Exposition de Londres, des espèces de points de Venise faits à l'aiguille, d'une belle exécution; mais le prix est trop élevé pour être commercial.

En broderies de fantaisie, or, argent, soie, laine ou coton, l'Angleterre est loin d'approcher de la perfection et de la variété de nos articles de Paris. Notre supériorité en ce genre n'est pas contestable.

livres éphémères qui ont besoin de séduire les yeux par leur éclat, et qui sont destinés, soit à orner les tables de salons, soit à être donnés en prix et surtout à être exportés, principalement dans l'Amérique du Sud. Les cartonnages exposés par M. Mame offrent l'élégance unie à une certaine solidité relative; on en peut dire autant de ceux de M. Lenègre.

Il est fâcheux, sans doute, que l'apparence soit souvent préférée à la réalité, et qu'au lieu de la solidité que nos pères recherchaient avant tout et en toute chose, comme si tout devait durer éternellement, ce soit, par un excès contraire, le changement et la variété que préfère la mobilité de notre siècle. Mais, enfin, on ne saurait entourer les livres de trop d'attraits pour inspirer à toutes les classes le goût de la lecture.

Quoique les cartonnages pour boîtes et objets de fantaisie ne se rattachent que bien indirectement à l'imprimerie, cependant, comme ces objets ont été rangés dans la XVIIe classe, nous signalerons les progrès de cette charmante industrie, et les beaux et nombreux résultats qu'elle a offerts à cette Exposition. Le nombre considérable de personnes que cette industrie occupe, les capitaux qu'elle emploie et qu'elle met en circulation, donnent à ces produits une véritable importance, malgré leur fragilité. Ils ont donc appelé l'attention sérieuse du jury.

Cette industrie se divise en six catégories :

La première comprend les cartonnages de luxe et de fantaisie. Ce sont des boîtes ornées de fleurs artificielles, rubans, velours, satin, riche passementerie, médailles, peintures, corbeilles de mariage. L'industrie française excelle surtout en ce genre de travaux;

La deuxième, les cartonnages fins destinés en grande partie aux confiseurs;

La troisième, les boîtes à verre et les objets à vingt-cinq sous, destinés principalement pour l'exportation et les ventes dans les foires et fêtes de province;

La quatrième, les boîtes pour la parfumerie, les gants, les éventaillistes;

La cinquième, les cartonnages d'utilité, tels que cartons à bureau et de magasin, pour renfermer les châles, les rubans et les objets d'exportation;

La sixième, le petit cartonnage à l'usage des pharmaciens, des bijoutiers, et les boîtes très-communes.

Paris se distingue surtout dans ces divers genres de fabrication, qui exigent du goût et une grande variété. Quatre mille personnes y sont employées.

Rien de plus charmant que les produits exposés par madame veuve Mayer et M. Dopter. La vue est agréablement flattée par leurs papiers dentelles, leurs écrans de fantaisie et par mille objets variés au moyen d'incrustations, de découpures et de gaufrages de toutes sortes.

V.

FABRICATION DES CRAYONS.

L'Angleterre possède, dans le Cumberland, la plombagine naturelle en pierre, la plus propre à faire des crayons. Il s'en trouve aussi une mine à Ronda, dans la province de Grenade, et une autre à Malaga, mais d'une qualité inférieure; à Rhodez, en France, on en a aussi rencontré.

Les gîtes de la plombagine sont rares: aussi l'exportation en a été défendue, ce qui a conservé à l'Angleterre le monopole de ce genre de produits.

En Allemagne on a fait longtemps des crayons composés de graphite solidifié au moyen d'une combinaison de soufre et d'antimoine.

Cette composition ne saurait être assimilée à la plombagine naturelle (carbure de fer).

Conté fut le premier qui trouva le moyen de faire des crayons analogues avec le carbure de fer ou graphite mêlé avec de l'argile.

L'Allemagne, d'où la France tire ce carbure de fer, produisit bientôt, au moyen de ce procédé, des crayons de plusieurs espèces et de différentes qualités, à des prix plus modérés.

Cependant, la France et tous les autres pays dûrent continuer longtemps à tirer d'Angleterre une partie des crayons de première qualité, quoique leur prix fût beaucoup plus élevé; car, malgré l'utile découverte de Conté, on n'avait pu parvenir à produire des crayons composés de graphite qui pussent remplacer complétement ceux des mines naturelles, principalement les crayons tendres pour dessin.

La fabrication des crayons de plombagine artificielle de première qualité ne fit aucun progrès jusqu'au commencement de ce siècle; on ne pouvait produire des qualités pareilles à celles de l'Angleterre, ni aussi tendres et aussi onctueuses, ni aussi noires et aussi dures.

On fait maintenant en Angleterre des *crayons composés* avec les résidus de la plombagine naturelle, que l'on réduit en poudre, puis en pâte que l'on ramène à son état de pierre.

MM. Banks et Cie, de Keswick (ville proche des mines de Cumberland) ont exposé des spécimens de la fabrication des crayons, depuis la matière brute jusqu'à son achèvement en crayons de diverses espèces.

M. Wolf et fils ont exposé des échantillons de crayons fabriqués avec de la mine de Cumberland à son état naturel, ou préparés avec les produits des mines de Ceylan et de Malaga.

C'est surtout à MM. Gilbert et Cie, qui fabriquent annuellement dans leur manufacture de Givet 34,000 grosses de douze douzaines chacune, qu'est dû en France le perfectionnement du procédé de Conté. Ils sont parvenus à fabriquer des crayons pour dessiner sur bois, dont les artistes qui se livrent à cette branche de l'art sont très-satisfaits. Ce produit rivalise avec celui dont la nature avait doué l'Angleterre.

VI.

CIRE A CACHETER.

Pendant longtemps la cire fut mieux fabriquée en Angleterre que partout ailleurs. Dans ces derniers temps on est parvenu à neutraliser en grande partie la fumée qui, lorsqu'on brûlait la cire, noircissait et endommageait l'empreinte des cachets. Maintenant les cires, même de couleurs tendres, sont exemptes de cet inconvénient.

Les pains à cacheter sont remplacés aujourd'hui en grande partie par la gélatine, dont les feuilles très-minces sont colorées de teintes variées et qui charment la vue.

Malgré les instantes réclamations de notre jury (XVIIe classe) adressées à la commission centrale de l'Exposition universelle de Londres, nous n'avons pu obtenir d'échanger avec d'autres classes l'examen de divers objets. Les charmantes impressions en couleur de M. Bagster, ainsi que les impressions en taille-douce et en lithographie, nous semblaient mieux dans nos attributions que certains objets affectés à la dernière partie du Rapport dont nous sommes restés chargés, tels que les porte-monnaies, porte-cigares, portefeuilles, pupitres, ardoises pour écrire, buvards, agendas, albums, papiers découpés brodés et colorés, corbeilles de mariage, boîtes diverses pour gants, pour parfumeries, etc.; et enfin une foule d'enjolivements sur toutes substances dont les noms divers, anglais ou étrangers, n'ont pas d'équivalent en français, tels sont ceux qui sont affectés aux *Valentines*[1]. Nos demandes ayant été rejetées, nous avons dû nous prononcer comme juges sur cette foule d'objets, pour lesquels j'ai dû me déclarer incompétent.

Je m'abstiens donc d'en parler, quoique tous ces articles aient une assez grande importance commerciale, et que plusieurs même soient le résultat d'inventions très-ingénieuses.

[1] On désigne ainsi sous ce nom de saint Valentin les jours de fête où les amis et les amants écrivent aux personnes qu'elles aiment, sur des papiers enjolivés.

Dans le rapport imprimé en Angleterre, cette partie du travail de la commission est due presque en totalité à M. Delarue. Je me bornerai à déclarer que, d'après l'avis du jury, parmi cette foule innombrable d'objets divers, ceux qui sont exécutés dans la vaste manufacture de cet habile fabricant se distinguent par leur perfection et par plusieurs inventions de son esprit ingénieux. En France, MM. Angrand et Schloss et madame Mayer méritent d'être cités en première ligne.

RÉCOMPENSES ACCORDÉES A LA FRANCE

PAR LE JURY CENTRAL DE L'EXPOSITION UNIVERSELLE

FAITE À LONDRES EN 1851.

MÉDAILLES DE PRIX (*PRIZE MEDALS*) :

ANGRAND, à Paris, pour la supériorité de ses papiers ornés, coloriés et de fantaisie.

BARRÈRE, graveur à Paris, pour le grand mérite de ses gravures, d'après le procédé Collas.

BLANCHET frères et KLÉBER, fabricants de papiers à Rives (Isère), pour la qualité supérieure de leurs papiers blancs et de couleur.

CALLAUD-BELISLE, NOUEL DE TINAN et Cie, fabricants de papiers à Angoulême, pour la belle qualité du grand nombre de papiers qu'ils ont exposés.

CLAYE (J.), imprimeur à Paris, pour le mérite supérieur de ses impressions en relief et particulièrement des gravures sur bois.

DERRIEY (M.), fondeur en caractères, pour le progrès qu'on lui doit dans la gravure et la fonte des vignettes et fleurons et de la musique.

DESROSIERS (A.), imprimeur à Moulins, pour le mérite de ses produits, ce que justifient les six volumes qu'il a exposés. On doit lui savoir d'autant plus de gré de la beauté de ses impressions, ornées de gravures, qu'elles sont exécutées en province.

DOUMERC (E.), directeur de la fabrique du Marais, pour le mérite de ses papiers d'impression, de dessin et d'écriture.

DUPONT, imprimeur à Paris, pour les beaux *fac-simile* d'anciens livres, reproduits au moyen de reports lithographiques, et pour le mérite de ses autres impressions.

Gaymard et Gérault, à Paris, pour les modèles de registres; un de ses livres de comptes ne contient pas moins de mille lignes réglées par page: il est bien relié, s'ouvre bien, et offre un parfait modèle de ces *grands-livres.*

Gilbert et Cie, fabricants de crayons à Givet (Ardennes), pour la supériorité de leurs crayons.

Imprimerie impériale, pour le grand nombre des types orientaux et autres qu'elle a exposés, et pour la belle exécution de leur spécimen, où règne le goût le plus parfait, et aussi pour l'élégante perfection des trois volumes de la Collection orientale, dont chaque page est entourée d'un cadre en or et en couleur; l'impression en bleu d'outremer, dont l'encre est appliquée directement sur les caractères, est aussi pure qu'éclatante.

Laboulaye et Cie, fondeurs en caractères d'imprimerie à Paris, pour la beauté et le fini de leurs types.

Legrand-Marcellin, fondeur en caractères d'imprimerie à Paris, pour le mérite de ses caractères, de son moule, qui permet de fondre cent quarante lettres à la fois; pour sa collection de types chinois; enfin pour la beauté des spécimens qu'il a exposés.

Lacroix frères, fabricants de papiers à Angoulême, pour la perfection et la supériorité des papiers de leur fabrique.

Lortic (P. M.), relieur, pour le goût, la bonne exécution et la perfection apportés à plusieurs livres qu'il a reliés, et particulièrement au volume in-folio le *Catholion de Janua,* en maroquin, à compartiments diversement coloriés.

Mauban et Vincent Journet, directeurs de la fabrique du Souche, dans les Vosges, pour le grand mérite des divers papiers d'impression et autres, et particulièrement du papier chimique destiné aux filtres.

Mame et Cie, à Tours, pour l'extrême bon marché des livres publiés et imprimés dans leur établissement, parmi lesquels le *Paroissien romain,* in-18 de 636 pages, en latin et en français, bien imprimé et avec un entourage à chaque page, ne coûte, tout cartonné, que 1 fr. 25 cent.

MAYER (Mme), à Paris, pour l'excellente confection de ses ornements de fantaisie.

MONTGOLFIER, pour le grand mérite de leurs papiers et pour l'imitation du parchemin qui, entre autres applications, remplace la peau de vélin employée jusqu'à présent par les batteurs d'or.

NIÉDRÉE (J. E.), pour ses belles reliures, où sont unis le goût, le fini des détails et la solidité.

ODENT et fils, pour le grand mérite de leurs papiers, et particulièrement pour le papier désigné sous le nom de *papier parchemin.*

PLON frères, pour le mérite supérieur de leurs impressions en divers genres, soit de gravures sur bois, soit autres.

SCHLOSS (Veuve) et frères, pour la supériorité du grand nombre d'objets exposés par eux, tels que portefeuilles, porte-cigares et autres objets en cuir.

SILBERMANN (G.), à Strasbourg, pour les beaux spécimens d'impression en couleur sur des planches en relief, et pour le grand mérite des divers produits qu'il a exposés.

SOEHNÉE frères, à Paris, pour la supériorité de leur vernis pour les relieurs.

MENTIONS HONORABLES.

BARBAT (M.), à Châlons-sur-Marne, pour impressions typographiques et lithographiques.

BERTHAULT (M.), à Issoudun, pour ses échantillons de vélins et de parchemins.

BOUDON (L.), pour ses modèles de papiers dits *porphyrisés.*

DESERLAY (C. G.), à Gueures (Seine-Inférieure), pour la variété de ses papiers de couleur.

DUFOUR (L.), pour ses échantillons de papiers dorés, argentés et de fantaisie.

Dopter (J. V. M.), pour ses spécimens de papiers-dentelles et de fantaisie.

Fléchey (J. B.), à Alger, pour ses papiers à cigarettes et autres, fabriqués avec des feuilles et des tiges de palmier nain.

Gautier jeune, à Paris, pour les lettres fondues en cuivre à l'usage des relieurs.

Gillot (M.), à Paris, pour son nouveau procédé de gravure pour l'impression.

Grangoir (J. M.), à Paris, pour fermetures d'agendas.

Gruel (Mme), à Paris, pour ses belles reliures en ivoire sculpté, en bois, en maroquin mosaïqué.

Guesnu (M.), à Paris, pour ses nombreux modèles de papiers enjolivés et objets divers.

Hulot (A.), à Paris, à l'hôtel des Monnaies, pour impressions en relief sur planches, gravées par des procédés électrotypiques.

Lebrun (L. J.), à Paris, pour ses reliures.

Marion (A.), à Paris, pour ses assortiments de papiers de fantaisie, et objets divers se rattachant à ce genre d'industrie.

Meillet et Pichot, à Poitiers, pour leurs timbres de poste et autres impressions; ils ont aussi exposé un papier pour se préserver de la contrefaçon.

Meyer (E.), à Paris, pour ses spécimens de dessins imprimés typographiquement, en cinquante couleurs, sur des planches en relief.

Néraudeau (J. A.), à Paris, pour la bonne confection de ses registres.

Obry Bernard et Cie, à Prouzel, près Amiens, pour leurs divers papiers, et particulièrement leurs papiers noirs.

Piques, à Velars-sur-Ouche (Côte-d'Or), pour la fabrication de ses cartons.

Simier, à Paris, pour ses reliures.

Vincent et Tisserant, à Paris, pour leurs cires et pains à cacheter et leur encre d'écriture.

RÉSUMÉ DES RÉCOMPENSES.

En résumé, dans la XVIIe classe, sur les quatre-vingt-onze MÉDAILLES DE PRIX (*Price Medals*) qui lui ont été accordées, la France en a obtenu vingt-six;

Et, sur les soixante-dix-neuf mentions honorables, la France en a obtenu vingt-deux.

FIN.

TABLE DES MATIÈRES.

SECONDE PARTIE.

LIBRAIRIE.

TROISIÈME PARTIE.

PAPETERIE.

QUATRIÈME PARTIE.

INDUSTRIES ACCESSOIRES.

XVIIIe JURY.

IMPRESSIONS ET TEINTURES,

PAR M. PERSOZ,

VICE-PRÉSIDENT DU XVIIIe JURY, MEMBRE DU JURY CENTRAL DE FRANCE, ETC.

COMPOSITION DU XVIIIe JURY.

MM. Henry Tucker, Président, à Londres.	Angleterre.
J. Persoz, Vice-Président, professeur de chimie, etc.	France.
Edmond Porter, imprimeur sur tissus à Manchester.	Angleterre.
J. M. Beede.	États-Unis.
E. E. Chevreul, membre de l'Institut, professeur au Muséum d'histoire naturelle de Paris.	France.
John Hargreaves, imprimeur sur cotons à Lancastre. Alexander Harvey, teinturier à Glasgow.	Angleterre.
Henry Pahud, et pour suppléant, M. Charles Bovet, fabricant d'indiennes.	Suisse.
C. Swaisland, imprimeur à Cragford.	Angleterre.
le docteur Wilhelm Schwarz, membre du conseil de commerce, à Vienne.	Autriche.

PROGRÈS
ACCOMPLIS DANS L'ART D'IMPRIMER LES TISSUS.

DES PREMIÈRES MANUFACTURES D'INDIENNES.

D'après les documents historiques que nous avons pu réunir jusqu'à présent, c'est à des réfugiés français que l'on a dû, en grande partie, le développement, si ce n'est l'introduction, de la fabrication des indiennes en Europe; mais, parmi les nations industrielles de ce continent qui donnèrent le plus d'essor à cette importante industrie, source de tant de richesses, ce n'est pas la France qui fut la première à se signaler.

Vers la fin du XVIIe siècle et au commencement du XVIIIe, des réfugiés français fondèrent des manufactures de toiles peintes en Angleterre et en Suisse; quelques-uns cependant revinrent par une tolérance tacite, et s'établirent sur les côtes de Normandie. En Suisse, cette industrie prit un très-grand développement. Les annales de ce temps nous la font voir s'étendant de Genève et de Neufchâtel vers Bienne, Arau, Zurich, Saint-Gall et Bâle, mais se fixant surtout à Mulhouse, ville alors impériale et depuis 1615 alliée de la Suisse.

En 1746, la maison Kœchlin Schmaltzer et Dollfus créait dans cette dernière ville un établissement qui est devenu le point de départ de toute cette activité manufacturière qui s'est perpétuée en Alsace.

Malheureusement Mulhouse, à la fois centre de fabrication pour les draps et grenier d'abondance où s'approvisionnaient de farines les pays voisins, et en particulier la Suisse, se trouvait, à cette époque, comme tant d'autres villes, complétement soumise aux maîtrises. Or, ce régime des corporations devait mettre à l'industrie de l'indienne des entraves de toute espèce, soit en privant les imprimeurs des bras qui leur étaient nécessaires, soit en proscrivant les capitaux et les travailleurs étrangers[1]. Il n'en était pas de même en Suisse, où, sous l'influence d'une entière liberté, l'industrie prit tout son essor durant le cours du XVIIIe siècle. Aussi les spécimens de fabrication de cette époque attestent-ils un degré de

[1] «Les lois de la république de Mulhouse s'opposaient à ce que les moulins fussent transformés en usines manufacturières, et les priviléges dont jouissaient les autres industries, surtout les drapiers, empêchaient aussi de convertir leurs foulons en usines.

«Les lois mettaient d'autres entraves au déploiement de l'art qui nous occupe. Les fabricants de toiles peintes ne pouvaient pas établir de pinceautages dans la ville, ni même dans les villages français environnants, afin de ne pas augmenter la main-d'œuvre des fileurs en laine. Les lois défendaient aussi aux étrangers de commanditer des établissements de toiles peintes. C'est ainsi que la puissante maison Pourtalès, de Neufchâtel, ne put ni faire

perfection que la France n'atteignit que plus tard[1]. Du reste, rien ne prouve mieux la supériorité à laquelle l'impression était parvenue en Suisse, que ces nombreux établissements fondés en France par des Suisses, et l'empressement de nos fabricants à solliciter le concours des graveurs et des imprimeurs de ce pays[2].

L'Angleterre, au XVIIIe siècle, eut aussi sa belle part dans le mouvement industriel de l'impression des tissus; et, sans cet arrêt inique rendu en faveur des grands propriétaires et de la compagnie des Indes, qui prohiba dans toute l'Angleterre les toiles imprimées, peut-être elle aurait fait plus encore.

L'Allemagne occupa le troisième rang.

En 1756, H. F. Schulé, d'Augsbourg, obtint des autorités de cette cité le privilége d'y fonder une fabrique d'indiennes, dont les produits sont encore de nos jours des titres intéressants à consulter.

Revenons à la France. Pendant plus de la moitié du XVIIIe

de commandites à Mulhouse, ni obtenir le droit de bourgeoisie, dans le dessein de s'intéresser dans une manufacture de toiles peintes.

« En outre, chaque manufacture était tenue de payer au fisc 5/12 pour compte des affaires qu'elle faisait. Cependant les fabricants obtinrent plus tard l'exemption de ce droit pour les marchandises expédiées aux foires de Leipzig, etc.

Ces entraves mises à l'industrie des toiles peintes par les lois de la république durent en favoriser l'exportation dans le département du Haut-Rhin, et engager même plusieurs fabricants à s'établir dans les vallées des Vosges, où ils trouvèrent de grands avantages de localité et toute la liberté nécessaire à leur industrie. » (*Statistique du Haut-Rhin*, p. 339.)

[1] « J'ai fait fabriquer à Neufchâtel, dans les manufactures de MM. Pourtalès et Dupasquier, Deluze et Cartier, de Demontmolin, de Jean Renaud, Brand et Cie, de Deluze et Bosset, des dessins qui portaient jusqu'à 180 planches, ce qu'on n'avait pas encore vu jusqu'alors; c'est aussi ce qui a surpris bien des négociants dans ce genre de commerce. » (*Extrait de l'art de faire des indiennes*, Paris, 1786.)

[2] Les fabriques de Mulhouse s'enrichirent encore de quelques procédés tirés des fabriques de la Suisse, et notamment de Neufchâtel, Genève et Bâle, villes dans lesquelles cet art avait déjà fait quelques progrès, et d'où on fit venir des ouvriers de tout genre, tels que graveurs, imprimeurs, pinceauteuses, etc. . . » (*Statistique du Haut-Rhin*, p. 337.)

siècle, ses fabricants d'indiennes ne purent faire que de vains efforts, gênés qu'ils étaient en tout, soit par les lois et règlements de cette époque, qui ne leur accordaient qu'une tolérance partielle, soit par d'autres industriels appartenant aux maîtrises et jurandes, qui prétendaient que les indiennes nuiraient à la fabrication de leurs toiles de lin et de chanvre ou à celle de leurs étoffes et de leurs draps.

De son côté, la compagnie des Indes établie à Paris, exerçait un autre genre de tyrannie et forçait les imprimeurs d'acheter ses toiles à gros deniers. On comprend qu'avec de pareilles institutions, avec des priviléges aussi monstrueux, et dans l'ignorance où l'on était des opérations du manœuvrage, de la fabrication des outils et des machines, de la composition des drogues, etc., l'industrie de l'indienne ait eu de la peine à s'établir en France. Cependant le Gouvernement, plus éclairé et plus juste que ne l'étaient des individualités intéressées, autorisa par lettres patentes plusieurs manufactures d'indiennes, au nombre desquelles nous voyons, en Normandie, celle du nommé Abram Frey, de Genève, et, aux environs de Paris, celle du célèbre Oberkampf. Cependant il fallut deux grandes révolutions, l'une toute politique, qui nous affranchit à jamais des maîtrises et des jurandes, l'autre toute scientifique, qui, en nous éclairant de son flambeau, nous fit découvrir les lois du mouvement occulte de la matière, pour briser de nombreux obstacles et amener l'ère de la richesse en France. A ces traits l'on reconnaît, d'une part, la révolution de 89, d'autre part, les découvertes de l'immortel Lavoisier, dont les travaux ne font pas seulement la gloire d'un peuple, mais celle de l'humanité tout entière.

De nombreux disciples poursuivirent la mission de cet homme de génie. Grâce aux efforts des Berthollet, des Chaptal, des Guyton de Morveau, des Darcet, des Vauquelin, des Robiquet, des Clément Désormes et des Gay-Lussac, grâce aussi, il faut le dire, à l'enseignement fondé par Fourcroy et porté si haut par son disciple M. Thénard, la science se substitua bientôt à la routine et l'on vit s'établir en France une industrie jusqu'alors inconnue, celle des produits chimiques [1].

En effet, à dater de cette époque, l'industrie de l'indienne prit un essor immense, et même aujourd'hui les produits de nos fabriques d'Alsace sont vendus de préférence sur tous les marchés du monde, qu'ils soient libres ou favorisés par de prétendus droits protecteurs.

Quelques années plus tard, l'Angleterre, par l'emploi de la vapeur comme force motrice, acquérait une puissance nouvelle dont on était loin cependant de calculer toute la portée; car l'intervention de la mécanique dans les diverses branches de l'industrie des tissus, allait, par l'invention d'une foule de machines, changer en peu de temps la face du monde commercial et manufacturier, en permettant au fabricant de produire plus et mieux à meilleur marché. L'initiative prise par l'Angleterre lui a tout d'abord assuré, surtout dans la fabrication des articles de grande consommation, des avantages sans nombre dont elle ne s'est point dessaisie, et que sans doute son génie industriel ne lui laissera jamais perdre.

[1] «Au commencement de ce siècle, on ne pouvait se procurer dans le commerce que les drogues les plus communes; et comme, à cette époque, il n'existait que fort peu de fabriques de produits chimiques, et qu'on ne trouvait qu'à des prix excessifs, dans les laboratoires de chimie, quelques-uns des produits nécessaires à la fabrication des toiles peintes, la plupart des fabricants se virent dans la nécessité de les préparer eux-mêmes. Cet état de choses dura jusqu'en 1815 environ, époque à laquelle il s'établit un grand nombre de fabriques de produits chimiques.

«Alors les perfectionnements qui furent apportés dans cette branche, la fabrication en grand et la concurrence, permirent à ces établissements de livrer au commerce, à des prix qui en facilitèrent l'usage, des drogues qu'on ne croyait même pas jusque-là pouvoir être employées en fabrique à cause de leur rareté ou de la difficulté de les préparer. Ainsi l'acide oxalique se vendait, en 1804, jusqu'à 36 francs la livre, tandis qu'on peut l'acheter aujourd'hui à 4 francs et même à 3 fr. 50 cent. Il en est de même de presque tous les acides employés, qui, au commencement du siècle, se payaient fort cher, et sont à présent à très-bas prix.» (*Statistique du Haut-Rhin*, p. 363.)

Plusieurs années s'écoulèrent avant que la France pût profiter des avantages de cette révolution accomplie chez nos voisins.

Elle en était empêchée, d'un côté, par l'état d'hostilité qui séparait les deux pays; d'un autre, par ces lois draconiennes qui non-seulement défendaient l'exportation des machines anglaises, mais qui punissaient même des peines les plus sévères quiconque en aurait révélé les plans et les secrets.

Ainsi, vers la fin du dernier siècle, deux nations rivales, la France et l'Angleterre, dépassaient déjà toutes les autres pour la fabrication des tissus imprimés. Elles mirent toutes deux à profit, quoique diversement, la paix rendue à l'Europe. L'une fit pénétrer la civilisation aux plus lointains pays et jusque chez des peuples sauvages, par l'exportation incessante de ses innombrables produits, de ses calicots imprimés aux mille couleurs, accessibles à tous en raison de leur bas prix. L'autre tendit à réveiller le goût du beau, en s'adressant particulièrement aux classes élevées et moyennes des deux continents. Elle perfectionna surtout la confection des tissus, les procédés de fixation des couleurs et la richesse si variée de ses dessins, véritables chefs-d'œuvre de l'art.

DES MANUFACTURES D'INDIENNES A LA FIN DU XVIIIe SIÈCLE.

Pour mieux saisir avec tous leurs détails les progrès des deux nations dans l'impression des tissus, il convient de retracer brièvement l'état de cette industrie au commencement du XIXe siècle.

TISSUS.

C'était de la Suisse et de la compagnie des Indes, à Londres, que la France recevait alors, en grande partie, les toiles qui, sous des noms divers[1], étaient destinées à l'impression des

[1] « L'indienne fine et les mouchoirs-châles, qui formaient la branche la plus importante des impressions d'Alsace, nécessitaient l'emploi de toiles conformes à ces divers genres, et surtout sous le rapport de la largeur.

. . . .

genres fins et recherchés. Quant aux tissus d'une qualité très-inférieure, que nous commencions à produire, ils étaient absorbés par les établissements d'impression où l'on s'occupait spécialement de la fabrication des articles très-ordinaires et à bas prix.

N'oublions pas non plus que l'art du blanchiment n'était pas généralement exercé en France; car les toiles qu'on recevait de l'étranger presque toujours blanchies, ne demandaient plus, en arrivant ici, qu'un lavage à l'eau pure ou à l'eau aiguisée d'acide sulfurique, pour être débarrassées de l'apprêt qu'on leur avait donné.

Ainsi, tandis que les Anglais, par leur souveraineté sur les mers et par la puissance de leurs machines à filer et à tisser, pouvaient se suffire à eux-mêmes, nous restions tributaires de l'étranger pour toutes les belles toiles que réclamaient nos établissements d'imprimerie. La loi de 1808 vint mettre fin à cet état de choses, en prohibant toutes les toiles qui n'étaient pas d'origine française.

« On tirait de la Suisse des toiles fines de 6/4 d'aune de large sur 16 aunes de longueur, et qu'on payait 3 francs l'aune. A la même époque on achetait aux Indes différents tissus désignés sous les dénominations suivantes :

Casses.......	3/4, de 16 aunes. Il y en avait de différents degrés de finesse.
Bafftas.......	3/4, de 10 aunes.
Guinées	7/8, de 28 aunes, 1re qualité, à 3 fr. 15 cent.
Salamburis...	7/8, de 14 aunes, à 3 francs.
Emerties	3/4, de 16 aunes, se vendant de 1 fr. 50 cent. à 2 francs l'aune.
Sanas fines...	7/8, de 16 aunes, à 3 fr. 50 cent.
Patenaces.	
Hamances....	4/4, 9 1/2 aunes, à 4 francs.
Mousselines.	
Toiles de lin.	
Batistes en lin.	

« Les toiles suisses s'achetaient toutes blanchies. Les toiles des Indes arrivaient également blanches, mais avec plus ou moins d'apprêt dont il était nécessaire de les débarrasser avant de les soumettre à l'impression. A cet effet, on les faisait macérer dans l'eau tiède jusqu'à fermentation, afin de

IMPRESSION.

Lors de l'introduction en Europe de la fabrication des indiennes, on se servait, pour imprimer, des procédés qui sont encore en usage de nos jours dans l'Inde, ou de ceux qui étaient anciennement employés, au dire de Pline, chez les Égyptiens. Ainsi l'on déposait avec un pinceau les mordants d'alumine et de fer sur les tissus, que l'on teignait ensuite avec les sucs de la garance ou de toute autre rubiacée; puis, avec ce même pinceau, on *rentrait,* après la teinture, les couleurs dites *d'enluminage,* bleu ou vert d'indigo, jaune à base de fer, jaune de graine, etc. Un industriel dont on ne connaît ni le nom ni le pays, remplaça la longue opération du pinceautage par le mode plus rapide de l'impression à la planche gravée en relief. On continua cependant, jusqu'en 1815 ou 1820, à employer le pinceau pour rentrer, après la teinture, les couleurs d'enluminages solides.

détruire l'amidon ou la farine, après quoi on les foulait et vitriolait. Le vitriolage consistait en un passage à l'eau aiguisée d'acide sulfurique. Les toiles des Indes étaient très-estimées pour l'impression. La plus grande partie était fabriquée avec un coton de bonne qualité, dont le fil avait peu de tors, ce qui les rendait très-propres à la teinture. Les toiles des Indes s'achetaient à la compagnie des Indes à Londres ou à Paris. La plus grande partie était fournie par des maisons intermédiaires, telles que les maisons Pourtalès de Neufchâtel, Jean Frédéric Schmidt de Francfort; Biedermann et Cie de Vesserling, etc. C'était aussi à la compagnie des Indes qu'on achetait les mousselines. En 1786, on en imprimait une assez grande quantité à Wesserling et à Mulhouse.

« Mais les avantages que présentaient les toiles des Indes sur celles d'Europe, ne furent pas de longue durée. La filature à la mécanique ayant été inventée en Angleterre vers la fin du XVIIIe siècle et importée peu après en France, les toiles des Indes ne purent plus soutenir la concurrence. Toutefois, l'introduction n'en cessa pas tout d'un coup, parce que d'abord les toiles de fabrication indigène ne purent pas suffire à la consommation. Les fabricants d'indiennes qui n'avaient pas de tissage, continuèrent à employer les toiles des Indes et d'Angleterre jusqu'en 1808, époque à laquelle l'introduction des toiles étrangères fut totalement prohibée. » (*Statistique du Haut-Rhin,* p. 345 et 346.)

La planche en relief ayant été, pendant une grande partie du XVIIIe siècle, le seul moyen mécanique d'imprimer sur étoffes, on comprendra que ce genre de gravure ait été poussé à un haut degré de perfection; et c'est en effet ce que prouvent des planches que nous avons sous les yeux, dont la gravure date de plus d'un siècle : elles peuvent, quant au fini, soutenir la comparaison avec ce qu'il y a de mieux de nos jours.

Vers 1766-1768, un nouveau mode d'impression, remarquable par ses effets et fécond par la réaction qu'il était appelé à produire, vint ajouter à la perfection de la planche en relief. Ce mode, emprunté à l'impression en taille-douce, est généralement connu par les indienneurs sous le nom d'impression à la *planche plate.* S'il est difficile de décider rigoureusement où et quand on se servit pour la première fois de planches semblables, on ne peut, du moins, refuser aux Suisses d'avoir créé et fabriqué par ce moyen, sur une grande échelle, le genre camaïeu, et aux imprimeurs de l'Écosse et des environs de Londres, d'avoir fait subir à ce genre des modifications et même des transformations importantes.

La presse en taille-douce servit d'abord à imprimer des sujets détachés qui ne comportaient pas une exactitude de rapports impossible alors à réaliser; puis on en fit une machine à effets intermittents, qui pouvait reproduire des sujets variés avec toute la perfection désirable. Enfin elle fut transformée en une machine à effets continus, lorsque relevant par les deux côtés la plaque de cuivre gravée, on en fit un cylindre creux qu'on fixait sur un cylindre ou manchon en bois. Ainsi fut réalisée l'admirable découverte de l'impression continue au moyen du cylindre.

Dès l'an 1785, on fit en Angleterre les premiers cylindres gravés, et aujourd'hui même on exécute encore de cette manière des cylindres d'un grand diamètre pour imprimer les mouchoirs.

En 1801, la maison Oberkampf, de Jouy, introduisit en France les nouvelles machines à imprimer. Lefèbre, quatre ans plus tard, s'inspirant de la machine anglaise, inventa celle qui porte son nom, et la vit admise aussitôt dans plusieurs de nos établissements de l'Alsace et des côtes de Bretagne.

Des deux côtés de la Manche on imprimait :

A la planche en relief,

A la planche plate avec rapport,

A la machine continue, les Anglais à deux et trois couleurs, les Français à une couleur seulement.

Certaines couleurs d'enluminage s'appliquaient au pinceau, et d'autres à la planche.

MATIÈRES TINCTORIALES.

La garance et l'indigo étaient encore, au commencement du siècle, la base de toutes les couleurs employées dans la fabrication de l'indienne; car les bois dont on fait actuellement un si grand usage n'y entraient que dans des proportions beaucoup plus restreintes. Pour faire les jaunes, les olives et les verts, on substitua peu à peu le quercitron, dont Bancroft nous avait fait connaître les propriétés, à la gaude, qui avait été introduite dans la fabrication vers le milieu du XVIIIe siècle.

Cependant, dès 1803, plusieurs ingrédients déjà employés dans la teinture sur laine et sur soie, tels que la cochenille, le fustel, le solanum, le safranum, la noix de galle, le sumac, le rocou, l'orcanette, commençaient à être utilisés pour l'impression des indiennes. Toutes les couleurs mixtes ou complexes s'obtenaient par le mélange des matières colorantes : l'orange, par la garance et le quercitron; le vert myrte, par la gaude et le campêche; le vert pomme, par le jaune de gaude et le solanum; le vert pistache, par le jaune à la graine et l'acétate d'indigo.

Les mordants qui servaient à fixer les couleurs sur les tissus, étaient les mêmes que ceux auxquels nous recourons de nos jours; seulement leur composition était plus complexe, attendu qu'on ne s'était pas rendu un compte exact de l'action des substances qui entraient dans leur préparation. On utilisait déjà la bouse pour dégorger les toiles mordancées, mais il restait à découvrir son véritable rôle.

L'indigo réduit en présence des alcalis par l'intervention de corps réducteurs, servait à teindre des fonds unis gros bleu, dans lesquels on réservait des sujets ou blancs, ou déjà teints par l'application préalable de certaines réserves, faite avant de passer les toiles en cuve. (*Traité de l'impression des tissus. Paris, 1846,* t. III, p. 31.)

Dissous dans une dissolution alcaline de réalgar, ce même indigo s'appliquait, seul ou mélangé avec du jaune, pour faire du bleu ou du vert de pinceau (même vol. p. 83). Mais ce qui fait le plus d'honneur aux fabricants de cette époque, c'est évidemment l'application directe de l'indigo sur tissus fond blanc : de là le genre désigné sous le nom de *bleu anglais, bleu faïencé, bleu de Chine* (même vol. p. 59). L'inventeur de ce bleu est resté inconnu. M. Fabre, ancien fabricant d'indiennes à Nantes, et actuellement maire de cette importante cité, croit que c'est à Genève que l'on a imprimé pour la première fois le bleu faïencé.

A la fin du dernier siècle, il se fit d'importantes publications dans l'intérêt de l'industrie; on remarque particulièrement les mémoires de Bancroft sur les propriétés et les applications du quercitron, mais surtout les travaux de J. M. Haussmann. De 1776 à 1800, ce célèbre fabricant n'a cessé de publier des observations ou des mémoires sur la garance, l'indigo et l'orcanette, sur la formation des laques et leur application, sur la nature des mordants, sur l'ordre de tendance des matières colorantes pour ces mêmes agents de fixation.

Au commencement de notre siècle, il faisait la découverte :

1° De l'enlevage blanc sur mordant d'alumine et de fer, au moyen des acides oxalique et tartrique;

2° Des belles couleurs d'application préparées au moyen du sel d'étain ;

3° Des enlevages colorés, désignés sous le nom de couleurs absorbantes ;

4° De l'application du bleu de Prusse en le formant directement sur toile;

5° De l'emploi du sulfate d'indigo pour le vert pistache ou de Saxe;

6° De la préparation du nitrate de fer pour le noir d'application.

C'étaient là d'heureux résultats; malheureusement les commotions politiques que la France avait éprouvées, et l'état belliqueux des esprits exerçaient alors sur le goût une fâcheuse influence. L'école des Dollfus, des Portalier, des Linguet, des Gergonne, des Prévôt, des Saint-Quentin, des Malaine père, des Séné, des Perrier, etc., avait beaucoup perdu de son empire [1].

En revanche, le régime prohibitif sous lequel on vivait, donnait un privilége exclusif aux produits de nos manufactures sur toutes les places de l'Europe, ce qui assurait aux fabricants des bénéfices extraordinaires. Il leur était permis de ne reculer devant aucun sacrifice pour faire du nouveau, et pour créer des genres qui n'avaient d'autre raison d'être que les circonstances exceptionnelles du moment [2].

DES PROGRÈS ACCOMPLIS DEPUIS LA PAIX GÉNÉRALE.

Il nous reste à suivre maintenant l'industrie de l'impression dans ses branches principales, et à constater dans chacune d'elles les progrès qui s'y sont accomplis.

[1] «C'est, en effet, au talent de ces dessinateurs qu'une fabrique dut le «plus souvent sa prépondérance sur les autres, d'autant plus que les genres «les plus ordinaires alors avaient presque toujours pour sujet des fleurs na«turelles, ce qui nécessitait la coopération d'artistes distingués qu'on payait fort cher.» (*Statistique du Haut-Rhin*, p. 342.)

[2] «Durant le système continental, le prix des indiennes était si élevé, «qu'il suffisait de faire une nouvelle application de couleurs pour vendre «un genre avec cent pour cent de bénéfice. Aussi tous les efforts durent se «borner alors à créer des genres nouveaux tant pour les couleurs que pour «les dessins.» (*Statistique du Haut-Rhin*, p. 349.)

DISPOSITION DES DESSINS.

Pour donner une juste idée des progrès que l'on a faits dans l'art de créer et de disposer les dessins, il nous suffira de dire qu'en 1824 nous étions encore tributaires de l'Angleterre pour les genres rouleaux fond blanc, et, en 1828, pour les genres perses, meubles riches, et, en général, pour tous les dessins de nouveautés [1]. Nos fabricants commencèrent par copier les Anglais, ce qui n'était pas toujours facile, car ils avaient, pour graver leurs rouleaux, des moyens particuliers dont nous ne fûmes en possession que vers 1822. Aujourd'hui c'est le contraire qui a lieu. Loin de rien emprunter aux étrangers en fait de goût, nous leur imposons le nôtre. En effet nos nouveautés n'ont pas plutôt paru que, moyennant un abonnement de 1,000 à 1,200 francs, des spécimens en sont expédiés dans toutes les fabriques et capitales du monde par les exploitants d'une industrie nouvelle et lucrative, celle de la vente des échantillons.

De plus, dans toutes les capitales, nos impressions de haute nouveauté se vendent de préférence à celles que l'on obtient sur les lieux. Il s'ensuit qu'une foule de dessinateurs du plus grand mérite ont formé à Paris des ateliers dans lesquels on travaille non-seulement pour les besoins de nos imprimeurs, mais aussi pour les fabricants étrangers; et il en est qui livrent annuellement pour vingt à trente mille francs de dessins à une seule maison étrangère.

Parmi les artistes qui se sont distingués dans cette industrie, et qui ont contribué à la relever de l'espèce de déchéance où elle était tombée, nous devons citer: à Paris, Perrier fils, Séné, qui ont conservé les belles traditions de la maison de

[1] «L'impression de ces tissus (mousselines) fut bientôt portée à une «grande perfection, et les fabricants du Haut-Rhin exploitèrent presque si «exclusivement ce genre, qu'en 1828 on ne voyait que fort rarement des «mousselines anglaises vendues en France, quoique, jusqu'alors, les mous-«selines imprimées en Angleterre fussent généralement préférées aux «nôtres.» (*Statistique du Haut-Rhin*, p. 362.)

Jouy; Müller, Henry, Parquès, Ladvès, de la Morinière, Laroche, dont les compositions les plus capricieuses comme les plus sérieuses vont sans cesse éveiller le sentiment du beau et épurer le goût chez tous les peuples;

En Alsace, D. Kœchlin Ziegler, Jean Grosjean, pour ses dessins sur mousseline imprimés à la planche, et surtout son digne élève Gros-Renaud, qui a créé les beaux et riches dessins au rouleau sur jaconas et mousselines des maisons Dollfus, Mieg et Blech-Steinbach, auxquelles il a tour à tour prêté le concours de son pinceau; Lebert, qui a participé pendant plus de vingt ans aux brillants succès de la maison Hartmann; Tournière, qui a si puissamment secondé M. Édouard Schwartz, l'un de nos plus habiles chimistes manufacturiers, dans ses efforts pour établir en France l'article meuble riche, monopolisé par les Anglais jusqu'en 1828. Enfin à Malaine fils, pour ses dessins cachemire, à Zipelius, à Fuchs et à Braun, revient encore une belle part des succès obtenus par nos fabricants alsaciens.

IMPRESSION ET GRAVURE EN RELIEF.

L'impression en relief s'effectue soit par les surfaces planes, avec des planches de dimensions diverses, soit par les surfaces convexes d'un cylindre gravées en relief: dans le premier cas, l'impression est intermittente, et, dans le second, elle est continue.

IMPRESSION CONTINUE.

L'impression par le cylindre en relief a été essayée plusieurs fois en France sans avoir pu jamais y être adoptée, tandis qu'en Angleterre il n'y a pas d'établissement qui ne possède des cylindres en relief, désignés sous le nom de *métiers à surface*.

IMPRESSION INTERMITTENTE.

En Angleterre, où la main-d'œuvre est généralement beaucoup plus élevée qu'en France et où la marchandise doit s'écouler à des prix qui excluent tout procédé dispendieux, le fabricant s'est toujours efforcé de substituer à l'impression à la planche celle au rouleau, d'autant plus qu'il trouvait ainsi une occasion de s'affranchir des exigences de l'ouvrier anglais. Ce n'est donc pas là qu'il faut rechercher le progrès, mais en France, où l'impression à la main a conservé, dans la fabrication des articles riches, toute l'importance qu'elle avait dans sa plus belle phase, à la fin du XVIIIe siècle.

Pendant bien des années, il ne s'était fait aucune innovation : on avait seulement perfectionné les opérations de l'ouvrier *metteur sur bois* chargé de transporter le dessin sur le bois à graver; on avait constaté par expérience que, pour prévenir le mouvement du bois et la déformation de la planche gravée, il fallait accoupler des lames de bois de nature diverse, de manière à ce que les fibres fussent perpendiculaires les unes aux autres; et enfin on avait reconnu combien il était important, pour des dessins délicats, d'employer le buis au lieu du poirier ou du cornouiller, qui étaient généralement en usage.

En 1824, MM. Spœrlin et Jean Zuber mirent en évidence un fait destiné à réagir d'une manière importante sur l'impression en général, et particulièrement sur l'impression en relief. Ces messieurs firent voir que plusieurs couleurs pouvaient être relevées avec la planche et appliquées sur le tissu en autant de dégradations de nuances qu'on avait employé de couleurs. Pour cela, il suffisait de loger les couleurs dans un baquet à compartiments, où elles ne pussent être mélangées, puis de les transporter et de les étendre sur le châssis à imprimer au moyen d'une brosse découpée en autant de parties qu'il y avait de couleurs. Ainsi fut faite la découverte du genre *fondu*, qui reçut plus tard le nom d'*ombré*. (*Traité de l'impression des tissus*, t. II, p. 308 et 388.)

Ce genre, en faveur pendant quelques années, puis complétement délaissé, reparut avec d'importantes améliorations et même avec des modifications essentielles. Dans le principe, les dégradations de nuance s'effectuaient toujours dans le même sens et parallèlement à la direction de la chaîne, ce qui produisait des espèces de rayures. Plus tard, les fondus furent réalisés dans tous les sens, et, pour cela, il n'avait fallu qu'ajuster à la planche des règles-guides, venant s'ajouter aux côtés et aux angles du châssis et permettant à l'ouvrier de prendre les couleurs sur ce châssis dans toutes les positions possibles.

Ce procédé, par la transformation qu'on lui fit subir, donna lieu à l'invention du châssis à compartiments, qui fait la fortune de nos imprimeurs parisiens, et avec lequel on imprime sur la planche gravée un certain nombre de couleurs transportées simultanément sur le tissu. A l'aide de cet appareil et moyennant une disposition appropriée, on peut exécuter les dessins les plus riches en coloris, sans augmenter les frais de gravure : par exemple, au moyen de trois ou quatre planches appliquées l'une après l'autre, on imprime quinze, vingt et vingt-cinq couleurs. C'est aux imprimeurs parisiens que nous sommes redevables de ces inventions ingénieuses.

Quand MM. Jordan, de Cambrai, ont voulu créer le genre ombré par teinture, dont le succès leur a procuré des bénéfices énormes, ils n'ont pas été sans emprunter quelque chose aux découvertes antérieures de MM. Spœrlin et Zuber.

Pour se faire une idée de la fabrication de ce genre, il suffit de se représenter une toile humectée, mise en mouvement, et recevant, durant son trajet, l'impression d'une série de galets qui plongent dans des bains de teinture. Les couleurs de ces bains, déposées sur le tissu humide, qu'on a soin d'enrouler, s'y meuvent pendant un certain temps et s'y dégradent jusqu'à fixation.

Dix ans plus tard, il se fit une autre découverte importante par elle-même, qui donna une nouvelle impulsion à l'impression sur étoffes : nous voulons parler de la machine inventée par Perrot, à l'aide de laquelle on imprime mécaniquement, avec autant de précision et de netteté que si l'opération était confiée à l'imprimeur le plus habile, quatre couleurs et même plus, moyennant l'emploi du châssis à compartiments.

Mais la perrotine, en France, et le métier à surface employé en Angleterre, exigeaient, pour être utilisés avec avantage, que la gravure subît à son tour les améliorations dont elle était susceptible : c'était le clichage qu'il fallait découvrir.

Hoffmann, de Strasbourg, qui travaillait à Paris de 1783 à 1790, avait parfaitement résolu le problème, mais au prix de sa fortune épuisée dans de laborieuses recherches; il ne lui restait plus qu'à mettre sa découverte en pratique, lorsque la mort vint le surprendre. Dans son ouvrage manuscrit déposé à la bibliothèque de Strasbourg, il déclare que, pour former des matrices dans lesquelles on coulerait l'alliage destiné à reproduire et à multiplier les sujets gravés, il suffirait d'un petit nombre de formes répétées et différemment combinées, dont on pourrait se procurer des collections semblables à celles des caractères d'imprimerie, et que, dès lors, il serait aussi facile de composer les nombreux dessins, fleurs ou ornements adoptés dans l'impression des tissus que de composer avec les vingt-quatre lettres tous les mots d'une langue.

Dès 1827, on avait senti, en Angleterre, la nécessité de faire des clichés pour suppléer à la gravure des cylindres à métiers à surface. On commença d'abord par imiter fidèlement les moyens typographiques, c'est-à-dire qu'on grava le sujet sur un cachet qui servait à reproduire en plâtre autant de matrices qu'on voulait. On coulait dans ces matrices, une fois desséchées, l'alliage fusible qui devait produire le cliché dit *cliché au plâtre*.

A ce mode en succéda bientôt un autre dit *cliché au bois*. Il consiste à implanter dans un bloc de tilleul coupé perpendiculairement à la fibre, des lames en cuivre composant le sujet et formant saillies. On coule ensuite sur ce bloc de l'étain chaud qui s'allie, en les chauffant, aux portions des lames de cuivre en relief. La chaleur ainsi transmise carbonise le bois, et lorsqu'on vient à retirer la lame d'étain, celle-ci entraîne avec elle les sujets en cuivre. Les cavités formées par cette carbonisation étant mises à nu, on obtient une matrice dans laquelle on coule l'alliage et dont on peut tirer autant d'épreuves que l'on en désire.

Ce procédé si simple a reçu en Angleterre, d'où il nous est revenu, une modification importante, qui consiste à graver la matrice immédiatement en creux, à l'aide d'une ou de plusieurs petites mèches de formes appropriées aux contours des dessins; mais au lieu de creuser et de vider le bois, on le brûle, ou plutôt on le carbonise à l'aide d'un porte-mèche, obéissant à l'action d'une pédale qui permet de l'élever et de l'enfoncer à volonté. Ce porte-mèche est chauffé à sa partie inférieure et au point même où s'ajuste la mèche, par un jet de gaz continu; dans toutes les autres parties il est entouré d'eau, afin que la chaleur n'atteigne jamais le degré où le bois, trop profondément carbonisé, ne pourrait plus servir de matrice.

Du reste, un plateau mobile, sur lequel on fixe la planche, permet à l'ouvrier de la présenter dans toutes les directions possibles au porte-mèche, dont l'action s'accomplit ainsi sur toutes les parties du dessin.

Ce moyen est désigné sous le nom de *cliché au gaz.*

Enfin, pour terminer ce qui concerne l'impression en relief, nous ajouterons que l'impression des tissus de laine a nécessité une foule d'inventions et de perfectionnements qui ne sont pas sans intérêt. Les tissus de ce genre demandant à être tendus pour recevoir uniformément toutes les couleurs, on a imaginé plusieurs systèmes pour tendre les pièces à partir de leur arrivée sur la table de l'imprimeur jusqu'au moment où les couleurs appliquées sont parfaitement sèches.

L'impression de certains genres a même contraint le fabricant à se servir de tables ayant la longueur et la largeur des pièces, pour pouvoir parfaitement encadrer, durant l'opération, les couleurs les unes dans les autres. Dès lors il a fallu rendre mobile le baquet à couleur. A cet effet on a placé parallèlement à la table, des rails sur lesquels le tissu se meut avec son baquet, de manière à être toujours à la portée de l'imprimeur. Paul Godefroy a encore proposé de fixer les rails sur les deux côtés de la table, de placer dessus le baquet muni de galets, et de l'y faire mouvoir au gré de l'ouvrier imprimeur, soit à droite, soit à gauche.

Si l'on considère,

1° Que l'alliage dont se composent les clichés est attaquable par certains acides ou sels acides, et que la gravure est bientôt détériorée à mesure que les couleurs sont plus ou moins acides dans leur constitution ;

2° Que les planches composées de clichés ne peuvent dépasser certaines dimensions, puisque, dans ce cas, elles deviendraient trop lourdes pour être maniées avec dextérité :

On concevra qu'on ait dû chercher quelque matière qui pût être substituée au métal. C'est à la gutta-percha que l'on a eu recours.

Ainsi MM. de la Morinière, Gonin et Michelet, composent maintenant des planches avec des cachets moulés en gutta-percha qui ne présentent aucun des inconvénients signalés ci-dessus.

IMPRESSION EN CREUX (TAILLE-DOUCE.)

L'impression en creux ou dite en taille douce est intermittente et dite *à la planche plate*, ou continue et dite *au rouleau*.

IMPRESSION INTERMITTENTE.

Au fur et à mesure que les machines à imprimer au rouleau devenaient plus applicables, l'impression à la planche plate perdait de son importance : aussi n'est-elle plus employée aujourd'hui que pour des articles spéciaux. C'est pour des foulards, des mouchoirs, quelques tissus de coton ou des basins piqués, etc., qu'on en fait encore usage en France et dans quelques manufactures aux environs de Londres. En Écosse, elle sert plus spécialement à opérer des rentrures en noir d'application sur des mouchoirs rouges turcs, dessins enlevage à la presse écossaise.

Vers 1825, un nommé Durand, de Lyon, avait construit

une machine à planche plate, avec laquelle il rentrait plusieurs couleurs. Sa découverte est morte avec lui; et cependant les spécimens de sa fabrication qu'il nous a laissés et dont les dessins et la gravure sont de M. Kœchlin-Ziegler, peuvent soutenir la comparaison avec les chefs-d'œuvre du même genre.

IMPRESSION CONTINUE.

Nos voisins nous ayant devancés de plusieurs années dans l'art d'imprimer au rouleau d'une manière continue, nos constructeurs ont eu tout au plus le mérite d'apporter quelques perfectionnements aux machines anglaises, qui, au fond, sont restées les mêmes.

La machine de Lefèbre, qui a été introduite dans la plupart de nos établissements de 1804 à 1810, est maintenant abandonnée partout : sa construction lourde et embarrassante ne permettait pas de la multiplier en proportion des besoins d'un établissement, et, de plus, la disposition en est peu favorable à l'impression de plusieurs couleurs à la fois. Les machines qui ont prévalu sont ou celles de construction anglaise, ou celles de construction française dont les modèles se rapprochent le plus des premières.

Avec les machines construites aux environs de Manchester, surtout avec celles qui sortent des ateliers de l'habile ingénieur Gadd, on imprime facilement et correctement 8, 10 et 12 couleurs à la fois, tandis que l'on peut à peine en imprimer 4 ou 5 avec celles de nos plus habiles constructeurs; elles sont, d'ailleurs, toutes disposées pour recevoir, selon que l'exigent les dessins, jusqu'à 3 et 4 rouleaux gravés en relief (métiers à surface) et destinés à effectuer la rentrure des parties chargées de couleur. Simples dans leur construction, elles sont d'un maniement facile pour l'ouvrier; leur volume étant, d'ailleurs, de petite dimension, il n'est pas rare d'en voir 15 à 20 placées en ligne de bataille dans une même salle. Les constructeurs anglais les livrent à des prix de beaucoup inférieurs aux nôtres, de sorte que le fabricant peut augmenter ses agents de production sans trop grever son capital.

Nous ne pouvons pas attribuer seulement à la bonne construction de leurs machines, la supériorité que les Anglais ont sur nous dans l'impression des couleurs : elle tient encore à d'autres causes. Remarquons, en effet :

1° Qu'on est dans l'habitude chez eux de placer un cylindre en avant de tous les autres. Ce cylindre, qui n'est point gravé et qui ne porte pas de couleurs, est destiné à étendre le tissu en même temps qu'à lui faire faire corps avec le drap, et à le rendre pour ainsi dire immobile, de sorte qu'en atteignant le premier cylindre gravé, il n'éprouve plus qu'un léger changement dans ses dimensions, puisqu'il a déjà subi une pression préalable ;

2° Que les couleurs ou mordants imprimés avec ces machines sont généralement beaucoup plus épais que les nôtres, et cela dans le but d'éviter le mélange des couleurs, dont l'application se succède avec la rapidité de l'éclair ;

3° Que, dans plusieurs établissements du Royaume-Uni, on commence à placer, à côté de chaque machine à imprimer, une petite machine à vapeur de la force nécessaire pour faire mouvoir l'ensemble du système. Un robinet fixé au tube qui met en communication le piston de la machine avec le générateur de vapeur, permet de faire arriver celle-ci en quantité déterminée pour obtenir le mouvement le plus lent ou le plus accéléré. Par cette ingénieuse disposition, on surmonte facilement une des difficultés les plus graves dans l'impression à plusieurs cylindres : c'est de mettre les cylindres au rapport ; et, de plus, on utilise la vapeur en la dirigeant sur des plaques en cuivre qui dessèchent rapidement les toiles quand elles ont reçu l'empreinte des rouleaux.

Nos constructeurs français, MM. Chapey, André Kœchlin et Huguenin-Ducommun, après s'être rendu un compte exact du rôle que remplissaient toutes les pièces composant les machines à imprimer de l'Angleterre, ont choisi dans chacun de ces systèmes les pièces les plus convenables, afin d'en composer une machine plus parfaite. MM. Huguenin-Ducommun, frappés de tous les inconvénients que présentent les machines à pression constante, ont eu l'idée de remplacer, en 1849, le levier fixe, agissant aux deux extrémités de l'axe du cylindre presseur, par des boîtes à boudin remplies de caoutchouc volcanisé. Or, par une pression exercée sur cette substance, pression que l'on peut faire varier à volonté et qui se maintient constante tant qu'une cause accidentelle ne vient pas rompre l'équilibre, le rouleau presseur est sans cesse appliqué contre le cylindre gravé.

Pour remplacer le drap sans fin qui, comme on le sait, a pour objet essentiel de faire pénétrer par son élasticité le tissu dans les cavités de la gravure, on a confectionné des tissus soit imprégnés de caoutchouc, soit formés de laine et de caoutchouc; ceux-ci sont d'invention anglaise.

Dans ces derniers temps, les manufactures d'Amérique ont employé de grandes feuilles de caoutchouc volcanisé, qu'on peut faire servir à plusieurs reprises en les restaurant à mesure qu'elles se déforment.

Bien pénétré du rôle important que remplissent les draps sans fin en laine et caoutchouc, M. Léon Godefroy a imaginé de recouvrir le cylindre presseur d'une enveloppe élastique, composée de plusieurs couches de tissus divers, également imprégnés de caoutchouc. Cette heureuse disposition permet de supprimer le drap sans fin et d'obtenir plus sûrement et plus économiquement des impressions à fonds couverts qui ne laissent rien à désirer.

Toujours en partant du même principe, un de nos imprimeurs parisiens a imaginé des cylindres presseurs en feutre rendus élastiques. Sur ces cylindres, il a gravé en creux des découpures, ramages, rosaces, et, en général, des sujets composés de traits un peu forts. En substituant ce cylindre découpé au cylindre presseur ordinaire, l'influence des parties creuses étant nulle, la pression ne s'exerce que par les parties pleines. Aussi l'impression d'une gravure quelconque se fait ici avec des parties réservées en blanc, correspondant aux parties creuses, qui n'ont exercé qu'une pression insuffisante pour relever la couleur de la gravure.

Les effets de fondu ou ombrés produits à la planche sont réalisés au rouleau par les mêmes moyens ou par des effets de gravure.

GRAVURE EN TAILLE-DOUCE.

On a fait, dans cette branche importante, de véritables progrès, auxquels, depuis environ trente ans, nos graveurs ne sont pas restés étrangers; et la preuve, c'est que telle gravure d'un cylindre qui, en 1820, exigeait plusieurs mois de travail, et qui coûtait de trois à quatre mille francs, est maintenant exécutée souvent en moins d'un jour et au prix de 100 à 150 francs. Nous allons examiner brièvement comment on a obtenu ces heureux résultats.

Jusqu'en 1820, nos graveurs étaient bien moins habiles que les graveurs anglais, dont nous ignorions encore les procédés. On gravait à la main, lorsque l'étendue du sujet l'exigeait, et au poinçon dans les dessins qui, à cette époque, étaient presque des genres mignonnette. Le poinçon étant gravé, on l'enfonçait à l'aide d'un mouton dans le métal d'un cylindre placé sur un tour muni d'un cercle divisé, ce qui permettait d'espacer régulièrement les sujets à graver.

Bien avant cette époque, les Anglais avaient eu l'idée de graver à la main un petit cylindre miniature, appelé *molette,* en acier non trempé. La gravure de cette molette achevée, on la trempait, et à l'aide d'une machine, dite *machine à relever,* on transportait en relief cette gravure sur une autre molette, d'une surface mathématiquement égale ou multiple par un nombre entier. En faisant subir à cette nouvelle molette les opérations de la trempe, on l'appliquait à son tour sur toute la surface du cylindre en cuivre qu'il s'agissait de graver.

Un Anglais vint en France pour y faire connaître ce genre de gravure, envié par tous nos fabricants; mais ses premiers essais ayant été infructueux, il quitta Munster (Haut-Rhin) et entra dans la maison Haussmann; là, avec le concours de

M. Balthazar Haussmann, il parvint à produire sur des cylindres des gravures parfaites. A ce moment, un mécanicien fort habile, M. Grimpé, ayant été mis sur la voie de ces mêmes procédés, fonda à Paris un établissement de gravure dans lequel on ne gravait pas seulement des cylindres pour les besoins de l'industrie, mais où l'on formait, aux frais de nos premiers manufacturiers, des contre-maîtres graveurs qui allaient créer, à leur tour, chez chacun d'eux, d'autres ateliers à l'instar de celui d'où ils étaient sortis.

En Angleterre (1820), en France et en Suisse, presque vers la même époque (1824), on appliqua à la gravure des cylindres le tour à guillocher. En Angleterre, Lockett père recouvrait ses cylindres d'un vernis, puis il mettait le métal à nu par une pointe sèche ou pointe de diamant qui était mue mécaniquement, d'une manière régulière ou irrégulière, pendant que le cylindre oscillait en tournant sur son axe. Il ne restait plus alors, pour terminer la gravure, qu'à ronger au degré convenable, avec de l'eau forte, les parties du métal mises à nu.

A Wesserling et à Neufchâtel, en Suisse, on guillocha au moyen du burin, absolument comme pour le guillochage des boîtes de montres.

Dès lors, la gravure n'a cessé de recevoir d'importantes modifications, parmi lesquelles on constate la tendance, d'ailleurs rationnelle, à appliquer à la gravure de la molette les mêmes artifices employés pour la gravure des cylindres, tendance qui a fait trouver la *molette canevas*, qui sert à graver la molette proprement dite.

Il y a environ dix ans que nos graveurs français ont fait faire un pas immense à l'impression des fonds couverts, dessins délicats réservés. Jusque-là on réalisait ces genres soit en imprimant une *réserve*, qui s'opposait à la fixation de la couleur du fond sur tous les points où se trouvait la réserve, soit en formant d'abord un fond uni, sur lequel on imprimait un agent propre à faire disparaître la couleur et à produire une *impression enlevage*.

Quant à réserver le sujet dans la gravure, on ne l'avait jamais tenté pour des dessins tant soit peu délicats, attendu que la couleur se loge difficilement dans la gravure d'un fond sans couler sur les parties fines et réservées en blanc. La racle chargée d'enlever la couleur sur les parties pleines, ne trouvant pas assez d'appui, fléchissait le plus souvent, en sorte que, d'un côté, les parties fines de la gravure étaient altérées par les chocs successifs qu'elles avaient à supporter, et, d'un autre côté, les parties les plus creuses, donnant plus d'accès à la racle, ne fournissaient pas assez de couleur au tissu pour produire des dessins nourris.

Pugnier et Léon Godefroy songèrent à composer les parties mates d'une série de traits en forme de cercles concentriques qui, tout en s'emplissant d'une quantité suffisante de couleurs, offraient plus de soutien à la racle.

M. Fellentrap et M. Krafft eurent chacun l'idée de recouvrir le cylindre, mais avec des machines différentes, d'une série de rayures parallèles très-serrées, mais décrivant une spirale, afin que, quelle que fût la position de la racle, elle rencontrât toujours des points d'appui suffisants.

La machine de M. Fellentrap est maintenant employée en France et à l'étranger dans beaucoup de manufactures. Sa construction est des plus simples. Un burin monté sur un chariot, mis en mouvement le long du cylindre, attaque le métal à la profondeur voulue et décrit un trait en spirale sur la surface du cylindre, pendant que celui-ci tourne sur son axe.

Cet intéressant et utile perfectionnement dans la gravure des fonds couverts a été modifié, en Angleterre, de deux manières.

Lockett, de Manchester, habile à se servir de la pointe de diamant à l'eau forte, grava de suite des cylindres à fonds couverts par le procédé suivant. Il les recouvre de vernis; puis, à l'aide des pointes de diamant, il trace simultanément des lignes parallèles et également disposées en spirale sur quatre à huit cylindres à la fois, montés sur des tours que meut un enfant. Cette première opération faite, on dessine au vernis les parties qui doivent être réservées, on fait mordre l'acide nitrique, et l'on a ainsi des rouleaux parfaitement gravés.

L'autre perfectionnement a été réalisé au moyen de la molette. Comme on le sait, on peut imprimer des fonds unis avec des rouleaux couverts de picots: or un graveur anglais eut l'idée de recouvrir une molette de picots très-serrés, et d'attaquer ensuite, soit avec la pointe soit avec l'eau forte, toutes les parties destinées à être réservées en blanc; il obtient ainsi directement une molette qui, appliquée sur le cylindre en cuivre, grave le fond et laisse intact le sujet préalablement creusé sur la molette.

Le cadre de ce travail ne nous permet pas de nous étendre davantage sur cet important sujet; mais ce que nous venons de dire a fait voir comment, dans toutes les phases successives de la gravure à l'eau forte, le génie de nos graveurs les a insensiblement amenés à faire une application des modes d'enlevage et de réserve pour multiplier leurs procédés de gravure.

Au nombre des graveurs français qui ont fait faire de véritables progrès à l'industrie des indiennes, il faut citer, en Alsace, Balthazar Haussmann, D. Kœchlin-Ziegler, Huguenin Cornetz, Jean Keller; et, pour la Seine et la Seine-Inférieure, Fellentrap, Krafft et Carliez.

MACHINES, VASES ET USTENSILES EMPLOYÉS DANS L'IMPRESSION.

Dans cette partie, il faut le dire, nous avons presque toujours marché à la suite de nos voisins, et il est peu d'outils et de machines dont nous ne leur soyons redevables, tant ils cherchent par des moyens mécaniques à remplacer le travail de l'ouvrier.

En 1820, M. D. Dollfus-Ausset importait d'Angleterre les roues à laver, le chauffage à la vapeur, et les cuves à teindre, qui ne s'introduisirent que lentement dans nos ateliers.

Nous devons aussi aux Anglais les appareils à tondre, à griller, à flamber les tissus, et les appareils à dessécher les toiles imprimées à fond.

Bien des machines nouvelles ont été successivement essayées pour laver et dégorger les pièces. Il vient de nous en arriver une d'Angleterre qui paraît devoir rendre de grands services et qui nous ramène à l'opération primitive, mais exécutée mécaniquement, de l'ouvrière laveuse. Pour avoir une idée de cette machine, importée en France par M. Tulpin, qui l'a perfectionnée, il suffit de se représenter des pièces liées entre elles et se mouvant en spirale d'une manière continue entre deux cylindres, où elles sont alternativement immergées d'eau et exprimées. Puis, en même temps que ce mouvement s'accomplit, une multitude de lanières en peau d'hippopotame, fixées sur un cylindre en rotation, frappent sur le tissu avec une force et une vitesse extraordinaire, et en font sortir les impuretés.

De toutes les machines qui servent dans l'impression, nous ne pouvons guère en revendiquer qu'une, mais elle est des plus importantes, et elle a exercé une grande influence sur la fabrication des impressions sur la laine : nous voulons parler de la machine à force centrifuge, *l'hydro-extracteur,* dont la découverte est attribuée à Caron et à Petzole.

MORDANTS.

Les mordants, comme on le sait, sont des composés qui jouissent de la double propriété de s'unir, d'une part, aux fibres textiles, et, de l'autre, aux matières colorantes, avec lesquelles ils forment de véritables laques. A l'exception de celui qui a pour base l'oxyde chromique, ils sont encore les mêmes que ceux du siècle dernier; mais leur préparation s'est bien simplifiée, et l'on a mieux précisé les conditions indispensables pour les combiner complétement aux tissus. Ces heureux résultats sont dus particulièrement aux travaux de M. D. Kœchlin. Par un premier mémoire publié dans le Bulletin de la Société industrielle de Mulhouse, il s'attacha à faire connaître quelles sont, parmi le grand nombre de drogues indiquées dans les anciennes recettes de mordants, celles qui peuvent être réellement utiles, et dans quelles proportions il faut les employer. Ce remarquable travail eut pour effet de rendre la fabrication plus économique et plus régulière. Dans un second mémoire, où il nous révèle sa perspicacité et sa longue expérience, M. D. Kœchlin publia d'importantes recherches sur le bousage, et signala toutes les précautions à prendre dans cette opération délicate qui a tant d'influence sur le succès de l'impression.

Les toiles sur lesquelles on a imprimé des mordants, ne sont pas immédiatement passées au bain de bouse; car il faut, pour oxyder les mordants, que les pièces soient préalablement exposées à l'air dans un étendage, durant un intervalle de temps plus ou moins long, d'après la nature et la quantité du mordant déposé sur le tissu. De nombreux et intéressants travaux faits par M. Daniel Kœchlin et M. Daniel Dollfus-Ausset démontrèrent qu'il fallait un certain degré de chaleur et de l'air humide pour favoriser la décomposition des acétates et la fixation des mordants sur les fibres textiles.

Les fabricants étaient incertains sur le degré d'oxydation du fer après l'exposition des pièces à l'air: un de nos chimistes manufacturiers qui ont le plus étudié ce sujet, concluait d'un certain nombre d'expériences que le fer devait être à un état intermédiaire entre l'oxyde ferreux et l'oxyde ferrique, oxyde que Berzélius désigne sous le nom de ferroso-ferrique. Nous avons démontré, contrairement à cette opinion, dans notre ouvrage sur l'impression des tissus, tome II, page 188, que le fer devait être à son maximum d'oxydation, et c'est, du reste, ce que la pratique de nos fabricants d'Alsace et de Rouen a confirmé, puisque, moyennant le concours du chlorate de potasse, qui suroxyde immédiatement l'oxyde ferreux, ils peuvent, jusqu'à un certain point, se dispenser d'exposer les pièces à l'étendage. L'action du chlorate de potasse est provoquée, ou en introduisant ce sel dans la couleur au moment où on l'a épaissie, ou mieux encore, car l'effet en est plus régulier, en foulardant les pièces en chlorate avant d'imprimer le mordant.

En France, on emploie généralement l'acétate d'alumine comme mordant rouge; en Angleterre, c'est presque toujours à l'aluminate de potasse qu'on a recours, parce qu'il est beaucoup plus économique et plus facile à imprimer. D'après cette double considération, l'aluminate avait été recommandé, il y a plus de soixante ans, par J. M. Haussmann; néanmoins peu de fabricants en font usage en France.

Proust a fait connaître la préparation et la composition du stannate de potasse; Haussmann en a indiqué l'usage; et cependant les Anglais furent les premiers à l'employer industriellement pour mordancer leurs toiles, en 1814.

DES COULEURS

ET DES PRINCIPAUX GENRES AUXQUELS ELLES ONT DONNÉ NAISSANCE.

OXYDE DE FER.

L'oxyde de fer est une des premières couleurs d'enluminage employées par nos ancêtres, et la chimie, en faisant connaître une foule de composés salins à base de fer, a multiplié considérablement les applications de ces couleurs métalliques.

J. M. Haussmann a indiqué l'usage du chlorure ferreux pour obtenir sur calicot une belle nuance abricot, qu'il employait seule ou qu'il combinait avec le bleu d'indigo pour en faire des fonds vert myrte, dans lesquels, au moyen de réserves et d'enlevages, on obtenait, sur le fond, des sujets bleus, blancs et abricot.

M. Lefèbre s'est beaucoup servi des dissolutions du nitrosulfate de fer pour produire un genre dit *aventurine,* qui imite très-bien les impressions de même espèce, réalisées avec un mordant d'alumine et de fer, teint en garance et en quercitron (1826).

....

Le sulfate, l'acétate, le pyrolignite, sont employés à l'impression des couleurs beurre frais, chamois, rouille; mélangés à des proportions variables de sel de manganèse, ils servent pour les couleurs de fantaisie dans lesquelles le brun intervient.

MANGANÈSE.

On a appliqué, pour la première fois, en 1815, dans l'établissement de MM. Hartmann et fils, à Munster, le sulfate ou le chlorure de manganèse, résidus de la préparation du chlore, à la production et à la fixation sur le calicot d'une couleur brune, désignée en France sous le nom de *bistre*, et, en Angleterre, sous celui de *french-brown*. Elle fut d'abord imprimée en dessins mignonnette sur des fonds blancs, et bientôt après sur des fonds unis, où était déposé un rongeant à base de sel d'étain, seul ou associé à des couleurs d'application, pour produire du blanc, du bleu, du jaune, du rouge, en un mot toutes les couleurs inaltérables par le chlorure d'étain employé à ronger le bistre ou manganèse oxydé, fixé sur la toile. A dater de son apparition, ce genre, qui ne reçut pas d'abord tous les perfectionnements dont il était susceptible, fut exploité, pendant plusieurs années, tant en Alsace que dans les départements de la Seine et de la Seine-Inférieure. Plus tard il nous revint d'Angleterre avec un cachet nouveau : la couleur bistre était bien plus unie, moins dure et d'une teinte plus tendre, toutes circonstances égales d'ailleurs. Les impressions jaune et orange de chrome enlevage, que fabriquaient alors les Anglais et dont ils inondèrent le monde, donnèrent à ce genre une vogue immense.

Nous apprîmes à connaître par cette fabrication une foule de faits particuliers, auxquels nous étions loin de songer, touchant la fixation du sulfate de plomb sur le tissu. Bientôt l'on découvrit aussi le double rôle que joue, par rapport à l'indigo, le suroxyde manganique, tantôt en provoquant l'oxydation et la fixation rapide de l'indigo réduit sur le tissu, tantôt en oxydant l'indigo bleu de manière à le détruire et à faciliter des effets d'enlevage.

Le dernier et le plus remarquable perfectionnement que la fabrication du genre bistre ait reçu, a été réalisé dans l'établissement de M. Jean Schlumberger jeune, à Thann (1833), où l'on a entrepris avec succès la fabrication des fonds bistres cuvés, genre désigné sous le nom de *lapis fond bistre*, c'est-à-dire fond noir avec sujet bistre, bleu, blanc, s'encadrant rigoureusement les uns dans les autres.

CHROME.

Lorsque Vauquelin, analysant le plomb rouge de Sibérie, y découvrit le chrome, il était bien loin de se douter de quel trésor il dotait l'industrie. Aucun corps en chimie n'a été aussi utile, aussi intéressant par ses applications.

En 1819, M. Lassaigne démontrait que le jaune de chrome (chromate de plomb) pouvait servir à teindre en jaune pur d'une manière solide. Immédiatement après lui, M. D. Kœchlin appliqua ce même jaune avec autant d'habileté que de bonheur à l'impression de l'indienne : il en fit un jaune enlevage sur fond rouge, puce et violet, d'un effet admirable. Ce genre dit *aladin*, a eu un prodigieux succès; et, de nos jours, il est encore exécuté en Angleterre, où des rouleaux ont servi à imprimer des millions de pièces du même dessin, sans autre dépense pour le fabricant que d'avoir eu à raviver de temps en temps la gravure, en immergeant dans un bain d'acide nitrique le cylindre, préalablement verni sur toutes les parties qui devaient être respectées.

En 1827, le chromate de potasse intervint dans l'une des belles applications de la chimie à l'impression.

On eut l'idée, en Angleterre, de foularder en chromate de potasse des pièces teintes en bleu de cuve et d'y imprimer ensuite de l'acide oxalique; toutes les parties touchées par cet acide mettant en liberté l'acide chromique, celui-ci oxyde l'indigo et laisse apparaître le blanc du tissu. Ce genre, sujet blanc sur fond bleu, se faisait depuis longtemps par le moyen des réserves; mais le nouveau mode d'enlevage a eu sur l'ancien l'avantage de se prêter à la formation des fonds verts avec enlevage blanc.

En effet, en plaquant les pièces en chromate de potasse mélangé d'acétate d'alumine et en rongeant avec l'acide oxalique, on reproduit encore des sujets blancs sur un fond bleu; mais l'alumine se fixant au tissu sur toutes les parties qui n'ont pas été touchées par l'acide, il suffit, après avoir dégorgé les pièces, de les teindre en quercitron ou en gaude, pour obtenir un beau fond vert.

Ce genre fond vert, à base de jaune végétal, devait conduire naturellement à la découverte d'un vert à base de jaune de chrome. On vit donc bientôt apparaître des verts ayant pour base ce jaune et ne différant des précédents que par la nuance et quelquefois par la présence du bleu. Ils furent désignés sous le nom de *verts au plombate* et ne tardèrent pas à être importés d'Angleterre en France, où M. D. Kœchlin a aussitôt donné de l'extension à ce genre en réalisant sur des fonds blancs garancés des fonds *soubassements* verts au plombate. La découverte de ce vert fit voir qu'un sel à base de plomb soluble ou insoluble, traité par l'hydrate calcique en présence de l'eau, donnait lieu à une dissolution plombifère, dite *bain au plombate*, dans laquelle il suffisait d'immerger les calicots pour les charger d'oxyde plombique, lequel passe au jaune dans une solution de chromate de potasse. Un peu plus tard, on faisait intervenir le jaune et l'orange de chrome réserve, comme couleur d'enluminage, dans la fabrication des gros bleus cuvés, genre Walter Crum.

En 1832, M. Camille Kœchlin appliquait l'oxyde chromique sur les étoffes, et dotait la teinture et l'impression de la couleur la plus solide, le gris de chrome, dont Courer a fait ensuite le vert *d'oxyde de chrome* par l'intervention d'une certaine quantité d'acide arsénique ; mais l'oxyde chromique étant isomorphe avec les oxydes aluminique et ferrique qui sont des mordants énergiques, fut employé à son tour comme mordant, et permit de composer des couleurs particulières avec la garance, la cochenille, les bois, etc.

Une des applications importantes du chrome est, sans contredit, celle que l'on fait de son acide libre ou combiné pour oxyder et fixer les matières colorantes des bois, les substances astringentes, comme le cachou, etc., sur les diverses fibres textiles.

Le campêche est, de toutes les matières tinctoriales, la plus riche par l'éclat, la pureté et le nombre des nuances qu'elle peut produire; mais aussi il n'en est pas de plus altérable à l'influence des agents qui détruisent les couleurs, comme l'air, le soleil, le savon, etc.; et cependant, par l'emploi du bi-chromate potassique, les imprimeurs et les teinturiers ont pu faire sur laine, sur soie et sur coton, avec le campêche seul, un noir pur plus solide qu'aucun de ceux employés jusqu'ici.

Dès lors toutes les couleurs qui réclamaient l'intervention de l'oxygène pour se fixer à l'étoffe, ont été traitées de la même manière. Enfin, on a fait servir l'action oxydante du chromate pour teindre simultanément des tissus de fibres diverses ayant d'inégales affinités pour les matières colorantes, et pour obtenir des effets de contrastes.

BLEU DE PRUSSE.

Cette couleur, ainsi que nous l'avons dit, a été appliquée pour la première fois sur le coton par M. J. M. Haussmann de deux manières différentes :

1° Par teinture, en fixant d'abord un mordant de fer que l'on teignait ensuite dans un bain faible de prussiate de potasse légèrement acidulé;

2° Par application, en dissolvant dans une solution acide de chlorure stanneux le bleu de Prusse préalablement préparé et lavé. Par le premier mode, on obtenait des bleus qui avaient une grande tendance à passer au vert, tandis que par le second la nuance conservait sa pureté.

Bien des années s'écoulèrent avant qu'on pût obtenir par les cyanures ces nuances si intenses, si riches et si pures que nous savons fixer aujourd'hui sur toute espèce de tissus par teinture et par impression.

Vers 1836, on teignit, dans les environs de Paris, des étoffes de laine en un bleu dont la nuance pure contrastait avec celle des bleus jusqu'alors connus, et qui s'en distinguait chimiquement par la présence de l'étain comme principe constituant. C'était le *bleu de France*, que les imprimeurs s'efforcèrent aussitôt de reproduire directement par impression. Un contre-maître de Saint-Denis, nommé Petit, qui travaillait dans la manufacture de M. Paul Godefroy, fut le premier à réussir dans ces tentatives; il céda son procédé à plusieurs manufacturiers; et, depuis, le bleu de France fut successivement appliqué sur soie, coton, chaîne coton, et enfin dans toutes les branches de la teinture. On obtient toujours ce bleu par la décomposition du cyanure jaune ou du cyanure rouge, selon la nature de la fibre, à l'aide d'un acide ou d'un sel acide tels que l'acide tartrique ou le bi-sulfate potassique, mis en présence d'un composé à base d'étain.

Par ces bleus combinés aux différents jaunes, on a obtenu des verts dont les nuances ne laissent rien à désirer.

OUTREMER.

M. Guimet, en découvrant le bleu d'outremer, croyait servir exclusivement les besoins de la peinture; mais bientôt cette couleur si brillante servit principalement aux imprimeurs sur étoffes. En 1834, MM. Blondin, imprimeurs à la Glacière, commencèrent à l'appliquer, en la rendant adhérente à l'étoffe au moyen du blanc d'œuf. Pendant dix ans, c'est-à-dire jusqu'en 1844, ils imprimèrent seuls et avec le plus grand secret en bleu d'outremer une foule d'articles cravates, mouchoirs et nouveautés qui eurent une très-grande vogue.

Parmi les produits de l'Exposition de 1844 se trouvaient plusieurs coupes de mousseline imprimée en bleu d'outremer par M. Broquette qui attirèrent vivement l'attention des connaisseurs par leur nuance et leur mode d'impression, (*frap-*

pées), d'où ressortaient des effets de contraste de tons remarquables [1].

MM. Dollfus-Mieg entreprirent aussitôt cette fabrication, et, grâce aux moyens puissants dont ils disposaient, ils purent imprimer en quelques mois un nombre considérable de pièces mousselines et jaconas fonds blancs avec admirables dessins bleu d'outremer, qu'ils vendirent sur tous les marchés du monde. A partir de cette époque, le bleu d'outremer, introduit successivement dans l'impression de tous les genres de tissus, n'a pas cessé d'être employé, et son application a donné naissance, en France, à plusieurs industries ayant pour objet ou d'extraire en grand l'albumine du blanc d'œuf et du sérum du sang, ou de traiter par différents procédés le lait, le gluten, les cartilages des poissons, toutes les matières enfin capables de remplacer l'albumine pour fixer mécaniquement les couleurs sur les tissus [2].

INDIGO.

Les découvertes faites depuis le commencement de ce siècle touchant les applications de l'indigo, ont presque toutes pris naissance dans les ateliers d'impression.

En 1808, Vidmer, de Jouy, fit la découverte d'un vert remarquable par sa grande solidité et ayant pour base l'oxyde stanneux, qui teint en jaune sur bleu avec la gaude ou le quercitron, et qui donne ce *vert* dit *faïencé*, par analogie avec le bleu du même nom.

La même année, MM. Hartmann recevaient d'Angleterre, sans désignation, un échantillon informe, d'un bleu très-sale, dans lequel se trouvaient imprimés des sujets de couleur orange garancé, parfaitement encadrés dans le bleu du fond. Ce genre, désigné sous le nom de *lapis*, fut immédiatement reproduit par eux au moyen de l'impression de *mordants réserve*, sous bleu de cuve que l'on teignait en garance.

L'année suivante, M. D. Kœchlin perfectionna le genre lapis

[1] *Traité de l'imp.* vol. IV, p. 477.
[2] *Ibid.* p. 184.

au point d'en faire un des articles les plus riches qu'on connût alors, et le succès fut immense.

L'invention de M. D. Kœchlin consiste dans l'idée de produire sur les mordants employés des effets de réserve semblables à ceux que l'on produisait primitivement sous le bleu.

La fabrication des lapis peut être considérée comme l'initiation la plus directe à tous les artifices de l'impression.

Après M. D. Kœchlin, qui l'a créée, il faut citer M. Thompson, de Primerose, qui n'a pas cessé de l'exploiter et de la perfectionner pendant trente ans. Aujourd'hui les lapis ne sont fabriqués que dans quelques localités pour l'exportation du Levant. Ainsi, à Moscou et à Glaris, on imprime des mouchoirs, des châles et des robes de chambre, genre lapis, dessins cachemires riches, qui se vendent surtout en Perse et aux environs de Constantinople.

En 1845, les lapis reparurent avec le caractère qu'ils avaient d'abord, c'est-à-dire fond bleu pur ou vert avec dessin orange; mais on les obtenait d'une manière diamétralement opposée, qui fait honneur à son inventeur, fabricant rouennais.

Ce genre nouveau est connu sous le nom de *lapis enlevage*, par opposition au lapis primitif obtenu par des mordants réserve. Voici, en deux mots, en quoi consiste la fabrication. On teint en bleu uni à la nuance voulue, on foularde le tissu dans un bain de chromate de potasse, puis on imprime un mordant d'alumine chargé d'acide oxalique. Sur tous les points touchés par ce mordant, de l'acide chromique mis en liberté détruit le bleu; l'alumine s'y substitue et n'exige plus, pour être fixée, que l'intervention de l'ammoniaque comme base saturante. On dégorge ensuite et l'on teint en garance[1].

Pendant bien des années les manufacturiers ont exploité, comme nous l'avons vu, les bleus et verts faïencés et de pinceau, qui ne pouvaient s'appliquer que sur fond blanc, et dont la fabrication était à la fois difficile et onéreuse.

[1] *Traité de l'imp.* vol. IV, p. 364-373.

En 1825-1826, on découvrit simultanément en France et en Angleterre, ainsi que tout nous porte à le croire, un bleu et un vert d'application solides qui furent employés comme couleur d'enluminage *rentrure* dans les articles perses garancés.

Le mérite de ces couleurs, c'est d'être solides, et de pouvoir être appliquées à la planche ou au rouleau sur fonds blancs ou sur fonds garancés; dans ce dernier cas elles sont dites *couleurs rentrures*. Pour les fixer, on précipite l'indigo d'une cuve au moyen du sel d'étain seul ou mélangé d'acide chlorhydrique Le précipité obtenu, après avoir été lavé, est épaissi et imprimé seul, ou bien, si l'on veut obtenir le vert, avec addition d'un sel de plomb.

Après l'impression, on passe le tissu dans un bain de carbonate de soude, qui rend l'indigo soluble et lui permet de pénétrer dans les pores de la fibre, où il ne reste plus qu'à l'oxyder. Cette opération achevée, on passe en chromate de potasse, s'il s'agit de produire du vert.

L'article enlevage blanc sur bleu et vert, dont nous avons parlé à l'occasion du chrome, a été l'objet d'améliorations importantes faites à Rouen, où certains fabricants ont tellement perfectionné ce genre, qu'ils se le sont, pour ainsi dire, approprié. Ils ont non-seulement obtenu une grande économie dans les frais de teinture, mais encore donné au bleu d'indigo, par des passages à la chaux, une vivacité qu'on ne connaissait pas à cette matière colorante. Enfin ils ont perfectionné les procédés d'impression et fait des fonds bleus et verts enlevage, un article classique, dans la fabrication duquel s'est particulièrement distingué M. Kettinger.

GARANCE.

Un des plus beaux résultats obtenus par l'emploi de la garance, c'est l'article mérinos fond rouge sur lequel on imprimait des palmettes en noir d'application, et qui fut livré à la consommation en 1810 par la maison Nicolas Kœchlin.

Un peu plus tard, à la suite d'un de ces travaux qui suffisent à fonder la réputation d'un homme, ce genre fut métamorphosé par M. D. Kœchlin, qui constata l'action remarquable du chlorure de chaux sur les tissus teints en couleurs garancées, et qui inventa la cuve décolorante avec toutes ses applications. Il fit voir qu'en imprimant sur une toile teinte en rouge turc, de l'acide tartrique, seul ou mélangé de couleurs inaltérables au chlore, et en passant cette toile dans une cuve remplie de chlorure de chaux avec excès de base, toutes les parties rouges recouvertes d'acide passaient au blanc, tandis que les autres restaient intactes. C'est ainsi qu'il créa le genre fond rouge avec impression de sujet blanc, bleu et autres couleurs d'enluminage.

Cet article, dit mérinos riche, parce qu'il était produit sur aunage, mouchoirs, châles et tentures, avec dessins imitation cachemire, s'est vendu, pendant plusieurs années, à raison de 9 francs l'aune, et de 60 francs les châles 6/4.

Malgré son immense succès, qui n'a pas duré moins de vingt-cinq ans, ce genre est presque complétement tombé en France; mais il est encore une source de bénéfices considérables, comme article d'exportation, pour l'Angleterre, la Suisse, l'Autriche, la Prusse et la Russie, où il n'a pas cessé d'être fabriqué depuis son apparition.

Les fabricants de la Suisse et des bords du Rhin n'ont rien changé en ce qui touche à l'exécution, M. D. Kœchlin n'ayant rien laissé à faire à cet égard; mais ils ont introduit, dans l'huilage des pièces et dans l'emploi de la garance, quelques améliorations qui ont réduit de beaucoup les frais de fabrication: ce qui leur permet de lutter avec leurs concurrents sur les marchés étrangers.

La fabrication du rouge turc, importée en Angleterre par plusieurs Français, a été poussée, par rapport à la vivacité des nuances, aux dernières limites de la perfection par M. Steiner, établi, depuis 1814, aux environs de Manchester. En effet, il n'y a de comparable aujourd'hui à ces produits remarquables que ceux de M. Ch. Steiner, de Ribeauvillé (Haut-Rhin), qui travaille d'après le procédé dont son oncle est l'inventeur.

Aussitôt après la découverte du jaune de chrome, on fit usage de la cuve décolorante pour imprimer des enlevages jaunes de chrome sur fonds ou mi-fonds rouge, rose, violet et lilas garancés. C'est l'ancien genre aladin, qui, depuis quinze ans, n'est presque plus exploité chez nous, tandis qu'en Angleterre il est encore un précieux article d'exportation.

A part le rouge turc, il ne s'était rien fait d'important de 1810 à 1822 dans l'application de la garance. Toutefois, durant cette période, la maison de Wesserling produisit au rouleau des rouges et des violets de toute beauté, qui, ne pouvant être imités, les roses surtout, furent désignés dans le commerce sous le titre de rouge et rose de Wesserling. Ce succès tenait à un traitement particulier apparemment analogue à celui dont faisait usage Haussmann dans la fabrication de ses beaux rouges et roses à la planche.

En 1822-1823, Henri Baumgartner, imprimeur à Thann (Haut-Rhin), en constatant l'action remarquable des dissolutions d'étain sur les couleurs garancées avec le concours du savon, découvrit le procédé d'avivage des garancés qui a fait faire un immense progrès à la fabrication riche d'Alsace. Ce procédé empirique, vendu par Baumgartner en France et à l'étranger, fut appliqué avec plus ou moins de succès par les différents fabricants qui en étaient les acquéreurs. A Wesserling et à Munster notamment, on l'exploita, pendant quelques années, avec une supériorité marquée; mais elle s'est peu à peu effacée à mesure que l'on a généralement mieux compris le rôle de la chaux dans le garançage, et depuis que M. Éd. Schwartz a démontré, dans son remarquable travail sur l'avivage, toute l'influence de la température dans les opérations du garançage et des passages en savon et en acide[1].

La fixation des rouges et des roses garancés ayant reçu de grandes améliorations, celle des violets devait s'en ressentir. Certaines maisons de la Suisse, de l'Alsace, de la Belgique et de l'Angleterre, livrèrent, pendant quelques années, à la con-

[1] *Traité de l'imp.* vol. II, p. 524-535.

sommation des genres violets, doubles violets et lilas au rouleau, remarquables par une pureté de coloris qui leur assurait une espèce de privilége sur les marchés européens. Aujourd'hui encore, la maison Thomas Hoyle, en Angleterre, fabrique des genres violets garancés avec une supériorité incontestable. Le procédé suivi dans cet établissement ne diffère surtout des procédés français que par l'emploi exclusif des garances de Chypre, dont les fabricants anglais, qui cherchent à imiter les violets de la maison Thomas Hoyle, font également usage. La nature de la garance paraît, en effet, exercer une grande influence sur la pureté du violet; et, ce qui vient à l'appui de cette observation, c'est que la *fleur de garance* donne de plus beaux violets que la racine même qui a servi à la prépàrer. Les améliorations dont nous constatons les avantages se sont particulièrement fait sentir dans la fabrication des articles perses, pour meubles, dont M. Édouard Schwartz et M. Japuis, de Claye, se sont assuré le monopole par le cachet de perfection attaché à leurs produits.

A partir de 1826, il y eut plusieurs travaux entrepris sur la garance. Les plus importants pour la teinture et l'impression sont dus à des chimistes français. MM. Robiquet et Colin découvrirent l'alizarine. La même année, MM. Gaultier de Claubry et Persoz retirèrent de la garance deux matières colorantes, l'une rouge et l'autre rose. Après avoir constaté que l'acide sulfurique concentré peut dissoudre la matière colorante de la garance sans l'altérer, ils proposèrent un procédé de purification fondé sur l'action de cet agent [1].

En 1827, MM. Robiquet et Lagier indiquèrent l'emploi du charbon sulfurique, pour remplacer la garance. Vers la même époque, Kuhlmann qui, en 1823, avait fait quelques expériences sur les propriétés tinctoriales de cette rubiacée, reprenait son travail et découvrait en elle une nouvelle matière colorante, la xantine.

Les membres de la Société industrielle de Mulhouse por-

[1] *Traité de l'imp.* vol. I, p. 487.

taient le plus vif intérêt à toutes ces recherches. Plusieurs d'entre eux, notamment MM. D. Kœchlin, Henry Schlumberger et Éd. Schwartz étudièrent d'une manière suivie les produits retirés de la précieuse racine. Plus de dix ans s'écoulèrent avant que l'industrie pût tirer parti des observations fournies par la science; et cependant M. Thillaye, dans son Manuel du fabricant d'indienne (Paris, 1834, p. 33), disait : « Le moyen proposé par MM. Gaultier de Claubry et « Persoz pour séparer la matière mucilagineuse et sucrée de « la gomme, peut recevoir une utile application dans la tein- « ture des indiennes. Des essais que nous avons faits en « grand, nous ont fourni des résultats assez satisfaisants pour « appeler l'attention des fabricants sur cette manière d'opérer « le garançage. »

Les efforts persévérants de Lagier et les sacrifices considérables qu'il fit pour amener l'adoption, par l'industrie, de sa garancine, obtenue par l'action de l'acide sulfurique sur la garance, furent couronnés enfin d'un plein succès; mais le mérite de cette amélioration revient, en grande partie, aux fabricants de la Seine-Inférieure, qui ont créé le genre *garancine*, aussi distinct des articles fonds blancs garancés que ceux-ci le sont des lapis[1]. Parmi les fabricants qui ont participé à la création de ce nouveau genre essentiellement français, il faut citer MM. Girard, Schlumberger-Rouf et Barbet pour la Seine-Inférieure; D. Schlumberger, de Mulhouse, D. Eck, de Cernay, et Jean Schlumberger jeune, de Thann, pour l'Alsace.

Depuis l'année 1839, où le genre garancine a été définitivement adopté, la fabrication s'en est répandue dans toutes les parties du monde. Il s'ensuivit une double source de richesse pour notre industrie. D'une part, nos commerçants trouvèrent dans les toiles imprimées teintes en garancine de précieux articles d'exportation; de l'autre, nos fabricants de garance d'Avignon purent livrer à la consommation de toutes les ma-

[1] *Traité de l'imp.* vol. III, p. 315.

nufactures du monde un produit qu'ils avaient été les premiers à préparer.

L'article garancine, pour les dessins duquel on associa d'abord le noir, l'orange, le violet et le puce, s'améliora progressivement; on réunit à ces couleurs le cachou, le jaune à la graine de Perse, tout en obtenant des teintes de plus en plus pures, surtout pour les violets. Après dix ans d'exploitation, deux perfectionnements importants s'introduisirent dans cette fabrication : l'un fut l'intervention du chlorate de potasse pour oxyder le noir, le puce et le violet, ce qui permit d'imprimer et de teindre presque immmédiatement, au lieu d'être obligé d'exposer préalablement les pièces à l'étendage pendant deux ou trois jours; l'autre fut l'application du chlore au blanchiment des tissus après la teinture. Le genre garancine ne supportant pas les avivages, on ne pouvait faire subir aux pièces sortant du bain de teinture, qu'un simple passage *en son,* souvent insuffisant pour ramener le blanc à son état primitif. Ce passage en son a été remplacé par un traitement en chlore faible; mais, au lieu de faire agir cet agent à la manière ordinaire par immersion, on l'imprime, soit à l'endroit, soit à l'envers de l'étoffe ou même des deux côtés: il suffit de chauffer les pièces ainsi imprégnées de chlore, pour voir reparaître le blanc dans toute sa pureté.

C'est une des améliorations les plus utiles introduites dans l'impression durant ces dernières années. L'Alsace a été la première à l'adopter en 1848-1849. Après la garancine on a fait usage du *garanceux* ou garancine faite avec le résidu de teintures en garance[1], et tout récemment on a commencé à s'en servir pour la teinture des étoffes imprimées; enfin l'on a eu encore recours à *la fleur* et au *carmin de garance.* Le premier de ces produits est de la garance lavée à l'eau froide, après ou avant la fermentation alcoolique, ce qui permet de retirer 8 à 9 litres d'alcool pour 100 kilogrammes de garance; le second s'obtient en traitant cette même fleur de garance

[1] *Traité de l'imp.* vol. III, p. 326.

par l'acide sulfurique, qui attaque le ligneux et met la matière colorante en liberté avec toutes ses propriétés, pourvu qu'on prévienne toute élévation de température.

DU CARTHAME.

Rien n'a été changé au procédé employé, depuis plus de deux siècles, par les Chinois, pour teindre en carthame; les rouges mêmes qu'ils obtiennent du carthame résistent mieux à l'action de l'air que ceux que nous teignons nous-mêmes. La seule particularité que nous ayons à relater, c'est la fabrication de ces fonds unis roses sur lesquels MM. Hartmann, de Munster, ont imprimé, en 1814, du chlorure de chaux au rouleau, pour produire des dessins enlevage blanc d'un très-heureux effet.

DU CACHOU.

Le cachou, suc épaissi de plusieurs plantes de la famille des légumineuses, est employé, depuis des siècles, en Chine et dans l'Inde, pour colorer en noir des tissus préalablement teints en bleu de cuve.

Des recettes de fabrication très-anciennes constatent que des imprimeurs en firent usage en Europe à la fin du siècle dernier. Cependant, quoique ce produit fût assez répandu dans le commerce pour l'usage médicinal et cosmétique, ce n'est qu'en 1830 qu'on l'admit de nouveau dans les ateliers d'impression. MM. Barbet de Jouy exploitèrent, pendant deux ans, à l'insu de presque tous leurs concurrents, des articles cachou dont la fabrication excita un vif intérêt et ne tarda pas à être introduite en Alsace par Jean Schlumberger jeune.

En 1833, cette intéressante matière tinctoriale, négligée jusque-là, devint l'un des plus puissants auxiliaires du fabricant; car le cachou est employé pur ou mélangé comme couleur d'enluminage, attendu qu'on peut l'imprimer et le fixer en même temps que les mordants, et qu'il passe comme eux à la teinture et aux avivages. Les observations que l'on fit sur les propriétés du cachou s'appliquèrent bientôt à ses congénères.

En imprimant du chromate de potasse sur des sujets cachou, on oxyde le cachou et l'on double la nuance sur les points touchés. C'est en provoquant des actions de cette nature sur le cachou et sur les matières de son espèce, que l'on a créé les genres (*couleurs contrastes*), dans lesquels un dessin sur fond blanc est coupé par une impression soit de chromate de potasse, soit de toute autre matière capable de doubler l'intensité de la nuance et de produire un contraste de ton [1].

Le cachou, par l'étude qu'en ont faite nos fabricants français, est devenu une substance tinctoriale tellement importante, qu'on peut la placer sur le même rang que la garance, l'indigo et la cochenille.

Enfin les applications si remarquables et si nombreuses de ce précieux suc épaissi, ont eu pour résultat la fabrication et l'emploi de nouveaux extraits, tels que les extraits de chêne, de châtaignier, de bouleau, de pin, d'aloès, etc., qui ont la propriété de colorer les tissus tant par les matières astringentes qu'ils renferment, que par les principes colorants qui en font la base.

DE LA COCHENILLE, DES BOIS DE TEINTURE ET AUTRES MATIÈRES COLORANTES.

Les progrès accomplis dans cette branche sont de deux ordres : c'est, d'une part, la découverte de procédés propres à l'extraction, à la purification et à la concentration de ces matières tinctoriales; d'une autre part, la connaissance de nouveaux modes de fixation des principes colorants que renferment ces matières premières, c'est-à-dire le fixage des couleurs à la vapeur.

EXTRAITS ET LAQUES POUR L'IMPRESSION DES TISSUS.

Il y a environ vingt ans que les imprimeurs sur tissus de-

[1] *Traité de l'imp.* vol. IV, p. 493.

mandent encore au commerce les bois de teinture nécessaires à leur consommation. Ces bois, une fois introduits dans leurs ateliers, y étaient divisés plus ou moins bien par des instruments tranchants; puis soumis à l'action de l'eau chaude, qui, par des opérations réitérées et successives, enlevait aux bois leur principe colorant, et formait des bains colorés vulgairement désignés sous le nom de *décoctions*. Ces opérations, peu à peu abandonnées par les imprimeurs, ont fini par constituer, depuis 1836, en dehors des ateliers d'impression, une véritable industrie chimique, ayant pour objet l'extraction et la concentration des matières colorantes sous un petit volume. MM. Meissonier, Panay, Michel et Oesinger, ont établi, en France, et à l'étranger, des usines où l'on prépare sur une grande échelle les extraits de la plupart des substances tinctoriales.

Mais, à mesure que l'art de l'impression se perfectionnait, le manufacturier sentait de plus en plus le besoin d'avoir à sa disposition des produits très-purs, d'une composition constante et en quantités convenables; ce besoin a été particulièrement compris par M. Pommier, qui s'est livré avec beaucoup de succès à la fabrication et à la purification du carmin d'indigo; à la formation et à la concentration de la matière colorante de l'orseille; à la préparation de la cochenille ammoniacale, et enfin à la fabrication industrielle des laques, produites par des procédés identiques à ceux qu'avait généreusement fait connaître, en 1799, M. J. M. Haussmann, mais qui n'avaient été employés jusque-là que dans les ateliers d'impression. Cette fabrication des laques, où la matière colorante se trouve dans un état plus pur et plus convenable pour sa conservation qu'à l'état d'extrait, est devenue une branche d'industrie assez importante pour ceux qui savent les obtenir dans l'état où on les applique avec avantage sur le tissu. On arrive toujours à ce résultat, lorsque, dans leur préparation, on présente au principe colorant qui doit les engendrer, non pas un oxyde pur, attendu que celui-ci est exposé à passer à l'état insoluble, mais un oxyde qui retient une certaine quantité d'acide, c'est-à-dire un sous-sel. Quand une laque est ainsi formée, il suffit de l'intervention d'une faible proportion d'un acide ou d'un sel acide pour la faire passer à l'état soluble et lui permettre de pénétrer dans les pores du tissu pour s'y fixer.

COULEURS VAPEUR.

Dès le commencement de ce siècle, des fabricants anglais et surtout des Écossais, mordançaient leurs calicots en stannate de potasse ou en acétate d'alumine, et imprimaient sur ces toiles des décoctions de matières colorantes; mais les genres d'impression qu'ils produisaient, de même que ceux de nos fabricants français qui voulurent les imiter, étaient plutôt faits pour jeter un discrédit sur cette fabrication que pour l'accréditer.

En 1815, la maison Dollfus-Mieg imprimait des couleurs vapeur sur laine; mais, comme les tissus faisaient défaut à cette époque, ce nouveau genre d'impression ne put prendre alors à Mulhouse. M. Georges Dollfus, qui avait participé à ces premiers essais, les continua avec un nommé Lofet, à qui, en 1819, le jury de l'Exposition accorda une récompense pour ses impressions vapeur sur laine, dessins cachemires. D'autre part, la maison Haussmann recevait, à la même époque, une mention pour ses impressions sur soie avec couleurs fixées à la vapeur[1].

Plusieurs années s'écoulèrent sans que ce genre de fabrication acquît beaucoup d'importance, parce que les tissus de laine étaient d'un prix trop élevé, et que tous ceux que l'on fabriquait alors étaient tissés en vue de la teinture.

Dès que l'on comprit les avantages qu'il y avait à imiter, par l'action de la planche gravée, les effets que l'on réalisait lentement et d'une manière dispendieuse par le métier Jacquard, on fabriqua, en vue des besoins de l'impression, une grande variété des tissus unis ou façonnés à une ou plusieurs fibres, dont s'emparèrent aussitôt les imprimeurs sur étoffes.

En 1827, un Suisse nommé Bossard fondait à Saint-Denis,

[1] *Traité de l'imp.* vol. IV, p. 1.

conjointement avec un graveur nommé Keller, un petit établissement pour l'impression des laines. Plus tard, lorsqu'il se fut associé à Despruneaux, son établissement devint un des plus importants des environs de Paris, où l'on vit successivement se former les ateliers d'impression de MM. Paul et Léon Godefroy, Michel, Despouilly, Broquette, Guillaume, Delamorinière, Choquel et Guillaume.

M. É. Schwartz avait, dès 1834, introduit à Mulhouse l'impression sur laine des couleurs vapeur pour meubles. En 1839, tous les fabricants d'Alsace, pleins de confiance dans l'avenir de cette nouvelle industrie, y appliquèrent leurs capitauxet leur expérience. Ils se sont, en quelques années, approprié cette fabrication au point de faire perdre aux établissements des environs de Paris une partie de leur ancienne importance.

Ces impressions vapeur sur laine ayant un très-grand succès, on chercha naturellement à les reproduire sur des tissus moins chers.

Les Anglais tissèrent à cet effet des mousselines laine, chaîne coton, qu'ils imprimèrent avec beaucoup de succès. A présent encore leur supériorité sur nous, dans ce genre, est incontestable. Une seule maison des environs de Manchester a imprimé par semaine de six à sept mille pièces de mousseline chaîne coton.

En 1840, la maison Blech Steinbach métamorphosa la fabrication des genres vapeur sur calicot; car leurs nouveaux produits sortaient complétement de la catégorie de ceux qu'on avait obtenus jusque-là.

Ils avaient substitué à ces couleurs vapeur, maigres, pâles et altérables à l'influence des agents les moins énergiques, des nuances vives et nourries, qui, jusqu'à un certain point, avaient le brillant de celles que l'on fixe sur la laine.

Ainsi, si nous ne pouvons disputer à nos voisins l'idée d'avoir les premiers fixé les couleurs par la vapeur, c'est au moins à nos fabricants que revient le mérite de la création des genres vapeur, tels qu'ils s'exécutent actuellement sur laine, mi-laine, soie et coton, dans toutes les parties du monde.

ÉPAISSISSAGE DES COULEURS.

Au commencement de ce siècle, les imprimeurs ne pouvaient employer que l'amidon, la farine, les gommes Sénégal et adragant pour épaissir les mordants et les couleurs.

Mais Bouillon-Lagrange faisant connaître la préparation et l'application des amidons grillés, les chimistes contemporains la dextrine sous ses nombreux états, il a été satisfait à tous les besoins en ce qui concerne l'épaississage des couleurs, surtout depuis que l'on a posé les règles d'après lesquelles on doit faire usage de ces épaississants [1].

BLANCHIMENT.

A une exception près, les agents que l'on emploie aujourd'hui pour le blanchiment des toiles sont les mêmes que ceux dont on faisait usage il y a cinquante ans, c'est-à-dire au moment où Berthollet immortalisait son nom en faisant connaître les applications que l'on pouvait faire du pouvoir décolorant du chlore au blanchiment des tissus.

Comme on se sert encore aujourd'hui de soude, des chlorures de *chaux*, de *soude* ou de *potasse*, des acides sulfurique et chlorhydrique, et, dans certains cas, de savon, on en pourrait conclure qu'il n'y a pas eu progrès dans cette branche de l'impression, et cependant, empressons-nous de le dire, aucune n'a subi de plus utiles améliorations :

1° Par rapport à la dépense, car ce qui coûtait 5 francs de blanchiment revient à peine à présent à 35 centimes;

2° Par rapport à la durée des opérations, puisqu'on réalise aujourd'hui en dix-huit ou vingt-quatre heures ce qu'on faisait en un mois ;

[1] *Traité de l'imp.* vol. II, p. 408, § 24.

3° Par rapport à la main-d'œuvre, car anciennement il fallait des ouvriers pour introduire les pièces dans les appareils à lessiver, pour les en retirer, les battre et les dégorger, etc.; enfin dix ou quinze manœuvres étaient employés là où un seul, deux au plus, suffisent à présent, à l'aide du système continu, pratiqué pour la première fois en France par J. Fries, de Guebwiller (Haut-Rhin); d'après ce système les pièces sortant de la chaudière à lessiver passent mécaniquement à travers tous les appareils où elles doivent être dégorgées, blanchies, rincées et séchées;

4° Enfin par rapport à la pureté du blanc, car aujourd'hui on obtient des blancs d'impression qui peuvent passer dans un bain de garance et en ressortir aussi purs qu'ils y étaient entrés.

Nous devons ces progrès à l'introduction des machines à dégorger, des appareils à lessiver, et en même temps au puissant concours de la chimie.

Dès le commencement de ce siècle, on avait préconisé l'emploi de la chaux dans les lessives; mais, comme elle avait donné lieu à plusieurs accidents, elle était universellement repoussée. Cependant M. Dona, de Boston, ayant essayé l'emploi de la chaux et obtenu de très-beaux résultats, publia un mémoire sur ses expériences. A cette occasion, la Société industrielle de Mulhouse chargea une commission de faire sur ce travail un rapport. M. Édouard Schwartz eut l'occasion de constater ce fait remarquable, qu'un tissu de coton peut être chauffé dans un lait de chaux sans éprouver la moindre altération, pourvu qu'il soit à l'abri du contact de l'air. Ainsi un morceau de calicot, à moitié plongé dans un bain de chaux bouillant, s'altérera uniquement sur les parties qui sont à la fois en contact avec la chaux et avec l'air[1].

L'introduction de la chaux dans le blanchiment produisit une véritable révolution dans cette branche de l'impression. En remontant à la cause des heureux effets qu'on dut à l'em-

[1] *Traité de l'imp.* vol. II, p. 23.

ploi de cet alcali, on trouva qu'il saponifiait mieux les corps gras et résineux, ct l'on comprit bien alors qu'avant d'avoir recours à l'agent décolorant, il fallait enlever toute la graisse et toute la résine contenues dans les fibres textiles. C'est pour atteindre ce but qu'on a récemment introduit de la résine dans la première lessive de soude qui succède à la lessive de chaux. Cette application de la résine, nouvelle dans l'industrie, est, au contraire, très-ancienne dans l'économie domestique.

Le court aperçu que nous venons de donner des progrès de nos manufactures d'indiennes, fournira peut-être à l'auteur des lettres publiées à Manchester sur le même sujet, lors de l'Exposition de Londres, l'occasion de rectifier des assertions que son patriotisme avait rendues un peu trop partiales[1]. C'est avec de tels antécédents que nos industriels classés dans la dix-huitième section se sont présentés à cette Exposition. S'il y avait eu jugement prononcé dans l'acception du mot, ainsi que devait le faire supposer la nomination d'un Jury, le résultat du concours ne pouvait nous être défavorable en ce qui concerne la perfection de nos impressions; mais nous aurions eu, par contre, à soutenir une comparaison désavantageuse sur la question des prix de revient des articles de grande consommation.

Le savon, l'huile, la soude, les acides oxalique et tartrique, etc., sont moins chers en Angleterre qu'en France; or ce seul avantage permet à nos voisins de fabriquer des genres que nous avons créés, mais que nous ne pouvons pas produire concurremment avec eux, tels, par exemple, que le rouge turc, qui a presque complétement disparu en France et dont la fabrication est des plus florissantes en Angleterre; le genre *aladin*, également de création française, qui est encore très-répandu en Angleterre, où le chromate, indispensable à l'exécution de ce genre, se vend à 100 p. 0/0 meilleur marché que chez nous.

[1] Lettre de M. J. Graham à l'éditeur du *Manchester Guardian* (25 janv. 1851).

EXAMEN

DES PRODUITS EN IMPRESSIONS ET TEINTURES

QUI FIGURAIENT A L'EXPOSITION UNIVERSELLE DE 1851.

TEINTURE.

A quelques exceptions près, toutes les nations avaient envoyé à l'Exposition leur contingent en articles de teinture.

ANGLETERRE.

Dans la section anglaise, on retrouvait tous les filés teints destinés à l'alimentation des nombreuses fabriques de tissus que possèdent l'Angleterre, l'Écosse et l'Irlande : et dont les principales sont celles de Bradford, de Manchester, de Stratford, de Derby, de Bury, de Coventry, de Glasgow, de Leeds et de Spitalfields, aux portes de Londres.

Les produits qui ont fixé l'attention du jury étaient :

1° Des flottes de soie d'un noir brillant, comparables à ce que nous avons de mieux dans les soieries de Lyon teintes en noir. La qualité de ce noir est due, moins à la nature des principes constituants de la couleur qu'à sa composition physique parfaitement neutre; car ni le rouge, ni le bleu, ni le jaune, qui en sont les éléments, n'y dominaient. Quant à son éclat, il tient en grande partie à ce que la soie, après la teinture, a été étirée encore humide sur des cylindres chauffés à la vapeur.

Ces belles teintures sur soie ont été exposées par M. Lelièvre, et lui ont fait obtenir une médaille.

2° Des soies teintes à l'orseille, d'un violet bleuté plus persistant et virant moins au rouge par les acides, que les mêmes nuances réalisées par les orseilles fabriquées en France.

3° Des soies teintes en bleu de France au cyanure rouge,

remarquables par l'intensité et la pureté de leurs nuances. Ces teintures sont dues à M. Haw, à qui l'on a décerné une médaille.

La partie des tissus teints était intéressante à plus d'un titre; elle renfermait un très-grand assortiment de calicots unis teints en rouge turc, et une riche collection de tissus mixtes laine et coton, laine et soie, etc., en toutes couleurs.

Parmi les rouges turcs, on remarquait ceux de la fabrique de Church, près Accrington, qui, à une exception près, se distinguaient de tous les autres par leur pureté, leur vivacité, et enfin leur uniformité. Ces produits sont obtenus par un procédé des plus intéressants, dont la découverte est due aux persévérants efforts d'un de nos compatriotes, M. Frédéric Steiner, qui habite l'Angleterre depuis une trentaine d'années.

L'opération de l'huilage, qu'on fait subir aux toiles destinées à la teinture en rouge turc, exige, comme on le sait, que l'on expose, avant et après la teinture, les toiles à l'air, et surtout au soleil, pour obtenir l'oxydation du corps gras et celle de la matière colorante. Le procédé de M. Steiner rend toutes les opérations indépendantes de l'état de l'atmosphère, puisque les toiles n'ont jamais besoin d'être exposées sur le pré, avantage qui est surtout précieux dans le climat brumeux de l'Angleterre. Mais un mérite non moins grand est d'apporter la plus grande régularité dans les opérations. Le fabricant distingué dont nous venons de parler obtient un résultat tel, qu'il ne compte jamais plus de 1 à 2 p. 0/0 de pièces manquées; tandis que, par l'ancien mode de fabrication, on doit compter sur 20 et même 50 p. 0/0 de marchandises tarées. Il est évident qu'une découverte de cette importance aurait valu à son auteur une médaille de premier ordre, si une décision préalable des principaux industriels de l'Angleterre et de la commission royale de Londres n'avait exclu, dans diverses sections, et, en particulier, dans celle des tissus teints et imprimés, les récompenses élevées.

Les teinturiers anglais ont surmonté avec habileté et succès, dans les opérations de la teinture, les difficultés inhérentes aux affinités inégales des fibres pour les matières colorantes. Ils sont parvenus à teindre dans les nuances les plus fraîches et les plus variées une foule d'étoffes composées, soie et laine, coton et laine, etc., telles qu'orléans, alpaga, cachemire d'Écosse, etc.

Deux teinturiers ont obtenu des médailles pour ce genre de fabrication : ce sont MM. Ruppli, père et fils, et MM. Ermitage.

Si les teinturiers anglais étaient parvenus à produire directement en une seule teinte une couleur de cette pureté et de ce brillant avec la cochenille et surtout avec le bois, leur procédé serait du plus grand mérite. Voici en quoi il consiste. On satisfait d'abord aux affinités des fibres de la laine par une première teinture en rouge; puis, en passant dans un bain de carthame à un degré d'intensité assez fort, on colore la fibre du coton dont se compose la chaîne.

Les mérinos teints exposés dans la section anglaise sont loin d'avoir, pour la nuance, le même brillant, l'uniformité et la fixité, qui caractérisent d'une façon si particulière les mérinos teints en France.

On y remarquait par contre des draps légers teints en deux couleurs différentes, ce qui semblait un véritable tour de force. Ainsi on voyait tel drap qui était jaune sur une de ses faces et bleu sur l'autre, ou bien jaune d'un côté et de l'autre orange.

Pour obtenir ces teintures en double teinte, on recouvre d'un apprêt l'une des surfaces du drap, et, après l'avoir plié en deux dans la longueur avant qu'il soit sec, on coud ensemble les deux lisières pour plus de sûreté. Cet apprêt ne doit pas seulement coller les surfaces en contact, mais il est d'une nature assez imperméable pour empêcher que le bain coloré dans lequel on plonge le drap ainsi plié, ne l'imprègne et ne teigne la face interne qu'on veut conserver intacte. Une fois le drap teint d'un côté, on découd les lisières et on rince pour enlever l'apprêt. Quand le drap a été parfaitement nettoyé et séché, on applique de nouveau l'apprêt sur la face déjà teinte, et l'on recommence une nouvelle opération de teinture dans un bain d'une autre couleur.

Malheureusement deux accidents, en quelque sorte inévitables, sont inhérents à ce procédé et nuisent à ses résultats. Le plus souvent, ou les deux couleurs employées n'ont pas pénétré suffisamment le drap, et alors on ne tarde pas à en voir la corde, comme cela arrive dans les draps teints en pièce; ou bien les couleurs pénètrent trop avant et se mélangent plus ou moins, ce qui est tout aussi grave. Mieux vaudrait donc, pour obtenir de semblables draps à double teinte, superposer et souder ensemble, par une matière plastique, deux draps légers, préalablement teints en couleurs différentes.

FRANCE.

Nos établissements du Nord, dans lesquels on teint avec tant de succès toutes les étoffes mixtes qui constituent l'article Roubaix et les fantaisies Paris et Reims, n'ayant pas envoyé leurs produits à l'Exposition, nous n'avons pas à parler de cette partie de notre teinture.

Par contre, les chefs-d'œuvre de la teinture de Lyon étaient on ne peut mieux représentés par les produits sortis de l'établissement de M. Guinon, qui a puissamment contribué, dans ces dernières années, aux succès de cette industrie. Cet habile teinturier avait encore exposé, outre un très-bel assortiment de flottes de soies teintes dans les principales nuances, simples et composées, avec leurs dégradations, des soies teintes en violet au campêche, d'une richesse de ton remarquable; d'autres en jaune et en diverses nuances complexes, réalisées par le fustel, à l'aide d'un procédé qui lui est propre; d'autres en jaune pur, à l'acide picrique; d'autres enfin en couleurs délicates et tendres, rose, bleu, jaune, vert, etc., dont la pureté est due à ce que la soie a été préalablement blanchie par un procédé découvert par M. Guinon, procédé qui consiste à débarrasser la soie, au moyen de l'alcool, des dernières parties de corps gras qu'elle retient toujours lorsqu'on emploie les procédés ordinaires.

Enfin, ce qui n'a pas été moins remarqué dans les produits exposés par le même industriel, c'étaient des flottes de soie grége blanchies par l'acide sulfurico-nitreux, acide dont il a fait connaître les propriétés décolorantes dans un mémoire adressé à l'Institut. La médaille a été accordée à M. Guinon.

Nos teinturiers en laines filées n'ont pas manqué à l'appel, et l'on a pu juger par ces belles teintes en mille couleurs, avec des dégradations de tons qui formaient des séries non interrompues de nuances, quelle est la part qui leur revient dans les succès qu'obtiennent chaque jour nos fabricants de châles et d'étoffes mixtes. Ces beaux produits ont valu une médaille à M. Faubéchard.

Les tissus teints ont eu aussi leur part de l'admiration qu'excitait généralement l'industrie française. Les rouges turcs de Ribeauvillé (Haut-Rhin) pouvaient rivaliser avec ceux qui brillaient d'un si vif éclat dans la section anglaise : aussi M. Charles Steiner, qui a fabriqué ces rouges, a-t-il reçu une médaille.

Mais ce qui a fait le plus d'honneur à l'industrie des tissus, c'est évidemment la teinture des mérinos français. Ceux du Câteau entre autres étaient remarquables par leur finesse, la beauté de leur fibre textile, la rare perfection de leur fabrication, ainsi que par la couleur et l'apprêt. Dans l'assortiment de ces tissus, on trouvait des mérinos teints dans toutes les nuances primitives, secondaires ou de fantaisie, que réclame la consommation. Les couleurs fixées uniformément aussi bien sur la chaîne que sur la trame, ne laissant apercevoir ni barres ni rayures, étaient à la fois pures, vives, et aussi solides que le comportent les matières colorantes dont la teinture peut disposer.

M. Francillon, qui a teint les mérinos des maisons Paturle et Cie et Pascal, et à qui l'on doit les principaux perfectionnements qui ont été introduits dans la teinture des tissus de laine et des mérinos en particulier, a obtenu une médaille.

Une autre médaille a été décernée à M. Vessière, pour la teinture de la belle collection de mérinos exposée par MM. les fabricants de Reims.

La Saxe, l'Autriche, la Prusse et la Russie, avaient aussi envoyé à l'Exposition des spécimens de teinture, fils et tissus teints. On trouvait, entre autres articles, dans les sections de ces pays :

De très-belles collections de laines et de soies destinées à l'industrie des tapisseries de Berlin, à la fabrication des châles de Vienne et à celle des tissus damassés de l'Allemagne et de la Saxe en particulier : les produits de MM. Bergmann et Cie ont été surtout remarqués, et on a décerné une médaille à ces habiles teinturiers;

Des mérinos de Saxe et de Russie. Les premiers étaient, après les mérinos français, les plus remarquables de l'Exposition, par rapport à la fraîcheur du tissu et à l'uniformité des teintes.

SUISSE.

Cette contrée, qui a aussi des fabriques d'étoffes mixtes et de soieries pour robes et pour rubans, avait exposé de nombreux spécimens de soies teintes pour les besoins des fabriques de Zurich et de Bâle, qui se livrent spécialement à la confection des articles unis et de bas prix pour l'exportation. Une médaille a été accordée à M. Wagner, pour ses soies teintes.

La section suisse renfermait, en outre, plusieurs articles calicots unis ou façonnés teints en rouge turc, et dont quelques-uns ont particulièrement fixé l'attention du jury, tant par la belle qualité du rouge que par leur bas prix de revient. C'est à ces deux qualités, qui caractérisent, en général, les rouges turcs de fabrication suisse, que sont dus les succès qu'ils obtiennent sur beaucoup de marchés étrangers.

Les rouges turcs de MM. Ziegler et Cie étaient, après les rouges de MM. Steiner, de Manchester et de Ribeauvillé, les plus beaux de l'Exposition : une médaille a été décernée à cette maison.

CHINE.

La Chine, berceau de l'industrie séricicole n'a pas non plus fait défaut; car il y avait, dans la section réservée aux produits de ce pays, des échantillons assortis et complets des soies qu'emploient les Chinois pour la fabrication de leurs soieries.

IMPRESSION.

INDE.

Il y a à peine un siècle que la majeure partie des riches toiles peintes que portaient nos élégantes ou qui servaient à l'ameublement de nos appartements, venait de l'Inde; et c'est même à cette origine qu'il faut rattacher le nom d'*Indienne*, qui sert encore aujourd'hui à spécifier ce genre de marchandise. Il est donc de toute justice que nous nous occupions de l'Inde sous le rapport de ses tissus imprimés, quoique nous n'ayons à constater que l'état stationnaire de cette industrie dans le pays qui l'a créée. En effet, parmi ces produits, on n'en remarquait aucun qui rappelât le goût de notre époque, et l'on aurait pu se croire transporté dans l'un de ces musées où l'on étale aux yeux des curieux ou des amateurs les plus anciennes indiennes introduites sur notre continent. Un pareil résultat s'explique de lui-même quand on songe aux institutions qui régissent cette contrée, et aux mœurs des peuples qui l'habitent.

ÉGYPTE.

Ce qui nous a frappé tout d'abord en visitant les travées consacrées aux produits de l'Égypte, c'est le contraste que présentait la réunion simultanée de tissus peints et imprimés, paraissant appartenir à des époques fort éloignées. Par exemple, des genres calancas et demi-calancas, rappelant parfaitement les toiles peintes dont Pline a parlé, se trouvaient à côté d'impressions au rouleau à une ou plusieurs couleurs d'une variété infinie de genres fonds blancs pour meubles, avec rouge, rose, violet ou puce garancé, ou avec impression rouille, orange de chrome ou bleu de France. Parmi les produits de cette fabrication moderne, on constatait encore des différences si notables par rapport à la disposition des dessins, à l'exécution, à l'impression, et enfin à la pureté des couleurs, qu'il est difficile de les admettre comme appartenant tous à la même époque.

GRÈCE.

La Grèce n'a rien fourni en tissus teints et imprimés. De très-beaux échantillons de garance en racine et en poudre rappelaient seuls, dans toute l'Exposition, ces deux branches de l'industrie qui nous occupe.

ESPAGNE.

Quoique l'industrie cotonnière en général et l'impression des tissus en particulier aient reçu, en Espagne, dans ces dernières années, un développement considérable, puisque dans les environs de Barcelone il existe aujourd'hui plus de vingt manufactures de toiles peintes, aucun produit de cette espèce n'a figuré dans l'exposition de ce pays. S'il faut croire ce qu'on nous a dit à ce sujet, les fabricants d'indienne de cette intéressante contrée industrielle, imitateurs des impressions anglaises et surtout des impressions françaises, se seraient abstenus pour cette raison de fournir leur contingent de tissus imprimés.

L'Espagne, privilégiée à plusieurs titres, l'est particulièrement pour la production de la garance. Cette précieuse racine, qui est belle et abondante dans ce pays, y vient même à l'état sauvage. On en voyait à l'Exposition de très-beaux spécimens qui avaient crû spontanément sur plusieurs points de la province de Murcie et spécialement à Lorca.

PORTUGAL.

Le Portugal, qui possédait, à la fin du siècle dernier, des établissements d'impression dont les produits pouvaient rivaliser avec ceux de l'Angleterre et de la France, n'a présenté à l'Exposition aucun spécimen d'impression, attendu qu'on n'exécute plus dans ses fabriques que des genres très-ordinaires pour la consommation locale.

ITALIE, SARDAIGNE, SICILE.

Excepté quelques articles fabriqués en Savoie pour les besoins du pays, et qui, d'ailleurs, dénotent une fabrication peu avancée, l'Italie entière n'a rien fourni en tissus imprimés.

FRANCE.

L'industrie française de l'impression eût été représentée au complet à l'Exposition de Londres, si Rouen n'avait pas fait défaut. En effet, les calicots imprimés de cette intéressante cité industrielle manquaient totalement, et messieurs nos collègues du jury anglais n'ont pas été les derniers à le regretter; car, si, en général, les impressions de Rouen ne sont pas de nature à occuper un rang aussi élevé que les belles impressions de Paris et de l'Alsace, il n'en est pas moins vrai que, comme article de grande consommation, elles auraient pu servir de types aussi remarquables que variés, tant par rapport à la disposition des dessins que pour leur belle exécution.

Les tissus imprimés de Paris et de ses environs ont figuré à l'Exposition avec un avantage incontestable sur tous les produits du même genre envoyés par les étrangers. L'industrie parisienne s'y est montrée, s'il est permis de s'exprimer ainsi, en habit de fête. A aucun des précédents concours, messieurs les fabricants n'ont montré tant de goût et donné des preuves aussi manifestes de leur génie inventif. Rien ne manquait à l'ensemble de cette belle exposition : choix remarquable d'étoffes de toute nature à une ou plusieurs espèces de fibres, unies, façonnées ou de fantaisie, pour robes, châles et écharpes; disposition des plus heureuses, grande variété de dessins du meilleur goût, coloris des plus purs, depuis les tons les plus élevés jusqu'aux plus tendres, depuis les couleurs les plus simples jusqu'aux plus complexes. On s'apercevait seulement alors par la comparaison que, dans les impressions à la planche, à la perrotine et au rouleau, les imprimeurs parisiens avaient su mettre à profit des ressources qui ne sont point connues, ou, du moins, qui ne sont pas familières à d'autres.

Les produits exposés par MM. Bernoville se faisaient remarquer, non-seulement par toutes les qualités qui distinguent les produits d'une manufacture de premier ordre, mais encore par la variété considérable des tissus que ces industriels fabriquent eux-mêmes en vue de relever le mérite de leurs impressions, soit en produisant des effets de lumière dans l'ensemble de leurs dessins, soit en faisant naître des contrastes de tons et des dégradations de nuances.

Rien, on peut le dire, ne représentait mieux l'industrie parisienne, dans ce qu'elle a à la fois de plus fantasque et de plus élégant, que les nombreux tissus composés pour nouveautés, soie et laine mélangées, imprimés pour robes et surtout pour châles par M. Louis Chocquel, qui joint à un si haut degré le sentiment de l'harmonie des couleurs avec un rare talent d'exécution.

Les produits de M. Léon Godefroy se faisaient remarquer par de brillantes impressions, dessins camaïeu, d'une fraîcheur remarquable; par de beaux fonds couverts imprimés et enluminés; enfin par des impressions au rouleau sur laine qui offraient de nombreuses dégradations de tons obtenues par le seul effet de la gravure, et dont les sujets gravés à l'eau forte embrassent toute la circonférence du cylindre.

MM. De La Morinière, Gonin et Michelet avaient exposé un grand assortiment de robes imprimées sur tissus, nouveautés, barége, balzorine, etc., dans lesquelles on ne pouvait assez admirer et le bon goût qui a présidé au choix de cette multitude de dessins, et leur disposition aussi heureuse que variée. La belle exécution de leur fabrication n'a pu que confirmer la réputation d'habileté dont ils jouissent.

Une médaille a été accordée aux chefs de chacun des quatre établissements dont nous venons de parler; et c'est ici le cas de faire remarquer que, dans ses appréciations, le jury de la dix-huitième section n'a pas confondu le négociant qui a exposé des produits remarquables d'ailleurs, mais qu'il avait fait imprimer à façon, avec l'imprimeur qui a exposé les produits de sa propre fabrication.

Quoique plus modeste, et, par conséquent, d'une apparence moins brillante que l'industrie parisienne, celle de Mulhouse ne figurait pas avec moins d'avantage au Palais de cristal. Si la première y a brillé d'un plus vif éclat par ses conceptions hardies et fantasques, par la légèreté et la transparence des tissus, qui s'harmonisaient si bien avec le vaporeux des couleurs, et par ce je ne sais quoi enfin qui caractérise les produits de Paris, la seconde y a paru d'une manière plus sérieuse et plus imposante. Ici c'était la science qui remplaçait le caprice. Chaque genre, en effet, étudié en détail, prouvait que le fabricant alsacien possède par excellence le don de juger sainement de la disposition des dessins et de l'harmonie des couleurs, et qu'il sait, en outre, faire tourner au profit de son art toutes les connaissances qu'il a pu acquérir en physique, en chimie et en mécanique.

Les qualités qui distinguaient essentiellement les impressions de Mulhouse, sont la bonne conception des dessins, le choix des tissus heureusement appropriés aux différents genres d'impression, la netteté de la gravure, la beauté, la vivacité, la fixité et la solidité des couleurs, enfin le fini et la fraîcheur de toutes les étoffes. Il n'est donc pas étonnant qu'elles aient le privilége d'être recherchées sur tous les marchés du monde, alors même que les droits les plus élevés paraissent s'opposer à leur écoulement.

Les articles d'Alsace étaient de natures très-variées, et cependant pas un seul n'avait été spécialement exécuté en vue de l'Exposition. Tous étaient prélevés sur la fabrication courante, comme s'est plu à le relater dans son intéressant travail l'honorable M. Ed Potter, rapporteur de la XVIIIe section. On remarquait un assortiment complet de calicots, percales, jaconas, baréges, organdis à impressions au rouleau, à une, deux et trois couleurs garancées; ces mêmes tissus, lisses ou satinés, rayés ou à carreaux pompadours, imprimés à la planche et à la perrotine; plusieurs articles genre perse riches, couleurs d'enluminage solide ou à la vapeur; des impressions sur tissus de fantaisie laine et soie, sur laine pure et sur chaîne coton, exécutées au rouleau et à la planche. Mais ce que cette dernière fabrication offrait de plus beau, c'est le genre cachemire riche pour robes et châles, sur fonds blancs et sur fonds de fantaisie.

Le rouge turc imprimé, qui est un genre essentiellement alsacien, y était convenablement représenté par un assortiment du genre primitif, cachemire riche pour châles et mouchoirs, et surtout par un genre meuble réalisé par quatre rouges avec enlevage blanc, et qui n'avait pas son pareil à l'Exposition. Il a été exécuté par M. Ch. Steiner, dont nous avons déjà fait mention en parlant du rouge turc uni.

Enfin, l'impression alsacienne brillait encore par ces genres meubles riches que la manufacture de Claye a fabriqués de son côté avec non moins de succès. En présence de ces chefs-d'œuvre de l'industrie, on ne sait qu'admirer le plus, ou du talent des artistes qui ont composé ces bouquets de fleurs imitant si bien la nature, ou de la science des chimistes fabricants qui les ont reproduits sur la toile. Il ne fallait rien moins que leur longue expérience et les moyens dont ils disposent, pour réaliser ces heureux effets de juxtaposition et de superposition des couleurs, et pour fixer ces dernières sur le tissu dans un si parfait état de pureté.

Les fabricants qui ont concouru à cette belle partie de notre Exposition, et dont plusieurs ont illustré leurs noms par des découvertes importantes dans l'art de la toile peinte, ont des titres trop bien établis, pour que nous discutions ici les mérites respectifs de leurs productions, à l'occasion des récompenses dont elles ont été l'objet. Nous nous bornerons à dire que les établissements auxquels le Jury a décerné des médailles, sont ceux de :

MM. Blech-Steinbach, de Mulhouse;
Dollfus-Mieg, *idem;*
Gros-Odier, de Wesserling;
Hartmann (père et fils), de Munster;
Japuis, de Claye;
Kœchlin frères, de Mulhouse;
Schwartz-Huguenin, *idem;*
J. Schlumberger jeune, de Thann.

La section de Lyon renfermait un grand assortiment de foulards garancés et teints, ou imprimés en couleurs fixées à la vapeur. Il s'y trouvait aussi des articles de nouveautés pour robes, à fonds unis, obtenus par la teinture avec des impressions réserve. Les couleurs garancine et garance ne laissaient rien à désirer, non plus que les autres couleurs qui pouvaient soutenir la comparaison avec toutes celles qu'on imprime sur soies; mais, par rapport à l'exécution et au blanc du tissu, ces produits auraient pu être plus parfaits.

Les impressions sur chaîne sont, sans contredit, les produits les plus remarquables que Lyon ait présentés à l'Exposition; aussi les juges capables d'apprécier combien les opérations de l'impression sur chaîne, celles du fixage des couleurs, et enfin le choix de la trame dans la composition du tissu, offrent de difficultés pour obtenir d'aussi beaux résultats, n'ont-ils pas été seuls à apprécier ces riches productions de l'intelligence manufacturière. La plus grande part de l'admiration publique qu'avait excitée la splendide exposition lyonnaise s'adressait spécialement aux riches impressions sur chaîne réalisées sur divers tissus pour robes, châles et écharpes; et l'opinion générale les a placés au-dessus de tout ce que les autres nations avaient exposé dans le même genre.

Une seule médaille a été décernée dans cette importante industrie de Bourgoin; elle a été accordée à MM. PERREGAUX [1].

ANGLETERRE.

L'Exposition universelle de 1851 offrait un assortiment assez varié de tissus imprimés.

1° Parmi les articles de haute nouveauté, les uns, en mousseline simple ou ouvrée, en jaconas et organdis, avaient été fabriqués dans les établissements d'Accrington, de Manchester et de Glascow; les autres sur tissus de fantaisie en soie et laine, coton et laine, unis ou façonnés, avaient été imprimés à Londres ou à Crayfort, comté de Kent. Quelques-uns ne laissaient rien à désirer. Ils rappelaient d'autant mieux les produits du même genre, originaires de Mulhouse, de Munster, de Wesserling, de Paris et de ses environs, que les dessins étaient, pour le plus grand nombre, d'origine française.

2° Les percales et les calicots imprimés au rouleau pour robes et chemises offraient autant de spécimens d'une fabrication remarquable à plus d'un titre. Citons pour exemple les genres au rouleau fond blanc, rouge réserve, sous mi-fond violet garancé; les beaux fonds noirs pour deuil, les lilas et doubles violets au rouleau, sortis de l'établissement de M. Ed Potter, de Dinding; ces mêmes articles provenant de la maison de M. Thomas Hoyle, qui les a portés depuis tant d'années à une perfection si rare, que l'on a eu peine à les imiter complétement en France; enfin les impressions de la même maison effectuées en diverses couleurs avec des gravures guillochées, qu'ont fournies les ateliers de Lockett, de Manchester, et auxquelles beaucoup de connaisseurs n'hésitent pas à comparer ce qui se fait de mieux en numismatique.

3° Les laines imprimées ont mérité d'être signalées tant par rapport à l'exécution que pour la vivacité et la pureté des couleurs.

[1] Cette médaille décernée par le Jury n'a point figuré dans la liste des récompenses.

4° Une infinité d'articles chaîne coton, de toutes qualités, offraient cet intérêt particulier que nos plus riches dessins cachemire, imprimés chez nous à grands frais à la planche, se trouvaient fidèlement reproduits par le rouleau au moyen des machines à sept ou huit couleurs, par conséquent avec des frais de fabrication beaucoup moins considérables. Il est vrai de dire cependant que cet avantage est balancé par un inconvénient. En effet, jamais les couleurs ne sont aussi nourries, aussi uniformément appliquées que par nos genres d'impression à la main. En outre, la gravure des cylindres, qui exige de grandes dépenses, ne peut, dès lors, être entreprise qu'avec la certitude de placer au moins mille pièces.

5°. De même dans les genres vapeur sur calicots, jaconas, mousselines légères ordinaires, etc., les dessins sont encore une reproduction plus ou moins fidèle de nos dessins français; mais ce qui distingue ces impressions des nôtres, c'est le nombre considérable des couleurs qu'on applique simultanément avec la machine continue. Tandis que nous n'imprimons jamais plus de quatre ou cinq couleurs à la fois, les industriels anglais en impriment jusqu'à quatorze, soit en se servant exclusivement de cylindres en cuivre, gravés en creux, soit en employant cinq, six ou sept de ces cylindres et à peu près le même nombre de cylindres en bois gravés en relief, connus généralement en Angleterre sous le nom de métiers à surface.

6° De très-beaux articles en velours imprimés pour robes, gilets et meubles, faisaient regretter que ce genre, où les couleurs ressortent avec tant d'avantage, soit si fort négligé par nos fabricants.

7° L'article meubles était exécuté en Angleterre, il y a une trentaine d'années, avec une supériorité si bien reconnue, qu'il se vendait sur les marchés de Paris à l'exclusion des mêmes produits sortant de nos établissements. Depuis longtemps il n'en est plus ainsi; et cette année les imprimeurs anglais n'ont pu soutenir la comparaison avec ce que nous avons exposé, quoiqu'ils aient cherché à copier textuellement les dessins de nos fabriques de Mulhouse et de Claye. Dans une travée seulement, nous avons constaté que, sur dix-huit pièces exposées, onze reproduisaient des dessins qui appartenaient à la maison Schwartz-Huguenin, de Mulhouse.

8° Le genre d'impression sur toile teinte en rouge turc, quoique de création bien ancienne et française, occupait, comme article d'une immense exportation, une place beaucoup plus considérable dans la section anglaise que dans la nôtre.

Lorsque, en 1812, M. Daniel Kœchlin illustra son nom, déjà célèbre à cette époque, en créant la riche fabrication de cachemire sur rouge turc enluminé, il atteignit un degré de perfection que rien ne paraissait alors pouvoir dépasser. Cependant, il était réservé à M. Steiner, de Manchester, dont nous avons déjà parlé, d'apporter encore aux anciens procédés une grande amélioration : elle consiste à imprimer avec la machine à quatre ou six cylindres, les couleurs enlevage, qu'on n'imprimait d'abord qu'à la planche. On obtint, par l'intervention de l'agent mécanique, non-seulement une impression plus correcte, mais une réduction considérable dans les frais de fabrication.

Les impressions sur le rouge turc, par le moyen de la presse écossaise, surtout celles avec rentrure à la planche plate, offraient aussi un véritable intérêt, moins cependant par rapport au dessin, puisque les sujets sont massifs et très-limités, qu'en considération du bon marché. Il est à regretter que cette ingénieuse machine, décrite dans plusieurs ouvrages, n'ait pas encore été utilisée en France.

9° Des tapis de table imprimés sur drap occupaient un assez bon rang à l'Exposition. Ils se distinguaient par une heureuse disposition des dessins, par un coloris irréprochable, et enfin par cette gravure à contours et à traits si bien sentis qui caractérise la gravure en taille-douce des artistes anglais.

10° Les articles foulards avaient une supériorité incontestable sur ceux du même genre exécutés en France, en Belgique, en Prusse, en Autriche et en Suisse. Les tissus sont mieux appropriés au genre de fabrication, les dessins mieux traités et plus variés, le blanc de la soie mieux conservé dans les articles garance et garancine, l'apprêt beaucoup plus favorable à la souplesse et au brillant de l'étoffe; enfin, ce qui indiquait surtout une fabrication plus avancée, c'étaient les articles cuvés, mordants réserve; les articles de contraste dits de *conversion*, et des fonds de couleurs complexes réalisés par d'heureuses combinaisons dues à la superposition des couleurs durant l'impression. Il est juste de dire toutefois que nos foulards garancés, comme ceux de fantaisie, n'ont rien à envier aux foulards anglais par rapport à la pureté et à la vivacité des couleurs.

Il nous reste à parler des articles qu'on devait, à juste titre, considérer comme nouveaux. Tel est en premier lieu un article laine alpaga, avec ou sans rayures et à fond de diverses couleurs, dans lequel on a rentré sur des sujets en soie blanche, réservés au bâton brocheur, plusieurs couleurs d'enluminage vapeur; par exemple dans un fond noir, dessin ramage blanc, on comptait 2 rouges vapeur, 2 bleus vapeur, 1 vert pour tiges et feuilles, 1 jaune; dans un fond gris, des sujets fleurs de fantaisie, puce, bleu et jaune. Cet article avait été, il y a quelques années, essayé en France sans succès; M. Millichen l'a créé en Angleterre et l'a exploité en grand. Dans la seule année 1850, MM. Hargrew, d'Accrington, ont imprimé 12,000 pièces de ce genre de fabrication.

On peut encore citer des tapis moquettes, grands sujets, imprimés à la machine.

Plusieurs échantillons de calicots blancs, teints et imprimés, sur lesquels on constatait des effets de contractions de fibres en relation avec des contrastes de ton.

Des expériences chimiques, consignées dans le *Traité de l'impression des tissus*, t. I, p. 310, et t. III, p. 71, ayant établi que les fibres végétales se contractent par les alcalis, M. Mercer, auquel l'art d'imprimer les tissus doit plusieurs procédés ingénieux, eut l'idée de soumettre à la teinture, des tissus qui avaient été contractés dans une solution de lessive caustique, et il s'aperçut que les couleurs avaient beaucoup plus d'intensité et de vivacité que si on les appliquait directement sans avoir contracté les tissus de la même manière. Cette découverte, aux yeux de plusieurs personnes, a paru avoir une grande portée ; néanmoins, comme les essais de M. Mercer ont été faits sur une petite échelle et qu'ils n'ont pu recevoir encore la sanction de l'expérience, MM. les membres du jury de notre section n'ont pu décerner à ce chimiste qu'une récompense du second ordre.

On a décerné jusqu'à 12 médailles aux fabricants des environs de Londres, de Manchester et de Glascow, quoique plusieurs des plus habiles imprimeurs anglais se trouvassent hors de concours, par cela même qu'ils faisaient partie du Jury.

Avant de parler d'une autre section, nous exprimerons ici le regret, que d'autres ont partagé avec nous, de n'avoir point vu figurer dans l'exposition anglaise les articles de grande consommation et d'exportation.

ZOLLVEREIN.

Si l'on fait abstraction de quelques articles de consommation locale et d'exportation, la partie de l'exposition du Zollverein consacrée à l'impression des tissus n'offre aucun genre d'intérêt particulier. Cependant il faut reconnaître qu'au point de vue des procédés chimiques et de l'exécution, quelques-uns de leurs produits méritent d'être signalés. Ce sont les articles au rouleau, fond blanc :

Rouge et rose garancés, violet et lilas garancés, bleu et vert solides, puce garance et garancine;

Plusieurs articles soubassements bleu faïencé ; enfin de très-beaux articles vapeur imprimés à Berlin. Les articles châles et tapis de table sur draps légers sont fabriqués avec quelque succès dans ces contrées, où l'on imprime également à présent, sur une assez grande échelle, l'article velours de peluche.

Une médaille a été décernée à M. Schlipper.

AUTRICHE.

Quoique l'Autriche compte au nombre de ses fabricants des hommes du premier mérite, son exposition n'était pas au complet, plusieurs maisons importantes s'étant abstenues d'envoyer leurs produits.

Vienne a fourni de très-beaux spécimens d'impression pour robes, châles et écharpes. Par la composition des divers tissus, par la disposition des dessins, tous d'ailleurs français, et par l'exécution, ils se rapprochaient beaucoup des articles du même genre imprimés à Paris. M. Bossi a obtenu une médaille.

L'établissement de Cosmanos a exposé un assortiment complet de calicots, de percales et de jaconas imprimés au rouleau, à la perrotine et à la planche.

Les impressions au rouleau fond blanc, celles en rose double rose, double rose et cachou, étaient d'une fabrication irréprochable. Les jaconas et les mousselines étaient aussi parfaitement imprimés et apprêtés.

On a décerné une médaille à M. Franz Leitenberg.

L'établissement de Reichstadt a exposé plusieurs articles en couleurs garance et garancine, parmi lesquels il s'en est trouvé qui dénotaient plus de persévérance que de succès de la part du fabricant. Rien de plus difficile en effet que d'arriver à imprimer régulièrement le genre fond blanc garancé, enluminage bleu, jaune de chrome et vert solide, en déposant ces diverses couleurs sur le tissu en même temps que le mordant.

Les impressions sur laine, sur chaîne coton, sur stoff, sur draps légers pour robes et châles, sont pareillement exécutées avec succès en Autriche, comme le prouvent les produits des manufactures du Hart dans le Voralberg, de Vienne et de Reichberg.

L'impression en rouge turc était, en outre, dignement représentée par la maison du Hart, qui fait aussi l'article mouchoirs double face garancés.

BAVIÈRE, WURTEMBERG, SAXE, HESSE, VILLES LIBRES, ETC.

Il n'y a eu de ces diverses contrées que quelques fabricants qui aient exposé. Leurs produits se composaient de châles et de mouchoirs imitation de foulards.

SUISSE.

La Suisse, qui a été le berceau de l'industrie de l'impression des toiles peintes, ne pouvait pas faire défaut à l'Exposition universelle. Un grand nombre de fabricants y ont envoyé leurs produits; mais il est à regretter que plusieurs d'entre eux n'aient pas exposé ceux-là mêmes qui pouvaient le plus ajouter à leurs titres; par exemple ces articles *cuvés* gros bleu, et particulièrement l'article mouchoirs lapis riches, que quelques maisons de ce pays exécutent d'une manière irréprochable. Nous avons aussi constaté avec regret l'absence presque complète d'un genre de mouchoirs, ancien article de Mulhouse, fond blanc et fond couvert, avec impression à six ou sept couleurs, que nous avons vu fabriquer en Suisse avec un succès complet; mais dont les spécimens exposés ne pouvaient donner une idée assez juste, quoiqu'ils se fissent remarquer par la belle disposition et le choix des dessins, par la bonne exécution et le bas prix auquel ils sont établis.

Le genre rouge turc enluminé, avec enlevage à la cuve décolorante, exécuté par plusieurs fabricants, était représenté par de nombreux spécimens d'impression à la main et à la perrotine, tels que de très-beaux châles et mouchoirs, dessins cachemire riche et des aunages pour meubles et pour robes. Ils n'offraient d'intérêt qu'en raison de la modicité du prix de revient.

Enfin l'exposition suisse renfermait des *pagnes* (imitation d'impression malaise), en couleurs cachou et bleu cuvé avec réserve, destinés à l'exportation pour Java même, où ce genre de fabrication avait pris naissance.

La partie occidentale de la Suisse, où se sont établies les premières fabriques d'indiennes du continent, avait aussi fourni son contingent au Palais de cristal, savoir : de grands châles, genre meubles, fabriqués pour la consommation de la Sicile; un nombreux assortiment de calicots, percales, mousselines et jaconas imprimés au rouleau, fond blanc et fond chamois, imitation de Mulhouse, dont la disposition, la gravure, l'impression et les couleurs ne laissaient rien à désirer.

La main-d'œuvre étant plus élevée dans cette partie de la Suisse qu'à Glaris, à Schaffouse et à Zurich, il en résulte que, comme en Angleterre, on a recours, autant que possible, aux moyens mécaniques. En conséquence, il y avait beaucoup de genres garancés avec rentrures effectuées directement au rouleau sans le concours des réserves. Une médaille a été décernée à la maison Vaucher-Dupasquier, de Neufchâtel, pour se simpressions au rouleau.

RUSSIE.

Si l'on n'était renseigné d'ailleurs sur l'état réel de l'impression des tissus en Russie, on s'en ferait une très-fausse et très-déplorable idée d'après les produits qui figuraient à l'Exposition de Londres. Zaréva et tant d'autres établissements du premier ordre y étaient représentés par des spécimens qui ne donnaient aucunement la mesure des ressources dont ils disposent, et des progrès réels qu'ont faits les manufactures russes.

Dans les articles nouveautés, les dessins avaient le cachet français. Dans ceux de grande consommation, au contraire, ils présentaient le type de la localité.

L'exposition russe avait des spécimens dans presque tous les genres d'impression. On y remarquait : des calicots et des percales imprimées au rouleau, fond blanc, pour robes et pour meubles; des mousselines laine et chaîne coton d'assez bonne disposition; des foulards et robes de soie, enfin plusieurs articles lapis (genre cuvé, mordant réserve) que la fabrique Prokoroff exécute avec un véritable succès sur des tissus de coton ouvrés, pour mouchoirs et robes de chambre.

BELGIQUE.

Les articles exposés par nos voisins de Belgique étaient, pour la plupart, fabriqués en vue de satisfaire aux besoins de la grande consommation, savoir :

Des calicots imprimés au rouleau et à la perrotine, à deux ou trois couleurs, pour robes et pour meubles, et teints en garance et en garancine;

Des mouchoirs imprimés double face, rouge et noir garancés, avec ou sans rentrures;

Des mouchoirs couleurs d'application;

Des tissus gros bleu cuvés, pour robes et pour mouchoirs, les uns avec enluminage, petit bleu, vert blanc, les autres avec orange et jaune de chrome, genre Walter-Crum;

Des genres lapis, mais d'une exécution qui laissait beaucoup à désirer;

Des calicots imprimés en couleurs vapeur;

Des foulards de soie.

Des échantillons dus à l'obligeance de plusieurs fabricants français et étrangers devaient être intercalés dans le texte de cet opuscule écrit; mais, au moment de la mise en page, des difficultés s'étant présentées pour l'exécution de ce projet, nous avons dû y renoncer. Nous regrettons d'autant plus la suppression de ce puissant moyen de démonstration, que non-seulement elle privera le lecteur de la *vue de l'objet décrit,* mais que, de plus, elle fera ressortir davantage les imperfections d'un travail dont le cadre avait été limité d'avance, et dont les sujets, aussi abstraits que variés, ne sont généralement familiers qu'à un petit nombre de personnes.

FIN.

TABLE DES MATIÈRES.

XIXe JURY.

DENTELLES,

BLONDES, TULLES ET BRODERIES,

PAR M. FÉLIX AUBRY,

MEMBRE DU JURY CENTRAL DE FRANCE.

COMPOSITION DU XIXe JURY.

MEMBRES.

MM. le docteur Pompeius Bolley, Président	Suisse.
Pierre Graham, fabricant de tapis à Londres, Vice-Président	Angleterre.
Félix Aubry[1], négociant et membre du tribunal de commerce, à Paris, Rapporteur pour la France	France.
Richard Birkin, fabricant de dentelles à Nottingham, Rapporteur pour l'Angleterre	Angleterre.
D. Biddle, fabricant de dentelles à Londres	Angleterre.
Robert Lindsay, de Belfast, fabricant de mousselines brodées	Angleterre.
Thomas Simcox-Lea, à Stourport	Angleterre.
François A. Washer, négociant à Bruxelles	Belgique.
Falck, manufacturier	Zollverein
Antony Fessler, négociant en broderies	Suisse.

PREMIÈRE DIVISION.

DENTELLES ET BLONDES.

INTRODUCTION.

Comme membre de la commission envoyée par le Gouvernement français, en mai 1851, à l'Exposition universelle de

[1] M. Lainel, inspecteur des manufactures, avait été primitivement choisi pour représenter la France dans le XIXe jury: une maladie a privé

Londres, nous avons été désigné pour faire partie de la XIXe classe du jury international, qui avait pour attribution d'apprécier les dentelles, les blondes, les broderies, les tulles, etc.

Nous avons été, en outre, chargé de faire divers rapports sur plusieurs de ces industries, sur les développements qu'elles ont pris, ainsi que sur l'état comparatif des produits des manufactures françaises avec ceux des fabrications étrangères.

Nous avons pensé que, pour donner plus de clarté à notre travail, il était utile de traiter chaque industrie séparément, et de diviser notre rapport en trois catégories spéciales, savoir :

Dentelles et blondes;
Broderies et articles de fantaisies;
Tulles et dentelles à la mécanique.

Chacune de ces industries est envisagée :

1° Sous le rapport historique ;
2° Sur l'état actuel de la fabrication ;
3° Sur la comparaison des produits français avec ceux des pays étrangers.

En nous occupant de ce travail, nous avons été surpris de l'absence complète de documents officiels ou sérieux sur les industries dont nous avions à parler; cela nous a forcément entraîné à des investigations minutieuses, rendues plus difficiles encore par l'impossibilité d'un contrôle certain.

Néanmoins, nous avons apporté le plus grand soin dans nos recherches historiques; nous avons puisé dans les ouvrages anciens les plus estimés des documents ou des chiffres épars, pour nous éclairer sur l'histoire et les transformations de ces belles industries; nous avons contrôlé autant que possible les chiffres et les faits que nous avons trouvés, et, si nous n'avons

le jury international de son concours; et, sur la demande de la commission française, le Gouvernement l'a remplacé par M. Félix Aubry.

pas tout dit, nous croyons pouvoir affirmer que tout ce que nous avons écrit est d'une parfaite exactitude.

Il est à remarquer que les industries dont nous parlons, surtout celles de la fabrication des dentelles et des broderies, n'ont jamais été envisagées aussi sérieusement qu'elles méritaient de l'être. On s'en est très-peu occupé; les rapports des divers jurys des expositions françaises ou belges ne traitent ces fabrications que d'une manière générale, et, il faut le dire, assez légèrement: on les a toujours considérées comme des industries de famille ou de ménage, n'ayant qu'un très-faible développement commercial.

Aussi ces industries sont-elles fort peu connues, et personne ne se doute du nombre de bras qu'elles emploient[1], ni des bienfaits nombreux qu'elles répandent, surtout dans les campagnes; on ignore leur ancienneté, leurs transformations et leurs progrès autant que leur importance industrielle et économique.

C'est ce qui nous a décidé à faire nos rapports plus détaillés et plus longs (notamment celui des dentelles) que ne le sont en général les travaux du même genre.

Les membres du jury international ci-dessus ont eu à examiner et à apprécier les produits de 742 exposants de divers pays.

Il a été décerné :

2 grandes médailles (council medal);
129 médailles de prix (price medal);
86 mentions honorables.

TOTAL : 217 récompenses, qui ont été réparties de la manière suivante :

[1] La fabrication des dentelles, des blondes et des broderies occupe en Europe plus d'un million d'ouvrières, savoir :

Dentelles et blondes......	535,000	(Voir le Rapport, p. 81.)
Broderies..............	550,000	(*Ibid.* p. 0Z1.)
Total........	1,085,000	

NATIONS.	NOMBRE des EXPOSANTS de la XIXe classe.	RÉCOMPENSES ACCORDÉES AUX EXPOSANTS.			
		Grandes médailles.	Médailles de prix.	Mentions honorables.	TOTAL.
France	61	1	26	16	43
Angleterre	437	1	55	37	93
Belgique	48	"	18	5	23
Zollverein	58	"	9	11	20
Suisse	30	"	10	3	13
Autriche	17	"	1	3	4
Autres pays	91	"	10	11	21
TOTAL	742	2	129	86	217

La France, sur 61 exposants, a obtenu 43 récompenses: soit à peu près 3 récompenses sur 4 exposants, ou 72 p. o/o.

Tous les pays étrangers, sur 681 exposants, ont obtenu 174 récompenses : soit à peu près 1 récompense sur 4 exposants, ou 26 p. o/o.

PREMIÈRE PARTIE.

HISTORIQUE.

La prospérité de la fabrication des dentelles à la main, aux fuseaux et à l'aiguille est indiquée d'une manière précise par trois époques bien tranchées :

1° *Colbert* (1665 et années suivantes), protection et encouragements;

2° *Napoléon* (1802 à 1812), reprise de la fabrication;

3° *Louis-Philippe* (1831 à 1848), développements et grande prospérité.

Il y a eu aussi deux époques de décadence et de crise :

1° De 1790 à 1801, cessation presque complète de la fabrication;

2° De 1818 à 1831, concurrence des tulles.

Nous allons examiner chacune de ces différentes époques, et essayer de faire ressortir les faits industriels et commerciaux qui se sont produits dans cette fabrication.

I.

DES DENTELLES AVANT COLBERT.

La fabrication des dentelles à la main est très-ancienne[1]. Il y a autant d'incertitude sur l'époque à laquelle remonte cette industrie que sur le pays où elle a pris naissance.

L'Italie et la Belgique revendiquent l'honneur de l'invention du point de dentelles. Sans trancher la question, nous pouvons constater que la fabrication de ces deux pays était tout à fait différente. Il est certain que, si Venise est le berceau de la dentelle à l'aiguille, c'est à Bruxelles que se firent les premières dentelles aux fuseaux.

L'époque la plus ancienne où il soit question de la dentelle comme industrie est dans un traité de commerce entre l'Angleterre et la ville de Bruges, en 1390[2].

En 1463, sous Édouard IV, les dentelles de Venise, de Flandre et de France étaient prohibées en Angleterre, afin de protéger les produits similaires anglais.

En 1542, en France, les dentelles étaient imposées d'un droit de douane à la sortie comme à l'entrée du pays.

A cette époque, on était parvenu à faire des dentelles qui représentaient, en toilé, des ornements, des figures, des per-

[1] Selon Mac-Culloch, il est probable que la dentelle était connue des Romains.

Roland de la Platière, dans l'Encyclopédie des manufactures de 1785, dit : « La dentelle remonte sans doute à une haute antiquité. On peut augurer que les peuples qui excellaient dans la broderie (les Phrygiens) connaissaient la dentelle, dont l'origine semble se confondre avec elle. Les « dentelles à l'aiguille auront sûrement précédé les dentelles aux fuseaux. »

M. Ph. Hedde écrit qu'environ 2,000 ans avant l'ère chrétienne, l'art de fabriquer les tissus à mailles, les réseaux, les dentelles, était déjà connu. On employait pour ce travail soit l'aiguille, soit les fuseaux, etc., etc. (*Notice sur les tissus à mailles.*)

[2] Sous Charles V (1364-1380) on portait déjà des dentelles en France. En 1476, Charles le Téméraire perdit ses dentelles à la bataille de Granson.

sonnages historiques, ce qui prouve que l'on arrivait déjà à vaincre une des plus grandes difficultés de la fabrication[1].

Les recherches auxquelles nous nous sommes livré prouvent jusqu'à l'évidence que, au XVIe et au XVIIe siècle, cette industrie était très-considérable et fort répandue. La dentelle était recherchée non-seulement par l'Église, qui en parait ses autels et ses prélats, par les dames de la cour pour leur toilette, mais aussi par les nobles et les seigneurs, qui, non contents de l'étaler sur leur personne et d'en garnir leurs rabats, leurs manchettes et leurs bottes, en ornaient aussi leurs carrosses et leurs chevaux. Souvent même on en mettait aux linceuls[2].

L'abus en fut si grand, que le célèbre code Michaud, de 1629, en prohiba la vente[3]; mais la mode est une puissance

[1] Roland de la Platière et plusieurs autres auteurs citent un recueil de dessins à dentelles, sans texte, ayant le titre suivant :

« Les singuliers et nouveaux portraits du seigneur Frédéric de Vinciolo, « Vénitien, pour toutes sortes d'ouvrages de lingerie, dédiés à la Royne : « de rechef et pour la troisième fois augmentés, outre le réseau premier et « le point coupé et lacis, de plusieurs beaux et différents portraits de réseau, « de point de côté, avec le nombre des mailles; chose non encore vue ni « inventée. A Paris, par Jean Leclerc le jeune, rue Chartière, au Chef Saint-« Denis, près le collége de Coqueret, avec privilége du roi. — 1587. »

Ce privilége, dont l'extrait est imprimé dans le recueil, défend, sous peine de confiscation et d'amende arbitraire, de contrefaire lesdites figures.

On peut naturellement conclure, d'après l'extrait de ce privilége, qu'au XVIe siècle la propriété des dessins de fabrique était garantie.

Le même auteur cite Henri IV comme ayant établi des fabriques de dentelles.

[2] Il y a peu d'années que l'on a cessé, en Angleterre, d'orner le drap mortuaire avec de larges et fines dentelles.

[3] Sous Louis XIII, l'usage de la dentelle était devenu si exagéré en France, que l'état du trésor fut affecté de la masse de numéraire qui passait annuellement, soit à Venise, soit à Gênes. Pour y mettre un frein, le roi, par un édit de janvier 1629, défendit, sous peine de confiscation et de 500 livres d'amende, de porter des dentelles.

Le 30 mars 1635, parut une autre déclaration du roi, interdisant à toutes personnes de porter aucun point coupé et dentelle de Flandre. Une troisième déclaration, de novembre 1639, toléra les dentelles, mais en limita l'emploi. L'article 4 exige : « Que les habits ne portent que deux passements

plus grande que les édits somptuaires, même les plus rigoureux. A peine s'il y eut un temps d'arrêt dans les fabriques. La dentelle fut plus que jamais employée malgré l'édit, et peut-être même parce qu'on en défendait la vente. C'est vers cette époque que la fabrication se perfectionna et que l'on produisit les articles les plus fins et les plus riches. Le luxe de la dentelle occasionna des luttes de vanité; les diverses cours, particulièrement celles de France et d'Espagne, la noblesse, l'Église, consacrèrent des sommes considérables à l'achat de ce tissu.

A cette époque, toutes les nations protégeaient la fabrication des dentelles par la prohibition ou par des tarifs élevés. On se faisait déjà pour cet article une guerre de représailles : ainsi, lorsque l'Angleterre, au XVIIe siècle, défendit l'entrée des dentelles de Flandre, le gouvernement espagnol y répondit par la prohibition des draps anglais [1].

Autrefois, la dentelle n'était en quelque sorte qu'une espèce de passementerie blanche, en fil de lin, tricotée aux fuseaux ou à l'aiguille, fort grossière d'abord et sans fond (réseau); puis elle se transforma en une espèce de toile découpée, à fortes nervures, appelée passement. Elle était exclusivement réservée aux ornements d'église ou d'ameublements.

Plus tard, le passement fut perfectionné. On l'enrichit de motifs variés, de jours nouveaux; on employa du fil plus fin,

« ou dentelles de soie, de deux doigts de hauteur au plus, lesquelles dentelles seront appliquées sur les étoffes des habits, sans aucune étoffe entre « deux. » L'arrêt du parlement, du 5 décembre 1639, qui enregistra cette déclaration, y ajoute : « Itératives défenses à toutes personnes de porter des « fraises en dentelles, d'en faire mettre soit aux linceuls, soit aux draps de « lit, etc. » (*Encyclopédie du XIXe siècle.*)

[1] Adam SMITH, *De la richesse des nations*, livre IV.

En 1701, par un statut du règne de Guillaume et Marie, cette prohibition fut levée en faveur des dentelles de la Flandre espagnole, à condition, toutefois, que la prohibition sur les draps anglais ne serait pas maintenue. Néanmoins, les droits d'entrée étaient encore d'environ 60 p. 0/0 de la valeur. (PEUCHET.)

et le passement, ainsi amélioré et modifié, donna naissance à la *guipure*.

Nous allons passer en revue les différentes sortes de dentelles qui se fabriquaient avant Colbert.

1° *Le point* (dentelle à l'aiguille) se travaillait principalement à Venise, à Gênes et à Raguse. Il s'en faisait également à Bruxelles, en Saxe et en Turquie; mais les points de Venise et de Bruxelles étaient les plus riches et les plus renommés. Celui de Venise était fait entièrement à l'aiguille, celui de Bruxelles aux fuseaux et à l'aiguille. On donnait aussi la qualification de *point* à toutes les guipures et à toutes les autres dentelles, en y ajoutant le nom de la ville où elles se fabriquaient : point de Malines, point d'Aurillac, point de Valenciennes, etc.

2° *La guipure,* comme nous l'avons déjà dit, était autrefois une espèce de passementerie aux fuseaux. Sous l'impulsion de la mode et du luxe, pendant le règne de François Ier, et surtout pendant celui de Louis XIII, elle subit le goût de la renaissance des arts et se distingua par des dessins d'une grande richesse. Dans les premiers moments de la fabrication de la guipure, les dessins étaient des découpures de *cartisane* (sorte de parchemin) entourées de fil ou de soie tortillée; mais elle ne pouvait se blanchir. Plus tard, on parvint à supprimer la cartisane et à ne plus composer les fleurs et les ornements qu'avec du fil de lin, ce qui rendit la guipure aussi solide au blanchissage que la toile. La guipure fine se fabriquait surtout en Flandre et en Italie. Celle qui se faisait en Angleterre et aux environs de Paris, à Saint-Denis, Écouen, Groslay, était commune.

Il arrivait quelquefois que l'on relevait la guipure d'ornements en soie, en argent et en or.

3° *La bisette,* espèce de petite dentelle demi-blanche, en fil de lin, très-étroite, se fabriquait principalement dans les environs de Paris; elle était grossière, d'un très-bas prix et ressemblait à la passementerie.

4° *La gueuse,* dentelle à réseau clair, légère et très-commune était, par suite de son bon marché, d'une consommation générale.

5° *La campane,* dentelle blanche, étroite, légère et fine, en fil de lin, destinée à élargir les autres dentelles, servait à garnir les manches, les bonnets, etc. On en faisait aussi en soie, destinée à garnir les écharpes.

6° *La mignonnette* (point clair), dentelle fine et claire en fil, se fabriquait aux environs de Paris, à Louvres, à Gisors, à Villiers-le-Bel, Montmorency, etc., ainsi qu'en Flandre, en Lorraine, en Normandie et en Auvergne. Cette dentelle était l'occasion d'un grand commerce. On l'appelait aussi *blonde de fil.* Elle se faisait de diverses hauteurs, sans toutefois dépasser 7 à 8 centimètres.

7° *Le point double* (ou *point de Paris,* ou *point de champ*) était ainsi nommé parce que le réseau exigeait le double de fils aux fuseaux que pour le point clair. Il se fabriquait aux environs de Paris, en Lorraine, en Auvergne et en Belgique.

8° *Dentelles or et argent.* Elles se faisaient à Paris, dans les environs, et surtout à Lyon; mais c'était plutôt de la passementerie que de la dentelle.

9° *Point de Valenciennes,* dentelle très-solide, mate, fine quoique épaisse, et fort estimée. Elle était toujours d'un prix élevé et se travaillait spécialement dans la ville de Valenciennes.

10° *La malines,* dentelle fine et claire, très-renommée, était l'objet d'un commerce considérable. Il en sera parlé à l'article : *dentelles de Belgique.*

Les centres principaux de la fabrication des dentelles avant 1665 étaient :

En Angleterre : dans les comtés de Bedford, de Buckingham et de Devonshire.

En Belgique : à Bruxelles, Malines, Anvers, Liége, Louvain, Binche, Bruges, Gand, Ypres, Courtray, etc.

En Allemagne : dans la Saxe, la Bohême, la Hongrie, le Danemark, et dans la principauté de Gotha.

En Espagne : dans la partie de la Castille appelée la Manche, et surtout en Catalogne.

En Italie : à Gênes, Venise, Milan, Raguse, etc.

En France, la fabrication était dispersée et répandue dans plus de dix provinces. On en faisait dans tous les environs de Paris, à Lille, Arras, Valenciennes, Bailleul, Dieppe, le Havre, Dijon, Loudun, Charleville, Sedan, Mirecourt, Aurillac, Murat, le Puy, Lyon, etc.

Nous aurons à examiner plus loin ce qui est spécial à chaque fabrication différente.

Un fait remarquable à constater, c'est que, parmi ces nombreuses fabriques, ayant le même procédé de fabrication, il n'y en a pas une seule qui produise exactement la même dentelle. Ainsi le même dessin, fait avec la même matière première, qu'il soit exécuté en Belgique, en Saxe, à Lille, Arras, Mirecourt ou le Puy, aura toujours le cachet de la ville où il a été fabriqué. Il en a constamment été de la sorte depuis l'origine de la dentelle, et jamais on n'a pu transporter le genre de fabrication d'une ville dans une autre; il y a toujours une différence sensible [1].

La fabrication de la dentelle a débuté dans les villes, puis elle s'est répandue dans les campagnes, où elle s'est développée en y apportant un grand élément de bien-être. Dans beaucoup de localités elle a remplacé le filage au rouet. On désigne toujours la dentelle de tel ou tel genre par le nom de la ville où elle a pris naissance.

Depuis des siècles, la dentelle se fait sur un petit métier portatif très-simple, posé d'un côté sur un tabouret élevé, et,

[1] Voici, à l'appui de ce fait, ce qui est dit dans la Statistique du département du Nord publiée, en 1804, par M. Dieudonné, préfet :

« Cette belle fabrique de dentelles (de Valenciennes) est demeurée telle-« ment inhérente et identifiée au sol, qu'il passe pour constant que, si une « pièce était commencée à Valenciennes, puis achevée hors de cette ville, « la partie qui n'aurait pas été faite à Valenciennes même serait visiblement « moins belle et moins parfaite que l'autre, quoique continuée par la même « ouvrière, avec le même fil et sur le même métier. Quelle peut être la « cause de ce phénomène? Est-ce l'influence de l'atmosphère, ainsi que les

de l'autre, sur les genoux de l'ouvrière (ce métier se nomme *carreau, coussin* ou *oreiller,* suivant les pays), avec des fuseaux auxquels sont attachés les fils, et avec des épingles qui servent en quelque sorte de jalons à l'ouvrière pour diriger son travail. Jusqu'à ce jour, rien n'a été changé ni dans le métier ni dans la méthode de fabrication; ils sont à très-peu de chose près, exactement ce qu'ils étaient il y a trois ou quatre cents ans.

Presque tous les fils de lin employés pour la dentelle commune étaient filés dans les contrées où elle se fabriquait; néanmoins, pour les qualités fines, on en tirait beaucoup de la Flandre. Les prix variaient de 15 à 600 livres le marc, et quelquefois au delà.

Le commerce des dentelles était entièrement fait alors par des marchands forains, qui colportaient cet article dans les villes importantes, les châteaux et les foires. A Paris seulement, cette vente, qui naturellement devait être attribuée à la même communauté que les broderies, dont la dentelle n'est en quelque sorte qu'une modification et un perfectionnement, n'appartenait pas à la communauté des brodeurs, mais à celle des passementiers et boutonniers, ainsi que cela résulte de l'article 21 des statuts des maîtres passementiers de Paris, du mois d'avril 1653 [1].

II.

DÉVELOPPEMENT DE LA FABRICATION DES DENTELLES, DE 1665 À 1790.

On voit, d'après ce qui précède, que l'industrie de la dentelle ne manquait pas, avant Colbert, d'une certaine impor-

« Valenciennois le prétendent? Il est de fait que, jusqu'à présent, cette « dentelle n'a pu être bien imitée dans aucune ville de l'Europe, et que « cette fabrication ne s'étend pas au delà de l'enceinte de la ville. »

[1] Néanmoins, les lingères avaient le droit de vendre des dentelles; mais on ne pouvait alors être marchande lingère, si l'on ne faisait profession de la religion catholique, apostolique et romaine. (Arrêt du conseil du 21 août 1665.)

Une ordonnance du roi, du mois de juillet 1660, ordonne la marque sur les dentelles étrangères. Cette marque fut d'abord faite avec de la cire

tance; mais, à partir de 1665, elle s'est développée en France d'une manière fort intéressante. Elle ne fut plus entravée par des édits somptuaires, et elle eut en quelque sorte droit de cité et d'existence légale. Aussi allons-nous pouvoir constater des progrès rapides.

Les dentelles étaient alors fort à la mode. Celles de Venise et de Bruxelles, qui étaient les plus belles et les plus riches, furent naturellement plus recherchées. Le luxe et la vanité étaient poussés si loin, que l'on y consacrait des sommes excessives. Il faut dire que ces *points*, comme on les appelait alors, se recommandaient par une très-grande finesse et par un travail admirable, presque inconnu aujourd'hui.

Colbert, s'apercevant que les édits royaux les plus sévères n'empêchaient pas la noblesse et la finance de sacrifier beaucoup d'argent et quelquefois même des fortunes à l'acquisition de dentelles, et voulant que les sommes énormes dépensées pour ces achats restassent dans le pays, eut la pensée de développer cette industrie en France et de parvenir à y faire exécuter des objets aussi fins et aussi riches que ceux de Venise et de Bruxelles.

Une dame Gilbert, d'Alençon, qui savait faire le point de Venise, lui ayant été présentée par un nommé Thomas Ruel, il la chargea de monter plusieurs manufactures de points, notamment à Alençon, et plus tard à Auxerre et à Argentan[1].

Il fit venir à grands frais trente ouvrières de Venise et donna 150,000 livres à madame Gilbert pour établir un atelier dans le magnifique château de Lonray, qu'il possédait près d'Alençon; puis il accorda à cette dame un privilége et de grands avantages[2].

d'Espagne (cire à cacheter); puis, en 1686, avec des pains à chanter (pains à cacheter).

[1] On monta aussi une fabrique de point de France à Paris, dans le château de Madrid, au bois de Boulogne. (Savary.)

[2] La manufacture des points de France fut établie par lettres patentes du 5 août 1665. Un privilége exclusif fut accordé pour dix années. On forma une société. Les premiers associés furent : Talon, secrétaire du cabinet;

Les premières dentelles furent apportées à Versailles par Colbert et offertes à Louis XIV, qui en fut émerveillé et témoigna sa satisfaction en accordant de nouvelles faveurs et en faisant remettre à madame Gilbert une forte somme; puis il annonça publiquement à sa cour qu'il venait de faire établir une manufacture de *point* qui l'emportait de beaucoup en beauté et en richesse sur celui de Venise. Il manifesta le désir que les seigneurs et les dames de la cour ne portassent plus d'autres dentelles que celles d'Alençon, auxquelles il donna le nom de *point de France,* qui lui resta jusqu'en 1790[1].

L'approbation donnée par Louis XIV fit la fortune d'Alençon; la mode s'en mêla, les seigneurs attachés à la maison du roi, tous ceux qui étaient reçus à Versailles ne purent y paraître qu'avec des jabots, des manchettes, et les dames avec des garnitures de robes au point d'Alençon. Cette dentelle fut adoptée par l'étiquette de la cour et devint obligatoire.

De plus, pour en protéger la fabrication, celles de Venise, de Gênes, de Bruxelles et d'Angleterre furent de nouveau prohibées.

Cette industrie toute nouvelle, importée dans un pays où il ne s'était jamais fait de dentelles, présenta des difficultés imprévues, que le zèle et l'intelligence de madame Gilbert parvinrent à surmonter.

Madame Gilbert, qui connaissait la fabrication du point de Venise, ainsi que les ouvrières que l'on avait fait venir, furent

Pluimer, Le Brie, de Beaufort, etc. Un an après, la compagnie fut augmentée; les actions étaient de 8,000 livres; le 5 février 1668, elles furent portées à 22,000 livres. L'assemblée des actionnaires, réunie chez M. de la Reynie, lieutenant de police, nomma huit directeurs, aux gages de 12,000 livres par année, et le siége de la société fut établi à l'hôtel de Beaufort. La première distribution des bénéfices eut lieu en 1669: il y eut plus de 50 p. 0/0 (6,705 livres 17 sols 8 deniers) par action. On fit, en 1670, une nouvelle répartition de bénéfices, montant à 120,000 livres; celles de 1673 et de 1675 furent plus considérables encore. En 1675, le privilége cessa. (Extrait du *Dictionnaire universel de commerce*, par Savary, édition de 1723.)

[1] *Odolant Desnos.*

bien étonnées de ne pouvoir obtenir des dentellières d'Alençon un point pareil à celui qu'on voulait imiter. Cela décida madame Gilbert à abandonner le projet de faire à Alençon du point de Venise pur. Elle fit une dentelle tout à fait nouvelle, en adoptant une méthode inconnue à cette époque, la division du travail. Par ce moyen, elle arriva à simplifier l'ouvrage, à rendre l'ouvrière très-habile et à produire un point admirable de solidité et de richesse, mais qui ne ressemblait nullement à celui de Venise.

Le travail de cette nouvelle dentelle fut divisé en dix-huit opérations différentes[1]. Chacune des seize premières est encore aujourd'hui exécutée séparément par une ouvrière spéciale. Aussi est-on parvenu à faire dans Alençon la dentelle la plus perfectionnée qu'on ait jamais vue.

Cette dentelle est la seule qui ne se fabrique pas aux fuseaux ni au métier; elle est entièrement faite à la main et sur un simple parchemin avec une aiguille très-fine, et par petits morceaux de 25 centimètres de longueur, qui se raccordent au moyen d'une couture invisible.

Les dessins et le style de la dentelle d'Alençon se modifièrent, et l'on arriva à produire des points d'une perfection et d'une richesse inconnues. Bien qu'ils coûtassent des prix fabuleux, ils étaient recherchés non-seulement en France, mais aussi à l'étranger, et notamment en Russie et en Pologne, où il s'en exportait considérablement. Le point d'Alençon remplaçait partout le point de Venise, dont la fabrication fut peu à peu abandonnée.

Les ouvrières gagnaient de 2 à 3 francs par jour, et leur nombre augmenta rapidement : il s'éleva bientôt de 8,000 à 9,000, sans que la production pût suffire à la demande.

On estime qu'il se fabriquait des points pour 4 millions par année; ce chiffre paraît énorme quand il s'agit de la fabri-

[1] Voici les noms des diverses spécialités d'ouvrières à Alençon : piqueuse, traceuse, réseleuse, remplisseuse, fondeuse, modeuse, brodeuse, ébouleuse, regaleuse, assembleuse, toucheuse, brideuse, boucleuse, gazeuse, mignonneuse, picoteuse, affineuse, etc.

cation d'un tissu en apparence si frivole, et qui ne s'adressait qu'à une consommation exceptionnelle[1].

Cette industrie, dont le succès n'a fait que grandir de 1665 à 1788, a enrichi la ville d'Alençon dans une proportion considérable. On a remarqué que toutes les grandes fortunes de cette ville viennent du commerce de dentelles.

Il s'est également formé à Argentan une fabrique de point (*bride d'Argentan*), qui occupait 2,000 ouvrières. C'est là que se fabriquaient le réseau et le point de bride; ce dernier est le plus solide, mais beaucoup moins estimé comme beauté que le fin réseau. Il se faisait aussi à Argentan des points qui réunissaient le genre de Venise et celui d'Alençon ; cette dentelle, qu'on ne fait plus depuis longtemps, ressemblait à une sorte de guipure très-fine, à fortes nervures et à reliefs saillants. On lui donnait également le nom de *point de France* comme à celui d'Alençon[2].

Le point de France, adopté par la cour, entra rapidement dans le domaine de la mode, qui en multiplia l'emploi.

Porté d'abord par les personnes riches et élégantes, il serait entré dans la consommation moyenne sans l'élévation de son prix; mais ceux qui ne pouvaient acheter du point le remplacèrent par la dentelle aux fuseaux, qui était d'un prix bien inférieur. C'est ce qui explique la grande prospérité des fabriques de dentelles aux fuseaux pendant le XVIIIe siècle. Pour un moment, elles ne suffisaient plus à la demande générale.

C'est alors que beaucoup de villes, encouragées par le succès prodigieux d'Alençon, montèrent des fabriques de dentelles.

[1] Il n'était pas rare de voir des parures en point d'Alençon coûter 30,000 livres de cette époque.

[2] On estime que la fabrique d'Argentan produisait annuellement pour 7 ou 800,000 livres.

Plusieurs priviléges exclusifs furent accordés successivement à des fabricants d'Argentan : en 1708, 1717, 1733, au sieur Monthulay; en 1746, à Thomas du Pouchet et à Jules Laleu. Ils étaient exempts du logement des soldats lors du passage des troupes, et jouissaient de plusieurs immunités.

Plusieurs villes, surtout celles du Nord, firent venir des ouvrières de la Flandre et établirent dans les couvents, les hôpitaux, les écoles, des ateliers de jeunes ouvrières dirigés par des contre-maîtresses flamandes.

La Flandre s'émut naturellement de la concurrence que la France allait lui faire en prenant ses meilleures ouvrières, qui, d'ailleurs, étaient également recherchées par l'Angleterre, la Saxe, le Danemark et d'autres royaumes. Un édit daté de Bruxelles, du 20 décembre 1698, prononça la confiscation contre toute personne qui embaucherait des dentellières.

A cette occasion, nous devons dire qu'à part la ville d'Alençon, dont les contre-maîtresses étaient de Venise, presque tous les autres pays où se fabrique la dentelle doivent cette industrie aux ouvrières de la Flandre, du Brabant ou du Hainaut.

Voici un chiffre qui donne la mesure de l'importance qu'avait le commerce des dentelles au commencement du XVIIIᵉ siècle.

La perception des droits sur les dentelles étrangères fut sous-affermée, le 16 août 1707, à un nommé Étienne Nicolas, moyennant la somme de 201,000 livres par année [1].

Les droits étaient alors de 50 livres (argent) par livre pesant de dentelle, ce qui établit qu'il entrait annuellement en France plus de quatre cent mille livres pesant de dentelles. En estimant au plus bas la livre de dentelles à 1,000 livres (argent), cela représente un chiffre de quatre millions de cette époque.

Si l'on considère que, d'une part, la fraude se faisait alors sur une très-grande échelle, que les points de Venise, de Gênes, de Raguse, etc., étaient prohibés et ne pouvaient figurer dans les recettes, et que, d'autre part, le sous-fermier ne payait au fermier général les 201,000 livres qu'avec la certitude d'en tirer davantage, on admettra que le chiffre ci-

[1] *Histoire du tarif de 1664*, par du Fresne de Francheville (tome II, page 344, édition de 1746).

dessus, quoique élevé, est loin de représenter la valeur des dentelles étrangères qui, à cette époque, entraient en France[1]. Nous croyons rester au-dessous du chiffre réel en l'estimant à 8 millions.

Ce fait indique jusqu'à un certain point l'importance qu'avait alors le commerce des dentelles et la grande consommation qui s'en faisait en France : aussi les fabriques nouvellement établies entrèrent-elles tout d'abord dans une voie de prospérité.

Le nombre des ouvrières augmenta considérablement. Celles des villes devinrent insuffisantes; on en créa de nouvelles dans les campagnes, où cette industrie apporta un élément nouveau de travail et de bien-être.

Nous allons passer en revue les principales fabriques de dentelles aux fuseaux qui prospéraient ou qui s'établirent en France de 1665 à 1790, et dont plusieurs ont, pour ainsi dire, disparu aujourd'hui.

Les environs de Paris occupaient un grand nombre d'ouvrières, disséminées dans plus de quarante communes, depuis Saint-Denis jusqu'à Beauvais. On ne faisait autrefois dans ces localités que des dentelles étroites et de bas prix, de la bisette, de la mignonnette; puis, les exigences de la mode et le luxe de Paris réclamant des nouveautés, on arriva graduellement à produire des dentelles d'une finesse remarquable et d'une exécution supérieure à celles des autres fabriques. C'est à Chantilly, à Louvres, à Villiers-le-Bel, à Gisors, à Étrépagny, que se trouvaient les ouvrières les plus habiles. On leur faisait produire des guipures, puis ces dentelles de soie et de fil qui ont élevé si haut la réputation de la fabrique de Chantilly. C'est encore de nos jours la ville la plus renommée du monde pour ses riches dentelles noires en soie.

Dans les Ardennes, à Sedan, à Charleville et à Donchery, on fabriquait des dentelles fort estimées, surtout les points de

[1] Elles entraient toutes en France par le seul bureau de Péronne. (Arrêt du 8 avril 1681.)

Sedan; mais c'est à Charleville que l'on occupait le plus d'ouvrières. On estime qu'il y avait de 5,000 à 6,000 dentellières dans ces trois villes et aux environs. Leurs produits se vendaient en partie à Paris; il s'en exportait aussi en Hollande, en Allemagne et en Pologne.

A Aurillac et à Murat, il se fabriquait aussi beaucoup de dentelles, toutes exportées en Italie et en Espagne. La ville d'Aurillac en faisait un grand commerce; les dentelles appelées *point d'Aurillac* étaient estimées pour leur solidité; la fabrication occupait 3,000 à 4,000 ouvrières dans les environs, et était évaluée comme produit à 700,000 ou 800,000 livres.

L'origine de cette fabrique remonte au commencement du XIVe siècle; elle coïncide avec la formation d'une compagnie d'émigrants qui s'établit à Cuença et à Valcameos (Espagne). Presque tous les points d'Aurillac s'exportaient en Espagne par les intermédiaires de cette compagnie.

A l'hôpital de Dijon, il y avait un atelier de dentellières; cette fabrication n'a jamais été considérable.

Les dentelles d'or et d'argent fabriquées à Lyon et à Paris, en fin comme en faux, et souvent rehaussées de perles et d'autres ornements, étaient fort renommées pour leur richesse. Elles étaient l'occasion d'un grand commerce. Il s'en exportait beaucoup pour l'Orient, l'Italie et l'Espagne; mais, ainsi que nous l'avons déjà dit, cette sorte de dentelle rentre plutôt dans la passementerie.

La fabrication du Havre, de Honfleur, de Bolbec, d'Eu, de Fécamp, de Dieppe et de plusieurs autres villes, était en prospérité pendant tout le XVIIIe siècle. A cette époque, presque toutes les femmes et les filles de marins et de pêcheurs trouvaient dans cette industrie une occupation lucrative[1]. Les dentelles de ces villes étaient, en général, assez communes; mais, comme elles se recommandaient par une grande solidité, elles étaient appréciées à Paris et recherchées pour l'exporta-

[1] On lit dans Peuchet : « M. de Saint-Aignan, gouverneur du Havre en « 1692, trouva 22,000 femmes occupées à faire de la dentelle, ce qui doit

tion en Allemagne et en Espagne. On y faisait de tous les genres de dentelles, du fond clair et double, de la guipure et une espèce de valenciennes d'abord très-épaisse, puis d'un réseau mince, à losanges, appelée *point de Dieppe,* ainsi que des coiffures, manchettes, berthes, cols et autres morceaux.

La ville de Dieppe seule, avec le village de Saint-Nicolas-d'Aliermont, occupait plus de 4,000 ouvrières[1]. Leur fabrication était estimée, ainsi que celle du Havre et de Honfleur. Ces fabriques datent du commencement du XVIe siècle.

Valenciennes fabriquait des dentelles d'un genre spécial, et qui portaient le nom de *vraies valenciennes.*

Cette fabrication remonte du XVe au XVIe siècle[2]; elle prospérait sous Louis XIV et était arrivée à son apogée de perfection de 1725 à 1780. A cette époque, il y avait dans cette ville 4,000 ouvrières; en 1790, il n'y en avait plus que 1,000, et en l'an IX le nombre était descendu à 250; aujourd'hui il n'en existe qu'une ou deux, âgées de 85 à 88 ans. Les ouvrières travaillaient dans des caves, de cinq heures du matin jusqu'à huit heures du soir, et gagnaient 1 franc à 1 fr. 25 cent. par jour.

Les dentelles qui se faisaient à Valenciennes en 1780 n'avaient aucune concurrence à redouter; elles étaient inimitables ailleurs que dans les murs de cette ville[3]. Celles qui aujourd'hui portent ce nom sont bien loin d'approcher de la perfec-

« s'entendre sans doute des ouvrières du Havre, de Harfleur et des autres « localités environnantes. »

Les dentelles d'Eu étaient fort estimées; elles se rapprochaient de celles travaillées à Valenciennes.

Le même auteur parle également des fabriques de dentelles de Perpignan, d'Aix, de Cahors, du Dauphiné, etc., etc. Nous pensons que ces diverses fabrications n'ont jamais eu beaucoup d'importance; aujourd'hui, elles n'existent plus.

[1] Roland de la Platière.

[2] On attribue la première fabrication de la dentelle de Valenciennes à Pierre Chauvin et à Ignace Harent. On employait du fil de lin retordu à trois brins. (Dieudonné.)

[3] Bottin, 1802.

tion, de la finesse et surtout de la solidité des premières, dont la renommée s'étendait dans toutes les cours de l'Europe, où elles étaient désignées sous le nom d'*éternelles valenciennes.*

Cette dentelle, d'une grande richesse, avait un type et un style de dessin tout particuliers. Son prix, comme on le comprendra facilement, était très-élevé : il fallait plus d'un an à une ouvrière, travaillant quinze heures par jour, pour achever une paire de manchettes du prix de 400 livres; il s'y faisait aussi des barbes pleines (coiffures), du prix de 2 à 3,000 livres.

Cette précieuse dentelle se transmettait par testament; une mère léguait à sa fille ses valenciennes, comme elle lègue aujourd'hui ses plus riches bijoux.

Mais c'est surtout dans l'ancienne province de Normandie que l'industrie dentellière a pris les plus grands développements pendant le XVIIIe siècle. Depuis Arras jusqu'à Saint-Malo, plus de trente centres de fabrication s'établirent avec succès dans tous les genres, depuis les imitations de Malines et de guipures des Flandres jusqu'aux morceaux les plus riches.

On y fabriquait principalement des dentelles blanches en fil de lin, à réseau simple (fond clair), appelées alors point de Bruxelles, ainsi que des fonds doubles, désignés sous le nom de *points de champ* (ouvrage de la campagne)[1]; des guipures enrichies de fils d'or ou d'argent, fort recherchées pour les ornements d'église et pour les riches ameublements, ainsi que des dentelles noires, qui alors se faisaient en fil de lin.

C'est en Normandie que l'on commença à fabriquer en grand la dentelle de soie noire, et, vers 1745, on vit apparaître l'article *blonde*[2], ou dentelle en soie plate. On employa d'abord pour cette sorte de dentelle de la soie de couleur naturelle (jaune nankin), ce qui lui fit donner le nom de *blonde;* puis on parvint à se procurer de la soie d'un blanc

[1] On appelle aussi *champ* le réseau de la dentelle.

[2] Longtemps avant cette époque, on fabriquait des blondes en Espagne.

convenable et l'on produisit ces séduisantes dentelles qui ont tant d'éclat et que dans nul autre pays on ne peut fabriquer avec une nuance aussi brillante, un blanc aussi pur et un travail aussi parfait.

Ce charmant tissu, le plus léger et le plus délicat qui se soit jamais fait, fut appelé blonde de Caen. Il eut un immense succès en France et à l'étranger, notamment en Angleterre; il fit la fortune de Caen et de plusieurs villes environnantes.

A cette époque, les fabriques de dentelles de la Lorraine, de l'Artois, de la Flandre française et de l'Auvergne prospéraient aussi. Elles augmentèrent et modifièrent leur fabrication, en abandonnant les articles communs et la guipure grossière (passement), pour arriver à produire des genres plus délicats et des dessins plus variés.

Les dentelles de France avaient alors peu de concurrence à redouter, car les fabriques d'Angleterre ne produisaient pas assez pour la consommation du pays, et celles de la Flandre flamingante, du Hainaut et du Brabant ne fabriquaient généralement que des articles riches et d'un prix trop élevé pour entrer dans la consommation moyenne. Aussi les dentelles françaises, par la variété de leurs genres, la simplicité et le bon goût de leurs dessins, étaient partout recherchées; il s'en faisait un grand commerce à l'intérieur et à l'étranger. Nos fabriques du Nord expédiaient beaucoup en Angleterre, en Hollande, en Russie; celles de la Lorraine et de l'Auvergne vendaient presque tous leurs produits en Allemagne, en Pologne, en Italie et en Espagne.

Nous venons d'examiner rapidement l'état de la fabrication des dentelles en France, de 1665 à 1790; plus loin, nous aurons à exposer les progrès et les perfectionnements apportés depuis dans cette industrie, ainsi que les modifications et les développements qui se sont produits dans chaque ville ayant un genre spécial de fabrication et une certaine importance industrielle.

III.

DÉCADENCE DE LA FABRICATION DES DENTELLES, DE 1790 À 1801.

Nous nous sommes arrêté à l'année 1790, parce que cette date marque non-seulement un temps d'arrêt dans le travail de la dentelle aux fuseaux ou à l'aiguille, mais aussi l'époque de sa décadence.

On comprend que, dans une industrie toute de luxe, comme celle qui fait l'objet de ce rapport, les commotions politiques apportent une grande perturbation. Avant 1790, la dentelle était surtout portée par la noblesse, le clergé et les personnes riches; on ne la voyait pas entrer, comme aujourd'hui, dans la consommation générale. Aussi la crise fut-elle désastreuse; elle ruina et répandit la misère dans tous les centres de fabrication. Pendant cette période de douze années, non-seulement nous n'avons à signaler aucun progrès, mais nous sommes encore obligé de constater la cessation presque entière de cette industrie, et, ce qu'il y a de plus triste, l'anéantissement complet de vingt fabriques différentes, sans parler du dépérissement de plusieurs autres.

Beaucoup de centres de fabrication se sont relevés, nous dirons plus tard de quelle manière; mais d'autres ont succombé, et sont aujourd'hui totalement oubliés.

Les principaux sont:

Les manufactures de Sedan, de Charleville, de Mézières, qui employaient 1,500 livres de fil de lin et dont la production était estimée à 2 millions [1].

Si les fabriques de Dieppe et de Honfleur n'ont pas cessé entièrement, celles du Havre, de Pont-l'Évêque, de Harfleur, d'Eu et de plus de dix villes des environs ont disparu. Cependant les ouvrières de ces diverses fabriques, au nombre de plus de 25,000, avaient beaucoup d'aptitude pour ce travail, qui

[1] Il se fabriquait aussi des dentelles en Champagne, à Troyes, à Donchery, etc.

répandait l'aisance dans les familles des marins et des pêcheurs.

A Aurillac, il n'y a plus aujourd'hui que de très-vieilles ouvrières; il ne s'en forme plus de nouvelles, et cette fabrique, autrefois renommée et l'une des plus anciennes de France, a disparu [1], ainsi que celles des points de Bourgogne et de Murat.

Mais la perte la plus grande que nous ayons faite est celle de la fabrique de Valenciennes.

La valenciennes est, de toutes les dentelles, celle dont il se fait aujourd'hui la plus grande consommation. Elle est, depuis quelques années, recherchée de tous les pays du monde; il s'en fait un commerce considérable que nous n'estimons pas à moins de 20 millions. Autrefois la ville de Valenciennes fournissait presque seule cette dentelle, qui était alors, il est vrai, d'une consommation restreinte; maintenant la Belgique a, pour ainsi dire, le monopole de cette fabrication, qui occupe dans les Flandres plus de 50,000 ouvrières.

Quand on pense que la dentelle qui se travaillait à Valenciennes et qui a conservé ce nom est maintenant la base principale du commerce des dentelles blanches, qu'elle est entrée dans la consommation générale de tous les pays, et que la France seule en achète en Belgique pour plus de 12 millions par an [2], on ne peut s'empêcher de déplorer amèrement pour notre pays la perte de cette belle fabrique, qui est aujourd'hui la branche la plus importante et la plus florissante de l'industrie belge.

Ainsi que nous l'avons déjà fait remarquer, la dentelle de cette ville s'appelait *vraie valenciennes*. Celle de toutes les au-

[1] La Révolution n'est pas la seule cause de la décadence de la fabrique d'Aurillac; l'émigration des femmes de ce pays, qui trouvent plus avantageux de se placer comme domestiques dans les villes voisines, y est entrée pour beaucoup.

[2] Les états officiels ne constatent qu'un chiffre de 4 millions; mais ce chiffre est celui des déclarations des importateurs, et il ne peut indiquer que ce qui passe par la douane.

tres fabriques était considérée comme imitation ou fausse valenciennes, et les meilleures fabriques de la Belgique, où se fait le mieux ce qu'on nomme aujourd'hui la valenciennes à réseau carré, sont bien loin de vendre des dentelles aussi belles et d'une finesse aussi serrée que celles produites autrefois par les ateliers de Valenciennes; elles étaient admirables de dessin, de richesse et de solidité[1].

En 1801, le Gouvernement essaya de relever cette belle industrie; mais les efforts de M. Dieudonné, préfet du Nord, échouèrent. Plusieurs honorables fabricants firent aussi sans succès des sacrifices considérables. Nous croyons devoir ici mentionner Mlle Ursule Glairo[2], qui, jusqu'à ce jour (elle a quatre-vingts ans), a constamment occupé ses anciennes ouvrières avec un zèle vraiment patriotique.

Il y a cinq ou six ans, un nouvel essai fut tenté: on monta un atelier, dirigé par des contre-maîtresses belges; il a été abandonné en février 1848, et il ne reste plus dans cette ville que très-peu d'ouvrières (2 ou 3), toutes octogénaires, ruines vivantes d'une fabrication si renommée.

Il serait trop long de continuer cette espèce de martyrologe de l'industrie dentellière. Dans le nombre des fabriques éteintes, nous avons cru ne devoir parler que des plus considérables.

IV.

REPRISE DE LA FABRICATION DES DENTELLES, DE 1802 À 1812.

A la suite du succès des armées françaises, du rétablissement de l'ordre moral et politique, le luxe reprit toute sa

[1] Il est vrai de dire cependant que la fabrique d'Ypres (Belgique) est arrivée à une très-grande perfection; et il ne nous paraît pas douteux que l'on puisse y trouver des ouvrières capables de faire aujourd'hui des valenciennes aussi riches et aussi belles que celles qui se faisaient au XVIIIe siècle à Valenciennes; mais on manquerait d'acheteurs pour y mettre le prix, et, du reste, ce genre ne serait plus de mode.

[2] C'est Mlle Glairo qui a fourni la superbe coiffure, en *vraie valenciennes*, offerte par la ville de Valenciennes à Mme la duchesse de Nemours, à l'é-

force : non ce luxe extravagant et de mauvais aloi qui avait surgi au moment du Directoire, mais bien celui qui résulte du travail et des éléments de fortune développés par l'industrie.

Toutes les corporations et les communautés avaient disparu. Une ère nouvelle s'offrit au commerce, et il se reconstitua sur une base large et féconde, la liberté commerciale. L'industrie se développa sous l'influence bienfaisante de l'ordre, de la confiance, du crédit, et de cette époque datent les commencements de nos progrès industriels.

La consommation de la dentelle, qui avait à peu près disparu pendant les douze années précédentes, reprit de l'activité, et les ouvrières purent retrouver dans leur travail d'autrefois un salaire avantageux [1]. Cette reprise se fit sentir d'abord dans les villes qui fabriquaient des dentelles à bas prix, telles que Caen, Bayeux, Mirecourt, le Puy et Arras.

Plus tard, à la suite de l'Empire et du couronnement, les dentelles de grand luxe, d'Alençon, de Chantilly et de Bruxelles (la Belgique était alors française), furent de nouveau recherchées.

Il est à remarquer qu'à cette époque non-seulement l'industrie de la dentelle reprit faveur, mais encore qu'elle changea son genre de fabrication et le style de ses dessins.

Comme nous l'avons déjà dit, les anciennes dentelles exigeaient beaucoup de temps à fabriquer; il fallait souvent des années pour leur complet achèvement. On ne voulait que des dentelles très-solides, qui pussent suffire à tous les emplois et se transmettre d'héritage en héritage : aussi étaient-elles en général lourdes, chargées de mat et de toilé, et n'ayant aucune analogie avec celles de notre époque.

Le luxe, longtemps comprimé, se releva vivement avec la reprise des affaires; la dentelle fut demandée de toutes parts

poque de son mariage. Cette coiffure est le dernier beau morceau qui ait été fabriqué.

[1] Sous l'Empire, les ouvrières de Caen et des environs gagnaient jusqu'à 3 francs par jour.

avec une telle insistance, qu'on fut obligé de changer, sinon la méthode de fabrication, du moins le mode de production.

D'un autre côté, de profondes modifications avaient eu lieu dans nos institutions : l'égalité des classes dans l'ordre social et la diffusion des grandes fortunes étaient des problèmes résolus. On abandonna les anciens dessins de dentelles, trop ouvragés, pour les remplacer par des genres plus clairs, d'un goût et d'un style plus légers, et l'on dut imaginer de nouveaux moyens de production, afin de pouvoir satisfaire rapidement aux exigences de la demande; on perfectionna le point de *racceroc*, au moyen duquel on rejoint ensemble plusieurs morceaux de dentelles pour en faire une pièce complète. On put ainsi produire en un mois, au moyen de 10 ouvrières, ce qu'une seule n'aurait pu achever en un an.

C'est de cette époque que datent tous les dessins à lignes droites, à vases de fleurs, désignés généralement sous le nom de dessins de l'Empire.

Quoique notre goût personnel ne soit pas favorable à ces dessins, nous devons dire que le changement de fabrication a été un bonheur, et qu'il est une des causes du développement considérable que l'industrie dentellière a pu reconquérir.

C'est ce que nous aurons à expliquer plus loin.

Napoléon protégea spécialement les deux fabriques qui avaient le plus souffert, parce qu'elles ne vendaient que des objets extrêmement riches. Il fit des commandes personnelles très-considérables, et, à l'exemple de ce qui se passait à Versailles sous Louis XIV, on ne portait à la cour des Tuileries, si brillante alors, que des dentelles d'Alençon ou de Bruxelles : c'était en quelque sorte d'étiquette obligatoire.

La fabrique de point de France, qui avait presque entièrement cessé, reprit faveur; elle changea son genre et remplaça les anciens dessins lourds et épais par d'autres plus clairs et plus délicats, mélangés de jours riches et variés: aussi la dentelle d'Alençon arriva-t-elle à son plus haut degré de perfection.

. . . .

Les villes d'Alençon et de Bruxelles reconnaissent que c'est à Napoléon qu'elles doivent la conservation de leur industrie d'articles de grand luxe.

Il est resté chez tous les fabricants de ces deux villes un souvenir des belles commandes qu'ils recevaient de la cour impériale; ils en parlent comme de l'époque la plus remarquable de leur carrière industrielle, et cela s'explique, car depuis il ne s'est rien fait d'aussi fin, d'aussi riche, ni d'un prix aussi élevé que les dentelles exécutées pour le mariage de l'impératrice Marie-Louise. On se ferait difficilement une idée de la profusion et du luxe de ces splendides dentelles; il nous a été possible de les voir il y a quelques mois, et, sans connaître au juste le prix qu'elles ont pu coûter, nous n'hésitons pas à affirmer que, pour faire aujourd'hui les mêmes objets (ce qui serait sinon impossible, du moins très-difficile), il faudrait dépenser plus d'un million [1].

C'est aussi de cette époque que datent la prospérité et la renommée si bien établie de la fabrique de Chantilly.

Napoléon essaya également de relever l'ancienne et belle fabrication de Valenciennes. Il avança des fonds, et, par ses ordres, un atelier fut monté à l'hospice général; mais ce fut sans succès.

[1] Il y avait notamment une garniture de lit d'une richesse inouïe. La dentelle y était à profusion, depuis le baldaquin et les grands rideaux jusqu'aux couvre-pieds et aux taies d'oreiller, le tout en point d'Alençon, d'un réseau très-fin. Le motif principal du sujet représentait les armes de l'Empire, entourées d'une multitude d'abeilles. Il y avait également un rideau, appelé tapis de Diane, dont le dessin, fort bien compris, avait au centre un sujet allégorique représentant la naissance du roi de Rome : des Amours soutenaient les draperies du berceau. Cette magnifique pièce venait de la fabrique de Bruxelles. Il y avait, en outre, plusieurs autres morceaux, ainsi qu'une robe ayant appartenu, dit-on, à l'impératrice Joséphine. Le dessin de cette robe était à colonnades; les fleurs, moitié or et fil, d'un travail merveilleux, étaient appliquées sur un vrai réseau de Bruxelles, d'une finesse exceptionnelle. Ces dentelles sont maintenant à Paris; elles présentent, sans contredit, la collection de ce qui s'est fait de plus beau et de plus riche jusqu'à ce jour.

V.

ÉTAT STATIONNAIRE ET CRISE DANS LA FABRICATION, DE 1813 À 1830.

Le rétablissement de la prospérité et de la fabrication des dentelles aux fuseaux, de 1802 à 1812, se ressentit beaucoup des événements politiques de 1813 à 1817; mais, vers cette époque, un fait industriel qui se produisit lui fut bien plus funeste encore : nous voulons parler de la fabrication des tulles.

Comme nous l'avons déjà dit, la manière de faire les dentelles n'a pas changé depuis le xve siècle ; cependant, en 1809, après de longs essais, on parvint, à Nottingham (Angleterre), à fabriquer au métier une espèce de tissu à jour, auquel on donna le nom de tulles[1].

Les produits, d'abord grossiers, puis perfectionnés, arrivèrent à former une espèce de dentelle appelée *mecklin* (malines), et plus tard *tulle bobin* (dentelles à bobines).

Ce tissu nouveau, que l'on commença à fabriquer en France, à Calais, vers 1818, fit beaucoup de bruit. La mode s'en empara immédiatement avec une vogue excessive, et la dentelle aux fuseaux fut délaissée : on ne voulait plus que des tulles bobins.

Pendant quinze ans, cette concurrence fut si terrible, que les fabriques de dentelles baissèrent forcément le prix de la main-d'œuvre et diminuèrent de beaucoup leur production.

Le tulle, d'abord fort cher, ne fit concurrence qu'aux dentelles larges et fines, et principalement aux fabriques de la Belgique et de l'Angleterre; celles de la France ne s'en ressentirent que vers 1821.

La crise du commerce de dentelles devint extrêmement grave. Elle menaçait pour un moment l'existence même de la fabrication. Les Flandres réclamèrent secours et protection au Gouvernement des Pays-Bas, comme s'il était possible de lutter

[1] Ce nom vient de la dentelle aux fuseaux, appelée *point de tulle* à réseau clair. (Voir ci-après la 3e division sur les tulles et les dentelles à la mécanique.)

contre une puissance plus forte que tous les gouvernements, la mode.

Nos fabriques françaises, voyant la consommation de Paris et des grandes villes disparaître, s'adressèrent à l'étranger; mais l'Italie, l'Allemagne, l'Espagne, nos meilleurs débouchés d'autrefois, envahis aussi par les tulles, ne suffisaient plus à alimenter notre fabrication. Heureusement une nation nouvelle, dont la prospérité marchait rapidement, les États-Unis de l'Amérique septentrionale, vint offrir à nos fabriques un marché aussi important qu'inattendu. Une grande partie des dentelles de l'Auvergne et de la Lorraine s'y exportèrent avec avantage : celles du Puy à cause de leur bas prix et celles de Mirecourt pour leur bonne qualité et la nouveauté de leurs dessins.

Contrairement à la fabrication des dentelles de fil, celle des blondes de soie, que les mécaniques ne pouvaient produire, prit un immense accroissement; elle fut en pleine prospérité. La Normandie, et surtout la ville de Caen, en firent un commerce important. On en exportait des quantités prodigieuses en Angleterre, où elles entraient presque toutes en contrebande.

La blonde ne fut pas seulement l'occasion d'un grand et fructueux commerce; elle empêcha la crise qui existait sur les dentelles de gagner la Normandie, et elle procura aux ouvrières du Calvados un salaire relativement considérable[1]. Les tulles, d'abord assez rares et fort chers, offraient de grands avantages aux producteurs : aussi l'industrie tullière se développa-t-elle d'une manière vraiment surprenante. On en établit des manufactures de tous les côtés. La France, la Belgique, en produisaient beaucoup; l'Angleterre en inondait tous les pays, et spécialement le nôtre, où, malgré la prohibition qui

[1] Les ouvrières qui font la blonde de soie gagnent généralement 25 p. o/o de plus que celles qui travaillent la dentelle de fil.

En Angleterre, les dentellières souffrirent beaucoup plus qu'ailleurs de la concurrence des tulles; elles furent presque toutes obligées d'abandonner leur travail habituel pour tresser la paille (*straw plinting*).

existait et qui existe encore sur les tulles, elle parvenait à en introduire des quantités énormes.

Les perfectionnements apportés aux machines à tulles en quintuplèrent la production, qui devint exagérée. Il en résulta que les prix, malgré les nouveautés livrées sans cesse au commerce, ne tardèrent pas à diminuer dans une grande proportion.

Cette baisse du prix des tulles fut si forte et si rapide, qu'elle eut pour effet de rendre ce tissu extrêmement commun et de le déprécier[1]. La consommation se déplaça; la dentelle aux fuseaux, qui avait lutté courageusement, fut de nouveau recherchée par les classes aisées; elle se releva graduellement, et, après avoir traversé l'époque critique de 1830, elle entra, vers 1832, dans une voie de prospérité et de perfectionnement que nous allons examiner.

Il convient d'observer ici que, pendant la crise produite par les tulles sur l'industrie de la dentelle aux fuseaux, si cette dernière souffrit beaucoup, elle ne resta pas inactive: d'une part, elle parvint à créer une grande variété de genres et de dessins différents, et, de l'autre, à se procurer de nouveaux débouchés à l'étranger, et spécialement en Amérique.

VI.

DÉVELOPPEMENT ET PROSPÉRITÉ, DE 1831 À 1848.

C'est à partir de 1831 que la fabrication commença à reprendre faveur. Les articles de modes employaient alors beaucoup de dentelles; la consommation intérieure les rechercha de nouveau, et l'exportation prit de grands développements.

En Angleterre, les tulles avaient en quelque sorte anéanti

[1] Un mètre carré de tulle uni, en qualité moyenne, se payait à Nottingham, en 1812, 50 francs; en 1815, le prix était descendu à 41 francs; aujourd'hui, il se vend de 30 à 35 centimes. (Voir la division qui traite des tulles et des dentelles à la mécanique.)

la fabrication des dentelles aux fuseaux dans les comtés de Bedford, d'Oxford, de Buckingham et de Devon. Ce fut un des pays où nos dentelles et nos blondes s'exportèrent avec avantage et en grande quantité.

L'Amérique du Nord, où les modes de Paris sont si recherchées, fut aussi un de nos meilleurs débouchés.

Les fabriques de blondes et de dentelles de la Catalogne étaient en décadence; les fabricants de Chantilly, de Bayeux et de Caen réussirent à exporter beaucoup de morceaux de blonde mate, blanche et noire, très-estimée en Espagne et dans les mers du Sud, à cause de la perfection du travail et du style du dessin, appropriés avec une rigoureuse exactitude au goût de ces pays.

Les colonies espagnoles adressaient aussi leurs commandes à la France, qui produisait avec un égal succès la *mantille* espagnole ou mexicaine et la *toalas* havanaise.

Toutes nos fabriques, excepté celle d'Alençon, furent, à partir de 1834, en pleine prospérité. Le salaire des ouvrières augmenta dans une proportion de 25 p. o/o; la fabrication, activée par une vente facile, se régularisa d'une manière plus intelligente qu'autrefois; elle renouvela les anciens dessins et produisit des articles nouveaux et de bon goût, qui donnèrent un nouvel essor à la consommation.

On commença alors à fabriquer des articles moins chargés d'ouvrage et d'une maille beaucoup plus élargie, ce qui permit d'offrir aux consommateurs des dentelles à des prix en apparence bien inférieurs à ceux d'autrefois.

D'un objet de luxe on fit un produit plus commercial et d'un usage presque général. La solidité laissait à désirer; mais la beauté du tissu y gagna en légèreté, en netteté, en motifs gracieux et variés.

La consommation s'agrandit; d'un autre côté, les ouvrières trouvaient un salaire plus avantageux, et les fabricants un écoulement plus prompt et plus régulier de leurs marchandises.

Nos bonnes ouvrières ne perdent pas pour cela l'aptitude de

faire de beaux et riches morceaux. C'est une erreur de penser qu'on ne pourrait produire aujourd'hui des dentelles aussi fines ni aussi ouvragées qu'autrefois. Tout ce qui s'est fait de plus beau peut se faire encore; ce n'est qu'une question de prix et de temps.

Vers cette époque (1832-1833), on commença à substituer le fil de coton au fil de lin (*fil de mulquinerie*). Les ouvrières l'adoptèrent toutes avec empressement, parce qu'il leur offrait de grands avantages : le fil de coton est plus élastique et moins cassant; il donne à la dentelle un coup d'œil plus brillant, et il est moins cher[1].

Aux yeux de certaines personnes, l'emploi du fil de coton au lieu de fil de mulquinerie, est un mal au point de vue de la qualité; mais les progrès de l'industrie sont toujours un bien, et il est incontestable que l'emploi du coton, au lieu de fil, a beaucoup développé l'industrie dentellière, en augmentant la consommation et en facilitant la production.

Presque tous les fils de lin, employés comme matière première pour les dentelles blanches fines, venaient autrefois de la Belgique ou du département du Nord. Depuis qu'on emploie le coton, les filateurs de Lille sont parvenus à produire un filé spécial pour les dentelles, qui est quelquefois supérieur au coton anglais, et même il est constant que les fabricants belges achètent aujourd'hui à Lille une partie de leurs fils à dentelle.

Autrefois les fabriques de dentelles renouvelaient fort peu leurs dessins. Pendant de longues années on faisait les mêmes articles : c'était toujours le même style et le même genre. Il

[1] Le fil de lin entrait généralement pour 15 à 20 p. 0/0 dans le prix d'une dentelle; le fil de coton n'y entre que pour 7 à 10 p. 0/0 au plus.

Aujourd'hui, toutes les dentelles de toutes les fabriques de France et de l'étranger sont faites avec du fil de coton; il n'y a d'exception que pour la fabrication des points d'Alençon et pour quelques rares pièces de Belgique, telles que le vrai réseau de Bruxelles ou les guipures communes. Il est certain qu'on ne peut, à la vue, reconnaître si une dentelle est en fil ou en coton; celle en coton se blanchit aussi bien que celle en fil de lin.

y avait alors si peu de changement que chaque dessin avait un nom distinctif.

Aujourd'hui ils se renouvellent d'une manière incessante. Nos fabricants suivent tous les caprices, toutes les exigences de la mode; plusieurs ont des dessinateurs spéciaux attachés à leur fabrication. C'est là un très-grand élément de prospérité. La nouveauté des dessins excite la consommation, et nous n'hésitons pas à affirmer que tous les progrès qui se sont produits dans cette industrie sont dus aux fabricants qui ont adjoint à leurs manufactures des dessinateurs habiles, dont ils dirigent constamment le goût vers des productions nouvelles, appropriées aux modes et aux idées du jour.

C'est à ces industriels intelligents que l'on doit la prospérité de la dentelle française. Parmi les qualités diverses qui la font rechercher, une des plus précieuses est la variété et le goût des dessins. Toutes les fabriques étrangères copient nos genres et nos nouveautés, et, si, par suite du bas prix du salaire, quelques pays parviennent à produire à des prix inférieurs aux nôtres, ils ont tous le désavantage de n'offrir que des dessins déjà connus des acheteurs, et très-souvent abandonnés par nos fabricants.

A part deux ou trois genres spéciaux qui ne se font qu'en Belgique, nous produisons en France des dentelles de toutes sortes, recherchées du monde entier. Dans aucun pays on ne fabrique une aussi grande quantité de genres différents; nulle part les dessins n'ont ce cachet de distinction ni de haute nouveauté qui caractérise les nôtres. Aussi les fabriques de Genève et du val de Travers (Suisse), si renommées pour les dentelles claires, ont dû cesser devant la variété de dessins de celle de Mirecourt, comme les blondes de la Catalogne, malgré leurs bas prix, ne peuvent soutenir la concurrence de nos blondes de Caen, et moins encore celles des morceaux de dentelles de Bayeux.

Pendant les dix-sept années de calme, de paix et de liberté du règne de Louis-Philippe (1831 à 1848), la fabrique des dentelles et des blondes n'a pas cessé un seul jour d'être en grande prospérité; nos débouchés se sont multipliés, notre fabrication s'est accrue et améliorée, le nombre des ouvrières et des fabricants s'est augmenté. Nous sommes parvenus à ne craindre aucune concurrence pour certains articles que nous produisons d'une manière incontestablement supérieure, tels que nos fines dentelles blanches et noires, nos riches blondes mates ou brillantes, et nos magnifiques morceaux en dentelle de fil ou de soie.

Il nous reste maintenant à établir la position actuelle de l'industrie dentellière et à examiner les centres de fabrication qui ont un genre spécial.

SECONDE PARTIE.

ÉTAT ACTUEL

DE LA FABRICATION DES DENTELLES ET DES BLONDES EN FRANCE.

1851-1852.

Comme nous l'avons déjà dit, chaque fabrique quoique ayant la même matière première, le même métier et la même méthode de travail (Alençon excepté), produit des genres différents, auxquels on donne le nom de la ville qui est le centre du marché.

Pour plus de clarté dans ce travail, nous allons examiner séparément chacune de nos principales manufactures, dont voici la nomenclature :

1° Point d'Alençon;
2° Dentelles de Bailleul;
3° ——— de Lille et d'Arras;
4° ——— de Chantilly;
5° ——— de Caen et de Bayeux;
6° ——— de Mirecourt;
7° ——— du Puy;
8° Travail de Paris.

I.

FABRIQUE D'ALENÇON.

L'ancien point de France, appelé aujourd'hui point d'Alençon, après avoir repris faveur sous l'Empire, fut abandonné de la consommation. On ne forma plus de nouvelles ouvrières, le nombre des anciennes diminuait tous les jours; et, comme il en faut quatorze de différentes spécialités pour faire la plus simple dentelle, on était arrivé à craindre pour un moment de voir cette industrie s'éteindre. La stagnation de cette manufacture qui, avant la révolution de 1789, occupait de 8,000 à 9,000 ouvrières et produisait pour 3 à 4 millions de points, fut si grande, qu'à peine s'il restait, en 1830, 200 ou 300 ouvrières, dont les produits ne dépassaient pas 30,000 francs [1].

Différents essais infructueux furent tentés pour relever cette belle industrie. La maison Docagne (la seule maison spéciale qui restât à Paris) ayant obtenu des commandes de Mme la duchesse d'Angoulême, put conserver un certain nombre d'excellentes ouvrières; mais la consommation était si faible, qu'elle ne continua la fabrication que sur une échelle restreinte.

En 1836, M. le baron Mercier, guidé par le désir de fabriquer cette dentelle à des prix plus favorables à la vente, monta une école de jeunes filles et imagina d'employer le tulle bobin pour obtenir plus économiquement le point de *bride*. Ce système fort ingénieux, et pour lequel il prit un brevet, ne put lutter contre la mode, qui n'était pas favorable au point de bride; il fut abandonné.

La fabrique d'Alençon était en pleine décadence, lorsqu'en 1840 MM. Videcoq et Simon, qui avaient une commande à exécuter, firent un voyage d'étude à Alençon. Malgré le dépérissement de cette fabrication, ces messieurs furent étonnés

[1] D'après un rapport rédigé en l'an IX, il y avait, en 1788, près de 8,000 ouvrières à Alençon et dans ses environs.

des ressources qu'elle présentait. Ils pensèrent avec raison que, pour faire rechercher cette belle dentelle des riches consommateurs, il fallait sortir des anciens dessins qui s'y faisaient et en monter de nouveaux, appropriés au goût de notre époque et à la mode du jour. Ils réussirent, et, depuis, le nombre des ouvrières qui, en 1840, n'était plus que de 270, toutes âgées et gagnant à peine 1 franc à 1 fr. 25 cent. par jour, n'a fait qu'augmenter ainsi que leur salaire.

A partir de 1841, le point d'Alençon reprit faveur. Plusieurs maisons de Paris firent exécuter de magnifiques morceaux, avec des dessins d'une grande richesse, et aujourd'hui cette dentelle est la plus fine et la plus somptueuse, non-seulement de la France, mais du monde entier.

C'est aussi la plus chère. Elle est arrivée à une perfection sans égale, et certains morceaux prennent réellement les proportions d'un objet d'art. Ajoutons qu'elle est d'une solidité qui défie le temps et même le blanchissage : aussi lui a-t-on donné et mérite-t-elle le nom de *Reine des dentelles* [1].

La dentelle d'Alençon est la seule en France qui ne se fasse pas aux fuseaux sur le carreau. Elle est entièrement travaillée à la main, sur un parchemin, avec une aiguille et une petite pince. C'est la seule qui soit exclusivement fabriquée en fil de lin, et qui emploie du crin pour l'entourage des jours.

II.

DENTELLES DE BAILLEUL (NORD).

Les véritables valenciennes ne se faisaient que dans la ville de ce nom avant 1790; celles que l'on fabriquait à Lille, à Bailleul, à Avesnes, à Cassel, à Armentières, etc., et même celles de la Belgique, se nommaient fausses valenciennes.

Mais, si cette industrie a disparu de Valenciennes, le nom de cette ville est resté à cette espèce de dentelle; qu'elle soit

[1] Voir pages 12 et 13 pour les détails historiques de la fabrication du point d'Alençon.

fabriquée en France, en Belgique, en Allemagne ou ailleurs, elle garde toujours sa désignation première.

De toutes les villes qui, en France, font le point de valenciennes, Bailleul est celle où cette fabrication est la plus ancienne et où elle a le plus d'importance; elle s'étend à toutes les villes ou villages des environs, notamment à Hazebrouck, Bergues, etc.

En 1788, on ne comptait à Bailleul, à Cassel et dans tout l'arrondissement d'Hazebrouck que 1,351 ouvrières[1]. En 1802, le nombre était diminué; mais, depuis, il n'a fait que progresser. En 1830, il était de 2,500; il est aujourd'hui de près de 8,000 ouvrières, répandues dans plus de vingt communes.

Avant 1830, on ne faisait guère, à Bailleul, que des entoilages ou des dentelles à bords droits, destinés à la Normandie. Les dessins variaient peu. A partir de 1832, on a adopté les genres festonnés, puis des dessins à motifs nouveaux pour Paris. De cette époque datent les progrès et l'accroissement de la fabrique de Bailleul. Elle est aujourd'hui en pleine prospérité.

La dentelle qui sort de cette ville n'est pas très-estimée à Paris : elle n'a ni le fini ni la légèreté de celle de la Belgique; elle est un peu molle au toucher; sa maille est ronde et le réseau épais, mais elle est très-solide et à bas prix. Elle est généralement employée comme *dentelle-linge*.

Les ouvrières de Bailleul et des campagnes environnantes ont une qualité fort rare et très-appréciée : c'est de faire leurs dentelles avec une blancheur qui égale celle du fil. Ce sont les valenciennes les plus blanches qui se fabriquent. Elles sont recherchées pour l'exportation, en Angleterre, en Amérique et dans l'Inde.

Cette manufacture a beaucoup d'avenir. La qualité de ses produits est solide, les dessins sont variés et de bon goût. Elle a, il est vrai, beaucoup à faire pour obtenir des réseaux nets

[1] Statistique du département du Nord de 1804.

et clairs; mais les progrès réalisés depuis vingt ans font espérer qu'elle arrivera, sinon à la perfection de la valenciennes d'Ypres (Belgique), au moins à celle de Bruges, dont il se vend annuellement en France pour 3 à 4 millions.

III.

DENTELLES DE LILLE ET D'ARRAS.

La fabrication de ces deux villes est identique; l'une et l'autre ne font en quelque sorte que des dentelles blanches à fonds clairs; mais les produits de Lille sont bien supérieurs à ceux d'Arras.

La fabrique de Lille est aussi ancienne que celle des villes de Belgique; ses ouvrières sont très-exercées et travaillent le fond clair, dit *point de Lille*, avec une perfection et une finesse dont nulle autre fabrique n'a pu encore approcher.

Sa renommée est établie depuis des siècles, non-seulement en France, mais encore à l'étranger, et spécialement à Londres, où elle est fort estimée.

Le nombre des dentellières était, à Lille, en 1788, de plus de 16,000[1]; depuis, il a constamment diminué : cela tient, d'une part, à la concurrence de la fabrique de Mirecourt, et, de l'autre, au grand nombre d'établissements industriels qui se sont formés à Lille et aux environs, et dans lesquels les ouvrières trouvent un salaire plus avantageux.

Lors de la grande prospérité de cette fabrique, avant 1790, elle produisait 120,000 pièces de dentelles (fonds clairs, fonds doubles et points de Valenciennes), mesurant chacune de 7 à 9 mètres, et s'élevant ensemble à une valeur de plus de 4 millions de francs. La matière première y entrait seulement pour 6 à 700,000 francs[2]; le reste représente le salaire payé aux ouvrières. Aujourd'hui la fabrication de Lille est réduite de beaucoup : elle n'occupe guère plus de 1,500 à 1,800 ouvrières; mais ses dentelles sont toujours les plus

[1] L'hôpital de Lille renfermait 700 ouvrières, qui ne travaillaient que le point de Valenciennes. (Savary, *Dictionnaire du commerce*, édition de 1723.)

[2] Statistique du département du Nord, 1804.

claires, les plus fines et les plus estimées de tous les produits similaires de France ou de l'étranger.

L'industrie dentellière a été, dit-on, introduite à Arras par Charles-Quint. Elle était prospère au XVIIIe siècle; mais ce fut sous l'Empire, de 1804 à 1812, qu'elle atteignit sa plus grande production. Depuis, elle a toujours diminué; néanmoins, on estime encore le nombre des ouvrières à 8,000, répandues à 12 kilomètres de cette ville. Leur salaire est modique : en moyenne, il ne dépasse pas 65 centimes par jour.

Le défaut de cette manufacture est de ne pas changer assez souvent de dessins. C'est la fabrique de France qui les varie le moins : elle reproduit depuis plus de vingt-cinq ans les mêmes motifs et les mêmes genres; aussi arrive-t-elle, par suite de la célérité qu'acquiert l'ouvrière en faisant toujours le même travail, à obtenir ses produits à des prix très-favorables à la vente, ce qui lui en assure un prompt et facile écoulement.

La dentelle d'Arras, sans être aussi estimée ni aussi fine que celle de Lille, a des qualités précieuses : elle est très-solide, ferme au toucher et d'un blanc parfait, ce qui la fait rechercher à Paris pour la confection des articles de lingerie, et pour l'exportation, qui ne trouve dans aucune autre fabrique ce triple mérite à des prix aussi avantageux.

IV.

DENTELLES DE CHANTILLY.

On attribue l'introduction de l'industrie dentellière dans les environs de Chantilly à Catherine d'Orléans, duchesse de Longueville, qui fit venir des ouvrières de Dieppe et du Havre à son château d'Étrépagny, où elle se retira au commencement du XVIIe siècle, et où elle établit des écoles; mais il est à peu près certain qu'il existait déjà des dentellières aux environs de Paris, notamment à Louvres et à Chantilly.

La ville de Chantilly, étant le centre du pays où se travaillait la dentelle, a donné son nom aux dentelles de toutes les communes environnantes. Aujourd'hui cette fabrication est répandue dans plus de cent bourgs et villages, dont les principaux sont : Saint-Maximin, Viarmes, Méru, Luzarches et Dammartin.

La proximité et la consommation de Paris développèrent rapidement cette fabrication ; les articles étroits et ordinaires qui s'y faisaient d'abord furent remplacés par la guipure et par les dentelles de fil blanc et de soie noire.

Plus tard, en 1805, la blonde blanche en bandes et en morceaux occupa une grande partie des ouvrières. Les blondes et les dentelles noires étaient alors très-recherchées; il s'en exportait beaucoup en Espagne et aux colonies espagnoles. Nulle part on ne fabriquait d'une manière aussi parfaite les grandes pièces, telles que mantilles, écharpes, etc.[1].

Vers 1835, la dentelle noire ayant repris faveur, toutes les ouvrières furent occupées à faire des fonds de champ noir en soie, puis des fonds clairs, dits *d'Alençon,* qu'elles n'ont pas cessé de produire jusqu'à ce jour avec une supériorité incontestable.

Les dentelles et les blondes de Chantilly ont à lutter avec celles du Calvados, et spécialement avec celles de Bayeux, dont le travail est identiquement le même; néanmoins, les premières ont une renommée si ancienne et si bien établie, qu'on se plaît toujours à leur reconnaître une supériorité, surtout pour la finesse du réseau et le tissu des fleurs plus serré, ce qui leur donne au toucher une fermeté naturelle fort appréciée des consommateurs.

On estime le nombre des ouvrières de la fabrique de Chantilly à 8 ou 9,000. Elles ne font que des produits extra-fins. Leur travail est d'une perfection irréprochable, et les dessins, renouvelés journellement selon les caprices de la mode, sont de la plus grande richesse. Aussi les robes, châles, écharpes, voiles, etc., en dentelle noire de Chantilly s'adressent moins à la consommation générale qu'à celles du grand luxe; elles n'ont aucune concurrence à craindre de l'étranger.

[1] On cite, parmi les fabricants qui ont le plus contribué à la réputation de Chantilly, MM. Moreau père et fils, M. Jaimes, etc.

V.

DENTELLES ET BLONDES DE CAEN ET DE BAYEUX.

La perfection de ces deux villes étant à peu près la même, nous jugeons convenable de les réunir. Celle de Caen est plus connue pour les dentelles et les blondes de soie, et celle de Bayeux pour les grands morceaux de fil ou de soie.

Autrefois, on ne faisait à Caen[1] que des dentelles blanches et noires en fil de lin (les noires surtout étaient renommées); puis vinrent les blondes appelées *nankins,* du nom et de la couleur de la soie primitivement employée. Ce beau tissu a pris une grande importance commerciale. La blonde de Normandie a toujours été en réputation. Dans aucun pays on n'a jamais pu atteindre le brillant, la légèreté ni la fraîcheur de celle de Caen. Elle était fort recherchée, et il s'en exportait des quantités considérables à l'étranger, principalement en Angleterre.

C'est de Caen que sortent ces riches blondes or et argent quelquefois mélangées de perles, ces coiffures brillantes et légères, ces charmantes nouveautés de tous genres et de toutes couleurs, dont nulle autre fabrique ne saurait égaler la perfection.

A partir de 1840, par suite des variations de la mode, qui n'était plus aussi favorable à la blonde, on fit faire aux ouvrières des dentelles de soie noire, qu'elles ont bientôt su travailler avec succès.

En général, la fabrication de Caen et des communes environnantes est excellente; elle est dirigée avec goût et intelligence. Les dentelles et les morceaux de soie noire y sont l'objet d'un commerce considérable à l'intérieur et pour l'exportation.

Depuis deux ans il se fait à Mondeville, près de Caen, de délicieux objets en dentelle. Ce n'est pas positivement une

[1] Le rapport de l'exposition départementale de 1811 attribue la fondation de la première fabrique de dentelles, aux environs de Caen, à M. Simon.

invention, mais c'est une nouvelle application de la dentelle à la fabrication d'objets classés, jusqu'à ce jour, dans le domaine des fleurs artificielles. Rien de plus joli que ces légères guirlandes, ces bouquets de fleurs et de fruits destinés à la coiffure des dames. Cette fabrication est dirigée avec une aptitude et une intelligence rares; on y obtient des ouvrières un travail exceptionnel qui surpasse en nouveautés et en gracieux détails tout ce qu'on a vu, jusqu'à ce jour, de plus fin et de plus délicat en dentelles.

On a commencé à faire des dentelles à Bayeux dans les couvents et dans les écoles dirigées par les religieuses dites de la Providence. C'est en 1740 que s'établit la première maison de commerce, sous les auspices de M. Clément[1]. A partir de cette date, la fabrication des dentelles a pris dans cette ville un grand accroissement, et s'est constamment améliorée. Les ouvrières ont beaucoup d'aptitude pour ce travail, et aujourd'hui c'est une des plus belles manufactures de France. Ses produits sont arrivés à une perfection qui égale celle des plus riches morceaux de Chantilly. Il est même certain que les articles fins de Bayeux se placent dans le commerce de détail comme dentelles de Chantilly, avec d'autant plus de facilité que la matière première, les dessins et la fabrication sont identiques, et qu'il est presque impossible à l'œil le plus exercé d'apercevoir la moindre différence.

La fabrique de Bayeux est bien changée. Autrefois on n'y faisait que des dentelles en fil de lin (point de tulle), appelées généralement blondes de fil, puis on y travailla de grands morceaux en fil blanc. C'est même à cet article qu'elle doit sa réputation; nulle autre fabrique d'aucun pays ne pouvait les établir à des prix plus favorables. Depuis 1848, le fil est à peu près abandonné; il a été remplacé par la soie, et maintenant presque toutes les ouvrières sont occupées aux dentelles de soie noire.

C'est vers 1827 que Mᵐᵉ Carpentier fit faire à Bayeux des

[1] Histoire des villes de France.

blondes de soie pour la consommation française. Plus tard, en 1831, une de nos maisons les plus renommées (MM. A. Lefébure et Sœur) y introduisit la fabrication des blondes mates pour l'exportation. Les progrès furent si rapides, que la ville de Caen, qui seule s'adonnait à ce genre, l'abandonna en quelque sorte, et ne put lutter devant la concurrence de Bayeux.

Bayeux est la seule ville qui produise les grandes pièces en dentelles de fil, les aubes, les dessus de lit, les robes, etc., (il y a des pièces qui ont quatre mètres carrés), ainsi que les morceaux en blonde mi-mate et gros-mate, tels que mantilles espagnoles, havanaises ou mexicaines, qui s'exportent en Espagne et dans les mers du Sud.

Cette fabrication demande beaucoup de soins. Il faut abandonner le goût français, établir des dessins lourds, chargés de mat et spécialement appropriés aux costumes et aux modes de chaque pays. M. A. Lefébure, qui est presque le seul producteur de ces articles, s'est attaché un dessinateur habile, qui, sous sa direction, est arrivé à rendre avec fidélité les indications des exportateurs et à attirer en France les demandes des pays qui s'adressaient autrefois à l'Espagne.

Ce qui contribua à l'immense développement auquel est parvenue la fabrication calvadossienne fut la découverte du *point de raccroc,* moyen par lequel on joint les bandes travaillées séparément, puis réunies d'une manière imperceptible à l'œil même du fabricant. Cet ingénieux procédé, inventé, dit-on, par une ouvrière nommée *Cahanet,* permet de diviser les grandes pièces d'ouvrage et d'y employer un nombre indéterminé d'ouvrières, tandis qu'auparavant il n'était guère possible d'en employer plus de deux à la fois sur les morceaux d'une grande étendue. On peut ainsi produire infiniment plus vite et à des prix proportionnellement réduits [1].

[1] Autrefois, pour faire une écharpe riche en dentelle, confiée à deux ouvrières, il fallait près de six mois d'un travail continu; aujourd'hui, le même travail se fait en un mois par dix ouvrières.

Le point de raccroc, à son apparition en Normandie[1], n'était qu'une couture assez grossière ; ce ne fut qu'en 1833 qu'il arriva, après avoir subi de nombreuses améliorations, à sa perfection actuelle. Ce point a causé une révolution complète dans la fabrication des grandes pièces; on lui doit la supériorité de nos riches morceaux de dentelle de fil et de soie, pour lesquels nous n'avons aucune concurrence à craindre de l'étranger.

La fabrication de Caen et de Bayeux est dans des conditions exceptionnellement avantageuses, puisqu'elle produit en même temps la dentelle de fil et celle de soie. Quand un genre tombe, on l'abandonne pour reprendre celui en faveur : il en résulte que les ouvrières du Calvados sont constamment occupées, tout en variant leurs produits; elles ont une habileté égale pour travailler le fil ou la soie, la blonde ou la dentelle.

En 1785, on comptait à Caen, à Bayeux et dans les environs, 20,000 ouvrières. La prospérité de cette fabrication allait en augmentant, lorsqu'elle fut anéantie presque entièrement par la révolution.

Sous l'Empire elle se releva avec succès, et, depuis, elle n'a fait que grandir. Quand les autres fabriques souffraient de la concurrence des tulles (1820-1832), celle de Caen, qui faisait des blondes de soie, était en pleine prospérité.

On estime qu'il y a aujourd'hui près de 55,000 à 60,000 ouvrières occupées par les fabricants de Caen, de Bayeux et des environs; elles sont répandues sur les bords de la mer jusqu'à Cherbourg, où il y a un atelier dirigé par des religieuses de la Providence[2].

On peut répartir le nombre des dentellières de la Normandie de la manière suivante :

[1] Le point de raccroc est très-ancien ; il date de plus de trois cents ans, mais il n'était alors connu qu'à Bruxelles et à Alençon. Le travail du raccroc diffère pour chaque sorte de dentelle.

[2] Il se fabrique aussi des dentelles noires et blanches à Lannion (Côtes-du-Nord).

Arrondissement de Caen.............	25,000
——— de Bayeux............	15,000
——— de Pont-l'Évêque...... } ——— de Falaise et de Lisieux.. }	10,000
Départements de la Manche et de la Seine-Inférieure...........	10,000
Total...........	60,000[1]

Elles gagnent de 50 centimes à 1 fr. 25 cent. par jour et leurs produits sont estimés de 8 à 12 millions.

VI.

DENTELLES DE MIRECOURT.

Les dentelles de Lorraine se fabriquent principalement à Mirecourt (Vosges) et dans les environs, jusque dans le département de la Meurthe[2]. C'était déjà autrefois une des branches importantes de l'industrie de ce pays[3].

Cette fabrique, qui est une des plus anciennes, n'employait, depuis des siècles, que des fils de chanvre, filés dans les environs (à Épinal et surtout à Châtel-sur-Moselle), avec lesquels on travaillait une espèce de guipure grossière appelée *passement*[4]; plus tard, on arriva à faire, avec du fil de Flandre, des points doubles, puis, vers 1804, des fonds clairs qui, dès leur apparition, furent très-recherchés.

Avant la réunion de la Lorraine à la France (1766), on

[1] Il y a des fabricants et même des écrivains qui portent le nombre des ouvrières à 70,000.

[2] On fabriquait aussi autrefois des dentelles à Bar-le-Duc et à Saint-Mihiel (Meuse) : ces dernières étaient fort communes. Il ne s'en fait plus ou fort peu.

[3] Savary, dans son *Dictionnaire du commerce* (édition de 1723), dit que la manufacture de dentelles de Mirecourt est presque la seule de la Lorraine qui mérite quelque attention. Un édit du duc Léopold Ier, de 1715, réglementa la fabrique de Mirecourt.

[4] On désigne encore, dans le pays, la dentelle par le mot patois *peussemot*, et celui qui achète par celui de *peussemotier*.

ne comptait guère dans la fabrique de Mirecourt que 6,000 à 8,000 ouvrières, dont les produits, estimés pour leur solidité, étaient livrés au commerce d'exportation, surtout en destination des États allemands [1]. Depuis cette époque, leur nombre s'est considérablement augmenté : il s'élève jusqu'à près de 25,000.

Vers le commencement de ce siècle, la fabrication se modifia. L'exportation cessa en partie, pour faire place à une vente très-active dans l'intérieur de la France. On fit alors beaucoup de points de Flandre (points clairs), importés en Lorraine par des commerçants de Mirecourt qui rapportaient de leurs voyages en Suisse et en Flandre des dessins et des échantillons [2].

Lorsque les fabricants de Mirecourt firent venir des dessinateurs, on changea complétement les anciens dessins; les succès et les progrès furent aussi complets que rapides, et les fabriques de Lille, de Genève et du val de Travers (Suisse), qui avaient fourni aux ouvrières de Mirecourt les premiers dessins, eurent une rivale sérieuse. La concurrence devint si vive, que la manufacture de Lille, forcée de baisser ses prix, vit tous les jours sa production diminuer; la fabrication suisse, plus directement atteinte, succomba dans la lutte.

De toutes les fabriques de dentelles, la fabrique de Mirecourt est celle dont les dessins se renouvellent le plus souvent. Elle est justement renommée par le bon goût et la nouveauté de ses produits. Le travail est presque identiquement le même qu'à Lille ou à Arras. Il ne s'y fait guère que des dentelles blanches; néanmoins les ouvrières sont aptes à employer toutes sortes de matières premières.

[1] Les dentelles de Lorraine ne pouvaient entrer en France que par le bureau de Chaumont (ordonnance de 1687), et plus tard par celui de Jussey. Elles ne pouvaient sortir du pays sans un acquit-à-caution, qui se délivrait dans un petit village, à un myriamètre de Mirecourt, appelé Monthureux-le-Sec.

[2] M. Aubry-Febvrel (père de l'auteur de ce rapport) est un des fabricants qui ont le plus contribué à introduire le travail des points de Flandre à

Il y a quatre ou cinq ans, on a commencé à travailler avec succès à Mirecourt des fleurs en dentelle qui s'appliquent sur du tulle dit de Bruxelles. Cette fabrication a pris, depuis deux ans, un développement qui semble devoir acquérir de l'importance et menacer l'existence des anciens genres.

L'application de Mirecourt a beaucoup d'analogie avec celle de Bruxelles; elle n'a pu encore atteindre la perfection ni la finesse de cette dernière, mais elle tend tous les jours à y arriver.

Cette nouvelle fabrication, sous l'intelligente impulsion que lui donnent les fabricants, paraît être destinée à doter la France d'un produit que nous sommes forcés d'acheter à l'étranger (la Belgique exporte en France annuellement pour plus de 3 millions d'application). Certes il n'est guère possible de penser que Mirecourt puisse atteindre de longtemps la perfection des dentelles de Bruxelles; mais les progrès vraiment extraordinaires obtenus depuis deux ans donnent l'espoir fondé qu'on parviendra à exonérer notre pays d'une partie du tribut qu'il paye à la Belgique [1].

Les applications françaises ont, sur celles de la Belgique, un avantage que nous devons signaler : à Bruxelles, à Binche, etc., les fleurs des dentelles sortent des mains de l'ouvrière avec une nuance telle, qu'on est obligé de les blanchir avec du carbonate de plomb, ce qui est très-nuisible à la santé des appliqueuses; les fleurs de Mirecourt, au contraire, peuvent être appliquées en sortant des mains de l'ouvrière, leur blanc est toujours pur.

Aussi ces fleurs de dentelle commencent-elles à entrer dans la consommation. Elles se trouvent recherchées à cause de leur admirable fraîcheur et de leurs prix avantageux. Les

Mirecourt; c'est lui aussi qui attira de la Suisse des dessinateurs, dont le concours a été très-utile au développement de cette nouvelle fabrication.

[1] C'est à MM. Colnot, Dupas et Aubry frères, que l'on doit l'importation de cette nouvelle fabrication à Mirecourt. Nous devons dire cependant que M. Violard, de Paris, avait, avant eux, fait des essais et obtenu de beaux résultats à Courseulles (Calvados).

ouvrières de Mirecourt et des environs ont une aptitude remarquable pour tous les genres de dentelles. D'ailleurs, elles sont fort bien dirigées par les fabricants et par d'habiles dessinateurs.

Depuis 1848 on y fait des guipures qui ont beaucoup de ressemblance avec celles d'Honiton (Angleterre), et à des prix bien inférieurs. Ce produit nouveau est charmant; il nous paraît destiné à avoir du succès [1].

On y travaille aussi, en ce moment, des dentelles de crin et de fil d'aloès, avec motifs de paille entrelacés, servant à l'ornement des chapeaux de paille. C'est une nouvelle fabrication importée de la Suisse.

La statistique du département des Vosges porte le nombre des ouvrières à 30,000. Ce chiffre est exagéré : nous ne pensons pas qu'il y ait plus de 20,000 à 24,000 dentellières [2], qui gagnent, en moyenne, 80 centimes par jour, et dont les produits sont évalués à près de 3 millions. La plus grande partie de ces dentelles se consomme à Paris et dans l'intérieur de la France, et l'autre s'exporte avec avantage en Amérique, dans l'Inde anglaise et dans toutes les provinces d'Europe.

VII.

DENTELLES DU PUY.

La fabrication des dentelles en Auvergne remonte à une époque très-reculée. On la regarde comme la plus ancienne et la plus considérable de la France. Elle est répandue dans quatre départements (Haute-Loire, Cantal, Puy-de-Dôme, Loire), où elle occupe de 125,000 à 130,000 femmes et jeunes filles. C'est la principale et presque la seule industrie

[1] La fabrication de ce nouveau produit est due à M. Colnot aîné, de Diarville (Meurthe), qui était déjà connu pour divers perfectionnements, notamment pour une amélioration dans les dispositions du carreau (métier de l'ouvrière).

[2] A l'époque de la Révolution (1791 à 1798), le nombre des ouvrières était réduit à 800 (Desgoutte, préfet); elles ne gagnaient alors que 25 à 35 centimes par jour.

du département de la Haute-Loire, où il y a 70,000 dentellières[1].

Comme toutes les fabriques de dentelles, celle du Puy a subi bien des modifications; elle a eu des époques critiques (1640) et de grande prospérité (1833 à 1848).

Deux faits principaux nous paraissent intéressants à citer; ils sont caractéristiques.

Nous tenons le premier, que voici, de M. Aymard, archiviste du département de la Haute-Loire :

« A la cour du sénéchal du Puy, enregistré, on fit publier par tous les carrefours de cette ville, vers la fin de janvier 1640, une ordonnance du parlement de Toulouse qui défendait, sous peine de grosses amendes, à toutes personnes, de quelque sexe, qualité et conditions qu'elles fussent, de porter sur les vêtements, à dater du 7 février suivant, aucune dentelle, tant de soie que de fil blanc, ensemble passement, clinquant d'or ni d'argent fin ou faux[2]. »

Les motifs de cette ordonnance étaient, d'une part, qu'un grand nombre de femmes s'occupant de la dentelle, il en résultait beaucoup de difficultés de se procurer des domestiques, et, de l'autre, que l'usage de cet ajustement faisait disparaître les nuances de distinction entre les grands et les petits[3].

Cette ordonnance, on le comprend, causa beaucoup de sensation au Puy et dans tout le Vélay; les marchands de dentelles, et surtout les malheureuses femmes qui vivaient du produit de ce travail, en furent vivement affectés. Le père Régis, jésuite (depuis canonisé), qui se trouvait alors au Puy,

[1] Bertrand de Doue, président de la société agricole et commerciale du Puy (discours du 25 août 1840).

[2] Docteur Arnaud, *Histoire du Vélay*.

[3] En comparant cette ordonnance avec plusieurs édits royaux, on trouve une grande similitude de dates, surtout avec la déclaration du roi de novembre 1639, enregistrée le 5 décembre suivant; il est à remarquer, cependant, que le parlement de Toulouse était plus sévère encore que la déclaration du roi. (Voir page 6.)

où il inspirait beaucoup de vénération et de confiance, consola les ouvrières réduites à la mendicité; il leur fit espérer le prochain rétablissement de la fabrication, puis il alla à Toulouse, où il obtint la révocation de cette ordonnance ridicule. Il ne se contenta pas de ce bienfait : sous son inspiration, les jésuites ouvrirent au commerce de dentelles de l'Auvergne des débouchés en Espagne et dans le nouveau monde. Ces importants marchés furent l'occasion, pour cette fabrique, d'une grande prospérité, qui s'est maintenue jusqu'en 1790. Aussi les ouvrières de ce pays ont-elles saint François Régis en grande vénération, et l'ont-elles pris pour patron [1].

Le second fait est contemporain : il marque l'époque des progrès et de la prospérité de la fabrique du Puy.

Lorsque M. Falcon prit la suite des affaires de M. Robert-Faure père, dont il était l'élève, il appliqua à ses connaissances approfondies de la fabrication son talent de dessinateur; il modifia les genres et les dessins, et arriva à obtenir des résultats inconnus avant lui. Sous son intelligente impulsion, les ouvrières se perfectionnèrent, et, pour les stimuler, il fonda, avec la société agricole et commerciale du Puy, des prix d'émulation et d'encouragement pour les plus habiles.

Il fut récompensé par les grands succès qu'il obtint et par d'honorables et publiques félicitations. Nous avons cru, dans ce rapport, devoir rendre hommage à l'un des fabricants qui ont fait le plus de bien à l'industrie de leur pays.

La fabrique du Puy produit tous les genres de dentelles blanches ou de couleur, en soie, en fil, en laine, etc., depuis les blondes or et argent jusqu'aux plus petites passementeries à 5 centimes le mètre.

En général, elle ne fait que des dentelles ordinaires et communes, elle laisse à désirer pour les genres fins; mais ses prix sont des plus avantageux pour la vente, ce qui rend ses

[1] Dans la vie de saint François Régis par le père Daubenton, les faits ci-dessus se trouvent reproduits d'une manière un peu différente; cela tient surtout au caractère religieux de cet écrit.

produits accessibles à la consommation générale. Ils sont aussi très-recherchés par l'étranger. A toutes les époques, il s'en est exporté des quantités considérables. Autrefois l'Italie et surtout l'Espagne[1] étaient ses principaux débouchés; aujourd'hui il s'en expédie dans tous les pays du monde.

Il y a trente ans à peine, on ne fabriquait au Puy que des dentelles fort grossières, qui toutes avaient un nom distinctif (ces noms empruntaient presque tous un caractère religieux : *ave, pater, chapelets, etc.*). Aujourd'hui, à l'imitation de la manufacture de Saint-Étienne, qui tous les ans change les motifs de ses rubans, la fabrique du Puy est arrivée à offrir à la consommation une variété infinie de genres, qu'elle renouvelle de manière à provoquer un écoulement facile et avantageux à ses produits.

Les dentelles de fil blanc, fonds doubles et fonds clairs, et celles en soie noire forment la base principale de la fabrication.

Il y a deux ans, ses dentelles de laine, noires et de couleur, eurent un grand succès; il s'en vendit des quantités énormes pour tous les pays. Aujourd'hui elle offre au commerce des guipures blanches, avec des dessins d'un style oriental, qui se rapprochent beaucoup des passementeries qui se fabriquent à Malte, ainsi que d'autres guipures noires, mélangées de perles en jais, qui sont d'un bel effet et qui attestent l'initiative intelligente des fabricants.

Au moyen de ces nouveautés sans cesse renouvelées, les dentelles du Puy luttent avantageusement contre celles de la Saxe, qui seules peuvent leur faire concurrence pour les prix; mais, comme les dessins de celles-ci sont toujours copiés sur ceux du Puy ou de Mirecourt, il en résulte qu'elles n'arrivent sur les marchés étrangers que lorsque les nôtres y sont connues depuis longtemps.

[1] D'après Savary, il se vendait annuellement, en 1688, sur la place de Marseille, des dentelles du Puy et d'Aurillac pour plus de 350,000 livres; elles se consommaient dans la proportion de 10 p. 0/0 en Provence, de 15 p. 0/0 en Italie et de 75 p. 0/0 en Espagne.

VIII.

TRAVAIL DES OUVRIÈRES EN DENTELLES À PARIS.

Il existait autrefois des dentellières à Paris. Colbert établit une manufacture de points de France au château de Madrid, dans le bois de Boulogne.

Vers la fin du XVIIe siècle, un atelier fut monté au faubourg Saint-Antoine[1].

Depuis la révolution de 1789, il ne reste que peu d'ouvrières, toutes disséminées et sans direction.

Les dentelles or et argent qui se travaillent à Paris sont considérées comme passementeries; elles sont principalement employées pour décoration d'ameublements ou pour les costumes de théâtres.

Les dentellières belges, normandes ou lorraines établies à Paris ne peuvent être considérées comme faisant leur état de cette fabrication; leurs produits ont peu d'importance, et, d'ailleurs, elles sont presque toutes occupées aux passementeries qui se font aux fuseaux, telles que franges à jours, neiges, points de Bourgogne, picots, etc.

En dehors de cette catégorie d'ouvrières, il existe à Paris un grand nombre de femmes qui trouvent dans la dentelle une occupation lucrative et régulière, soit par le raccommodage, le reprisage, le raboutissage, etc., soit surtout pour l'application de fleurs de dentelles sur tulle réseau.

[1] Le comte de Marsan, fils du comte d'Harcourt, dit Voltaire, ayant amené de Bruxelles à Paris sa nourrice, nommée Dumont, avec ses quatre filles, lui fit obtenir le droit exclusif d'élever dans cette ville des ateliers de dentellières. Mme Dumont s'établit au faubourg Saint-Antoine; on lui donna un des Cent-Suisses du roi pour garder la porte de sa maison. En peu de temps, elle y réunit plus de 200 filles, entre lesquelles, dit un écrivain du temps, il y en avait plusieurs de qualité. Cette manufacture fut, depuis, transportée dans la rue Saint-Sauveur, et ensuite à l'hôtel Saint-Chaumont, près de la porte Saint-Denis. Mme Dumont, étant ensuite passée en Portugal, laissa la conduite de sa maison à Mlle de Marsan, qui fit venir trente principales ouvrières de Venise, et, peu après, les ouvrages sortis de cet atelier effacèrent les points de Venise.

Depuis quelques années, des fabricants et des commerçants de Paris achètent ou font fabriquer à Binche (Belgique) et à Mirecourt (Vosges) des fleurs de dentelles, qu'ils font appliquer à Paris sur les patrons les plus nouveaux et sur les dessins désignés par l'acheteur. De cette manière, et au moyen de ces fleurs toutes préparées, ils peuvent confectionner en deux ou trois jours une écharpe ou une robe en application (dite d'Angleterre) qui, commandée à Bruxelles, où il ne se fait presque rien d'avance, eût exigé plus d'un mois d'un travail continu.

Aussi le nombre des ouvrières appliqueuses, qui est déjà considérable, augmente-t-il tous les jours. C'est une nouvelle industrie importée à Paris : elle a beaucoup d'avenir.

D'après la statistique des industries de Paris, il y avait, en 1847, à Paris, 1,058 ouvrières en dentelles, pour toutes sortes d'ouvrages[1]. L'importance de la main-d'œuvre était de deux millions (1,915,196 francs).

Nous venons d'établir la situation industrielle, en 1851, des principaux centres de la fabrication des dentelles et des blondes en France. Il nous reste à parler des fabriques étrangères. Nous allons nous en occuper dans la troisième partie de ce rapport, en examinant les principaux objets exposés à Londres, en établissant leurs points de comparaison avec les produits français et en faisant ressortir leur importance, leurs qualités, leurs défauts et les éléments de succès ou de concurrence qu'ils peuvent avoir.

TROISIÈME PARTIE.

EXPOSITION UNIVERSELLE DE LONDRES.

COMPARAISON DES DENTELLES FRANÇAISES AVEC CELLES DES PAYS ÉTRANGERS.

Les principales fabriques de dentelles ou de blondes de tous

[1] Le nombre des ouvrières qui appliquent des fleurs de dentelles sur tulle a beaucoup augmenté depuis 1847.

les pays étaient représentées à l'Exposition de Londres; nous les passerons en revue[1], en les résumant en six catégories et en commençant par celles qui ont le moins d'importance, savoir :

1° Dentelles de Suisse et d'Italie;
2° ——— de Danemark;
3° ——— d'Espagne et de Portugal;
4° ——— d'Allemagne;
5° ——— de la Grande-Bretagne;
6° ——— de Belgique.

Puis nous examinerons l'exposition des dentelles françaises en désignant les produits qui ont brillé avec éclat à l'Exposition universelle de 1851.

I.

DENTELLES DE SUISSE ET D'ITALIE.

Si nous parlons de ces fabriques, autrefois renommées, c'est pour constater en quelque sorte leur anéantissement.

La Suisse n'a exposé que des échantillons de blondes et de dentelles des villes de Locle, Couvet et Chaux-de-Fonds (canton de Neufchâtel); ils n'avaient rien de remarquable. Cette fabrication ressemble beaucoup à celle de la France. Elle lui est inférieure pour la nouveauté des dessins, et ses prix sont comparativement plus élevés.

Autrefois, l'industrie de la dentelle occupait, dans tout le

[1] Il se fait des dentelles dans tous les pays. Nous ne parlons ici que des manufactures connues dans le commerce et ayant une certaine importance industrielle.

En Russie on travaille une espèce de guipure grossière qui ressemble à la dentelle dite *torchon;* elle se consomme dans l'intérieur du pays.

Il se fabrique aussi en Turquie une sorte de guipure fine en soie d'un genre oriental. Cette guipure est entièrement faite à l'aiguille et représente, soit en blanc, soit en noir, soit en couleurs mélangées, des fleurs, des fruits, des feuilles, etc. Elle est fort jolie et a un style tout particulier.

Le point de Turquie se travaille habituellement dans l'intérieur des harems; il est peu connu, n'a pas de similaire, et son prix est assez élevé. C'est la seule guipure de soie qui se fabrique à l'aiguille.

val de Travers (Suisse)[1], un grand nombre d'ouvrières; mais la concurrence de la fabrique de Mirecourt les fit disparaître. En 1844, à peine en restait-il quelques-unes très-âgées; il paraît que, depuis deux ans, on en a formé de nouvelles; mais leurs produits, que nous avons examinés, ne dénotent aucun progrès et ne font pas craindre une rivalité dangereuse pour les nôtres.

Les dentelles de Venise (*punti in arca*), de Gênes, de Raguse, etc., étaient, il y a deux siècles, les plus renommées du monde. Les points de Venise surtout, d'une richesse et d'un genre inconnus aujourd'hui, étaient l'occasion d'un commerce considérable. Toutes les plus belles guipures, celles qui offraient de si fins reliefs, de si gracieux contours, avec ces magnifiques corbeilles de fleurs superposées l'une sur l'autre, venaient d'Italie.

La dentelle d'Alençon leur fit une concurrence mortelle.

Depuis longtemps, la fabrication de ces riches points a cessé; mais il se fait encore à Gênes des châles, des robes et d'autres morceaux en dentelles de soie ou de fil.

Les objets exposés à Londres, en arrière d'un siècle pour le goût, étaient d'une imperfection qui atteste la décadence complète de cette industrie.

Il ne faut plus compter que pour mémoire les dentelles d'Italie.

II.

DENTELLES DE DANEMARK.

Cette industrie fut importée de Belgique à Tondern (Schleswick), par des moines au XVIe siècle. La première fabrique, dirigée par un nommé Stœnboest, produisait alors une espèce de tricot fin, mélangé d'ornements, qui était fort recherché. Plus tard (1772), des ouvrières venues du Brabant dirigèrent des écoles. Le travail se perfectionna, et l'on produisit des dentelles qui ressemblaient à celles de la Belgique et plus particulièrement au point de Malines.

[1] Pendant son séjour a Motier (val de Travers), J. J. Rousseau faisait souvent des lacets en dentelle (1762-1765).

Cette fabrication se développa rapidement; ses produits, à bas prix, s'exportaient en Angleterre, en Allemagne et en Amérique. On estime qu'il y avait, au XVIIIe siècle, 30,000 dentellières dans le nord-ouest du Schleswick[1], mais, à partir de 1789, elle n'a fait que décroître. La concurrence des tulles l'empêcha de se relever, et c'est seulement depuis quelques années qu'elle reprend de la vie. Il y a aujourd'hui 5,000 ouvrières à Brède et dans les environs de Tondern; elles sont habiles et se contentent d'un salaire modique (30 à 40 centimes par jour).

Les dentelles du Danemark sont de diverses espèces; on y fait encore les dessins et les genres les plus anciens : les uns ressemblent à l'antique valenciennes, d'autres à la malines. Toutes sont d'une belle qualité et d'une solidité qui se rencontre rarement aujourd'hui.

Depuis dix ans, on commence à y faire des points clairs (points de Lille), imitant les dessins et la finesse des dentelles de Lille ou de Mirecourt; cette fabrication est supérieure à celle de l'Allemagne, mais, comme celle-ci, elle n'a pas de dessins qui lui soient propres : elle se contente de copier les nôtres[2].

L'exposition de MM. Jens Wulf et fils était remarquable et digne d'être étudiée; les dentelles exposées, fort bien exécutées, d'une régularité parfaite et à des prix avantageux, annoncent que les ouvrières de ce pays sont habiles et bien dirigées.

III.

BLONDES ET DENTELLES D'ESPAGNE ET DE PORTUGAL.

L'Espagne est plus renommée pour les blondes de soie que pour les dentelles de fil; ces dernières sont d'une qualité si médiocre, qu'on en a en quelque sorte abandonné la fabrication.

[1] D'après Peuchet, on estime qu'il s'exportait annuellement, en 1772, des dentelles du Danemark pour 100,000 rixdales (516,000 francs).

[2] Tous les dessins de dentelles et de cols en dentelle étaient copiés sur ceux d'une maison de Mirecourt.

Cette industrie est fort ancienne, on croit qu'elle a été importée d'Italie; mais le genre du travail indiquerait, selon nous, qu'elle vient des Flandres [1].

Un écrivain du XVIIe siècle [2] dit qu'il y avait alors beaucoup de femmes occupées à faire des dentelles en or, en argent et en fil, avec une perfection qui égalait celle de la Flandre espagnole. Un autre auteur ancien (Campany) porte le nombre des dentellières à 12,000.

Le centre principal de cette fabrication est en Catalogne, où elle occupe, dit-on, 34,000 ouvrières. On en compte aussi 10,000 dans la Manche (province de Castille) [3]. Mais ces chiffres nous paraissent exagérés [4].

Elles peuvent gagner de 1 à 5 réaux par jour (27 centimes à 1 fr. 35 cent.), la moyenne du salaire ne dépasse pas 2 réaux (55 centimes) : le produit annuel s'élève à peine à 2 millions de francs. Il faut considérer qu'en Espagne plus qu'ailleurs encore, les dentellières ne travaillent pas continuellement. Dans ce pays, près d'un tiers de l'année est consacré aux fêtes du culte catholique, qu'elles observent avec une rigoureuse exactitude.

La soie employée est d'une qualité supérieure. Il y a près de Barcelone une filature dont les produits sont spécialement destinés aux blondes et aux dentelles de ce pays.

L'exposition des blondes d'Espagne était complète; elle se composait principalement de grandes pièces, telles que robes, mantilles, voiles, châles, etc.

[1] Les Flandres ont toujours exporté beaucoup de dentelles en Espagne; elles s'expédiaient des ports d'Anvers et d'Amsterdam pour Cadix, par assortiment régulier, et portaient les noms de *puntas de Mosquito* et *de Transillas*.

[2] Narciso Felin.

[3] Cervantes, dans *Don Quichotte*, fait écrire par Thérèse Pança à son mari une lettre où elle dit que sa fille fait du point de réseau (dentelle) et qu'elle gagne 8 maravédis par jour (6 à 7 centimes).

[4] D'après Roland de la Platière, on fabriquait en Catalogne des blondes avec un fil tiré de l'aloès pite, ainsi que des dentelles avec des fibres abaca (fibres du figuier bananier).

Les dessins de ces riches morceaux ont un style si différent des nôtres, qu'ils ne pourraient être acceptés par la consommation française. La fabrication est loin d'être aussi belle que celle de Bayeux ou de Chantilly, soit sous le rapport de la fermeté du réseau, de la régularité du mat et du brillant du travail, soit surtout sous celui du point de raccroc; néanmoins elle indique que, sous une direction intelligente elle arriverait à faire à nos produits une concurrence redoutable.

Il y avait au Palais de cristal une robe noire mélangée de guirlandes de fleurs, avec leurs couleurs naturelles, qui a été fort admirée. Ce travail est exceptionnel et presque inconnu en France; il a dû offrir de grandes difficultés de fabrication et annonce qu'il y a en Catalogne des ouvrières très-habiles. Cette robe, exposée par M. José Fiter, de Barcelone, du prix de 2,000 duros (10,000 francs) était une des pièces remarquables de l'Exposition universelle.

Les blondes blanches et noires de MM. Magarit et Ena, de Barcelone, étaient également dignes d'attention, notamment une toilette complète toute en dentelle noire.

Il n'y avait pas de dentelles de fil, que, d'ailleurs, l'Espagne fait en petite quantité et moins bien que celles de soie; ces dernières, ainsi que les blondes, étaient en général d'une grande richesse, mais d'un goût bizarre, et imitant assez les dessins chinois. Ces mantilles à paysages, avec maisons, kiosques, rivières et personnages, ces châles chinés, etc., avaient bien un certain cachet d'originalité; mais il n'en est pas moins vrai que les produits espagnols ne sauraient soutenir, sur les marchés d'Europe, la concurrence des fabriques de Chantilly ou de Bayeux.

Les dentelles de Portugal, et surtout celles fabriquées à Madère, avaient beaucoup d'analogie avec celles d'Espagne. Presque toutes étaient en soie blanche; il y en avait peu de noires. Nous avons spécialement remarqué les dentelles blanches en fil et en soie, nos 1265 à 1276, qui dénotaient une bonne fabrication : elles venaient de Madère.

IV.

DENTELLES D'ALLEMAGNE.

En 1525, une demoiselle de famille sénatoriale, nommée Barbara d'Etterling, en parcourant les montagnes des environs de la ville d'Annaberg (Saxe), remarqua plusieurs jeunes filles occupées à faire une espèce de résille en filet, destinée à envelopper les cheveux des ouvriers mineurs. Elle s'intéressa vivement à ce travail, parvint à le perfectionner et à faire produire aux ouvrières d'abord un tricot fin, puis une espèce de réseau dentelle.

Elle monta, en 1551, à Annaberg, sous le nom de Barbara Uttmann, un atelier d'ouvrières dirigées par des contre-maîtresses flamandes, et l'on commença alors à fabriquer des dentelles à dessins variés [1].

A partir de cette époque, cette industrie s'est développée en Allemagne d'une manière fort remarquable et elle a pris, depuis vingt ans surtout, de grands développements.

Il y a un grand nombre de fabriques de dentelles de fil et de soie blanches et noires en Allemagne; toutes font les mêmes genres de points et de dessins : elles sont généralement désignées dans le commerce sous le nom de dentelles de Saxe. C'est dans ce pays qu'il y a le plus d'ouvrières.

D'après les documents publiés par le ministère de l'agriculture et du commerce, il y avait en Saxe, en 1841, 350 maisons s'occupant de la fabrication des dentelles et employant 40,000 personnes. On porte à 70,000 le nombre de celles qui vivaient de cette industrie : aujourd'hui, ces chiffres sont considérablement augmentés.

[1] Mme Barbara Uttmann était considérée comme la bienfaitrice du pays; sa mémoire y était vénérée. Elle mourut en 1575, dit l'Almanach de Gotha, ayant soixante-cinq enfants et petits-enfants; ce nombre représentait la quantité de mailles de la première résille qu'elle avait fabriquée, et réalisait ainsi une prédiction qui lui avait été faite lorsqu'elle était encore demoiselle. (Notes de M. Nestor Urbain, extraites d'un très-ancien Almanach de Gotha imprimé en latin, et qui se trouve à la Bibliothèque impériale.)

C'est la principale occupation des femmes, filles et garçons[1] des contrées montagneuses de l'Erzgebirde et du Voigteland (cercle de Zwickau). La main-d'œuvre, dans ces montagnes, est très-peu payée, et le salaire journalier n'étant guère que de 35 à 40 centimes, les dentelles reviennent, en général, à des prix excessivement bas.

Aussi, depuis plus de quarante ans, le grand marché de l'Allemagne, où nous exportions autrefois beaucoup de dentelles à bas prix des fabriques de Lille, de Mirecourt et du Puy, nous est fermé, excepté pour nos riches et fines nouveautés.

On fabrique, en Allemagne, et spécialement en Saxe :

1° Des dentelles blanches en fil de coton, point double ou simple, imitant les dessins et la fabrication du Puy;

2° Une espèce de point appelé *valenciennes:* mais ces dentelles sont si grossières, qu'elles n'ont du point de Valenciennes que le nom;

3° Des genres qui imitent imparfaitement le point de Malines;

4° Des fleurs de dentelles (dites *application d'Angleterre ou de Bruxelles*), assez bien réussies;

5° Des blondes de soie blanches, communes et sans éclat;

6° Des dentelles noires en soie, bas prix, d'une assez belle apparence, solides quoique communes, et qui font une concurrence redoutable à celles du Puy. Ce genre de dentelles est celui que la Saxe produit avec le plus de succès. Il est à des prix avantageux.

7° On y confectionne aussi de grandes pièces, telles que robes, châles, écharpes, etc., en fil et en soie; c'est l'enfance de l'art. Elles sont toutes d'une qualité grossière; leurs dessins sont mal compris et exécutés sans goût.

[1] Il y a bien, dans tous les centres de fabrication, quelques hommes qui font de la dentelle; mais le nombre en est si restreint, que ce n'est qu'une exception. En Saxe, au contraire, les jeunes garçons y sont occupés en grand nombre; l'hiver, les hommes de tout âge y travaillent également. Il est à remarquer que la dentelle des hommes est plus ferme et d'une qualité supérieure à celle des femmes.

Nous devons aussi une mention particulière à un produit exposé par madame veuve SCHREIBER, de Dresde, appelé *point de Saxe.*

Cette dentelle imite parfaitement les anciens vrais réseaux de Bruxelles. Elle est rendue avec une perfection qu'on atteindrait difficilement aujourd'hui en Belgique; la régularité de son réseau, la finesse du toilé, le mat et les jours des fleurs, ainsi que les reliefs des dessins, en font un produit tout à fait exceptionnel.

La production de cette sorte de dentelle, qui, quoique moderne, ressemble à s'y méprendre aux antiques points de Bruxelles, occupe 300 ouvrières. Les barbes (coiffures) et autres objets exposés dénotent une fabrication habile et une direction intelligente.

Cette dentelle est d'un prix élevé; elle se place à Dresde, dans les grandes villes de l'Allemagne, et surtout à Paris, où elle se vend comme dentelle ancienne[1].

En général, les dentelles de Saxe et de Bohême[2] sont communes et d'une qualité médiocre : elles n'ont ni coup d'œil ni toucher; elles sont molles et se fripent facilement. Les dessins sont anciens et sans grâce. Il n'y a pas en France une seule fabrique, même celle du Puy, qui ne produise beaucoup mieux. Toutefois cette fabrication a une qualité précieuse. Ses prix sont favorables à la vente et comparativement inférieurs aux nôtres. Aussi les dentelles étroites et de peu de valeur sont-elles demandées sur tous les marchés étrangers, où cependant nous l'emportons dès qu'on recherche la nouveauté et le goût des dessins.

[1] Depuis quelques années, la mode est favorable aux anciens points. Pour satisfaire ce caprice, on est arrivé à fabriquer des dentelles anciennes. A l'exemple de l'Italie, où il y a, depuis longtemps, des ouvriers habiles qui imitent les antiquités et les vendent fort cher aux voyageurs, il se fabrique en Saxe aujourd'hui des dentelles qui se vendent également fort cher à Paris, et qui n'ont d'ancienneté que l'apparence.

[2] Les centres principaux de la fabrication des dentelles sont : Dresde, Schneeberg, Eibenstock, Annaberg, Laubach, Baerringer, Carlsbad, etc.

V.

DENTELLES DE LA GRANDE-BRETAGNE.

Il est essentiel, en commençant ce chapitre, de détruire une erreur généralement accréditée. On croit que les dentelles sur réseau, les plus riches, qui se fabriquent à Bruxelles, viennent de l'Angleterre. Elles sont même, dans le commerce, désignées sous le nom de *points d'Angleterre;* cependant il ne s'en est jamais fait dans cette contrée. L'erreur a été propagée et exploitée par les Anglais, qui, ne pouvant faire entrer légalement la dentelle réseau de Bruxelles dans leur pays (elle était autrefois prohibée), l'importaient en contrebande et la vendaient comme produit de leur fabrication, sous le nom de points d'Angleterre (*british point lace*). C'est encore aujourd'hui le terme employé pour désigner les plus belles dentelles faites à Bruxelles.

L'industrie dentellière a été importée en Angleterre, il y a plus de quatre cents ans, par des réfugiés flamands, qui s'établirent à Cranfield (comté de Bedford), puis à Buckingham, à Stonystraford, à Newport-Pagnael. M. H. Borlave fonda, en 1626, une école à Great-Marlow. A cette époque, la fabrication des dentelles prospérait déjà dans les comtés de Buckingham, de Northampton et d'Oxford.

Le Gouvernement de la Grande-Bretagne protégea souvent cette industrie par la prohibition des dentelles étrangères, notamment en 1463, 1483, 1504, 1675, etc., jusqu'au commencement du XIXe siècle[1]. Les dentelles belges ou françaises y étaient néanmoins fort recherchées; il s'en exportait pour

[1] En 1463, sous Édouard IV, on confisquait les marchandises et on condamnait le détenteur à une amende de 150 livres, soit 3,800 francs. (Peuchet.)

Dans la cinquième année du règne de la reine Anne (1706), certaines dentelles (excepté celles de France, qui restaient prohibées) purent entrer en Angleterre, moyennant un droit de 4 livres les 12 verges, ou 52 livres de France les 9 aunes, ce qui représente, d'après Savary, un droit d'entrée de 63 p. o/o de la valeur.

Les dentelles importées en Angleterre payaient cinq droits différents.

des sommes énormes, et, en 1772, la douane anglaise fit une saisie de 72,000 aunes de dentelle française dans le port de Leigth[1].

La dentelle anglaise n'était autrefois qu'une espèce de filet, puis on forma des guipures en passement. Nous avons vu à Londres, dans ce genre, des guipures qui ont appartenu au cardinal Wolsey. Ce n'est qu'en 1778 que le métier flamand à fuseaux (carreau) fut complétement adopté. La fabrication entra alors dans une voie nouvelle et prit de l'accroissement; mais elle eut beaucoup à souffrir des guerres de l'Empire et de la concurrence des tulles. Nous n'avons pu nous procurer aucune indication sur le nombre des ouvrières, si ce n'est une pétition dont parle Mac-Culloch, qui a été adressée, en 1830, à S. M. Britannique, où l'on porte le nombre des personnes s'occupant de cette industrie à 120,000[2]. Ce chiffre nous paraît bien exagéré. Quoi qu'il en soit, il est aujourd'hui beaucoup diminué.

L'exposition des dentelles anglaises était au grand complet; il nous a été facile d'étudier tous les genres.

En général, la fabrication est bonne, et quelquefois supérieure; elle a un style particulier qui ne se rencontre nulle part.

Les dentelles noires en soie et les fonds clairs blancs en fil de coton n'ont rien d'extraordinaire: le réseau est régulier, et il paraît d'assez bonne qualité; mais le dessin est généralement mauvais et en arrière de vingt-cinq ans pour le goût. Elles ne peuvent soutenir la comparaison avec les nôtres. Du reste, il s'en fait peu. Cependant, depuis deux ans, la fabrication des dentelles noires prend des développements remarquables dans le sud du Buckinghamshire.

Les grands morceaux que l'on commence à faire, tels que robes, écharpes, pèlerines, etc., en fil et en soie, sont bien

[1] J. A. Mac-Culloch, *Dictionary historical of commerce.* Plusieurs faits cités sur la fabrication des dentelles en Angleterre ont été tirés de cet ouvrage.

[2] Peuchet parle de 100,000 ouvrières (sur la fin du XVIIIe siècle).

au-dessous de ceux de Bayeux pour la qualité, les dessins et les prix.

Les dentellières anglaises ne travaillent pas la blonde de soie blanche; elles ne peuvent donner à ce léger tissu la blancheur ni le brillant de celles de France: aussi, depuis nombre d'années, s'en est-il exporté des quantités considérables, provenant presque toutes de la fabrique de Caen (Calvados).

Les guipures, dites *point d'Honiton,* forment la base de la belle fabrication anglaise. Elles se font dans le comté de Devonshire; le centre du marché est à Axminster[1].

Cette fabrication, qui a commencé, il y a quinze ou vingt ans, est en progrès: on y occupe de 7,000 à 8,000 ouvrières. Elle est spécialement protégée par la reine et par les dames de la cour d'Angleterre, où il ne se porte guère que des points d'Honiton.

Cette guipure a, comme la broderie d'Écosse, un style spécial et tout à fait local. Ses dessins et son travail n'ont de similaire dans aucun pays. La finesse du toilé est exceptionnelle; le relief des fleurs (c'est-à-dire le contour ou le brodé, comme on l'appelle en Belgique), supérieurement exécuté, fait admirablement ressortir les motifs du dessin. C'est, sans contredit, ce qu'on peut produire, dans ce genre, de plus parfait. Elle est généralement à des prix fort élevés, et d'une vente presque impossible ailleurs qu'à Londres ou dans les grandes villes du Royaume-Uni.

Il se fait, en point d'Honiton, des garnitures ainsi que de grands morceaux, tels que berthes, écharpes, etc. Il y en avait, à l'Exposition de Londres, d'une richesse inouïe, et dont les prix dépassaient ceux des plus belles pièces en dentelles de Bruxelles.

On a surtout admiré le manteau de cour et l'écusson représentant les armes de la reine Victoria et du prince Albert, exposés par M. Biddle, ainsi que divers morceaux exposés par

[1] Autrefois Buckingham était considérée comme la métropole des manufactures de dentelles.

MM. Groucok, Copestake et Moore, à dessins bien entendus et d'une grande netteté d'exécution. Le morceau capital était un volant de mademoiselle Clarck Estler, imitant le point de Venise: on n'a rien fait en guipure moderne de plus joli; la qualité d'une perfection sans égale, le dessin net et pur, d'une grande richesse de détails sans être lourd, faisaient de ce travail un produit hors ligne. Quarante femmes y ont travaillé pendant huit mois pour faire un volant de 5 yards (4^m,55); le prix était de près de 3,000 francs le mètre.

En général, ce point s'exporte peu[1], ses prix sont trop élevés. Il se fait cependant des fleurs qu'on applique sur du tulle; elles sont très-blanches et bien faites, quoique communes et à bas prix; elles remplacent, dans certains genres, les applications de Bruxelles.

En France, depuis deux ou trois ans, nous commençons à fabriquer de la guipure genre point d'Honiton. Nous n'avons pu encore atteindre la perfection du relief ni le serré des mats; mais nous pouvons constater que nos prix, à qualité égale, sont bien inférieurs à ceux des fabriques d'Axminster, et que déjà nos fabricants de Mirecourt y font des expéditions.

Il se fait aussi des dentelles en Irlande (à Limerick et dans les environs), ainsi que dans les possessions anglaises. Ces dentelles n'ont rien de remarquable, excepté celles de Malte, qui forment une espèce de guipure en fil blanc et en soie noire. C'est un genre de passementerie à dessins d'un style oriental; elle est claire, bien faite, solide et à très-bas prix. Cette guipure maltaise se fabrique aujourd'hui avec succès en France et en Belgique.

VI.

DENTELLES DE BELGIQUE.

Les dentelles de Belgique sont les plus renommées du

[1] Quoique l'Angleterre accordât une prime à l'exportation des dentelles de fil ou de soie, nous ne croyons pas que cette exportation ait jamais été considérable. Ses fabriques, d'ailleurs, ne produisaient pas assez pour la consommation intérieure.

monde; c'est la principale industrie de ce pays et celle qui y répand le plus de bienfaits. Elle occupe près de 100,000 ouvrières, disséminées dans toutes les provinces du royaume.

Cette fabrication date, dit-on, des premiers croisés; Charles-Quint la développa en ordonnant que toutes les écoles et tous les couvents de femmes fissent de la dentelle[1].

On l'a vue supporter bien des crises, provoquées soit par les caprices de la mode, soit par les guerres ou les agitations politiques, qui souvent ont ruiné les Flandres, et récemment par la fabrication des tulles; mais, depuis 1832, elle a pris un accroissement considérable; le nombre des ouvrières s'est triplé en vingt ans. Elle est aujourd'hui dans la plus grande prospérité.

La Belgique n'a, en quelque sorte, aucune concurrence à craindre des fabriques étrangères; elle produit certains genres qui ne se font pas ailleurs, et le bas prix de la main-d'œuvre dans les Flandres lui en assure un écoulement facile et régulier.

Il se fabrique en Belgique quatre points bien différents de dentelles, savoir:

1° Dentelles de Malines, en fil de lin;
2° ———— de Grammont en fil de coton ou de soie;
3° ———— de Bruxelles (applications);
4° ———— dites *valenciennes*.

Nous allons examiner chacun de ces quatre genres spéciaux,

[1] D'après le baron de Ruffemberg, on faisait déjà des coiffures en dentelle en Belgique au XIVe siècle.

Il y a aussi, dans ce pays, plusieurs tableaux très-anciens dans les églises où l'on remarque les costumes des personnages ornés de dentelles, notamment à la collégiale de Saint-Pierre, à Louvain, et à l'église de Saint-Gomar, à Lierre. Dans cette dernière, on admire une toile de Quentin Metsys (1495) représentant une jeune fille travaillant la dentelle aux fuseaux sur un carreau à tiroir, semblable à ceux dont on se sert aujourd'hui.

Il existe un document artistique plus intéressant encore : c'est une suite de dix estampes gravées vers 1580, sur les dessins de Martin Devos, d'Anvers, qui représentent les occupations humaines aux différents âges de la vie; dans la quatrième, on y voit une jeune fille assise, ayant sur les genoux

ainsi que les principaux objets qui figuraient à l'Exposition de Londres.

1° MALINES.

La dentelle de Malines, appelée aussi *malines* brodée, à cause du fil plat qui entoure le mat des fleurs, se fait à Anvers, à Malines, à Louvain et dans les environs de ces villes. Elle était autrefois en grande réputation[1]. Aujourd'hui elle est en quelque sorte abandonnée par la consommation, et l'on en fabrique peu; cependant, c'est une des plus jolies dentelles : elle est claire, légère, fine, et a beaucoup d'apparence pour son prix.

C'est, avec le point double, la seule dentelle que produise la province de Brabant; on ne la fabrique nulle part ailleurs.

Mlles VANKIEL sœurs, de Malines, ont exposé de jolies pièces et une paire de barbes (coiffures) d'un dessin de bon goût et d'une exécution irréprochable.

2° DENTELLES DE GRAMMONT.

La fabrication des dentelles blanches en fil, fond clair et fond double, communes et à très-bon marché, des villes d'Enghien et de Grammont, est presque totalement remplacée aujourd'hui par celle des dentelles en soie noire, en bandes et en grandes pièces ou morceaux.

En France, nous faisons beaucoup mieux, cela n'est pas contestable; mais la fabrique de Grammont produit à des prix tellement bas, qu'elle menace de faire une concurrence redoutable à celles de Caen et de Bayeux, dont elle copie les dessins sans

un carreau à tiroir et travaillant de la dentelle. Ce fait est remarquable; il prouve que cette occupation était commune, puisque l'artiste l'avait choisie de préférence pour caractériser un usage de son pays.

En 1651, Jacques Van Eyck, poëte flamand, chantait en vers gracieux le travail de la dentelle. (*Collection de Caylus.*)

[1] Savary dit : « Il n'est pas possible de s'imaginer combien la France et « la Hollande achètent, tous les ans, de dentelles de Malines et d'Anvers. » (*Dictionnaire du commerce*, édition de 1723.)

frais de dessinateur. Le réseau est plus gros et la matière première moins belle. Les châles, voiles, écharpes, etc., exposés, ne soutenaient pas la comparaison avec les produits similaires français; ces dentelles n'étaient en quelque sorte qu'une contrefaçon de nos beaux morceaux, mais leur concurrence n'en est que plus à craindre, et même nous commençons à en ressentir l'effet.

Il y a à Grammont, à Enghien et dans les environs 10,000 à 12,000 ouvrières dont le salaire journalier dépasse rarement 50 centimes. Cette fabrication est en grande prospérité.

MM. Stocquart frères, de Grammont, ont envoyé à l'Exposition de Londres un assortiment complet de dentelles noires et blanches qui n'avaient rien de remarquable, si ce n'est les prix, qui étaient réellement avantageux surtout pour les genres communs[1].

3° DENTELLES DE BRUXELLES.

La dentelle de Bruxelles (dite *application de Bruxelles*), appelée improprement *point* ou *application d'Angleterre*, est la plus ancienne et la plus belle de la Belgique : c'est elle qui a fait la réputation de l'industrie dentellière dans ce pays.

Avant l'invention du métier à tulle, le point de Bruxelles était d'un prix beaucoup plus élevé qu'aujourd'hui; on appliquait les fleurs de dentelle sur un réseau très-fin qui se faisait aux fuseaux, par petites bandes de 3 centimètres de largeur, raccordées entre elles avec beaucoup de soin et d'habileté au moyen du point de raccroc.

On emploie pour le vrai réseau aux fuseaux du fil de lin dont le prix s'élève souvent jusqu'à 8,000 francs le kilogramme[2], et qui produit le tissu le plus fin et le plus léger qu'on puisse voir.

[1] On fabrique également des dentelles blanches à fonds clairs à Marche, province de Luxembourg; elles ressemblent à celles de Grammont.

Les dentelles de Chimay (Hainaut) étaient autrefois connues sous la dénomination de *figures de Chimay*.

[2] M. Briavoine, dans son ouvrage sur l'industrie belge (1839), dit :

Il n'y a plus aujourd'hui que très-peu d'ouvrières qui puissent en fabriquer. Les tulles en ont, pour ainsi dire, anéanti l'emploi, maintenant surtout qu'on est parvenu à fabriquer à la mécanique du tulle réseau, dit *de Bruxelles*, avec du coton retors nos 400 et 500.

Les fleurs destinées à être appliquées sur du réseau ou sur du tulle se font de deux manières : soit à l'aiguille, et alors elles prennent le nom de *point*, soit aux fuseaux, et elles s'appellent *plat*. Il se fait une bien plus grande consommation de *plat* que de *point*. Les fleurs de point à l'aiguille se travaillent principalement à Bruxelles; celles en plat, à Bruxelles, à Binche, à Alost et dans quantité de villages où l'on a établi des écoles de dentellières[1].

Les fleurs de dentelles destinées à être appliquées ne se font dans aucun pays aussi bien qu'à Bruxelles, où l'on est arrivé à une perfection de point brodé (relief) et à une finesse du tissu des fleurs qu'aucune fabrique n'a pu encore atteindre (à part quelques rares points d'Honiton, Angleterre). Elles sont surtout supérieures dans les qualités extra-fines. Aussi comme, dans la dentelle d'application, les fleurs sont tout aujourd'hui, il est inutile de faire ressortir que celles de Bruxelles sont les plus renommées : elles n'ont aucune concurrence à craindre pour les morceaux fins et riches.

Les fleurs communes fabriquées dans le Hainaut ou dans les écoles de villages ont un grand défaut, que n'ont pas celles que nous fabriquons aujourd'hui avec succès à Mirecourt

« A Rebecq-Rognon, on a quelquefois fait du fil assez fin pour le vendre « 10,000 francs la livre. » (Plus de 20,000 francs le kilogramme.)

[1] Les ouvrières de Bruxelles ont un nom spécial pour chaque genre de travail; voici les principaux :

1° La drocheleuse fait le vrai réseau;
2° La platteuse fait les fleurs aux fuseaux;
3° La faiseuse de point fait les fleurs à l'aiguille;
4° La fauneuse fait les jours des fleurs;
5° La striqueuse applique les fleurs sur le réseau;
6° La dentellière fait l'engrelure (pied de dentelle);
7° La brodeuse fait le relief des fleurs.

(Vosges) et à Courseulles (Calvados). Les fleurs d'application en France sortent des mains de l'ouvrière, d'une blancheur irréprochable; celles de la Belgique, au contraire, sont toujours nuancées d'une couleur rousse. On est obligé de les blanchir en les frappant avec de la poussière de carbonate de plomb.

Ce mode de blanchiment présente deux inconvénients : d'une part, la poussière du blanc de céruse est très-nuisible à la santé des ouvrières, et, de l'autre, il arrive que les fleurs blanchies de la sorte se noircissent instantanément lorsqu'elles sont en contact avec une émanation méphitique quelconque, surtout avec du gaz sulfhydrique : alors, la dentelle est perdue[1].

Néanmoins, nous le répétons, la fabrication des dentelles de Bruxelles n'a à craindre aucune concurrence; elle occupe plus de 25,000 personnes et exporte ses dentelles dans tous les pays étrangers. Son principal débouché est à Paris; c'est de Paris aussi qu'elle tire tous ses patrons et ses dessins nouveaux.

L'exposition des dentelles de Bruxelles aurait pu être plus complète et plus brillante; plusieurs des principaux fabricants ne se sont pas présentés au concours universel de 1851. Il y avait, néanmoins, de très-beaux morceaux, dont le principal était une pointe en vrai réseau, parfaitement rendue, quoique d'une exécution difficile. Cette pièce, du prix de 6,000 francs, a demandé un an de travail. Il y avait aussi un mouchoir de poche dans le même genre, d'une finesse de réseau et d'une perfection de point à l'aiguille qui ne peuvent être surpassées. Les dessins, dus au crayon du fabricant lui-même, sont remplis de détails fins et gracieux; toutes les difficultés d'exécution ont été surmontées avec une habileté supérieure : aussi le jury international, à l'unanimité, avait-il proposé au conseil des présidents d'accorder la grande médaille à M. Duhayon-

[1] Les dentelles ainsi blanchies se noircissent également dans les expéditions d'outre-mer. On a essayé d'employer le blanc de zinc, mais sans succès; il est trop sec, il ne prend pas sur les fleurs, comme le carbonate de plomb; on l'a abandonné.

Brunfaut, tant pour ces deux objets que pour les valenciennes qu'il avait exposées et dont il sera parlé plus loin.

Les dentelles de M. A. Delehaye, de Bruxelles, étaient toutes d'une fabrication irréprochable, notamment une écharpe en point à l'aiguille du prix de 2,500 francs et un voile en point plat de 800 francs[1]. Ces morceaux maintiennent l'ancienne renommée de la maison A. Ducpétiaux et fils, dont M. Delehaye est le successeur.

Le mouchoir de Mlle Réalier, du prix de 3,000 fr., entièrement en fil de lin et d'un réseau extra-fin, était une des plus belles pièces de l'Exposition; il a été admiré, ainsi que les bandes en point gaze de M. Naeljens, de Bruxelles.

Les dentelles point à l'aiguille et les guipures genre point de Venise de MM. Heuschen van Eeckout et Cie étaient fort bien rendues et d'une bonne fabrication, notamment une voilette d'une exécution irréprochable.

On a aussi remarqué une berthe en point gaze plat et un mouchoir en guipure point à l'aiguille de Mme Sophie Defrenne de Bruxelles; les jours du mouchoir, aussi beaux que ceux d'Alençon, étaient variés à l'infini. Ce travail, malgré ses difficultés, était fort bien réussi.

4° VALENCIENNES.

La principale branche de l'industrie dentellière en Belgique est la fabrication du point de Valenciennes, qui, après avoir commencé en France, s'est successivement répandue dans toutes les Flandres, où elle occupe aujourd'hui plus de 50,000 ouvrières, qui ne font que des dentelles dites *valenciennes*.

Les centres principaux de production sont les villes d'Ypres, Bruges, Gand, Courtray, Menin, Alost, etc.

Il est certain que cette fabrication a été importée de la ville de Valenciennes dans les Flandres au XVIIe siècle. C'est

[1] Le vrai réseau de ces deux morceaux était fabriqué avec du fil de lin à 8,000 francs le kilogramme.

dans la ville d'Ypres que l'on a commencé à faire ce point vers 1656. Les autres villes de la Belgique (excepté Bruxelles) ne produisaient alors que des dentelles vendues sous le nom de *malines*.

Un recensement fait par ordre de Louis XIV, au mois de novembre 1684, constate qu'il n'existait alors à Ypres que trois maîtresses d'ateliers [1], occupant 63 dentellières.

En 1787, époque où cette fabrication prospérait encore à Valenciennes, il n'y avait à Ypres que trois ou quatre fabricants, occupant fort peu d'ouvrières; en 1830, on comptait 2 à 3,000 dentellières; aujourd'hui on estime qu'il y en a de 20 à 22,000 dans cette ville et aux environs.

Chaque centre de fabrication a un genre qui lui est spécial. Bruges, Gand, Courtray, Ypres et Alost, ont un point différent [2].

Jusqu'en 1830, la production de la valenciennes était restée dans des limites assez restreintes, les dessins variaient peu; les fabricants manquaient d'initiative et se contentaient d'acheter et de vendre toujours les mêmes articles, genres anciens, à maille fine et serrée, sans relief et à des prix élevés.

En 1833, un homme de goût et d'intelligence, aussi habile artiste que sérieux fabricant [3], vit d'un œil sûr tout ce qu'on pouvait obtenir des bonnes ouvrières d'Ypres; il comprit les causes de l'état stationnaire de cette belle et féconde industrie.

Aussi un changement profond ne tarda pas à s'opérer

[1] Voici leurs noms : ve Mesele, ve Papegay, ve Turck.

[2] Cela vient de ce qu'à Bruges on tourne les fuseaux deux fois;
A Gand, deux fois et demie;
A Courtray, trois fois et demie;
A Ypres, quatre fois;
A Alost, cinq fois.
Plus on fait faire de conversions aux fuseaux, plus la valenciennes est claire et estimée.

[3] M. Félix Duhayon-Brunfaut, d'Ypres.
Il serait injuste cependant de ne citer que ce nom; nous devons mentionner aussi la maison Pironon aîné, qui créa tant de jolies et fines nouveautés; M. Verleure, M. Hammelrath, etc.

sous sa vive impulsion. Il crayonna des dessins d'un style original et gracieux, opposa à la petite maille serrée et épaisse la grande maille élargie et claire. Au lieu de larges toilés lourds et épais ou de maigres petites fleurs, il sut donner à ses dessins des effets nouveaux qui ressortaient avec beaucoup de netteté sur un réseau clair. Outre cet avantage, il eut celui non moins appréciable de produire des dentelles à des prix en apparence bien inférieurs à ceux d'autrefois et plus accessibles à la consommation.

Ces dentelles nouvelles furent immédiatement acceptées par la mode et recherchées avec une faveur extrême. Le fabricant dont nous venons de parler, ainsi que plusieurs autres d'Ypres (la Belgique leur doit beaucoup), eurent non-seulement la satisfaction de réussir, mais leurs genres de dessins furent copiés par les fabricants de toutes les villes rivales qui faisaient le point de Valenciennes.

De cette époque date la prospérité inouïe de cette fabrication. La valenciennes, jadis article essentiellement de luxe, est aujourd'hui d'une consommation journalière pour toutes les classes de la société. Elle n'a plus autant à craindre qu'autrefois les caprices de la mode, à laquelle, d'ailleurs, elle sait se soumettre; elle est employée partout et entre pour une large part dans les assortiments d'articles de goût qui s'exportent pour tous les pays.

Et cependant, il n'y a pas soixante-dix ans, la fabrication des valenciennes prospérait en France; à peine si l'on connaissait celles de Belgique, qui étaient désignées sous le nom de fausses valenciennes. Aujourd'hui ce pays en a en quelque sorte le monopole; c'est la branche la plus prospère de l'industrie belge: elle donne une occupation lucrative à plus de 50,000 femmes et jeunes filles des Flandres, dont les produits ont une importance commerciale de plus de 20 millions.

La France, à elle seule, achète en Belgique plus de valenciennes que tous les autres pays réunis.

En 1846-1847, lorsque la cherté des grains et la maladie des pommes de terre répandirent la misère dans les Flandres, les villages où l'on faisait des valenciennes supportèrent seuls facilement cette crise.

Il y avait à Londres un assortiment complet de valenciennes depuis 30 centimes jusqu'à 2,000 francs le mètre[1]; elles étaient généralement toutes d'une exécution irréprochable et à dessins gracieux et de bon goût.

Celles exposées par M. Duhayon-Brunfaut étaient de la plus grande magnificence : aussi avaient-elles été désignées par le jury international, avec les points de Bruxelles du même fabricant, comme méritant la grande médaille du conseil (*council medal*).

Les dentelles de M. Hammelrath, d'Ypres, offraient une variété de dessins et de largeur fort remarquable, depuis la valenciennes la plus étroite jusqu'à la plus large; elles étaient toutes d'une belle qualité et à motifs nouveaux.

Les expositions de M. Soenen et de M. Beck étaient dignes d'attention et soutenaient la réputation des fabriques de Courtray et d'Ypres.

Avant de finir notre revue de l'exposition belge, nous devons mentionner un produit nouveau appelé *guipure des Flandres*, qui se fabrique à Bruges et à Verviers.

Le volant exposé par Mme veuve Bousson, de Bruges, était parfaitement exécuté sous tous les rapports. Ce travail, renouvelé des genres anciens, prouve qu'on pourrait aujourd'hui, si la mode l'exigeait, faire des guipures aussi riches et aussi solides qu'autrefois.

VII.

EXPOSITION DES DENTELLES ET DES BLONDES FRANÇAISES À LONDRES.

Il nous reste à parler des dentelles françaises qui figuraient à l'Exposition de Londres. Leur ensemble était splendide. A aucune des expositions qui ont lieu en France tous les cinq ans, l'industrie dentellière n'avait étalé d'aussi magnifiques produits.

[1] La pièce de valenciennes exposée par M. Duhayon-Brunfaut, du prix de 2,000 francs le mètre, est ce que l'on a fait, en dentelle moderne, de

La fabrique du Puy, représentée par trois fabricants[1], a montré ce qu'on peut obtenir de plus joli en dentelles de laine. Ses châles de différentes couleurs, ses guipures, et jusqu'à ses passementeries, étaient d'une exécution parfaite; ses dentelles noires, fond d'Alençon, dénotaient un progrès sérieux. Nous n'en avions pas encore vu de si fines.

Les gants et mitons en filet dentelle, simples et rehaussés de dessins à reliefs, de Mlle Heyler et de Mme Fouquier étaient parfaitement exécutés.

Les dentelles noires de M. Delcambre, à dessins variés et gracieux, dénotaient une bonne fabrication, dirigée avec goût.

M. Pagny, de Bayeux, a exposé une toilette complète, en dentelle de soie noire, destinée à Mme la duchesse de Somerset. On a surtout admiré la netteté avec laquelle étaient rendus le chiffre et les armoiries de cette riche parure. Il y avait dans ce travail bon nombre de petits détails extra-fins présentant des difficultés qui toutes ont été vaincues avec habileté.

Nous devons une mention particulière aux charmants objets de fantaisie, en dentelle et en point d'Alençon, exposés par Mme Hubert, de Mondeville (près de Caen). C'est une nouveauté réelle : ce sont des fleurs toutes fraîches écloses sous le ciel de Normandie.

Rien de plus joli, en effet, que ces fleurs et ces fruits en dentelle et en guipure, destinés à former des guirlandes pour la parure des dames. En fait de bouquets et de coiffures, on ne connaissait que des fleurs artificielles en mousseline, en velours, etc. Aujourd'hui, par le procédé de Mme Hubert, on produit des objets d'une élégance, d'une légèreté et d'une richesse qui échappent à l'analyse. C'est un travail de fée que ces fleurs artificielles, ayant leurs pétales et leurs pistils en dentelle. Rien n'y est oublié. Nous devons citer aussi une autre

plus beau et de plus difficile; l'ouvrière, tout en travaillant douze heures par jour et en gagnant 2 à 3 francs, pouvait à peine en faire un centimètre par semaine, en sorte qu'il faudrait à peu près douze ans pour obtenir une coupe de 6 à 7 mètres.

[1] M. Séguin, Mlle Julien, M. Robert Faure.

nouveauté fabriquée dans le même genre : c'est une robe avec des fleurs et des fruits en relief. Ces tulipes ouvertes, ces raisins de grosseur naturelle, appliqués sur tulle, forment des volants d'un coup d'œil ravissant. Inutile de dire que ces objets ne s'adressent qu'à la consommation élégante et riche des grandes villes : ils ne pourront jamais, il est vrai, avoir une grande importance commerciale, à cause de leurs prix, nécessairement élevés[1]; mais ce n'en est pas moins une idée nouvelle et ingénieuse, qui peut être appliquée avec succès à d'autres produits et obtenir des résultats féconds.

Un seul fabricant français a exposé des blondes blanches en soie. Il était difficile d'offrir au concours universel rien de plus gracieux et de plus élégant. Les blondes de MM. Randon et Cie avaient un cachet de nouveauté et une originalité de dessins qui ont été fort appréciés. Rien de plus riche que cette belle écharpe à grands ramages, où les mats, opposés aux jours, offraient à l'œil des effets bizarres et de bon goût. Cette exposition a eu beaucoup de succès; elle brillait parmi les plus belles de la galerie française, qui, elle-même, était la plus remarquable de toutes les expositions de dentelles.

MM. Aubry frères ont exposé une robe, une écharpe et divers objets en application de Mirecourt. Cette maison a fait preuve de hardiesse en venant présenter à l'Exposition universelle des produits d'une fabrication nouvelle (elle date de cinq ans), en comparaison avec ceux de Bruxelles, qui est en possession de la vogue et de la renommée depuis des siècles. La témérité était grande, mais, en présence de la haute récompense que MM. Aubry frères avaient obtenue à l'Exposition française de 1849, ils ont voulu montrer que, pour certains genres, ils ne craignaient pas de concourir avec la Belgique. Le succès leur a donné raison; leur exposition était brillante, non-seulement par la richesse de leurs articles, par le bon

[1] Il y a des bouquets et des guirlandes de fleurs pour coiffures de bal ou de mariées du prix de 500 à 1,500 francs.

goût de leurs dessins, mais aussi par la perfection du travail. Certes, leurs dentelles ne pouvaient lutter avec les riches et fines applications de Bruxelles; mais, en les comparant avec presque toute l'exposition belge, et spécialement avec les objets de même prix, elles étaient d'une supériorité réelle. La robe surtout, d'un dessin à effets nouveaux, était généralement admirée. Il y avait, en outre, dans la montre de cette maison des barbes en guipure, genre point d'Honiton, d'une belle qualité, et quelques coupes de dentelles fond clair, qui étaient les plus belles de toutes celles du même genre exposées à Londres.

Il nous reste à citer les deux fabricants français, dont les produits étaient tout à fait hors de ligne : nous voulons parler des maisons A^te^ Lefébure et Videcoq et Simon.

Toutes deux avaient été désignées à l'unanimité par le jury de la XIXe classe et par le groupe C, comme méritant la grande médaille du conseil (*council medal*) [1]. Mais cette haute récompense n'a pu être maintenue devant les résolutions systématiques du conseil des présidents, qui n'admettait pas que les nouveautés des genres ou des dessins, pas plus que les perfectionnements dans le travail, méritassent la grande médaille. Elle n'a été accordée qu'aux inventions.

Nous allons essayer de rendre un compte aussi exact que possible de ces deux belles expositions.

Nos fabriques les plus renommées, celle de Chantilly et celle d'Alençon, étaient dignement représentées dans la magnifique exposition de MM. Videcoq et Simon, de Paris.

Les points d'Alençon étaient l'objet de l'attention générale; ils brillaient entre tous par la richesse de leurs dessins, la régularité du réseau et la variété des jours. Il y avait surtout un volant à tête, de 48 centimètres de haut, avec sa garniture, formant une toilette complète qui n'a pas demandé moins de dix-huit mois de travail à 36 ouvrières (son prix

[1] La grande médaille votée par le jury spécial était discutée de nouveau au groupe. Le groupe C se composait de la réunion de quatre-vingt-seize membres de dix jurys de classes différentes.

était de 22,000 francs)[1]. Nous ne croyons pas qu'à aucune époque on ait jamais rien fait de plus somptueux ni de plus parfait; cependant ce n'était peut-être pas ce qu'il y avait de mieux dans la montre de cette maison. La pièce capitale, à notre avis, était un châle en dentelle de soie noire de 2m, 25 carrés, magnifique spécimen de la fabrique de Chantilly; ce châle était à motifs nouveaux et d'un réseau d'une finesse extrême. On avait accumulé, en quelque sorte, toutes les difficultés qui peuvent se présenter et toutes ont été surmontées avec un rare bonheur et une grande habileté. Cet ouvrage fait le plus grand honneur à l'intelligence et au goût de MM. Videcoq et Simon. On ne pouvait rien faire de plus merveilleux en dentelle noire.

L'exposition de M. Ate Lefébure avait, comme celle de MM. Videcoq et Simon, le privilége de provoquer l'admiration générale.

Impossible d'étaler une collection aussi variée et plus splendide; tous les genres y étaient réunis : la dentelle de fil et celle de soie, les plus grandes pièces à côté de très-petits objets.

Il nous est difficile de citer tous ces chefs-d'œuvre; nous nous contenterons de mentionner les pièces principales :

1° Un dessus de lit en dentelle blanche aux fuseaux, de 3 mètres carrés; le pareil avait déjà figuré à l'Exposition française de 1849 et avait valu à M. A. Lefébure la plus haute récompense. C'est l'ouvrage de 34 ouvrières pendant plus d'un an.

2° Deux mantilles *ternes* (c'est-à-dire à trois pièces : voile, fond et tournante) en blonde; l'une blanche, à dessins très-chargés; l'autre noire, à ornements extra-riches; toutes deux étaient destinées à la consommation mexicaine et espagnole.

3° Plusieurs morceaux en dentelle noire, tels que châles, voiles, mantelets, écharpes, volants, cols, etc., tous d'une

[1] Cette belle toilette a figuré dans la corbeille de mariage de S. M. l'Impératrice.

qualité supérieure. Un châle surtout présentait des progrès comme fabrication, pour la création des jours des points et la largeur des grillés, qui affluaient dans l'ensemble du dessin.

4° Une magnifique écharpe, point d'Alençon, et deux paires de barbes formant de riches coiffures; ces barbes, et surtout les armoiries royales qui s'y trouvaient intercalées, étaient d'une exécution parfaite.

5° La pièce la plus remarquable était une pointe en dentelle noire, qui se recommandait par la beauté du travail, la nouveauté du genre et la perfection de l'ensemble; le dessin, au lieu d'être à revers, se répétant quatre fois, comme cela se fait habituellement, était gradué et changeait à chaque partie de feston, ce qui a dû en rendre la fabrication compliquée et difficile.

Cette pointe de Bayeux était un vrai chef-d'œuvre, et M. A. Lefébure, qui occupe déjà une position si distinguée comme fabricant de dentelles, a trouvé, à l'occasion de l'Exposition universelle, le moyen de s'élever encore.

RÉSUMÉ.

En arrivant à la fin de ce travail, nous croyons utile d'ajouter, sous forme de résumé, quelques observations générales et certaines considérations morales sur l'industrie dentellière.

Nous aimons à le répéter, jamais la France n'avait exposé des produits aussi parfaits. Dans cet immense concours du monde industriel, les dentelles françaises brillaient entre toutes. Elles étaient l'objet de la curiosité et de l'admiration générales.

Comme comparaison, les produits similaires exposés par les fabrications étrangères étaient loin d'approcher des nôtres, excepté certains morceaux de la Belgique.

Nous sommes, dans cette industrie, d'une supériorité réelle. Cette supériorité ne tient pas seulement à l'habileté des ouvrières, à l'intelligence des fabricants, à la perfection et au fini du travail; elle vient surtout de ce goût parfait qui caractérise les produits français et qui est un des plus grands éléments de notre richesse industrielle.

Comme on a pu le voir, la fabrication des dentelles a bien plus d'importance en France que partout ailleurs; elle occupe presque autant d'ouvrières dans nos fabriques que dans toutes celles des autres pays réunis.

Nos diverses manufactures occupent aussi beaucoup d'artistes; elles unissent l'art à l'industrie. Non-seulement nos progrès, ainsi que nos nouveautés, sont imités par les fabrications étrangères, mais nos dessinateurs leur fournissent les dessins et les patrons. C'est la dentelle qui favorise les modes nouvelles, en donnant à toutes les classes de la société le goût du beau et de l'élégance; elle inspire les industries de luxe et développe ainsi l'exportation de nos articles de haute nouveauté dans une proportion considérable.

La France, à part deux ou trois genres spéciaux de la Belgique, produit toutes les différentes espèces qui se fabriquent : elle n'a pour ses articles fins aucune concurrence à redouter, elle peut se passer de la protection douanière. Ce qu'elle livre à la consommation est incontestablement supérieur à tous les produits similaires des autres nations.

Généralement, l'industrie dentellière est considérée comme peu importante et n'offrant qu'un faible développement commercial.

C'est une erreur.

Autrefois, lorsqu'on ne faisait que de la dentelle de grand prix, portée seulement par les classes riches, elle était déjà l'occasion d'un grand commerce, puisque, outre les produits de la fabrication française au commencement du XVIIIe siècle, nous avons établi qu'on en importait en France, en 1707, pour plus de 8 millions [1].

Aujourd'hui que le luxe est répandu dans toutes les classes de la société, que la dentelle est entrée dans la consommation

[1] Voir page 16.

générale, qu'elle est d'un usage journalier et nous pouvons presque dire indispensable à nos mœurs, elle est devenue, on le comprend, l'occasion d'un commerce considérable.

Ce qu'il y a de certain, c'est que le nombre des dentellières n'a pas cessé d'augmenter depuis cinquante ans[1], et que la production se développe tous les jours, non-seulement en France, mais aussi en Belgique, en Saxe, etc.

Nous nous sommes attaché à réunir tous les documents statistiques qu'il nous a été possible de nous procurer, afin d'établir approximativement l'importance industrielle de la fabrication des dentelles en France et à l'étranger.

Voici le résultat de nos recherches :

TABLEAU STATISTIQUE DU NOMBRE DES DENTELLIÈRES DE FRANCE.

Fabrication de Chantilly et d'Alençon....	Orne.......... Seine-et-Oise.... Eure.......... Seine-et-Marne.. Oise..........	12,500
——— de Lille, Arras, Bailleul....	Nord.......... Pas-de-Calais....	18,000
——— de Normandie : Caen, Bayeux..	Calvados........ Manche........ Seine-Inférieure..	55,000
——— de Lorraine : Mirecourt.....	Vosges......... Meurthe	22,000
——— d'Auvergne : Le Puy.......	Cantal......... Haute-Loire..... Loire.......... Puy-de-Dôme....	130,000
Travail de l'application à Paris et dentellières.............		2,500
Total...............		240,000

ouvrières répandues dans 18 à 20 départements.

[1] Il est à remarquer que la fabrication des dentelles s'est développée avec plus de succès dans les pays agricoles que dans les grands centres manufacturiers.

TABLEAU APPROXIMATIF DU NOMBRE DES DENTELLIÈRES EN EUROPE.

Pays	Nombre	Total
Belgique	95,000	
Angleterre et Malte	45,000	
Espagne	30,000	
Danemark		
Autriche	110,000	
Zollverein		295,000
Portugal		
Suisse	5,000	
Italie		
Madère		
Autres pays	10,000	
France		240,000
Total		535,000

Nous nous sommes aussi livré à des recherches et à des études pour connaître le chiffre, même approximatif, du développement commercial qu'occasionne l'industrie dentellière, mais il est fort difficile d'arriver à une estimation à peu près exacte; nous croyons néanmoins rester bien au-dessous du véritable chiffre en l'estimant à 130 millions. La moitié au moins de ce chiffre peut être attribuée à la fabrication française.

Comme on le voit, cette industrie occupe en France de 235,000 à 240,000 ouvrières; elle procure une grande somme de travail pour un minime déboursé, la matière première n'entrant que pour 7 à 10 p. 0/0 au plus dans la valeur des produits. Le métier et l'outillage propre au travail de la dentelle appartiennent, en général, aux ouvrières, et n'exigent aucun capital préalable (le tout ne coûte pas 5 francs).

Quand on considère que la fabrication des dentelles est, en quelque sorte, la seule occupation lucrative de ces nombreuses ouvrières répandues plus encore dans les campagnes que dans les villes; qu'elle emploie avec succès les mains les plus débiles et jusqu'aux femmes très-âgées, infirmes ou souffrantes; qu'elle utilise les moments perdus, qu'elle s'allie aux soins du ménage et aux travaux des champs, on ne peut s'empêcher de reconnaître combien elle est intéressante[1].

Cette industrie est surtout précieuse en ce sens qu'elle n'enlève aucun bras à l'agriculture. Les ouvrières ne sont occupées à leurs dentelles qu'une partie de l'année. Elles quittent leurs carreaux (métiers) lorsque d'autres travaux les réclament, et les reprennent à volonté; elles commencent à travailler dès l'âge de six à sept ans, jusqu'à la plus grande vieillesse.

Nous devons ajouter que cette industrie est favorable à la santé des ouvrières et à leur moralité.

Elle est favorable à la santé, en ce sens qu'elle n'entasse pas les femmes ni les jeunes filles dans de grands ateliers ou dans des manufactures insalubres, et qu'elle les oblige à une propreté continuelle[2]. Pendant l'hiver, les ouvrières se réunissent, surtout le soir, au nombre de dix à douze, et travaillent en chantant autour d'une seule lampe, qui, par un procédé fort simple, éclaire tous les métiers; l'été, elles transportent leurs carreaux sur la porte de leurs habitations ou sous des berceaux de verdure.

Elle est morale, puisqu'elle s'exerce au sein du foyer domestique, concurremment avec les travaux des champs. La mère de famille y consacre le temps qui n'est pas réclamé par les soins du ménage. Plus sa famille est nombreuse, plus elle y trouve d'éléments de bien-être : elle apprend à travailler à

[1] M. Legentil, dans son rapport sur l'exposition de Vienne, en 1846, dit que le Gouvernement de la Saxe, dans l'intérêt de la population, attache un grand prix à développer l'industrie de la dentelle et de la broderie; il a fait établir des écoles, et il existe dans le pays une direction générale des écoles de dentelles et de broderies, qui est dans les attributions de l'autorité supérieure du cercle.

[2] La blancheur, qui est une des qualités les plus précieuses de la dentelle, dépend de la propreté de l'ouvrière; elle est tenue d'y veiller et de faire en sorte d'avoir toujours les mains propres et l'haleine pure, car il est à remarquer que, sans cette dernière condition, la dentelle manque de fraîcheur et de fermeté.

ses filles dès l'âge de six ans, elle les dirige, les surveille et leur donne de bonne heure des habitudes d'ordre, de travail et de propreté. Ces jeunes ouvrières se trouvent ainsi éloignées de tout contact pernicieux. Sans souci de l'avenir, elles ne sont pas empressées de quitter le toit paternel; satisfaites de leur sort, n'ayant d'autre ambition que d'amasser quelques économies, elles vivent de la vie de famille et en prennent le goût et les habitudes.

Donc, sous le double point de vue du bien-être matériel et des bienfaits moraux qu'elle répand dans les villes et surtout dans les campagnes, l'industrie dentellière est digne de la sollicitude de tous les esprits éclairés; elle doit être considérée comme une des plus utiles et des plus intéressantes, et nous citerons, en terminant, aux esprits chagrins qui déplorent les progrès du luxe, cette phrase si juste d'un éminent orateur, M. Thiers :

« Le luxe est un des signes de la civilisation. »

SECONDE DIVISION.

BRODERIES ET ARTICLES DE FANTAISIE.

Ire SECTION.

CONSIDÉRATIONS GÉNÉRALES.

I.

DE LA BRODERIE ANCIENNE.

Le travail de la broderie, autrefois *phrygies* [1], remonte aux temps les plus reculés; on en trouve la preuve dans l'histoire de toutes les nations.

Il était ordonné chez les Juifs que l'arche et les autres ornements du temple fussent brodés. Ézéchiel reprochait aux femmes d'Israël de porter des robes brodées. Apulée donne à Pâris un manteau brodé de différentes couleurs. Hélène, dans Homère, brode les combats des Grecs et des Troyens. Les Assyriens couvraient leurs costumes de broderies. Les Celtibériens portaient des ceintures blanches brodées.

Autrefois on ne brodait pas seulement avec de la soie ou de la laine, on employait une multitude de matières : on brodait avec des fils d'or ou d'argent, des écorces d'arbres filées, des coquillages, des pierres précieuses, des plantes, des paillettes d'ivoire et des plumes d'oiseaux.

Partout on embellissait les étoffes et les objets de toilette ou d'ameublement de toutes sortes de broderies, plus ou moins bizarres et appropriées au genre de chaque pays; presque toutes les distinctions extérieures dans le costume étaient en broderies, et, comme la plupart des grandeurs antiques affectaient un caractère sacré ou religieux, comme tous les cultes

[1] Pline attribue l'invention de la broderie aux Phrygiens. Virgile appelle les étoffes brodées *phrygiæ*.

empruntaient à cet art leurs emblèmes et leurs décorations, on peut dire avec vérité que les autels ont servi de berceau à cette industrie.

Les Juifs, les Chinois, les Indiens, tous les peuples de l'Orient, excellaient dans l'art d'enrichir les étoffes précieuses d'ornements en broderies.

Les Phrygiens brodaient en bosse, les Babyloniens en couleurs diverses.

Babylone était renommée pour la grande variété et l'excessive richesse de ses broderies : c'est dans cette ville que furent fabriquées ces fameuses couvertures de lits à convives qui, du temps de Caton, furent vendues 800,000 sesterces, et que Néron acheta plus tard 4 millions de sesterces (840,000 francs[1]).

Les Grecs prodiguaient la broderie à tous les objets de toilette, depuis la coiffure jusqu'à la chaussure. L'abus en fut si grand, que Zaleucus, législateur des Locriens, fit une loi par laquelle la broderie n'était permise qu'aux femmes qui trafiquaient de leurs charmes.

Les Chinois, laborieux et patients, brodaient en soie plate, en soie torse, mélangée avec des fils d'écorce d'arbres ou de plantes.

Cette broderie était d'une régularité parfaite; les divers sens dans lesquels ils dirigeaient leurs fils, l'extrême propreté et le soin qu'ils apportaient dans leur travail donnaient à leurs produits une fraîcheur et un brillant remarquables, que jusqu'ici l'on n'a pu surpasser.

Les Indiens employaient, pour broder sur la gaze, des joncs, des cuirasses d'insectes, des noyaux de fruits et surtout des plumes d'oiseaux; mais ils excellaient d'une manière toute particulière à broder sur mousseline, non-seulement avec du coton, mais aussi avec des fils d'or ou d'argent. Les mousselines de l'Inde brodées, qui étaient, il y a peu d'années, fort

[1] Roland de la Platière.

D'après Rollin, le sesterce, la plus petite monnaie en argent des Romains, était le quart du denier; il pesait environ 1 gramme (0f,21).

recherchées en Europe, offraient de grandes difficultés d'exécution; néanmoins, le travail était rendu avec une légèreté et une régularité parfaites.

Les Géorgiennes et les femmes turques réussissaient à broder sur le maroquin, sur la gaze la plus légère et sur toutes sortes d'étoffes; elles employaient l'or filé avec une grande habileté, elles ornaient parfois leurs broderies de pièces de monnaies.

Les Romains et les Toscans firent de la broderie un grand objet de luxe [1]; ils la rehaussaient d'or sur pourpre, d'émaux, de perles fines et de pierres précieuses.

Au Canada, les femmes brodaient avec leurs cheveux, avec des poils d'animaux; elles intercalaient dans leurs ouvrages des fourrures, assorties avec patience, ou des peaux de serpents coupées en lanières [2].

Au moyen âge, la broderie était surtout employée pour les églises : tous les ornements sacerdotaux conservés jusqu'à ce jour, démontrent à quel point le luxe de la broderie était poussé. Il est difficile de se rendre un compte exact des richesses en ce genre que renfermaient les églises [3].

Toutes ces diverses sortes de broderies n'étaient pas toujours bien réellement de l'industrie, mais elles indiquent

[1] Denys d'Halicarnasse cite Tarquin l'Ancien comme le premier qui parut dans Rome, vêtu d'une robe brodée d'or.

Alexandre Sévère fit une loi qui défendait d'employer plus de 6 onces d'or à la broderie des voiles.

Les douze villes de Toscane, subjuguées par Tullus Hostilius, donnèrent au vainqueur des étoffes brodées; les Toscans tenaient cet art des Phrygiens qui l'avaient perfectionné, car il y a lieu de croire qu'ils n'en étaient pas les inventeurs. (*Progrès du commerce,* édition de 1740.)

Roland de la Platière. Plusieurs des faits qui précèdent sont tirés de son ouvrage sur les manufactures, arts et métiers.

[3] On cite notamment une nappe d'autel brodée en or, conservée dans l'église de Saint-Étienne de Lyon; on assure qu'elle fut donnée à saint Remy, par Berthe, fille de Pépin de France [855]; ainsi que la belle chasuble de Saint-Rambert-sur-Loire, qui date, dit-on, de l'époque carlovingienne, et qui a été décrite dans une brochure, par M. Boué, curé à Lyon. Mais le plus beau costume sacerdotal est, sans contredit, la dalmatique

d'une manière évidente combien, chez tous les peuples, on cherchait à varier, à embellir et à enrichir par la broderie tous les insignes de la puissance temporelle ou spirituelle.

On remarque dans l'histoire des diverses compagnies des Indes que l'on importait en Europe beaucoup de mousselines et d'autres tissus brodés.

Les broderies de Venise, de Milan et de Gênes dépassèrent en richesse et en perfection tout ce qui s'était fait; elles étaient d'un prix si excessif, qu'on en a souvent défendu ou réglementé l'usage.

Celles de la Saxe, de la Belgique et de la France, d'un prix moins élevé, imitaient les broderies et les dessins des autres pays; elles furent recherchées du commerce à cause de leur bon marché, et cette industrie prit de l'extension à Paris et à Lyon pour les broderies de couleur sur étoffes de soie ou de laine, et en Saxe pour la broderie blanche sur mousseline, ainsi que pour celle imitant la dentelle guipure.

Autrefois, on ne brodait en Europe qu'au passé et sur la main. Le métier appelé tambour, au moyen duquel on fait aujourd'hui au crochet et à l'aiguille les broderies les plus riches et les plus fines, n'a été importé de la Chine que vers 1750.

II.

DE LA BRODERIE EN FRANCE AVANT 1830.

Paris et Lyon furent d'abord les centres principaux de la fabrication; il est à peu près certain que cette industrie commença à Lyon.

Selon Duhamel de Monceau, à Paris le corps des brodeurs,

impériale conservée à Saint-Pierre de Rome, magnifique pièce qui date du XIIe siècle, et dont le dessin colorié est à la Bibliothèque impériale. Cette dalmatique, d'origine byzantine, représente la glorification du Christ; elle est ornée de quatre sujets principaux et de plus de soixante figures brodées en or et en soie, sur une étoffe de soie bleu foncé dont le fond est semé de rinceaux d'or.

qui n'était d'abord qu'une confrérie sous l'invocation de saint Clair, fut réuni en communauté par Étienne Boileau, prévôt de Paris, sous le nom de *brodeurs, découpeurs, égratigneurs, chasubliers*, et leurs statuts, qui présentaient des particularités fort bizarres, furent revisés en 1648 [1].

Sous Philippe le Bel, la broderie supplanta les fourrures. En 1315, Louis X défendit par une loi, à toutes personnes autres que les princes du sang royal, de porter de la broderie. En 1550, on permit seulement la broderie sur les habits [2].

Louis XIII et Louis XIV essayèrent par de nombreux édits d'arrêter ou de régulariser le luxe de la broderie, mais l'élan était donné; ces édits tombèrent en désuétude, et cette industrie, limitée d'abord à la toilette des princes ou des personnes de haut rang, se développa bientôt d'une manière presque générale.

En 1648, la communauté des brodeurs contenait, à Paris, 200 maîtres; ce nombre indique l'importance qu'avait déjà cette industrie.

On ne brodait guère alors en France les habits, les uniformes, les ornements d'église, les étendards, les housses de cheval, les meubles, etc., qu'avec des fils d'or, d'argent, de soie, de laine ou de lin.

La broderie blanche, telle qu'on la pratique actuellement, et dont il se fait un si grand commerce, n'existait pour ainsi dire pas encore, excepté en Saxe. Cette industrie ne se développa dans les provinces françaises que vers le milieu du XVIIIe siècle. Paris, Lyon, la Normandie, et plus tard la Lorraine, furent les pays où elle occupa le plus d'ouvrières.

Sous Louis XV, on avait atteint un grand degré de perfection : on brodait à Paris des étoffes de cour d'une richesse extraordinaire, et à des prix inconnus aujourd'hui.

[1] Un article des statuts donnait droit aux brodeurs du roi de faire enlever chez les maîtres par des hoquetons les ouvrières qui leur convenaient.

[2] Le 20 janvier 1784, le roi de Danemark prohibait encore les habits brodés en or et en argent, ainsi que les dentelles.

La broderie de Marseille, sur batiste et mousseline, était en réputation pour sa solidité.

Les broderies en chaînette de la ville de Vendôme, recherchées jusqu'en 1790, furent l'objet d'un commerce assez important.

C'est à Lyon que cette industrie occupait le plus d'ouvrières : cette ville avait en quelque sorte le monopole de la fabrication des riches ornements d'église ; ses broderies en paillettes et en paillons étaient aussi de mode en 1770. Mais ses broderies de soie, d'or ou d'argent, étaient surtout l'occasion d'un commerce considérable et en grande prospérité jusqu'en 1790 [1].

C'est à Saint-Quentin que l'on commença à broder en grand sur mousseline et tarlatane, à l'instar de la Saxe ; cette industrie y occupait, en 1785, beaucoup d'ouvrières.

On brodait aussi alors, à Nancy et à Saint-Nicolas (Meurthe), en fil de lin blanc sur filet et sur mousseline, pour châles, cravates et fichus. La fabrication de Saint-Nicolas était renommée pour ses filets brodés, destinés à garnir les ornements d'église et les devants d'autel.

A Ligny (Meuse), il se faisait beaucoup de manchettes brodées sur étoffes de fil et de coton.

De 1790 à 1802, cette industrie disparut presque complétement, et à Nancy, qui est le centre de la fabrication la plus considérable, il n'existait plus un seul fabricant en 1801.

En 1804, la broderie reparut : on brodait des bonnets, des bandes, des robes, des cravates, etc.

[1] D'après Roland de la Platière, la broderie prospérait à Lyon en 1778. Cette industrie faisait vivre alors, dans cette ville, 20,000 personnes.

Dans un rapport fait par ordre du Comité de salut public sur le commerce de Lyon, inséré dans le *Journal des arts et manufactures* du 15 brumaire an III, on lit : « La broderie prenait, avant la Révolution, un grand « essor. . . » On trouve plus loin dans le même document que la fabrication des fleurs et des broderies entrait pour 1/40 dans l'importance commerciale de la ville de Lyon.

En 1805, avec le luxe renaissant de la cour de Napoléon, les anciens métiers de Nancy et d'Alençon, qui avaient servi à la broderie en or et en argent, furent remis en activité ; on fit broder des robes et châles sur percale, des bandes et entre-deux sur mousseline et jaconas. Toute cette broderie était faite au passé et au plumetis ; elle était extrêmement soignée, fine et riche ; on ne fabriquait alors qu'au métier.

De 1805 à 1814, cette fabrication prit une grande importance ; elle se répandit dans les campagnes, où elle apporta un élément nouveau de bien-être.

En 1805, le nombre des fabricants qui n'était, à Nancy, que de 4 ou 5, occupant 200 ou 300 ouvrières au plus, monta, en peu d'années, à 30 ou 32, occupant de 4,000 à 5,000 ouvrières [1].

De 1815 à 1830, cette industrie souffrit beaucoup. Vers 1827, cependant, la mode lui fut plus favorable, et l'on commença à recevoir des commandes de l'étranger, principalement des États-Unis de l'Amérique du Nord.

III.

FABRICATION DE LA BRODERIE, EN FRANCE, DE 1830 À 1852.

En 1829, et surtout depuis 1832, l'industrie de la broderie a pris des développements prodigieux : le nombre des ouvrières n'a pas cessé d'augmenter ; le commerce d'intérieur et d'exportation y a trouvé de grands éléments de prospérité.

Cette industrie se divise en une grande quantité de fabrications différentes, que nous classons en deux catégories générales :

1° Broderies de fantaisie ;

2° Broderies blanches.

[1] De 1809 à 1814, il y avait beaucoup de prisonniers de guerre en Lorraine ; plusieurs par désœuvrement ou pour améliorer leur sort se mirent à broder au métier des bandes et des entre-deux. Une seule maison de Nancy (M. Balbâtre aîné) occupa 80 officiers espagnols, qui surpassaient en habileté les meilleures ouvrières.

La broderie de fantaisie offre une variété infinie de genres et de spécialités; on brode de toutes couleurs et sur toutes étoffes.

Les deux centres principaux de cette fabrication sont Lyon et Paris.

A Lyon et dans les environs, on brode principalement sur soie et sur tulle; on y obtient des effets que l'on peut difficilement atteindre ailleurs, en mélangeant avec beaucoup de goût et d'habileté les chefs-d'œuvre de la navette avec ceux de l'aiguille, et on y fabrique avec autant de succès les objets les plus ordinaires et de très-bas prix que les produits les plus splendides et de la plus grande valeur.

Mais c'est surtout à Paris que l'on fabrique cette multitude d'objets de goût et de fantaisie qui entrent pour une si large part dans l'industrie parisienne.

On y brode avec du coton, de la laine, de la soie, des fils d'or, d'argent, d'acier, de cuivre, des perles, des cheveux, de la paille, etc.

C'est de la fabrique de Paris que sortent ces mille articles de formes et de natures diverses où l'on reconnaît toujours l'invention et le goût français, depuis les toilettes les plus riches, les robes lamées d'or et d'argent, les modes les plus gracieuses, les châles brodés de toutes formes et de tous genres, les riches ornements d'église, jusqu'aux plus petits objets de fantaisie, le bonnet grec, les bourses, les sacs, les bretelles, le porte-cigare.

On peut se rendre un compte à peu près exact de l'importance commerciale des diverses spécialités de broderies à Paris, au moyen des tableaux statistiques des industries de Paris [1].

En voici le résumé :

La broderie au passé, au plumetis et au crochet, occupe à

[1] Ce bel ouvrage, résultat de l'enquête faite par la Chambre de commerce de Paris en 1848, offre une série de documents des plus intéressants. Ils ont été mis en ordre par MM. *Rondot* et *L. Say*, qui étaient chargés de la direction du travail.

Paris 3,970 ouvrières; le montant des affaires dépasse 6 millions.

Dans ce chiffre sont comprises les broderies, or, argent et soie, ainsi que celles en coton blanc sur mousseline, batiste, etc.

La moyenne des salaires de ces genres différents est de 1 fr. 70 cent. par jour; il y a des ouvrières qui gagnent exceptionnellement de 3 à 5 francs par jour.

Les fabricants de broderies de fantaisie, en filigranes, perles d'acier, bourses, sacs, etc., etc., occupent 900 ouvrières, dont le salaire est en moyenne de 1 fr. 50 cent. par jour; ils produisent pour 1,670,560 francs d'objets divers, appelés articles de Paris.

La broderie-tapisserie occupe 1,000 ouvrières, qui gagnent en moyenne 1 fr. 60 cent. par jour; l'importance des affaires de cette spécialité est de 1,900,000 francs.

En récapitulant ces chiffres, on trouve que ces diverses sortes de broderies occupent, à Paris seulement, près de 6,000 ouvrières (5,870 en 1847), et que le total des affaires s'élève à près de 10 millions (9,551,175 francs en 1847 [1]).

Il est à remarquer qu'on n'a pas tenu compte dans cette statistique de ce qui se fabrique dans les départements pour le compte des maisons de Paris, qui y envoient les tissus et les dessins à broder.

En 1842, lorsqu'on appliqua dans les manufactures de Cambrai, Calais, Lyon, etc., le système Jacquard à la fabrication des tulles et des dentelles à la mécanique, on employa beaucoup d'ouvrières brodeuses pour l'entourage des dessins. On a pu ainsi arriver à imiter d'une manière fort exacte la dentelle aux fuseaux et à obtenir de charmants produits, dont il se fait un commerce considérable.

Un fabricant de Nancy a imaginé, vers 1843, un procédé mécanique pour broder des objets d'ameublements en couleur

[1] Dans ces chiffres ne figurent ni la chasublerie, ni la broderie d'ornements d'église, qui occupent près de 200 ouvrières, et dont les affaires montent à plus de 1,200,000 francs.

et en relief. Ce nouveau produit, spécial surtout pour les tapis et les siéges, forme de riches et charmantes décorations et s'exporte avec succès.

La broderie de fantaisie, si remarquable par la nouveauté, le bon goût et la grande variété de ses productions, est recherchée dans tous les pays; elle entre pour une portion considérable dans nos exportations d'articles de modes, et nul pays ne peut rivaliser avec la France pour ces gracieux objets, fabriqués avec goût et dans un genre toujours nouveau.

Néanmoins, l'importance de cette broderie est bien moins considérable que celle de la broderie de luxe, de lingeries et d'ameublements, appelée broderie blanche.

Cette sorte de broderie se fait principalement sur mousseline, sur batiste, sur jaconas et sur tulle.

On brode en France de plusieurs manières, au crochet et à l'aiguille, au métier et à la main (sur le doigt).

La broderie au crochet se fabrique dans un grand nombre de localités; elle est généralement désignée dans le commerce sous le nom de deux villes : Tarare et Lunéville.

A Lunéville et dans plusieurs villes et villages de la Lorraine et de la Normandie, on brode sur tulle des articles de goût et de modes, tels que voiles, écharpes, robes, cols, etc.; il s'en fait un grand commerce et il s'en exporte pour tous les pays du monde.

Dans le canton de Vittel (Vosges), il se brode beaucoup de coiffures sur tulle, au crochet et au plumetis, qui sont recherchées pour leur belle qualité et leurs prix avantageux.

Il se fait aussi en Lorraine des broderies au crochet sur tulle, qui, mélangées de points de toile et de jours variés, imitent parfaitement les dentelles dites applications de Bruxelles.

A Tarare et à Alençon, on s'occupe spécialement de la broderie pour ameublements sur tulle et sur mousseline; on y brode également au crochet des mousselines pour robes et des articles fins pour la toilette des dames.

La fabrication de Tarare et des environs, quoique moins

ancienne et moins perfectionnée que celle d'Alençon, est cependant bien plus considérable; elle occupe de 15 à 16,000 ouvrières. Il y a à peine dix-sept à dix-huit ans qu'on emploie les femmes de ce pays à la broderie des objets d'ameublements, dont jusqu'alors la Suisse avait le monopole. C'est aujourd'hui une des branches importantes de commerce de cette ville industrieuse.

Cette fabrication lutta difficilement contre la concurrence de la Suisse; mais, par des soins incessants pour développer l'habileté de l'ouvrière, par le bon goût des dessins et l'initiative intelligente des fabricants, elle est parvenue à beaucoup moins redouter, sur le marché intérieur, la contrebande si active de la Suisse.

Le mérite du fabricant, dans les articles d'ameublements, est de produire des objets de bon goût et des effets heureusement combinés, qui, en ménageant la main-d'œuvre sur une surface donnée, amènent des prix favorables pour la consommation.

Il y a moins de difficultés à produire à grands frais des pièces extrêmement riches, qui rendent rarement au fabricant ses déboursés, qu'à établir de jolies choses courantes, bien exécutées, accessibles à la consommation moyenne, et sur lesquelles le manufacturier trouve son avantage par une vente assurée, aussi bien que l'ouvrière par un travail continu.

Mais la fabrication fine à l'aiguille, dite au plumetis, pour les articles de haute nouveauté et de luxe, est la branche la plus importante de l'industrie de la broderie.

Le centre de cette fabrication était autrefois à Nancy.

Depuis 1830, elle s'est développée considérablement et s'est répandue dans beaucoup de départements, notamment dans ceux de la Meurthe, de la Meuse, de la Moselle, des Vosges et de la Haute-Saône.

A Nancy, de 1804 à 1830, on ne brodait, pour ainsi dire, qu'au métier (ce métier ressemble beaucoup à celui dont les dames se servent pour faire de la tapisserie).

Vers 1831, le nombre des fabricants et des ouvrières augmenta dans une proportion énorme. Une espèce d'ardeur fiévreuse s'empara des nouvelles maisons de broderie, qui, ne pouvant satisfaire à la demande, abandonnèrent le métier, trop lent à produire au gré de leur impatience, et firent adopter aux nouvelles ouvrières la méthode de broder à la main, ou du moins sur l'index de la main gauche.

Cette méthode de broder sur le doigt ne pouvait produire des articles aussi beaux que ceux faits au métier; mais, comme elle est très-expéditive, plus accessible à la généralité des ouvrières, et que la demande de cette époque était presque entièrement pour l'Amérique du Nord et principalement en articles bas prix, les ouvrières et les fabricants y trouvèrent momentanément un grand avantage. On ne forma plus que des brodeuses à la main. La fabrication de la broderie fine au métier fut presque entièrement abandonnée[1].

On ne tarda pas à se repentir d'avoir ainsi délaissé le métier. Par suite de la demande considérable des années 1832 à 1835, la fabrication de la broderie en Suisse, qui, jusqu'à cette époque, ne s'était à peu près occupée que de la production d'articles d'ameublements brodés au crochet et au passé, se mit à fabriquer la broderie fine au plumetis.

Ce fut une concurrence très-redoutable pour la fabrication française; elle eut à lutter, non-seulement contre la grande habileté des ouvrières du canton d'Appenzell, qui adoptèrent tout de suite le métier, mais encore contre une différence sensible dans le prix de la main-d'œuvre. Aussi est-il à remarquer que, de 1839 à 1848, nos départements de l'Est ne reçurent presque plus de commandes en broderies fines; elles s'adressaient toutes à la Suisse.

On peut même affirmer que le succès considérable, obtenu par la Suisse dans cette belle industrie, est dû aux commerçants en broderies de Paris, qui abandonnèrent la fabrication

[1] En 1846, il y avait à Paris 600 ouvrières en broderies fines au métier. (*Enquête sur les industries de Paris.*)

française et recoururent à la Suisse, dont les produits étaient meilleur marché.

En effet, la broderie riche n'a de valeur que par la nouveauté et le bon goût des dessins et des formes.

La Suisse eût été impuissante à créer des modes et des nouveautés pour Paris, sans l'intervention des fabricants de broderies de Paris, qui expédièrent à Saint-Gall et à Hérisau, non-seulement les patrons et les dessins les plus nouveaux, mais encore firent dessiner et échantillonner sur tissus français (mousseline et batiste) tout ce que la mode et le bon goût produisaient de plus attrayant.

Par l'impulsion que lui donnèrent les négociants de Paris la fabrication suisse fit des progrès rapides, et ses produits furent d'autant plus recherchés des étrangers, que les dessins et nouveautés de Paris, calqués sans déplacement et sans frais de dessinateurs, sont souvent mis en vente à Saint-Gall avant d'être connus à Paris.

Cette situation fâcheuse provoqua, d'une part, les plaintes des fabricants des départements : il s'ensuivit un surcroît de surveillance douanière[1], dont les sévérités et les investigations plus ou moins arbitraires firent naître, d'autre part, les réclamations de beaucoup de commerçants de Paris; la

[1] La broderie étrangère est prohibée en France; néanmoins il s'en introduit beaucoup en fraude. Les saisies de la douane ont lieu bien plutôt dans l'intérieur du pays, et notamment à Paris, qu'à la frontière.

Il est incontestable que la prohibition est le moyen de protection le plus énergique; est-ce le meilleur?

Nous n'avons pas ici à faire de l'économie politique; néanmoins, nous pouvons constater que la prohibition est impuissante pour empêcher l'entrée des marchandises qui, comme la broderie, ont une grande valeur sous un petit volume.

La preuve, c'est qu'il existe à Saint-Gall des *passeurs* qui, moyennant une prime de 5 à 10 p. o/o, se chargent d'introduire en France les broderies suisses.

Si donc on pouvait frapper la broderie étrangère d'un droit de 10 p. o/o *ad valorem*, ce droit serait aussi efficace que la prohibition, et il n'aurait aucun des inconvénients arbitraires qui sont forcément attachés à ce genre de protection.

fabrication française fut alors obligée de lutter contre celle de la Suisse, et on reprit le métier.

Malheureusement, beaucoup d'ouvrières routinières ne voulurent pas abandonner la broderie à la main, qu'elles faisaient fort bien d'ailleurs, et l'on dut songer à en former de nouvelles : c'est ce qui déplaça cette industrie.

Il existe un grand nombre de bonnes ouvrières brodeuses au métier à Nancy, à Metz et à Toul; mais c'est dans le département des Vosges où cette sorte de broderies a rencontré le plus d'aptitudes spéciales: elle s'y est développée, en peu de temps, de la façon la plus rapide et la plus extraordinaire. Le nombre des ouvrières y est très-considérable; il augmente tous les jours,

Il y a quinze ans à peine, une femme de mérite (Mme Chancerel) fonda à Lallaumont, puis à Chamberg (arrondissement de Mirecourt (Vosges), un grand établissement de broderies fines au métier. Elle réunissait de jeunes paysannes depuis l'âge de dix ans jusqu'à dix-huit, les logeait, les nourrissait, les habillait, leur donnait l'éducation morale et l'instruction élémentaire, et leur apprenait à broder au métier. Sous sa direction intelligente, ces jeunes filles atteignirent bientôt une perfection de produits supérieure à celle de la Suisse.

Les broderies de Chamberg, d'un travail et d'une richesse exceptionnels, étaient recherchées non-seulement pour Paris, mais aussi pour la Russie, l'Angleterre et les États-Unis d'Amérique. Mme Chancerel forma ainsi une pépinière d'excellentes ouvrières, qui, rentrées dans leurs familles, devinrent en quelque sorte des contre-maîtresses, propageant les bonnes méthodes qu'elles connaissaient.

Plus tard, un atelier fut également établi à Fontenoy-le-Château (Vosges) avec les éléments épars de Lallaumont et de Chamberg.

Des maisons de Paris et de Nancy se mirent en rapport avec des entrepreneurs, qui propagèrent la broderie au métier dans les villages des Vosges limitrophes de la Franche-

Comté[1]. Cette industrie, si facile à s'associer aux travaux agricoles, a développé dans ces contrées, naguère très-misérables, l'activité et le bien-être.

Une maison de Paris qui occupe et dirige avec intelligence un grand nombre d'ouvrières dans les environs de Lorquin (Meurthe) produisit, il y a quelques années, plusieurs genres nouveaux et de bon goût, imitant la dentelle-guipure et offrant une variété de jours et de points inconnus jusqu'alors.

En général, toutes les nouveautés, toutes les inventions de genres, de points et de dessins en broderies naissent à Paris, où les modes, en se renouvelant d'une manière incessante, développent des idées et des besoins toujours nouveaux.

Il y a trois améliorations importantes à adopter dans la fabrication de la broderie fine, et sans lesquelles elle ne pourra jamais lutter victorieusement avec la concurrence étrangère.

La première serait, non pas d'abandonner la broderie sur le doigt, qui a de très-grands avantages pour les articles à bas prix, mais de ne plus adopter que le métier pour les objets fins : il donne beaucoup plus de perfection et de régularité au travail; seul il peut produire certains effets indispensables aux morceaux extra-riches, tels que le point d'armes, le point de plume et les jours dits d'Alençon.

Toutefois, il est à remarquer qu'il est très-difficile de changer les habitudes traditionnelles des ouvrières de la campagne sans établir des ateliers transitoires de jeunes apprenties, dirigées avec intelligence non-seulement par des ouvrières habiles, mais encore par des négociants consommés et parfaitement honnêtes. Il est notoire, en effet, que les ateliers de jeunes filles ne peuvent se constituer d'une manière utile et morale dans une contrée, sans puiser leur raison d'être dans un sentiment de bienfaisance publique et sans imposer au moins momentanément des sacrifices pécuniaires assez

[1] A Saint-Loup (Haute-Saône), la broderie a remplacé la fabrication des chapeaux de paille.

considérables. Il faut, de plus, dans les campagnes, remplir certaines conditions d'isolement, de capacité et de haute moralité, que comportent des engagements à longs termes avec les parents des jeunes paysannes, aux devoirs desquels le fabricant se substitue. Mais, nous le répétons, l'atelier d'apprenties et celui d'échantillonneuses sont nécessaires pour introduire dans l'industrie de la broderie toutes les améliorations acquises à la concurrence et dont il sera parlé dans le cours de ce rapport[1].

Le métier dont se servent nos ouvrières est trop encombrant; il serait à désirer qu'on le remplaçât par celui appelé *tambour,* dont on se sert en Suisse. Ce dernier est bien plus simple, moins embarrassant, et ne coûte que 3 fr. 50 cent., au lieu de 10 francs.

La seconde amélioration est dans le choix des intermédiaires.

On comprend que, pour une industrie où toutes les ouvrières sont disséminées et répandues dans les plus petits hameaux, il est impossible que le fabricant traite avec l'ouvrière directement : il est donc obligé d'avoir un intermédiaire qui distribue l'ouvrage et qui prélève un bénéfice (10 p. 0/0 environ) sur le prix de la façon.

En effet, il est plus facile de vendre de la belle broderie que d'en faire fabriquer.

Les commerçants de Paris, qui envoient à des intermédiaires en province les tissus et les dessins, ont sans doute une large part dans les progrès de cette industrie; mais ils ne se doutent pas des difficultés incessantes qui naissent du contact avec les ouvrières de la ville, et surtout avec celles de la campagne : que de vigilance à exercer, que de tissus gâtés et de non-valeurs, que d'avances perdues, que de mécomptes dans la livraison de l'ouvrage!

Or, en général, le choix des intermédiaires est fort mal

[1] C'est ainsi que la broderie s'est développée avec succès en Saxe et en Angleterre, où tout ce que nous indiquons est pratiqué dans des écoles de jeunes filles.

fait; on prend quelquefois des personnes qui ne connaissent rien en commerce ni en broderies, qui n'offrent aucune responsabilité, qui distribuent de l'ouvrage sans discernement, et qui manquent d'activité pour diriger l'ouvrière, presser la fabrication, veiller à ses progrès, ou suffire aux impatiences de la mode et des vendeurs.

A la vérité, comme toutes les industries protégées par la prohibition absolue, le commerce de broderies a produit quelquefois, sous l'empire des rigueurs douanières, des bénéfices considérables : c'était une sorte de *Californie*, où l'on se jetait à tort et à travers, et les commerçants pouvaient facilement s'égarer dans le choix des agents à la commission.

Mais aujourd'hui les inconvénients que nous signalons commencent à disparaître.

Le temps, qui sait éclairer et corriger les abus, a déjà révélé des entrepreneurs habiles et intelligents; l'expérience a fait parfaitement comprendre la nécessité de cette double condition de loyauté et de justice dans les rapports de l'intermédiaire, soit avec le commerçant des villes, soit avec l'ouvrière des campagnes.

La troisième amélioration serait dans l'adoption du livret pour les ouvrières en broderies.

En effet, un des grands inconvénients de la fabrication actuelle, c'est que l'ouvrière reçoit de l'ouvrage de tous les intermédiaires. Quelquefois elle a des dessins à broder pour cinq ou six mois, qu'elle a acceptés de trois ou quatre mains différentes. Elle ne rend jamais son travail avec ponctualité; souvent même il y a une telle irrégularité dans la rentrée des broderies, qu'il est difficile au fabricant d'accepter des commandes livrables à jour fixe.

Si on introduisait le livret, ce grave inconvénient disparaîtrait, puisque la brodeuse ne pourrait accepter de l'ouvrage d'un fabricant qu'après avoir achevé et livré celui qui lui aurait été donné précédemment.

L'adoption du livret serait surtout utile aux fabricants de Tarare et de la Lorraine.

On conçoit néanmoins la difficulté de faire adopter le livret à des femmes et à des jeunes filles éparses dans les campagnes; on la conçoit mieux encore quand on songe entre quelles mains se trouve la fabrication de la broderie. Toutefois, il ne faut pas désespérer de voir le livret établir un jour entre le fabricant et l'ouvrière un lien de droit, qui donne à la location des services cette sécurité dans le délai et dans le prix du travail, si nécessaire à une bonne et vivace industrie.

Malgré les recherches les plus minutieuses, il nous a été impossible de découvrir des documents officiels ou sérieux sur l'importance du travail de la broderie; mais on peut constater que le nombre des mains employées va toujours croissant.

On estime que cette fabrication occupe en ce moment 150,000 à 170,000 ouvrières, femmes, jeunes filles et enfants.

Ces nombreuses ouvrières travaillent toutes dans leurs familles; elles abandonnent, au besoin, leurs ouvrages pour se livrer aux travaux des champs ou du ménage, et le reprennent à volonté.

En général, les ouvrières brodeuses gagnent par jour de 40 centimes à 1 fr. 25 cent., selon leur habileté. Le salaire de celles qui travaillent au métier n'est pas de moins de 1 franc.

Il est à remarquer que le prix payé pour la main-d'œuvre entre en moyenne pour 70 à 80 p. 0/0 de la valeur du produit.

Les centres principaux de la fabrication sont Paris, Lyon, Nancy, Épinal, Metz, Toul, Mirecourt, Lunéville, Plombières, Fontenoy-le-Château, Lorquin, Darney, Saint-Mihiel, Vaucouleurs, Neufchâteau, Saint-Dié, Châteauroux, Alençon, Tarare, Caen, le Puy, Lille, Cambrai, Saint-Quentin, etc., ainsi que beaucoup de communes des départements des Vosges, de la Haute-Saône, de l'Oise, de la Meurthe, de la Moselle, de la Meuse, du Doubs, de Seine-et-Oise, de la Somme et de l'Isère.

Il n'y a aucun document de douane à consulter pour connaître par un chiffre l'importance du commerce de la broderie; mais il résulte de mes calculs personnels, calculs approximatifs, il est vrai, que la fabrication des différentes broderies produit un mouvement commercial de 35 à 45 millions [1].

D'après ce qui précède, on voit que cette industrie est plus considérable qu'on ne le croit généralement; elle développe, en outre, plusieurs autres industries intéressantes et qui ont à Paris une grande importance.

Sans parler de la matière première qu'emploie la broderie, nous citerons une industrie toute parisienne, celle de la confection des articles de modes et de lingerie, qui occupe un si grand nombre d'ouvrières.

La confection attire à Paris toute la broderie fine pour recevoir son complément, dentelles et rubans; elle est, en outre, l'occasion d'un commerce d'intérieur et d'exportation que nous n'estimons pas à moins de 20 millions.

On se ferait difficilement une idée exacte de la quantité prodigieuse de cartons que la broderie et la confection emploient.

Il y a des maisons de commerce à Paris qui à elles seules dépensent, en cartons, chacune de 15,000 à 25,000 francs par année. Ces cartons sont généralement destinés à l'exportation, et sont presque toujours ornés de gravures coloriées, de chiffres et d'armoiries.

La broderie occupe aussi beaucoup de dessinateurs. L'enquête ordonnée, en 1848, par la chambre de commerce, sur les industries de Paris, a recensé 93 dessinateurs patrons, occupant, à Paris seulement, 258 ouvriers, et produisant pour 588,346 francs de dessins à broder.

[1] Ce chiffre est aussi celui qui a été indiqué à la commission d'enquête sur la broderie en 1851.

IIe SECTION.

EXPOSITION UNIVERSELLE DE LONDRES.

COMPARAISON DE LA BRODERIE FRANÇAISE AVEC CELLE DES PAYS ÉTRANGERS.

On fabrique partout des broderies, et presque toutes les nations en avaient étalé à l'Exposition de Londres.

Il y en avait de toutes sortes, et d'une telle multitude de matières et de genres différents, qu'il est impossible dans ce travail de les détailler.

Nous allons d'abord passer en revue les broderies de chaque pays où cette industrie a une importance réelle; puis nous nous occuperons spécialement des fabriques de la Saxe, de l'Angleterre, et surtout de la Suisse, dont les produits sont tout à fait similaires à ceux de la France. Nous établirons leurs points de comparaison, en faisant ressortir leurs avantages et leurs défauts.

Nous terminerons par les broderies françaises, en examinant les objets les plus remarquables qui figuraient à l'Exposition universelle.

I.

EXPOSITION DES BRODERIES DE DIVERS PAYS.

Les broderies de l'Inde et de la Chine sont ce qu'elles étaient autrefois; il n'y a rien ou presque rien à signaler.

Dans l'exposition des produits de l'Inde, il y avait plusieurs beaux châles brodés avec des fils d'or sur cachemire, d'une exécution irréprochable et de bon goût; des mousselines brodées en or, en argent, en soie et en coton, toutes très-belles; mais ce sont des produits qui ont conservé leur type primitif et qui sont connus depuis longtemps.

La Chine a exposé de magnifiques crêpes brodés, si renommés depuis de longues années. On a pu admirer un châle brodé de mille nuances différentes et représentant des oiseaux, des pagodes, des rivières, des personnages, des fleurs, le tout, il est vrai, sans beaucoup de goût ni de perspective dans le dessin, mais avec une richesse de broderies, une splendeur de nuances et une perfection d'exécution inconnues en Europe.

On y remarquait aussi des mousselines brodées en or et une écharpe brodée en argent d'un travail merveilleux. Il n'y avait qu'un seul objet de broderie similaire à ceux de la France : c'était une robe brodée, sur mousseline de l'Inde, au plumetis. Elle était remarquablement exécutée comme broderie, et la mousseline n'était nullement éraillée; mais les jours n'avaient aucune variété, ce qui donnait peu de grâce au dessin, qui lui-même laissait à désirer.

En Grèce, en Turquie, en Perse, en Égypte, à Tunis [1], ces anciens berceaux de la broderie et du luxe oriental, il n'y avait que des broderies en or, en argent et en soie, ressemblant à des passementeries. Leur exécution était bonne, mais sans beaucoup de goût.

On emploie la broderie, dans ces contrées, pour tous les articles de toilette, d'ameublement et de harnachement, et l'on voyait une très-grande profusion d'objets divers brodés, depuis la coiffure jusqu'à la chaussure : des bonnets et des bas richement ornés, ainsi que des souliers d'une élégance inconnue en France. Ils étaient brodés avec un grand luxe à l'intérieur comme à l'extérieur. On y distinguait surtout une selle brodée en or, avec mélange de perles fines et de pierres précieuses, d'une richesse inouïe.

Les broderies de Gênes n'offraient rien de remarquable; les mouchoirs brodés exposés étaient loin de soutenir l'ancienne réputation de cette fabrique autrefois célèbre, aujourd'hui presque tombée.

A Malte, en Sardaigne et en Toscane, il y avait des broderies au plumetis fort ordinaires, sur mousseline, et quelques

[1] A Londres, les produits exposés étaient classés géographiquement; chaque nation avait un emplacement distinct. Nous avons cru pouvoir adopter la formule : en Grèce, en Turquie, etc., etc., pour indiquer les objets exposés par ces pays.

tableaux de fantaisie brodés en soie, véritables ouvrages de patience et de salon plutôt que d'industrie.

Les broderies blanches exposées par la Suède, le Danemark et Hambourg, nous ont semblé fort communes; le dessin et l'exécution en étaient assez médiocres, le bas prix seul était à considérer.

Les broderies sur étoffes de soie en or et en argent de la Russie étaient fort bien faites, d'une grande richesse et de bon goût; nous y avons vu notamment de fort beaux ornements d'église.

En Espagne, il y avait plusieurs objets brodés qui ont été remarqués et qui méritaient de l'être, surtout une robe, une layette et des devants de chemises brodés au plumetis, d'une richesse et d'une exécution qu'il serait impossible d'atteindre sur nos tissus français. Ces articles étaient brodés sur de la magnifique batiste de Manille[1].

On y distinguait aussi des broderies au crochet, d'une finesse qui dépasse tout ce qui se fait en France et en Suisse, ainsi qu'un bouclier aux armes d'Espagne, et des tapis de table brodés en soutache, velours et or, d'une grande richesse. Tous ces divers objets exposés par l'Espagne, excessivement beaux et riches, constituaient plutôt des œuvres d'art que des produits commerciaux.

En Prusse, il n'y avait que des baréges de diverses couleurs brodés à Elberfeld et quelques broderies blanches ordinaires.

En Autriche, on voyait des écharpes blanches et des châles de couleurs variées, brodés en soie au passé; des mouchoirs, cols, canezous, etc., etc., brodés au plumetis avec soin. Ces articles venaient de Vienne, ainsi que plusieurs ouvrages de patience, brodés avec une perfection irréprochable, notamment un petit tableau fait avec des fils de crêpe, qui imitait

[1] Cette toile, d'une grande réduction, est fabriquée à Manille avec des fils tirés des feuilles d'ananas; elle est très-solide et très-régulière, et est estimée dans les mers de la Chine; son seul défaut est de conserver toujours une teinte jaunâtre, même après le blanchissage.

à s'y méprendre une gravure à l'eau forte. Les seuls produits véritablement commerciaux de l'Autriche venaient de Carlsbad (Bohême); ils étaient brodés au plumetis et au crochet et n'offraient rien de particulier comme fabrication. Les prix seuls nous ont paru très-avantageux.

La Belgique n'a presque rien exposé en broderies blanches. Il y a vingt-cinq ans, lorsque le commerce de dentelles souffrait de la concurrence des tulles, il se faisait un grand commerce de bandes brodées sur tulle à Anvers. Elles étaient communes et à des prix si bas, que nulle fabrique ne cherchait à produire des broderies similaires. Cette fabrication, qui occupait, de 1826 à 1832, des milliers d'ouvriers est bien diminuée; néanmoins, les broderies d'Anvers ont conservé leur réputation. Il s'en exporte encore, notamment en Hollande.

Mais, si la broderie blanche ne brillait pas dans l'exposition belge, celle en couleur, en or, argent et pierreries, était richement représentée par M. Menotte, de Bruxelles, qui a exposé un étendard d'un travail de bon goût, et par M. Vanhale, qui a eu l'idée d'exposer trois figures représentant Fénelon, Bossuet et saint Thomas de Cantorbéry, revêtus de leurs costumes sacerdotaux. C'est la plus riche exposition d'ornements d'église. Les broderies étaient relevées d'ornements enrichis de rubis, de diamants, de perles fines et d'émaux.

II.

BRODERIES DE LA SAXE ET DU WURTEMBERG.

La Saxe et le Wurtemberg ont exposé beaucoup de broderies qui se ressemblent, et, comme, dans le commerce, elles sont connues et désignées sous le nom de broderies de Saxe, nous croyons devoir les réunir.

C'est en Saxe que l'on a commencé, il y a plus d'un siècle, la fabrication des broderies blanches au crochet et à l'aiguille; elle s'est successivement répandue en Suisse, en France, en Écosse et en Irlande.

Cette industrie, circonscrite d'abord dans les contrées montagneuses de l'Erzgebirge et du Voigtland, a singulièrement augmenté sa production depuis vingt ans, en se développant dans une grande partie du Zollverein. Elle est aujourd'hui dans la plus admirable prospérité; ses produits sont recherchés par leurs bas prix, et les fabricants peuvent difficilement suffire à la demande.

D'après les documents publiés en France en 1843, par le ministère de l'agriculture et du commerce, il y avait en Saxe 150 établissements de broderies, dont les produits étaient évalués à 3,750,000 francs. Cette industrie occupait alors 20,000 ouvrières, et donnait de l'ouvrage à plus de 30,000 personnes.

Depuis, ces chiffres sont bien changés : ils sont plus que triplés, et il est à remarquer qu'en ce moment (1852) les ouvrières brodeuses manquent complétement.

Les centres principaux de la fabrication et du marché sont les villes de Plauen, d'Eibenstock et d'Annaberg (Saxe), de Ravensbourg et de Dietenheim (Wurtemberg). Leurs produits se vendent dans l'intérieur de l'Allemagne et s'exportent avec succès, notamment aux États-Unis d'Amérique.

Ces diverses fabriques produisent des broderies blanches sur mousseline, sur jaconas et sur tulle pour lingeries et ameublements, tout à fait similaires avec celles de nos manufactures de Nancy et de Tarare.

Nous avons étudié avec un soin particulier la fabrication et les prix des broderies de la Saxe, et nous devons dire que leurs plus beaux objets sont loin d'approcher des broderies françaises pour les dessins et la perfection du travail.

Nous sommes, à ces points de vue, d'une supériorité réelle et incontestable; mais, si, dans ces pays, on exécute mal les jours, si la fabrication ne se distingue pas par le goût, si les dessins sont anciens et mal compris, il ne faut pas se dissimuler que les prix sont de beaucoup inférieurs aux nôtres, et menacent de nous faire une concurrence des plus redoutables.

En Saxe, le salaire payé aux ouvrières est très-minime;

elles ne gagnent que 20 à 25 centimes par jour. Le maximum est de 35 à 40 centimes.

Cette industrie est spécialement protégée en Saxe par le Gouvernement; toutes les jeunes ouvrières travaillent dans des écoles encouragées et surveillées par l'autorité.

La fabrique de Plauen (Saxe), qui est la plus perfectionnée, peut faire une concurrence dangereuse à celle de Nancy; et celle de Ravensbourg (Wurtemberg), qui a exposé de si beaux rideaux sur tulle et sur mousseline, doit éveiller l'attention des fabricants de Tarare.

III.

BRODERIE ANGLAISE.

La broderie irlandaise et écossaise est généralement connue en France sous le nom de broderie anglaise; les centres de fabrication et de marché sont cependant bien plus à Glasgow (Écosse) et à Belfast (Irlande), que dans aucune autre partie de l'Angleterre.

Les diverses sortes de broderies qui se font dans la Grande-Bretagne étaient largement représentées à l'Exposition universelle; les fabricants d'Irlande et surtout ceux d'Écosse se sont réellement surpassés, et ont exposé ce que l'on a fait dans ce genre de plus beau et de plus riche jusqu'à ce jour.

Cette fabrication a commencé en Écosse vers 1770, et en Irlande vers 1780. En 1801, il existait déjà dix ou douze maisons de commerce s'occupant de broderies à Glasgow et cinq ou six à Belfast.

Comme la broderie française, celle d'Écosse et celle d'Irlande n'a réellement pris une certaine importance commerciale que de 1826 à 1835; depuis lors, elle n'a fait que grandir.

Elle s'est développée, ces dernières années, dans une proportion énorme, et se trouve aujourd'hui dans la plus complète prospérité.

Le travail de la broderie a remplacé celui des diverses filatures à la main ou au rouet, qui se sont trouvées anéanties en

Angleterre et surtout en Irlande, par la filature à la mécanique.

C'est une vérité vulgaire de dire que les progrès de l'industrie sont toujours un bien; mais, quand on se souvient des émeutes sanglantes et incendiaires qui ont surgi dans la Grande-Bretagne, lors de l'introduction des machines, on ne peut s'empêcher de faire ressortir combien était déplorable l'erreur des ouvriers, qui ne voyaient alors dans les mécaniques que la destruction de leur travail, et de démontrer, par les faits industriels qui se sont produits, que les perfectionnements dans la production n'anéantissent pas, mais déplacent seulement le travail tout en favorisant la consommation.

En Irlande et en Écosse, les ouvrières brodeuses ont un salaire journalier de 35 p. o/o plus élevé que celui qu'elles obtenaient autrefois pour le filage à la main ou au rouet, et leur pays s'est enrichi d'une industrie nouvelle et productive.

Dans ces contrées, la broderie n'est devenue réellement une industrie que par suite de soins philanthropiques et même de sacrifices pécuniaires.

Il est à remarquer qu'en Angleterre on n'a atteint la perfection actuelle qu'après avoir établi des ateliers dans les écoles, pour former les jeunes filles au travail de la broderie.

Le même système a été suivi en Saxe. Dans ces deux pays, on est arrivé à des résultats inattendus, et tels qu'il y a peu d'industries ayant obtenu plus de succès et offrant plus d'avenir. En quinze ans, elle a quadruplé sa production.

Un écrivain moderne, témoin oculaire des progrès de cette fabrication, dit, à ce sujet: « Pendant longtemps la broderie n'était qu'un point dans l'industrie de l'Angleterre; mais, depuis ces dernières années, la fabrication a grandi si considérablement, qu'elle s'est étendue dans le nord, le sud et l'ouest de l'Écosse, et dans plus de la moitié des comtés de l'Irlande. Maintenant elle donne de l'occupation à 250,000 femmes[1]. »

[1] *Reports by the juries* (*1852*), p. 464. Plusieurs des faits concernant la broderie anglaise sont tirés de cet ouvrage. Nous devons dire toutefois que

Le salaire de ces nombreuses ouvrières est très-variable : les jeunes filles qui commencent gagnent seulement 6 pences (63 centimes) par semaine; les bonnes ouvrières peuvent gagner, selon leur habileté, de 4 à 6 shillings (5 francs à 7 fr. 50 cent.); il y en a quelques-unes très-capables qui obtiennent jusqu'à 10 shillings (12 fr. 50 cent.) par semaine.

On estime que la production de la broderie en Angleterre s'élève de 20 à 25 millions de francs. Sur cette somme, la main-d'œuvre payée aux ouvrières entre au moins pour 15 à 16 millions.

La broderie anglaise se consomme en grande partie dans le Royaume-Uni. Depuis quelques années, l'exportation pour l'Amérique du Nord a pris beaucoup d'accroissement; elle s'élève aujourd'hui à la somme de 7 à 8 millions de francs par an. Il s'en vend aussi dans toutes les contrées de l'Europe, et même en France, où ce genre de broderie est demandé depuis plusieurs années.

Le gouvernement anglais a établi dans chaque centre manufacturier des écoles de dessin qui facilitent les innovations de genres; aussi cette industrie est-elle en progrès, non-seulement au point de vue de la perfection, mais aussi au point de vue de la nouveauté.

Avant peu la fabrication sera double de ce qu'elle est aujourd'hui. C'est réellement une concurrence sérieuse pour la France. Le bas prix du salaire en Écosse, et surtout en Irlande, joint à l'aptitude industrielle et commerciale des Anglais, permettra de produire à très-bas prix et d'inonder tous les marchés étrangers de leurs articles d'exportation.

Les centres principaux de la fabrication en Irlande sont à Dublin, à Limerick, et principalement à Belfast.

La broderie de Belfast n'a aujourd'hui rien de bien remarquable. Elle est généralement ordinaire en tous points; elle a un aspect sec qui déplaît.

le chiffre de 250,000 femmes occupées à la broderie anglaise nous paraît bien exagéré.

Nous faisons bien mieux comme travail et comme nouveauté.

La supériorité de l'Irlande réside entièrement dans une fabrication relativement considérable. Elle renouvelle peu ses nouveautés, et, quand, en France, nous fabriquons dix morceaux du même dessin, Belfast en fait cent.

Les fabricants réduisent ainsi et leurs frais de dessinateurs et leurs frais généraux. Là est toute la supériorité actuelle de la broderie irlandaise, et, nous le répétons, c'est une fabrique en progrès.

Il est à craindre que le bas prix du salaire, dans ce pays, ne la rende bientôt très-redoutable pour les articles à bon marché.

La broderie d'Écosse, appelée généralement broderie anglaise, se fabrique dans beaucoup de comtés; le centre du marché est à Glasgow.

Cette sorte de broderie était magnifiquement représentée à Londres; jamais on n'avait vu des objets aussi riches, aussi variés.

La fabrication écossaise a un style particulier; ses dessins et son travail n'ont de similaires dans aucun pays.

Néanmoins, comme elle est de mode en France depuis quelques années, on a commencé à en faire dans le département des Vosges, où cette fabrication prend beaucoup d'extension, ainsi qu'à Saint-Quentin, où le genre courant se fabrique à très-bas prix; mais, jusqu'à ce jour, nous n'avons fait avec avantage, en broderies anglaises, que des articles communs en bandes et en cols.

Il nous est difficile de fabriquer le genre riche, parce que nous n'avons pas le tissu convenable. On emploie pour faire cette broderie ouvragée une percale tissée avec du coton de choix, dont la contexture est très-serrée, et d'un apprêt exceptionnel. Cela se comprend, quand on a vu, à l'Exposition de Londres, une robe d'enfant dont le dessin, brodé avec des jours variés, ne laisse pas un centimètre d'étoffe non travaillé par l'aiguille de l'ouvrière.

Cette richesse extraordinaire rend l'objet sec et lourd, détruit toute la grâce du dessin, qui n'a rien du goût français et présente une uniformité peu flatteuse au coup d'œil.

Ces riches articles sont moins élégants que nos fines broderies au métier sur mousseline et sur batiste; leur prix est souvent excessif. La robe d'enfant dont il est parlé ci-dessus était de 60 livres sterling (1,515 francs).

Il y a cependant dans la broderie anglaise un genre particulier à saisir pour nos fabriques françaises : c'est un style original dont on peut tirer un parti avantageux.

Nous commençons à bien faire ce qu'on appelle les bandes anglaises, et les cols dans le genre commun et demi-fin; nous réussissons surtout parfaitement le point de feston. On pourrait perfectionner cette fabrication, et arriver à produire des objets nouveaux et de bon goût, à des prix favorables à la vente.

La broderie d'Écosse, très-ouvragée, a beaucoup d'analogie avec l'ancienne guipure de la Flandre. Il y aurait là pour nos habiles ouvrières et pour nos fabricants intelligents des idées à prendre et des genres nouveaux à produire.

On a adopté pour la broderie anglaise la division méthodique du travail. Chaque ouvrière a son occupation spéciale : les unes préparent les aiguilles, le métier, le coton, etc.; les autres font le plumetis, les jours, le cordonnet et le point de feston. On arrive ainsi à terminer les morceaux et les bandes d'une manière régulière, et l'ensemble est toujours d'un fini parfait.

Il y avait également en broderies, à l'Exposition de Londres, des espèces de points de Venise faits à l'aiguille, d'une belle exécution; mais le prix est trop élevé pour être commercial.

En broderies de fantaisie, or, argent, soie, laine ou coton, l'Angleterre est loin d'approcher de la perfection et de la variété de nos articles de Paris. Notre supériorité en ce genre n'est pas contestable.

IV.

BRODERIES DE LA SUISSE.

La Suisse avait à l'Exposition de Londres la plus brillante et la plus splendide collection de broderies.

La fabrication de ce pays est la plus grande concurrence que nous ayons; elle produit tous les similaires de nos diverses fabriques de broderies fines ou d'ameublement. A ce titre, nous avons dû l'examiner avec une attention toute spéciale, et nous y consacrerons un compte rendu plus complet qu'aux expositions des autres pays.

L'industrie de la broderie a été introduite en Suisse à la fin du dernier siècle. Elle a commencé dans le canton d'Appenzell, où les ouvrières furent initiées à ce travail par une dame qui avait habité le Levant et savait broder en soie. Jusqu'à ce jour, cette industrie n'a fait que progresser.

Depuis 1810, la fabrication des broderies au crochet et à longs points pour grands morceaux tels que rideaux, robes et objets d'ameublement, est en grande renommée. Ce n'est guère que de 1825 à 1830 qu'on s'est occupé, dans ce pays, de livrer à la vente des morceaux en broderies fines au métier, tels que cols, fichus, mouchoirs; aujourd'hui ces broderies sont au premier rang, non-seulement pour la perfection du travail, mais aussi pour l'avantage des prix.

La fabrication de la broderie fine s'est développée en Suisse d'une manière prodigieuse, surtout dans les cantons de Saint-Gall[1] et d'Appenzell, où les ouvrières sont très-habiles, et montrent une grande aptitude pour les morceaux de luxe et de haute nouveauté.

Les ouvrières d'Appenzell furent habilement dirigées par des hommes intelligents[2], qui pensèrent avec raison que, pour introduire une fabrication en quelque sorte nouvelle dans ce pays, ils devaient y apporter des perfectionnements.

[1] Les centres principaux de la belle fabrication suisse sont Saint-Gall, Herisau, Rheineck, etc.

[2] On cite notamment M. Baüziger.

Ils adoptèrent le métier, qui donne plus de fini au travail (le métier était alors presque abandonné en France), et, depuis quelque temps, on a commencé, dit-on, à se servir d'aiguilles nouvelles qui augmentent la célérité de l'ouvrière.

Plusieurs causes existent pour motiver le bon marché de la broderie suisse.

En Suisse, l'ouvrière est très-assidue à son travail. Jamais elle ne le quitte, comme en France, pour les nécessités du ménage ou pour les travaux des champs (il y a peu de culture en Suisse); elle est d'une rare économie et d'une sobriété admirable. D'un autre côté, la brodeuse suisse ne gagne guère plus de 40 à 50 centimes. Les plus habiles gagnent de 70 à 80 centimes. En moyenne le salaire ne dépasse pas 60 centimes, tandis que nos ouvrières gagnent en moyenne 85 centimes, en travaillant moins de temps[1].

Aussi la broderie suisse est-elle fort recherchée, parce qu'elle réunit la perfection aux prix avantageux.

Quoiqu'on estime le nombre des ouvrières brodeuses en Suisse à 40,000[2], le nombre de celles qui sont aptes à broder au métier est insuffisant, et les fabricants suisses, ne pouvant remplir les demandes qui leur viennent de toutes parts, se sont vus obligés de faire exécuter les broderies les moins fines dans certaines provinces de l'Autriche, ainsi que dans le grand-duché de Bade, le Bregenzerwald, etc.

Pendant l'hiver de 1849, on commença à former des ouvrières dans le canton des Grisons, où cette industrie se développe activement. Aujourd'hui elle se propage dans tous les pays avoisinant la Suisse.

Les ouvrières d'Appenzell (Rhode intérieure) sont considérées comme ayant atteint la plus grande perfection. On leur réserve ce qu'il y a de plus riche et de plus difficile, tandis que les objets faciles et à bas prix sont donnés aux

[1] Les prix de la main-d'œuvre sont sujets à des variations continuelles; ils baissent et haussent souvent de 30, 40 et même 50 p. o/o en trois mois.

[2] M. Fessler, membre du jury international pour la Suisse.

brodeuses de Saint-Gall, des Grisons, du Vorarlberg, de Bade, de l'Oberland.

Malgré l'extension donnée à la fabrication des broderies fines au plumetis, celle des mousselines brodées au crochet pour ameublements n'en a pas souffert; elle est toujours la spécialité la plus importante de cette industrie. La France et le Wurtemberg ne peuvent lutter avantageusement contre de tels produits, la France par suite de l'élévation de ses prix, le Wurtemberg pour la qualité du travail.

Aussi la part de l'exportation suisse est-elle relativement considérable. Un seul chiffre en donnera la preuve : la Suisse exporte en Angleterre par année, rien qu'en morceaux d'ameublements (malgré un droit de 15 p. 0/0), plus de 100,000 paires de rideaux brodés de 4 à 125 francs la paire, et il est à remarquer que les fabricants suisses sont loin de considérer l'Angleterre comme leur meilleur débouché; celui de l'Amérique du Nord est encore plus important[1].

La Suisse exporte aussi avec succès en Allemagne et en Russie; les plus beaux morceaux sont expédiés en Italie, en Espagne et en Orient.

C'est, sans contredit, la plus belle et la plus florissante industrie de la Suisse; le centre de ce commerce est à Saint-Gall, où les fabricants des environs se réunissent le mercredi et le samedi de chaque semaine[2].

Dans l'exposition de la Suisse il y avait des morceaux exceptionnels, et qui peuvent être considérés plutôt comme œuvres d'art et de patience, fabriqués exprès pour l'Exposition universelle, que comme des produits industriels ou commerciaux.

On y distinguait surtout des mouchoirs de poche avec des vues du lac de Zurich, de la ville de Berne, de la vallée d'In-

[1] L'Amérique du Nord est le meilleur marché d'exportation pour les broderies diverses des fabriques françaises, ainsi que pour celles de la Suisse, de l'Écosse, de la Saxe et du Wurtemberg.

[2] Il y a à Saint-Gall des métiers mécaniques destinés à faire de la broderie; mais ils produisent des tissus brochés et non brodés.

terlacken, et ombrées de teintes grises ou noires, qui figuraient en broderie les glaciers et les forêts. Ces mouchoirs étonnaient tous les visiteurs, et on se rendait difficilement compte des moyens employés pour obtenir de pareils effets; mais, en examinant avec attention, on remarquait que les diverses nuances étaient brodées à part, puis appliquées après coup.

On voyait aussi des rideaux brodés au crochet sur tulle, avec vues de Suisse, villages, églises, chalets, personnages, etc., d'une exécution difficile et bien rendue.

Un des plus magnifiques morceaux exposés, un dessus de lit représentant Guillaume Tell sautant d'une barque sur un rocher, offrait, disposé autour du sujet principal, et comme spécimen de ce qu'il est possible de faire en broderies, les armes des vingt-deux cantons de la Suisse, exécutées presque toutes d'une manière différente avec beaucoup de netteté. A droite et à gauche se trouvaient deux tableaux, dont l'un surtout représentait l'ouvrière brodant le dessus du lit sur la porte de son chalet. Ce petit cadre est une merveille; jamais il ne s'est rien fait d'aussi beau en broderie : le chalet avec ses fenêtres à jour, la physionomie de l'ouvrière, les ombres de sa figure, etc., tous ces effets sont extraordinaires, et l'on n'aurait pu les obtenir s'ils n'avaient été exécutés sur un tissu de soie blanche.

A côté de ces produits exceptionnels, de ces mouchoirs de poche de 1,000, 1,500 et même 2,000 francs, il y avait un assortiment complet de produits véritablement industriels, en broderies blanches et de couleur, au crochet et à l'aiguille, sur tulle, mousseline, batiste, tarlatane et une infinité d'articles divers, dont il se fait un si grand commerce en Suisse.

Ce sont ces derniers produits qui font surtout concurrence à notre broderie française, non pour leur perfection (nous pouvons faire aussi bien), mais pour la modicité de leur prix, que nous ne pouvons atteindre.

Nous devons constater cependant que, si les fabricants suisses étaient livrés à leurs seules inspirations, s'ils ne recevaient pas de Paris les dessins et les patrons les plus nouveaux, la France conserverait une supériorité incontestable pour les dispositions du dessin et le bon goût de son exécution, qui donnent une si grande valeur à ce produit de luxe.

Mais, comme nous l'avons établi plus haut, les commerçants de Paris font la supériorité de la fabrication suisse. Sans eux elle eût été impuissante à créer la nouveauté et à suivre les variations et les exigences de la mode.

V.

EXPOSITION DES BRODERIES FRANÇAISES À LONDRES.

En terminant cette revue par la France, nous devons regretter que beaucoup de fabricants ne se soient pas présentés au concours de l'Exposition universelle.

Des spécialités entières manquaient complétement, entre autres celle des objets d'ameublement brodés sur tulle et sur mousseline, et nous sommes obligé de constater que cette belle industrie n'était, dans aucun genre, représentée d'une manière aussi brillante qu'elle aurait pu l'être.

Hâtons-nous cependant de dire qu'au point de vue de l'élégance, de la nouveauté et de la perfection, elle ne laissait rien à désirer.

En broderies françaises, de fantaisie et de couleurs, nous avions ces jolis articles, ces châles si riches, ces mantelets si gracieux et tous ces charmants caprices de la mode si remarquables par la perfection du goût, et que Paris seul peut produire.

On a surtout remarqué les expositions de MM. Vaugeois et Truchy, de Paris, qui ont envoyé à Londres des passementeries extra-riches et des broderies or et argent d'une belle exécution.

Mlle Mercier et Mlle Moulard, de Paris, ont exposé des bourses, des coiffures, des sacs, et diverses nouveautés au crochet ou à l'aiguille.

MM. Lemire et Cie, de Lyon, avaient de magnifiques étoffes pour ornements d'église, brodés en or et pierreries.

En broderies blanches, on admirait des devants de chemises de M. Moreau et Cie et de M. Darnet, ainsi que des articles en broderies-lingeries de M. DELAROCHE, où la perfection du travail égalait l'élégance des dessins.

Les broderies sur tulle de M. AUDIAT et de MM. HOOPER, CARROZ et TABOURIER, étaient toutes fort belles et à des prix avantageux.

MM. BERR et Cie, de Paris, ont exposé des robes et divers articles de modes exécutés sur tulle avec une perfection qu'on n'avait pas encore atteinte; leur exposition était très-remarquable et leurs broderies avec application offraient une nouveauté réelle, imitant admirablement la dentelle d'application de Bruxelles.

Le morceau capital de l'Exposition française en broderies était le beau dessus de lit de la maison DEBBELS-PELLERIN et Cie.

La broderie de cette magnifique pièce, qui a été faite à Nancy, n'a pas demandé moins de dix mois de travail par douze ouvrières. Toutes les feuilles et les fleurs de dessin sont de grandeur naturelle et exécutées avec le relief perfectionné.

Ce dessus de lit est admirable : les jours en sont variés à l'infini, et il est impossible non-seulement de trouver une seule faute dans la broderie, mais encore la moindre éraillure dans la mousseline.

C'est en quelque sorte le spécimen de ce que l'on peut faire de plus beau en France, et, nous le constatons avec bonheur, ce morceau ne le cédait en rien aux plus belles broderies de la Suisse.

RÉSUMÉ.

Nous devons répéter, en terminant, que, si certain pays peuvent fabriquer la broderie à des prix inférieurs à ceux de la France, aucun n'est supérieur pour la perfection du travail.

C'est à Paris que se créent toutes ces nouveautés enfantées par la mode, cette reine capricieuse et puissante qui gouverne le monde entier et dont tous les arrêts partent de Paris.

Il n'y a qu'à Paris où l'on trouve ces artistes modestes, ces dessinateurs habiles, ces ouvrières intelligentes, qui, tous les jours inventent de nouveaux chefs-d'œuvre et placent la France au premier rang pour les productions de goût.

Aussi, pour qu'une industrie, essentiellement de luxe et de mode comme celle de la broderie, puisse prospérer, il est indispensable qu'elle tire de Paris ses dessins et ses patrons.

Nous avons prouvé surabondamment que toute la prospérité de la Suisse, si grande qu'elle soit, n'est due qu'aux commerçants de Paris, qui, pour une différence dans le prix de la main-d'œuvre, adressent à Saint-Gall, échantillonnées et dessinées, les idées et les modes les plus nouvelles de la capitale.

Ce qui est arrivé pour la Suisse arriverait également pour la Bohême, le Wurtemberg, la Saxe et l'Irlande, où la main-d'œuvre est à des conditions très-avantageuses, si, au lieu de laisser ces pays livrés à leurs propres inspirations, on leur envoyait de Paris des dessins et des patrons nouveaux.

Ajoutons cependant que cette différence dans le prix de la main-d'œuvre a déjà considérablement diminué, et diminuera chaque jour avec les progrès que la broderie au métier est susceptible de recevoir.

En étudiant cette belle et féconde industrie depuis son origine, et en comparant ses lois économiques avec celles des industries analogues, notre expérience personnelle nous a révélé de notables améliorations.

Quand le temps aura introduit la simplification du métier, le livret; quand, surtout, au sein même des lieux de fabrication, il surgira des entrepreneurs actifs, parfaitement loyaux dans leurs rapports avec leurs correspondants et parfaitement justes avec les ouvrières, deux conditions essentielles, il est incontestable que la broderie française au métier s'assimilera rapidement toutes les aptitudes spéciales dans nos contrées, où, en résumé, la vie matérielle est peu coûteuse.

Aussi, quand nous voyons que la France est un des pays où la broderie s'est développée avec le plus de succès, que ses produits sont recherchés partout, que ses ouvrières ont une aptitude et une perfection dans le travail qui ne sont surpassées dans aucune autre contrée; quand, d'un autre côté, nous envisageons les bienfaits moraux et matériels que cette intéressante industrie répand dans les campagnes, où plus de cent mille ouvrières travaillent dans l'intérieur de leurs familles, y apportant avec l'aisance un esprit d'ordre, d'économie et de propreté, nous ne pouvons nous empêcher de dire, en terminant, que non-seulement nous avons l'espérance de voir la fabrication française dominer toujours la concurrence étrangère par son bon goût et la nouveauté de ses genres, mais encore qu'elle atteindra bientôt, dans une mesure suffisante, le bon marché de la fabrication suisse.

TABLEAU APPROXIMATIF

DU NOMBRE DES OUVRIÈRES BRODEUSES EN EUROPE.

ÉTATS.	NOMBRE DES OUVRIÈRES.
France	150,000
Grande-Bretagne	180,000 [1]
Suisse	40,000
Autriche, Danemark, Zollverein	135,000
Espagne, Italie, Belgique, Suède, Russie	30,000
Turquie, Autres pays	10,000
TOTAL	550,000

[1] Le chiffre des ouvrières occupées par la broderie dans la Grande-Bretagne est porté dans le rapport anglais à 250,000, mais il nous paraît bien exagéré.

TROISIÈME DIVISION.

TISSUS A MAILLES.

TULLES ET DENTELLES À LA MÉCANIQUE.

I.

DIVISION DU SUJET PAR ÉPOQUES.

Trois époques marquent d'une manière distincte la naissance, les progrès et le développement de l'industrie des tulles et des dentelles à la mécanique, savoir :

De 1768 à 1808, essais sur divers métiers;

De 1809 à 1837, métiers à bobines;

De 1837 à 1852, application du système Jacquard au métier à tulle bobin.

Nous allons passer en revue ces trois époques et donner l'historique des faits industriels qui se sont produits jusqu'à l'Exposition universelle de 1851.

II.

PREMIÈRE ÉPOQUE, DE 1768 À 1808.

En 1768, un fabricant de bas au métier, nommé Hammond[1], en examinant des dentelles achetées par sa femme, pensa que, puisqu'il parvenait à faire des bas à jour, il pourrait réussir à fabriquer un tissu entièrement à jours.

Il ne produisit pas de dentelles, mais bien une espèce de tricot à mailles courantes, auquel il donna le nom de tricot de dentelle. Ce fut le premier essai.

La fabrication de ce tricot dentelle fut essayée en France, en 1778, par un nommé Caillon[2].

[1] Mac-Culloch.

[2] Le docteur Eynard, dans un rapport de 1811, fait remonter à 1774 l'invention à Lyon d'un nouveau métier de tricots à jours.

Caillon travailla ce tissu en 1779, sous les yeux d'une commission nommée par l'Académie et par l'Administration; il lui fut accordé 1,000 livres de gratification et la maîtrise de bonnetier[1].

D'après Mac-Culloch, le premier métier à tulle fut monté à Nottingham (Angleterre) par MM. Else et Harvey, de Londres : on l'appela métier à épingles. Les ouvriers de cette fabrique cherchèrent à faire la maille hexagone et à imiter le point de dentelle appelé tulle[2]; mais on n'arriva qu'à produire un tricot assez commun, auquel on donna le nom de *twist.*

Dans les trente années qui suivirent, on fit des efforts et des essais de tous genres pour arriver à imiter le réseau de la dentelle aux fuseaux. Il y a peu d'industries où il se soit dépensé autant de capitaux et d'imagination pour des innovations de métiers. Chaque inventeur d'un nouveau système croyait avoir trouvé le réseau dentelle qu'il cherchait; il prenait un brevet qui était immédiatement distancé par un autre, sans que, pour cela, on soit arrivé à produire d'une manière satisfaisante le réseau de la vraie dentelle.

On cite, parmi les commerçants qui s'occupèrent de la fabrication du tulle, MM. Taylor père et fils, de Nottingham (1773). Ils vendirent leur brevet à MM. Morris et Flint, qui eux-mêmes le cédèrent plus tard à MM. John Hayne et Cie[3].

Ce fut le premier essai sérieux qui arriva à produire, au moyen du métier *Tickler,* non le vrai réseau de la dentelle, mais une espèce de passementerie à grands jours, destinée à former des bordures de rideaux et, plus tard, un tissu léger à mailles rondes appelé *mecklin.*

En 1775, M. Crane, mécanicien de Nottingham, imagina

[1] Roland de la Platière.

[2] Ce nom ne vient pas, comme on le croit généralement de la ville de Tulle, mais bien d'une dentelle à réseaux clairs, appelée *point de tulle :* c'était une espèce d'entoilage sans dessin, destinée à élargir les dentelles, les points et les guipures.

[3] John Blacknaer, *The History of Nottingham, 1815.*

d'ajouter une chaîne au métier à bas, et inventa ainsi le métier *Warp*[1]. Ce fut un grand progrès.

Ce métier, employé d'abord à faire un tissu dont les jours formaient des zigzags, puis des bourses, du filet, etc., est, de tous les métiers imaginés avant les métiers à bobines, le seul qui soit conservé de nos jours.

En 1784, M. Ingham, puis M. James Terratt, améliorèrent le métier Warp; en 1787, M. W. Dawson, fabricant d'aiguilles à tricot de Nottingham, inventa une machine pour la fabrication du réseau, dont les guides-barres étaient mises en mouvement par une roue qu'on tournait à la main. Ce perfectionnement fut considérable. On se sert encore de la roue dite Dawson pour le travail de divers articles de passementerie.

En 1796, M. Rolland inventa un nouveau système de Warp pour produire des étoffes élastiques.

Jusqu'en 1798, plus de vingt tricoteurs au métier, par suite d'essais continuels, firent avancer beaucoup cette fabrication naissante dans la voie du progrès. Cependant ce ne fut qu'en 1799 que John Lindley, fabricant de Nottingham[2], inventa la bobine, qui seule est parvenue à obtenir par la mécanique le véritable réseau de la dentelle à fuseaux.

Il est essentiel de préciser la date de l'adoption de la bobine (1799), puisqu'elle indique le point de départ d'une nouvelle et féconde industrie.

Mais il était réservé à M. Heathcoat, simple ouvrier régleur de Teveston, de mettre la dernière main aux progrès faits avant lui et de réaliser pratiquement le principe de la maille hexagone claire et unie du point de tulle. Il adopta la bobine de M. Lindley, et monta, en 1807, une mécanique si bien comprise, qu'il arriva en quelque sorte à la perfection : aussi

[1] Le métier Warp n'est autre que celui appelé à Lyon métier à la chaîne; il est attribué par les contemporains anglais, notamment par John Blacknaer, à M. Crane. En France, on prétend qu'il est de l'invention d'un ouvrier de Nîmes.

Mac-Culloch dit qu'il parut seulement en 1782.

[2] John Blacknaer, *Histoire de Nottingham, 1815.*

est-il considéré comme l'inventeur du véritable métier à tulle bobin[1].

Il s'associa avec M. Lindley et s'adjoignit M. Lucy, fabricant de dentelles aux fuseaux. Il prit, en 1809, un brevet de quatorze années.

A partir de cette époque, le tulle, qui s'était d'abord appelé *twist-net* (tissu à jours), puis *mecklin* (Malines), prit le nom de *bobinet-lace* (dentelle à bobines ou tulle bobin).

III.

DEUXIÈME ÉPOQUE, DE 1809 À 1837.

Le tulle bobin, que l'on a appelé *le roi des tissus*, imitait parfaitement le réseau uni de la dentelle aux fuseaux. Rapidement adopté par la mode, qui en multiplia l'emploi, il obtint une vogue extraordinaire. Sa fabrication développa dans une proportion considérable l'industrie de la ville de Nottingham, connue seulement jusqu'alors par son commerce de bonneterie. Cette ville est devenue en peu d'années un des centres de commerce les plus importants de l'industrieuse Angleterre[2].

La bobine donna naissance à divers systèmes de machines, connues sous les noms de *straight-bolt, traverse-warp, pascher, circulaire, leavers,* toutes d'invention anglaise[3].

Il n'entre pas dans le cadre de ce travail de décrire les divers systèmes de métiers à tulle ; nous laissons cette tâche à l'honorable et savant rapporteur de la VIe classe.

La production de ce tissu, dans les premiers temps, ne pouvait suffire à la demande; les machines, d'abord très-

[1] L'ingénieur Brunel, appelé comme témoin en 1816 dans un procès sur une priorité de brevets, déclara que M. Heathcoat était réellement le véritable inventeur de la machine produisant le tulle bobin.

[2] La population de Nottingham et des faubourgs était, en 1811, de 47,000 habitants; en 1833, de 79,000. Elle est aujourd'hui de près de 100,000.

[3] *Straight-bolt*, chevilles droites.
Pusher, pousseur.
Circulaire, mouvement circulaire des bobines.
Leavers, nom de l'inventeur.

étroites, furent agrandies. En 1815, on en comptait déjà 140, produisant de grandes quantités de tulles en bandes et en grandes laizes. On commença, vers 1816, à employer les machines à vapeur, qui furent généralement adoptées vers 1822 et 1823.

A cette époque, le brevet de M. Heathcoat était expiré. Les beaux résultats qu'il avait obtenus furent un stimulant qui activa la fabrication. On monta des manufactures de tous côtés. Les producteurs de bonneterie se firent fabricants de tulle bobin. Tout le monde voulait prendre un intérêt dans une industrie si prospère et qui avait donné de si beaux bénéfices. Les capitalistes, à l'envi les uns des autres, y apportèrent leurs capitaux. Ce fut une fièvre de spéculation inouïe; la production devint exagérée, et les prix commencèrent à baisser dans une très-forte proportion.

Les tulles ne se fabriquaient pas en France, et, bien qu'ils fussent prohibés, on en introduisait des quantités énormes, malgré une prime de 30 à 35 p. o/o payée aux contrebandiers. Le meilleur débouché de Nottingham était le marché français, où ce tissu était d'autant plus recherché, qu'il se vendait en quelque sorte en secret.

C'est ce qui donna à des ouvriers anglais la pensée d'importer en France cette fabrication.

La difficulté était grande, non d'établir une manufacture nouvelle, mais bien de parvenir à faire sortir de Nottingham le métier à tulle bobin.

En effet, le Gouvernement de la Grande-Bretagne défendait, sous peine de déportation, la sortie des machines. Outre la surveillance des agents de l'État, les fabricants de Nottingham établirent à leurs frais une espèce de ligne douanière pour empêcher la sortie des métiers à tulle.

Malgré les peines sévères de la loi anglaise, malgré cette surveillance, quelques ouvriers de Nottingham s'entendirent, vers 1816, pour introduire à Calais une machine complète, qu'ils passèrent en morceaux par l'entremise de marins français.

On trouve dans les archives de la ville de Calais un document officiel que nous puisons dans une notice de la Chambre de commerce de cette ville, et qui semblerait indiquer l'époque de l'introduction tullière en France. Le voici :

« Le 13 avril 1819, par-devant nous, maire de la ville de Calais, ont comparu les sieurs James Clarck, Richard Polhill, Thomas Pain, Édouard Pain et Thomas Dawton, tous cinq Anglais, lesquels ont déclaré qu'ils formaient dans cette ville, à compter de ce jour, un établissement pour la fabrication de tulles nommés *warp* et *twist*[1]. »

Sans vouloir attaquer la conclusion de la notice de la Chambre de commerce de Calais, qui attribue à ces cinq citoyens anglais le mérite de l'introduction de l'industrie tullière en France, nous devons dire cependant que tout l'honneur en revient à M. Thomassin, de Douai, qui était parvenu, trois ans avant eux, et après s'être associé, en 1816, avec MM. Corbit, Blackt et Cutt, de Nottingham, à importer mystérieusement à Douai un métier à tulle bobin[2].

Ajoutons qu'une machine de 36 pouces fonctionnait aussi, en février 1817, à Calais, où elle avait été introduite par MM. Webster, Clarck et Bonniton. C'est donc ce métier qui a ouvert la carrière industrielle de cette ville[3], et non celui des cinq ouvriers dont parle la notice de la Chambre de commerce de Calais.

[1] *Warp* et *twist*, c'est-à-dire tulle tricot et tulle bobin. Le tulle twist n'est autre que celui obtenu par le système *straight-bolt*.

Le premier métier bobin importé par ces cinq anglais était un petit *straight-bolt* de 54 pouces, 11 points; il fonctionnait en secret en 1819 dans une maison occupée par M. Polhill, rue de la Cloche, à Calais.

[2] MM. Thomassin et Cie débutèrent avec un métier appelé *traverse Warp*; ils crurent assurer leurs droits d'importateurs en faisant, à la préfecture du département du Nord, le 14 août 1816, une simple déclaration de leur importation. Ils ne prirent leur brevet que le 15 novembre 1817.

[3] D'après un jugement du tribunal de paix de Boulogne-sur-Mer, du mois d'avril 1818, statuant dans une contestation de priorité d'importation, il résulterait que MM. Thomassin, à Douai, et Webster, à Calais, peuvent être considérés comme les premiers fabricants de tulles bobins en France.

Précisons exactement l'époque de l'établissement en France de cette nouvelle industrie : le premier métier à tulle bobin fut monté à Douai en août 1816, et le second à Calais en février 1817.

A partir de 1817, plusieurs familles d'ouvriers anglais vinrent s'établir à Calais et dans les faubourgs; ils y montèrent plusieurs métiers dits *straight-bolt*[1].

En 1824, parut à Saint-Pierre-lez-Calais la première machine dite *circulaire;* elle fut adoptée sur-le-champ et décida de l'avenir de cette belle production.

S'il est une industrie dont l'enfance fut laborieuse, le développement entouré de difficultés et de risques, c'est assurément celle de la fabrication des tulles bobins. Jamais spéculation ne fut plus hasardeuse, jamais concurrence ne fut plus redoutable.

Depuis 30 ans, qu'est-ce autre chose, en effet, qu'une lutte incessante entre Calais et Nottingham? et dans quelles conditions!

Nottingham, cité industrielle, riche, puissante, populeuse, se présente dans la lice avec un matériel complet, des ouvriers habitués depuis longtemps au travail du tricot, des mécaniciens habiles, des capitaux considérables, un marché connu du monde entier.

Calais, au contraire, petite ville sans ouvriers, sans capitaux, sans mécaniciens, sans aucune sorte d'industrie enfin, lutte contre sa redoutable rivale et devient peu à peu, en France, la métropole et le centre principal d'une fabrication nouvelle.

Ce n'est pas tout, car il ne suffisait pas d'introduire et de monter à Calais des métiers à tulle et de former des ouvriers; il fallait encore avoir la matière première convenable pour faire du tulle : or, pour la fabrication de ce tissu, on a abso-

[1] On lit dans la notice de la chambre de commerce de Calais de 1851 : « Ce ne fut qu'en 1823 que le monopole de la construction des machines à « tulle fut enlevé aux mécaniciens anglais. Sous la direction de M. Dubout « père, deux ouvriers calaisiens (MM. Mehaut et Delhaye) montèrent le pre-« mier métier véritablement français. »

lument besoin de coton retors filé n°s 160 à 200, et, comme, en 1818, la filature ne produisait, en France, rien de plus fin que le n° 70, et que les cotons étrangers étaient prohibés, la matière première manquait complétement à nos premiers tullistes; ils furent obligés d'en faire venir d'Angleterre[1].

Néanmoins la fabrication de Calais se développa, et, quoique ses prix fussent forcément plus élevés que ceux de Nottingham, elle lutta sur le marché intérieur contre la contrebande si active alors des tulles anglais, lutte inégale, ainsi que le témoignent les crises fréquentes de cette époque.

Plus loin nous aurons à examiner les progrès considérables qui se sont produits. Ces progrès nous donnent l'espoir que bientôt la manufacture de Calais n'aura plus à craindre, pour certains genres, la concurrence de Nottingham.

Avant 1835, l'Angleterre fournissait les métiers de presque toutes les fabriques du continent, et, malgré les risques et les peines qu'offrait leur sortie, on en exporta partout, jusqu'en Perse.

En 1830, il y avait déjà en France 1,000 métiers divers, répandus à Calais, Saint-Pierre-lez-Calais, Lyon, Lille, Douai, Saint-Quentin, Saint-Omer, Boulogne, Caen, etc.

En 1835, suivant un rapport de M. Felkin, de Nottingham, il y avait en Europe 6,850 métiers[2] fonctionnant soit à la va-

[1] Depuis 1826, Calais réclamait la levée de la prohibition.

La douane comprenait tellement le besoin de ne pas saisir les cotons filés fins, qu'elle s'abstenait de les rechercher lorsqu'ils étaient entrés dans les villes de Calais et de Tarare. (*Rapport de M. d'Argout.*)

Le 3 décembre 1832, M. d'Argout, ministre du commerce, proposait d'introduire des cotons anglais au-dessus du n° 143 métrique, moyennant un droit de 30 p. o/o de la valeur.

La levée de la prohibition sur les filés cotons au-dessus du n° 143 français (n° 170 anglais) n'a eu lieu qu'en vertu de l'ordonnance royale du 2 juin 1834.

Lors de la discussion de la loi de douane de 1836, on estimait qu'un métier à tulle employait 2 kilogrammes de cotons filés par semaine, soit, pour 1,500 métiers : 150,000 kilogrammes par an.

[2] Ces 6,850 métiers se répartissaient ainsi :

peur, soit à la main, et produisant environ 33 millions d'yards carrés (30 millions de mètres carrés) de tulle bobin, qui représentaient une valeur de 62 millions de francs.

D'après une adresse à la Chambre des députés, en 1833, on estimait la consommation du tulle en France à 25 millions de francs. Moitié au moins de la consommation était fournie par la fabrication anglaise, qui parvenait à introduire en fraude ses produits, moyennant une prime de 30 p. 0/0; l'autre moitié à peine était fournie par les fabriques françaises[1]. Si les chiffres qui précèdent sont exacts, on voit que la production indigène s'élevait alors à près de 12 millions[2].

Nottingham et ses environs produisaient, à cette époque (1833), trois à quatre fois plus que tous les autres pays réunis. Cette fabrication occupait 1,800 ouvriers tisseurs, et présentait un chiffre d'affaires que M. Felkin estime à 47 millions de francs.

On se ferait difficilement une idée du développement pro-

5,000	en Angleterre, à Nottingham et dans les environs, dans le Derbyshire et le Leicestershire, l'île de Wight;
1,585	en France; 705 à Calais et à Saint-Pierre-lez-Calais, le reste à Boulogne, Saint-Omer, Douai, Lille, Saint-Quentin, Caen, Lyon;
50	en Suisse;
70	en Saxe;
60	en Autriche;
35	en Belgique (Termonde et Bruxelles);
20	en Prusse et en Russie;
30	en divers pays.
6,850	métiers de divers systèmes.

Le montant des capitaux employés, en 1833, en Angleterre, pour la fabrication des tulles est estimé par M. Felkin à 2,310,000 liv. sterl. (58 millions de francs).

Les ouvriers, en 1829, gagnaient 24 shillings par semaine, soit 5 francs par journée de travail. (Mac-Culloch.)

[1] Mac-Culloch.

[2] Le rapport de M. d'Argout, du 3 avril 1833, estimait aussi la valeur des produits des manufactures, à Calais et autres fabriques de tulle coton, de 10 à 12 millions.

digieux de cette industrie depuis 1809, époque du brevet de M. Heathcoat, jusqu'en 1835, et de l'étonnante consommation qui se faisait de tulles bobins. Non-seulement le nombre des métiers ne cessa de s'accroître, mais des perfectionnements successifs vinrent augmenter énormément leur production. Les premiers métiers n'avaient que 16 pouces, puis ils en eurent 36; ils se sont successivement agrandis jusqu'à 170 pouces. La machine de M. Heathcoat exigeait 60 mouvements pour faire une maille, qui se fait aujourd'hui avec 6 mouvements, et l'on peut produire, sur certains métiers circulaires, plus de trente mille mailles à la minute, tandis qu'il est difficile à une bonne ouvrière en dentelle d'en faire à la main avec ses fuseaux plus de cinq à la minute.

Il y eut, jusqu'en 1835, des sommes immenses engagées dans la construction des machines, et, par suite des perfectionnements qui se succédaient, une dépréciation considérable dans la valeur du matériel des manufactures d'Angleterre et de France[1].

Mais les pertes les plus considérables furent produites par la trop grande production du tulle, qui, étant un tissu uni sans beaucoup de variations de mailles, ne pouvait provoquer la demande par des innovations de genres.

La baisse du prix du tulle, qui s'était produite surtout à l'époque de l'expiration du brevet de M. Heathcoat (1820-21), continua sans aucune interruption jusqu'en 1841 et amena une crise d'autant plus fâcheuse, que le bas prix de ce beau tissu l'avait en quelque sorte déprécié.

Cette baisse fut si considérable, que le yard carré (91 centimètres) de tulle bobin, qui valait, en 1812, en qualité moyenne, 50 francs[2], et, en 1815, 37 fr. 50 cent., se vend aujourd'hui 30 centimes[3].

[1] Les premiers métiers *straight-bolt*, abandonnés plus tard, coûtaient 15,000 francs; ils se sont vendus 2 à 300 francs. (*Lettre de la chambre de commerce de Calais, 1846.*)

[2] Mac-Culloch.

[3] Birkin.

Vers 1833-34 on est parvenu à rompre l'uniformité de ce tissu, au moyen d'une petite mouche formant semé et appelée *point d'esprit.*

MM. Champaillier et Pearson importèrent d'Angleterre à Calais le premier métier à point d'esprit[1]. Cet article eut une vogue immense. Il fut le prélude des grands changements que devait apporter plus tard l'application du système Jacquard au métier à tulle bobin en général, et en particulier au métier *Leavers.*

IV.

TROISIÈME ÉPOQUE, DE 1837 À 1852.

A partir de 1835, et surtout depuis 1841-42, la fabrication des tulles est sortie de l'état de souffrance où l'avait placée une trop grande production. Une ère nouvelle s'ouvrit pour cette industrie.

Jusqu'en 1835, on n'avait, en quelque sorte, produit qu'un tissu uni de différentes finesses, appelé *tulle bobin,* et des articles de fantaisie étroits et communs à petits dessins appelés *taltings,* lorsque le tulle moucheté, dit *point d'esprit,* fit concevoir la possibilité de fabriquer des dentelles à dessins variés.

On vit se manifester alors une grande émulation parmi les fabricants de Nottingham et de Calais. Chacun d'eux s'attacha à produire des tulles nouveaux et à imiter les dentelles faites à la main. Il fut pris plus de quarante brevets d'invention et d'importation.

Toutes ces inventions devaient naturellement conduire à remplacer les anciens moyens, tels que les moulins (séries de roues à onder), ainsi que les chaînes *weels* (sortes de chaînes à la Vaucanson), dont on s'était servi jusqu'alors, par les cartons Jacquard.

Le système Jacquard, appliqué au métier à tulle bobin, décida de l'avenir de l'industrie tullière, qui, après avoir été

[1] MM. Champailler et Pearson se firent breveter le 17 octobre 1834.

en si grande prospérité, menaçait de succomber à une pléthore de production.

Si l'Angleterre s'honore, avec raison, de l'invention du métier à tulle bobin, nous pouvons revendiquer pour nous l'application de la machine Jacquard au métier à tulle.

Le métier à tulle bobin, avec l'adjonction de la machine Jacquard, forme deux éléments nécessaires d'une mécanique admirable, dont l'ensemble constitue l'instrument de tissage le plus complet et le plus merveilleux qui existe.

Ce n'est, il est vrai, qu'une addition; mais elle est si grande et si complète, qu'elle est devenue en quelque sorte le sauveur de cette industrie, et qu'elle peut être considérée non comme une simple amélioration, mais comme la base indispensable de toute production nouvelle.

L'accessoire est devenu en quelque sorte le principal; c'est le moteur intelligent de la fabrication, et, si l'Angleterre a pour elle le métier à tulle uni, c'est à l'admirable outil de l'ouvrier lyonnais qu'on doit la possibilité de produire des dentelles à la mécanique.

Dès 1823-24, le système Jacquard avait été adapté, à Lyon et à Nîmes, au métier à la chaîne pour la fabrication des tulles de soie façonnés; mais ce n'est que de 1836 à 1838 que l'on a commencé à l'appliquer aux métiers à bobines [1].

Aujourd'hui, toutes les nouveautés en imitations de dentelles se produisent au moyen du système Jacquard; toutes

[1] Les premiers brevets pris par les fabricants anglais, pour l'application du système Jacquard aux divers métiers à tulles bobins, sont les suivants :

MM. Hind et Draper furent les premiers qui réussirent, en 1836, à produire des dessins de dentelles sur fond bobin; ils prirent en France un brevet, le 28 décembre 1836, au nom de M. Hind.

Leurs produits furent distancés par ceux de M. Wright, qui les obtenait sur métier pusher, au moyen de cartons sur toute la largeur du réseau; ce système a parfaitement réussi pour les imitations de dentelles noires en soie de Chantilly : le brevet de M. Wright est de 1839;

En 1839, M. Draper prit un brevet pour application sur métier *warp*;

En 1839, M. Crofts se fit breveter pour le métier *circulaire*;

En 1841, MM. Hooton et Deverille prirent un brevet pour la meilleure et

les difficultés qui paraissaient insurmontables ont disparu ou peuvent être vaincues, et on comprend facilement que l'industrie tullière, pouvant exécuter toutes les fantaisies imaginées par la mode, avec un goût et dans un genre toujours nouveau, soit devenue une industrie toute française, destinée à être placée au premier rang, sinon pour la somme de production, au moins pour l'innovation et la variété des dessins.

Aussi, depuis 1840, s'est-il fabriqué une grande quantité de genres différents. Nous ne craignons pas d'affirmer que la manufacture de Calais, qui a commencé en 1817 avec un seul petit métier, copiant servilement et en quelque sorte pas à pas les productions de Nottingham, aujourd'hui vit non-seulement de ses propres idées, mais qu'encore beaucoup de ses nouveautés et de ses dessins sont reproduits par la fabrication anglaise.

On fait, à Calais et à Saint-Pierre-lez-Calais, tous les différents genres qui se fabriquent à Nottingham, et, de l'aveu des Anglais eux-mêmes, on y travaille avec supériorité :

1° Des Neuville, avec gros fils passés au métier;

2° Des Malines, dont le brodé des fleurs et le picot sont ajoutés à la main;

3° Des platt fins, imitation valencienne sur métier 14 et 16 pointes;

4° Des platt ordinaires sur 10 et 11 pointes.

Quel progrès n'a pas fait cette industrie depuis 1835?

Jusque-là, comme nous l'avons déjà dit, Calais, entravé dans sa fabrication par le manque de cotons filés ou par leur cherté, était à la remorque de Nottingham. La plus grande partie des tulles vendus en France ne provenait pas de ses

la plus fructueuse des applications de la jacquard sur métiers *leavers;* c'est-à-dire que, dans ce système, la jacquard est appliquée aux guides-barres, ou barres métalliques, soit des fils de chaîne de leavers, soit de la chaîne elle-même; tandis que les applications sur circulaire et pusher sont sur les bobines, fil de trame. Aussi la grande fabrication de Nottingham et de Calais s'exerce-t-elle surtout sur *leavers-jacquardés.*

métiers; ils étaient le produit d'une active contrebande qui excitait les plaintes et les réclamations des fabricants que minait ce trafic interlope.

Cette contrebande, qui était possible et avantageuse sur les tulles unis, présente des risques lorsqu'elle s'exerce sur des tulles de fantaisie à dessins variées, dont la valeur est mobile par suite des variations capricieuses et incertaines de la mode, et qu'il est indispensable d'importer dans un délai déterminé.

Aussi le métier Jacquart n'a pas seulement fait naître une industrie nouvelle, mais il lui était réservé d'anéantir presque complétement la fraude.

A partir de 1839, la fabrication et le commerce des tulles à Calais commencèrent à se régulariser. Plusieurs commerçants de Paris, de Lyon, de Saint-Quentin, y établirent des maisons d'achat.

Aujourd'hui la manufacture de Calais tient le premier rang pour les nouveautés. Ses produits, sans l'élévation de leur prix, seraient recherchés partout; il s'en vend même journellement à Londres et à Nottingham. Ce fait est caractéristique; il est avoué des Anglais eux-mêmes[1], et n'a besoin d'aucun commentaire pour établir notre supériorité, au point de vue du fini et de la perfection de certains articles exceptionnels[2].

Dans une note publiée, en 1846, par la chambre de commerce de Calais, on estimait la quantité de métiers à tulles en France à 1,800, dont 908 à Calais et à Saint-Pierre-lèz-Calais[3].

[1] On lit dans le *Journal de Nottingham*, du 19 septembre 1851 : «Les «nouvelles dentelles de Calais trouvent des acheteurs à Londres et à Not-«tingham, et deux de nos fabricants y envoient faire des achats réguliers, «notre fabrique ne produisant pas les articles extra-fins, ces derniers étant «pour nous plus coûteux que productifs.»

[2] Notre exportation de tulles, en 1851, est de 19,296 kilogrammes, dont la valeur est d'un million 700,000 francs. Dans ces chiffres sont compris 3,966 kilogrammes exportés en Angleterre.

[3] Saint-Pierre-lez-Calais, village formant un faubourg de Calais, n'avait, en 1816, que 4,000 habitants; ce nombre s'élève aujourd'hui à 11,000.

Ces métiers sont d'une complication extrême, d'une précision merveilleuse. Véritables chefs-d'œuvres de mécanique, ils reproduisent l'œuvre collective de centaines d'inventeurs divers. Plusieurs ont une valeur de 25,000 francs [1].

La fraude, dont nous avons si souvent parlé, parce qu'elle a exercé une funeste influence sur le développement de l'industrie qui nous occupe, a presque cessé ; elle ne s'exerce plus aujourd'hui que dans une faible proportion, sur des espèces communes que Calais ne peut fabriquer aux mêmes prix que l'Angleterre, par suite de la différence de la matière première qui est en ce moment (1852) de 35 à 40 p. o/o [2].

Il est bien désavantageux pour la fabrication française de ne pouvoir se procurer les cotons retors aux mêmes prix qu'en Angleterre ; tant que cet état de choses existera, Nottingham conservera sa supériorité pour le bas prix de ses tulles communs, et, en dehors des articles extra-fins et de hautes nouveautés, la lutte ne sera pas possible.

La chambre de commerce de Calais et la chambre consultative de Saint-Pierre-lèz-Calais ne cessent, depuis de longues années, de réclamer la révision du tarif de 1834 ; elles attachent à cette révision une importance que l'on comprend, puisqu'elle seule peut développer la fabrication calaisienne,

[1] Dans la notice de la chambre de commerce de Calais de 1846, on dit que ces 1,800 métiers représentent une valeur de 12 millions ; la main-d'œuvre, les frais et les bénéfices sont estimés à 4 millions, et la matière première à 8 millions, dont 3 millions en cotons anglais et 5 millions en cotons français.

[2] Lorsque la prohibition sur les cotons fins a été remplacée, en 1834, par un droit de 8 fr. 80 cent. par kilogramme, ce droit représentait une protection de 25 p. o/o sur le prix du n° 170 anglais.

Aujourd'hui que les prix sont changés, le droit de 8 fr. 80 cent., qui est resté le même, représente 35 p. o/o de protection.

En 1836, la fabrique de Calais a importé d'Angleterre par la douane 80,407 kilogrammes de cotons écrus retors n° 143 métrique, et au-dessus, pour sa consommation ; cette importation était réduite, en 1849, à 8,216 kilogrammes.

Cette différence de 72,000 kilogrammes représente une valeur de plus de 2 millions de francs ; elle a été fournie par la filature française.

et lui procurer le moyen de lutter, sur les marchés étrangers, avec celle de Nottingham.

Espérons toutefois que le grand nombre de filatures qui se montrent en ce moment, et dont plusieurs sont destinées à filer des numéros fins, amènera une baisse notable dans les prix actuels, baisse indispensable et sans laquelle, nous le répétons, l'industrie tullière ne pourra prendre l'importance commerciale qu'elle est susceptible d'acquérir.

Voici quelques documents indiqués dans le dernier recensement du conseil des prud'hommes :

Il y a à Calais, à Saint-Pierre-lez-Calais et dans quelques communes environnantes, 242 fabricants, occupant 4,200 ouvriers[1]; le matériel se composait, en janvier 1851, de 603 métiers de divers systèmes[2], savoir :

3 métiers dits *pushers ;*
14 dits *warps ;*
124 dits *circulaires ordinaires ;*
141 dits *circulaires avec jacquards ;*
321 dits *leavers.*

Le métier pusher est un système très-ancien : depuis qu'il a été perfectionné par M. Wright, en 1839, par l'application de la jacquard, on l'emploie pour obtenir de grandes mailles 9 et 10 points en dentelles imitations dites *de Chantilly.*

Le système warp est le plus ancien; il a été bien amélioré, et on l'emploie avec succès pour la production de grosses dentelles dites *torchons,* et de diverses sortes de passementeries.

Les circulaires se divisent en métiers ordinaires, produisant le tulle uni, et en circulaires avec adjonction du système Jacquard, fabriquant diverses sortes de tulles brochés.

Le métier leavers, introduit en France en 1824, n'avait,

[1] Une notice de la chambre de commerce de Calais estime que l'industrie tullière donne, en France, de l'occupation à 50,000 femmes.

[2] En 1834, le nombre des métiers était de 801 : il y a donc une diminution notable dans le matériel de production. Cette diminution est plus

jusqu'en 1837-1838, époque où parurent les premières fantaisies qui suivirent le point d'esprit, rempli, dans la fabrication qu'un rôle ordinaire; l'application du système Jacquard par Hooton et Deverille, en 1841, en a fait le principal agent de production de l'industrie calaisienne. Les métiers leavers produisent toutes sortes d'imitations de dentelles, sous les noms de valenciennes, malines, neuvilles et points de Paris.

La valeur moyenne des leavers est de 13,000 francs, ce qui représente, pour cette sorte de métiers seulement, une somme de 4 millions de francs.

La fabrication calaisienne emploie annuellement plus de 80,000 kilogrammes de cotons retors fins. Ces cotons, transformés en tulles, représentent une valeur de plus de 8 millions[1].

TULLES DE SOIE ET DENTELLES A LA MÉCANIQUE.

LYON, CAMBRAI, LILLE, CALAIS.

La fabrication des tulles de soie est trop importante et occupe une place trop considérable dans le commerce des tissus de luxe pour ne pas lui consacrer un chapitre à part.

Il est difficile de découvrir la vérité dans les documents confus et peu authentiques qui traitent de l'origine de cette industrie.

Le docteur Aynard, dans un rapport daté de 1811, fait remonter à l'an 1774 la fabrication des tricots à jours, dans la ville de Lyon. Il cite M. Bonnard comme ayant le premier perfectionné les tissus à mailles[2].

apparente que réelle; beaucoup d'anciennes machines ont été mises au rebut, et, depuis 1849, le matériel s'est en quelque sorte renouvelé, de façon que la valeur totale des 801 métiers de 1834 égale à peine celle des 603 de 1851.

[1] On estime que chaque métier produit en moyenne plus de 50 mètres carrés de tissus par semaine; la production des métiers leavers est de 160 à 180 mètres carrés par semaine.

[2] En 1798, M. Bonnard était considéré comme le meilleur fabricant des tulles de soie.

Comme nous l'avons déjà dit plus haut, un nommé Caillon exécuta, en 1779, devant une commission, une espèce de tricot dentelle.

Vers 1780, on obtenait à Lyon un tissu tenant le milieu entre le tricot et le tulle; ce produit, tout accessoire qu'il était alors, offrait un perfectionnement greffé sur le travail de la bonneterie de soie.

De 1782 à 1795, après beaucoup d'essais pour obtenir la maille de la dentelle de soie, on améliora la machine à bas, qui donna naissance au métier à *cueillir*, au moyen duquel on livra les premiers tulles de soie à mailles courantes, connus sous le nom de tulles de Lyon.

A partir de 1795, cette industrie se développa. Ses produits furent bientôt si recherchés, qu'en 1799 elle procurait aux ouvriers un salaire de 15 à 25 francs par jour.

En 1810, elle avait déjà assez d'importance pour obtenir la création d'une section spéciale au conseil des prud'hommes à Lyon [1].

C'est alors que Nottingham essaya de faire des tulles de soie sur un métier appelé *upright-warp ;* cette fabrication n'eut qu'un très-court moment de prospérité : elle ne put lutter contre celle de Lyon et fut presque abandonnée vers 1819 [2].

A cette époque, on ne connaissait pas encore, en France, le métier à bobines, qui venait d'être inventé à Nottingham, et, bien que le métier à la chaîne (warp) fût très-usité en Angleterre pour la fabrication des tulles de coton, on ne s'est attaché, à Lyon, qu'à lui faire produire des tulles de soie.

Avec le métier à la chaîne, on livra à la consommation plusieurs tulles nouveaux, qui eurent une grande vogue, tels que le tulle à mailles fixes, le tulle blonde, etc.

Le tulle noué à mailles fixes s'employait surtout en noir

[1] Décret du 8 novembre 1810, obtenu sur un rapport de la chambre de commerce de Lyon.

[2] Aujourd'hui la fabrication des tulles et dentelles de soie est en grande prospérité à Nottingham; le nombre des métiers y est très-considérable.

pour châles, voiles et mantilles; l'Espagne en consommait considérablement. On en brodait aussi beaucoup dans les environs de Lyon, notamment à Condrieu (Rhône), qui est encore aujourd'hui un centre de fabrication de broderies sur tulle.

Le tulle blonde, qui succéda au tulle noué, fut immédiatement adopté par la mode, qui en multiplia l'emploi.

En 1818-20, M. Benoît Allais, qui avait, dès 1806, amélioré le métier simple, prit successivement deux brevets pour un procédé de fabrication de tulles à mailles variées et à dessins symétriques.

En 1823, M. Dognin père importa à Lyon la première machine à bobines d'origine anglaise.

Jusqu'alors ce métier n'avait été jugé convenable que pour la production des tulles de coton; M. Dognin comprit qu'on pouvait, avec le système des bobines, perfectionner la fabrication des tulles de soie. Il commença à fabriquer avec de belles et fortes soies grenadines en blanc et en noir. Ses tulles détrônèrent les tulles noués, destinés à être brodés; puis en 1828-29, il employa des soies fines, afin d'obtenir un tulle léger, diaphane, bon à tous les emplois de modes : il produisit ainsi le tulle *zéphyr*, appelé plus tard tulle *illusion*.

Le tulle illusion eut un immense succès. Il remplaça sur-le-champ tous les autres tulles unis, et la fabrique de Lyon en retira de très-grands bénéfices.

A partir de 1831-32, on modifia encore les métiers à bobines et on en construisit d'une dimension inconnue jusqu'alors. Les fabricants de tulles sur métiers à la chaîne, ne pouvant plus lutter, pour les tulles unis, avec les machines à bobines, cherchèrent à obtenir des dessins façonnés, au moyen de la roue ou moulin, et plus tard à l'aide de la jacquard.

En 1839, parut le tulle dit *de Bruxelles ;* il eut une vogue presque égale à celle du tulle illusion.

La fabrication lyonnaise fournit principalement les diverses sortes de tulles de soie unis. Ce beau tissu est livré au commerce d'intérieur et d'exportation; il est surtout employé pour la confection de tous les articles de modes et de hautes nouveautés, et, sous les doigts de nos habiles ouvrières, il produit ces charmantes fantaisies parisiennes qui n'ont de concurrence dans aucun pays.

Il nous a été impossible, même en nous adressant aux meilleures sources, d'avoir des renseignements précis sur le matériel de cette industrie.

On estime qu'il y a à Lyon, outre les anciens métiers à cueillir, presque tous abandonnés maintenant, environ de 300 à 400 métiers à la chaîne, de 150 à 200 circulaires à rotation et 12 ou 15 circulaires ou leavers avec jacquards.

A partir de 1839, nous arrivons à une phase nouvelle dans la fabrication des tulles de soie, celle de l'application du système Jacquard au métier à bobines.

M. Isaac, de Calais, et MM. Jourdan, de Cambrai, revendiquent tous deux la priorité de cette application qui a en quelque sorte renouvelé l'industrie tullière.

Sans trancher la question, nous devons reconnaître que M. Jourdan est le premier qui ait pris un brevet.

Mais, bien avant le brevet de M. Jourdan, il n'est pas douteux qu'on obtenait à Lyon des façonnés, au moyen du cylindre d'orgue, dit *chaîne à la Vaucanson*, et qu'on employait aussi le système Jacquard au travail des tulles de soie sur le métier à la chaîne.

C'est un ouvrier lyonnais, dont il ne nous a pas été possible de connaître le nom, qui, dès 1822-23, eut le premier cette idée.

Depuis, plusieurs fabricants se firent breveter pour cette application, notamment MM. Colas et Delompré, de Lyon (en 1824), ainsi que MM. Lombard et Grégoir[1], de Nîmes, en 1826.

[1] M. Grégoir, de Nîmes, est signalé comme un des hommes qui ont fait faire le plus de progrès à cette industrie. On le cite comme ayant le premier réussi complétement dans l'application de la jacquard au métier à la chaîne.

Le métier à la chaîne doté de la jacquard se multiplia rapidement, et, vers 1829-30, il livrait au commerce une grande variété de produits, tels que écharpes, voiles, châles, etc., qui étaient recherchés pour le bon goût des dessins et la nouveauté du genre.

Mais ces articles étaient loin d'imiter les belles dentelles de Chantilly, et, comme jadis le tulle noué fut remplacé par le tulle illusion, les produits jacquardés des métiers à la chaîne dûrent bientôt céder la place à leurs similaires sur métiers à bobines.

Le problème une fois résolu, on put obtenir avec le métier bobin le grillage et les jours de la dentelle aux fuseaux, et arriver à créer mécaniquement des imitations exactes de la véritable dentelle.

Cette innovation consistait dans l'application aux nouveaux métiers (circulaires, leavers, pushers, straight-bolt, quel que fût le système) d'un brodeur qui, mis en mouvement par la jacquard, dirigeait les bobines selon les exigences du dessin.

C'est en 1835 que MM. Jourdan et Cie fondèrent à Cambrai une fabrique de tulles de soie unis. Ils employèrent tout de suite des métiers de grande dimension, et surent donner à leurs produits une grande régularité de maille et un apprêt spécial, qui les fit rechercher du commerce d'exportation; ils étaient surtout appréciés en Angleterre et aux États-Unis.

Cette maison joignit à sa fabrication de tulles unis celle des dentelles de soie à la mécanique, au moyen de l'adjonction du système Jacquart au métier circulaire. Ils prirent un premier brevet en juillet 1838, un deuxième en 1839 et un troisième en 1849.

MM. Jourdan et Cie commencèrent d'abord à produire la dentelle blanche imitant celle de Bruxelles; mais ce ne fut qu'en 1842, après des essais longs et coûteux, qu'ils abandonnèrent la fabrication des dentelles blanches pour se livrer entièrement à celle des dentelles noires en soie, à dessins variés.

Cette sorte de dentelles se fait sur métier circulaire. Le toilé du dessin est obtenu sur le réseau par la jacquard, l'entourage des fleurs seul se fait à la main.

Dès son apparition, cet article produisit une certaine sensation dans le commerce de haute nouveauté, et il fut très-recherché.

Il se fabrique aussi à Lille de fort jolies imitations de dentelles noires en soie. M. H. Black, de Lille, aussi habile mécanicien que bon fabricant, renommé depuis longtemps pour ses perfectionnements de machines à tulles et ses innovations de genres, a imaginé un métier presque nouveau par une combinaison très-heureuse du système pusher et du système circulaire, à l'aide duquel il obtient une dentelle noire en soie, supérieure à toutes celles obtenues jusqu'à ce jour.

Outre sa fabrique de tulles de coton en tous genres, Calais produit également beaucoup de tulles de soie unis, à diverses mailles, dont une grande partie s'expédie à Lyon, où ils sont teints et apprêtés, puis vendus comme provenant de la fabrique lyonnaise.

Depuis quelques mois, il se fabrique aussi à Calais des blondes de soie blanches et noires imitant assez bien la véritable blonde de Caen. C'est un produit nouveau qui nous semble avoir de l'avenir.

On y travaille sur métier pusher des châles, des écharpes et des volants, imitation des dentelles aux fuseaux. C'est à Calais que MM. Isaac et Dognin ont leur manufacture du même genre sur métiers circulaires.

Ces nouvelles dentelles de Calais, Lille, Cambrai et Lyon, sont offertes au commerce sous toutes les formes, châles, écharpes, volants, etc.; elles sont, par leurs bas prix, accessibles à toutes les fortunes. En se faisant adopter par la consommation moyenne, en se répandant dans tous les pays, elles ont généralisé le goût du beau et offert un nouvel élément de succès au commerce de luxe.

Cette fabrication livre à la vente des imitations de dentelles noires en soie qui rivalisent, pour le goût et la beauté des dessins, avec les dentelles de Caen, de Bayeux et de Chantilly; le prix auquel les moyens mécaniques lui permettent d'atteindre est de sept à huit fois moins élevé que celui des véritables dentelles aux fuseaux.

Certes, il reste encore beaucoup à faire pour que les dentelles à la Jacquard, de Calais, Cambrai, Lyon et Lille, parviennent à atteindre le fini et le type de la dentelle aux fuseaux. Mais qui peut prévoir où les perfectionnements s'arrêteront? Qui sait si le métier à tulle ne sera pas un jour, en quelque sorte, un vrai coussin de dentellière, et les bobines de véritables fuseaux manœuvrés par des mains mécaniques?

Il nous a été impossible de nous procurer aucun chiffre authentique sur le nombre des ouvriers employés dans l'industrie des tulles de soie, ni sur l'importance commerciale de cette industrie; néanmoins, on trouve dans le tableau général du commerce de la France avec les puissances étrangères, qu'en 1850 il s'est exporté 32,792 kilogrammes de tulles de soie, formant ensemble une valeur de 7,214,240 francs (commerce spécial).

EXPOSITION UNIVERSELLE DE LONDRES.

COMPARAISON DES TULLES ÉTRANGERS AVEC CEUX DE L'INDUSTRIE FRANÇAISE.

Un seul fabricant français s'est présenté au concours universel de 1851.

Nos fabriques de Calais, Cambrai, Lyon, Saint-Quentin, Lille, se sont abstenues.

Sans examiner les motifs plus ou moins sérieux qui ont empêché la tullerie française d'étaler ses produits à Hyde-Park, nous pensons que nos fabricants ne doivent jamais craindre les expositions. Si elles n'existaient pas, il faudrait les créer dans l'intérêt de notre industrie. Nous n'avons qu'à gagner en montrant au grand jour des nouveautés toujours admirées. On peut nous copier, cela est certain, c'est un hommage que l'on rend à notre génie d'initiative et au bon goût de nos productions; mais, quand on aura contrefait nos nouveautés, copié nos dessins, nous en aurons imaginé d'autres, et nous arriverons toujours sur les marchés étrangers avec l'avantage si recherché de la priorité.

Les tulles des autres pays, de la Suisse, de l'Autriche, du Zollverein, manquaient également à l'Exposition de Londres.

Si la France n'avait, en fait de tulles et de dentelles à la mécanique, qu'un seul exposant, en revanche, la fabrication anglaise était largement représentée par une collection de tulles en tous genres. Elle se composait des articles ordinaires qui forment la base des immenses affaires de Nottingham : sous ce point de vue, elle était plus complète que brillante.

Notre travail serait insuffisant si nous nous contentions de décrire les plus beaux objets étalés à Hyde-Park. Il nous a semblé que, puisque nos tullistes n'avaient pas cru devoir se présenter au concours industriel de 1851, nous devions y suppléer en établissant une espèce de comparaison entre les produits exposés par l'Angleterre et ceux que nous fabriquons en France.

Notre tâche, d'ailleurs, est rendue facile par le rapport adressé à M. Buffet, ministre de l'agriculture et du commerce, au nom d'une commission spéciale envoyée à Londres pendant l'exposition universelle.

Cette commission, composée de fabricants et de commerçants, présidée par un membre du conseil général des manufactures, réunissait les connaissances nécessaires pour apprécier avec autorité tout ce qui intéresse l'industrie tullière[1].

Nous nous aiderons de ce rapport, qui est parfaitement coordonné, et nous y puiserons pour faire ressortir les points

[1] Cette commission se composait de

MM. L. Delhaye, président et rapporteur ;

E. Mallet,
Dhilly,
Renard, } désignés par la chambre de commerce de Calais ;

comparatifs des produits de la Grande-Bretagne avec les similaires français.

Nous avons distingué dans la galerie des dentelles anglaises beaucoup de tulles noirs en soie, appelés en Angleterre *Victoria point*, et cherchant à imiter la dentelle aux fuseaux de Caen ou de Chantilly.

Cette sorte de tulle est produite en broché sur métier pusher à la Jacquart; puis le dessin est entouré à l'aiguille par une brodeuse. La fabrication en est très-considérable à Nottingham et à Radford; elle livre à la consommation anglaise et étrangère des châles, des écharpes, des volants, etc. Quoique les produits exposés soient beaux et bien rendus, ils nous semblent inférieurs à ceux qui figuraient à l'exposition française de 1849. Nous avons remarqué cependant plusieurs articles de MM. Greasley et Hopcroft, d'un excellent travail; le châle noir exposé était d'une qualité supérieure[1].

Il y avait aussi de beaux tulles en bandes appelés *neuvilles* et *malines;* ils étaient brochés à la Jacquard, puis achevés au moyen d'une broderie fort bien faite. Ces articles, fabriqués en coton extra-fin, étaient d'une belle exécution et imitaient la véritable dentelle blanche aux fuseaux.

MM. Whitlock et Billiard avaient exposé des bandes de tulles brodés et brochés, fabriqués avec du coton n° 520 retors, d'une finesse excessive et d'une rare beauté; leurs imitations de malines surtout étaient les plus belles de l'exposition anglaise.

Nous passons sous silence une grande quantité de bordures de coton genre tattings, petite dentelle fort commune, dont il se faisait, de 1831 à 1836, une grande consommation, mais

Hochedé, Valdelierre, A. Mullie, } désignés par la chambre consultative de Saint-Pierre-lez-Calais;
Tribouillard, Dagbert, } désignés par le conseil des prud'hommes de Calais.

[1] La fabrique de Nottingham exporte pour près de 4 millions de francs de dentelles de soie à la mécanique, principalement en Amérique.

qui s'emploie peu aujourd'hui en France. On a essayé d'en faire autrefois à Saint-Pierre-lez-Calais; mais nous n'avons jamais pu atteindre les extrêmes bas prix des manufactures anglaises, qui en produisaient des quantités énormes.

Les dentelles de Lille, de Mirecourt et d'Arras étaient imitées avec beaucoup de précision; les dessins n'offraient pas toujours un choix intelligent : ils étaient, en général, anciens et sans goût; mais la fabrication nous a paru excellente.

Les imitations de la dentelle valenciennes étaient toutes fort belles. Nous en avons remarqué quelques-unes, travaillées en coton blanchi, qui nous ont surpris par l'exactitude du point et du dessin: c'était une contrefaçon bien rendue de la vraie valenciennes. Celles exposées par MM. Fischer et Robinson offraient la plus belle collection que nous ayons remarquée.

Notre attention s'est portée particulièrement sur un article en soie que nous ne fabriquons que fort peu en France: nous voulons parler des imitations de nos belles blondes de Caen. Ce produit est charmant, et il offrait une nouveauté réelle : aussi, depuis quelque temps, nos tullistes se sont appliqués à produire cette brillante dentelle, et ils ont complétement réussi.

Un grand nombre de métiers (on nous a dit plus de 1,000[1]) sont occupés à la production de cette nouvelle blonde de soie, qui, depuis quatre ans, a été, pour la manufacture de Nottingham l'occasion d'un commerce aussi considérable que prospère.

Il y avait encore beaucoup de tulles en grandes largeurs avec dessins brodés au métier sur divers fonds, propres à la confection d'objets d'ameublement ou de lingerie. Nous fabriquons ces articles en France avec des dessins plus gracieux, cela est vrai; mais nous ne pouvons atteindre le bas prix de ceux de Nottingham. Nous avons remarqué dans ces genres des tulles de M. Wickers fort bien rendus, à dessins variés et de bon goût.

[1] M. J. Heathcoat en occupe, dit-on, près de 300.

Nous avons examiné avec attention une collection complète de tulles pour châles, volants, rideaux, stores, etc.; ce sont des articles que Nottingham produit depuis 1846. Plus de 100 métiers de grandes dimensions sont occupés par cette fabrication.

Si les dessins de cette sorte de tulles brochés laissaient à désirer au goût français, il faut reconnaître cependant que plusieurs pièces étaient fort belles et qu'elles offraient la possibilité de faire de riches objets d'ameublement destinés à remplacer les tissus brodés de Tarare et de Saint-Gall.

Les journaux anglais avaient parlé de dentelles fabriquées avec des fils de laiton très-flexibles, et ils annonçaient pompeusement l'exhibition de dentelles en fils de fer; nous avons vainement cherché ces produits, et nous n'avons vu que des tulles dont la broderie était entourée de fils d'or. Quoi qu'il en soit, il nous paraît très-probable que bientôt la mécanique sera appelée à produire des dentelles de fils d'or et d'argent; cela n'a plus rien d'impossible depuis qu'on est parvenu, au moyen d'une préparation préalable, à dorer et à argenter les fils de coton ou de soie par la galvanoplastie.

Il nous est difficile de citer les noms des principaux exposants anglais dont les produits brillaient au Palais de cristal; nous nous contenterons d'en mentionner trois qui nous ont paru réellement hors ligne.

Nous parlerons d'abord de MM. Ball, Dunnicliffe et Cie, qui ont remporté la grande médaille par leur dentelle *simla*, produit charmant qui n'était pas connu avant 1851.

Le simla est un tissu serré extra-fin, tenant le milieu entre le tricot et le tulle. Il est obtenu sur le métier *warp* et offre deux emplois différents : sous la forme de tulle, il est destiné à faire des voiles, des robes et des châles imprimés; comme tricot, c'est une étoffe élastique, ayant l'apparence d'une peluche ou d'un velours épinglé, propre à plusieurs emplois, notamment à la confection des gants.

Outre le tulle *simla*, il y avait également de jolies dentelles blanches en soie avec fleurs en velours.

Cette exposition a beaucoup occupé le jury de la XIXe classe; elle était, en apparence, moins brillante que beaucoup d'autres, mais elle attirait l'attention de tous les hommes spéciaux. Elle a été fort admirée.

Une autre collection de tulles divers, celle de MM. Fisher et Robinson, offrait moins de nouveauté que la précédente, elle soutenait l'ancienne réputation de ces grands manufacturiers, qui ont toujours marché à la tête de l'industrie tullière.

Leurs imitations de dentelles valenciennes et de points divers étaient des plus remarquables : la fabrication est excellente, les dessins bien choisis et de bon goût. Nous avons surtout admiré des tulles brodés, des imitations de blondes de soie, des dentelles noires pour garnitures, d'une exécution parfaite. Cette exposition nous a paru supérieure à toutes les autres du même genre.

Il n'entre pas dans le cadre de notre travail de décrire les métiers à tulles qui fonctionnaient dans la grande galerie des machines; néanmoins, nous ne pouvons passer sous silence la belle mécanique à la Jacquard (système Leavers) de M. Birkin. Chaque visiteur a pu la voir fonctionner, admirer la précision d'un mécanisme merveilleux à l'aide duquel, en France et en Angleterre, on produit ces charmantes dentelles, sortant du tissage tout achevées comme le papier sort des rouleaux.

M. Birkin avait, en outre, exposé plusieurs objets de sa fabrication : ces produits étaient parfaitement rendus, et plusieurs coupes d'une finesse extrême offraient un genre entièrement nouveau[1].

En dehors de l'Angleterre, peu de nations ont exposé des

[1] M. Birkin était membre du jury international et rapporteur de la XIXe classe pour l'Angleterre.

D'après son rapport, la fabrication des tulles en Angleterre occuperait 5,556 hommes et 6,859 femmes, et donnerait, en outre, du travail pour 113,300 mains.

Le nombre des métiers est de :

tulles; ceux de Saxe et de la Bohême n'offraient rien d'intéressant. Les dentelles noires à la Jacquard de la Russie étaient exécutées avec goût.

Les tulles unis de la Belgique, seuls, méritent une mention spéciale.

Autrefois le réseau de la dentelle de Bruxelles était entièrement fait aux fuseaux : il revenait à un prix excessif. L'invention du tulle bobin a, depuis plus de vingt ans, renversé complétement cette fabrication.

Les tullistes belges s'attachent spécialement à produire le réseau propre à l'application des fleurs de dentelles; ils sont arrivés à une grande perfection.

Cette industrie a pris naissance en Belgique, vers 1817. Les premiers métiers furent établis à Termonde par M. Verbeckmœse.

En 1828, on monta à Gand une vingtaine de métiers, mais ils ne purent soutenir la concurrence anglaise.

En 1834, M. Washer, de Bruxelles, fit construire, d'après le meilleur système connu, 8 métiers à tulle bobin. Ne pouvant lutter avec Nottingham, il abandonna cette production pour se livrer exclusivement à celle des réseaux extra-fins; il dut former des ouvriers pour cette fabrication minutieuse. En

3,200 métiers à tulle bobin, valeur.....	1,329,446	liv. st.
1,400 métiers warp pour divers produits.	360,000	
4,600 métiers, valeur................	1,689,446	l. s. en fr. 43 mill.

Ce capital est en dehors des bâtiments et machines employées, ainsi que de l'assortiment en soie, en coton filé et des ustensiles pour broder, ourdir, raccommoder; ce second capital est évalué à 1,616,500 liv. sterl.; en francs : 40 millions.

Le total des capitaux employés dans cette industrie s'élève à 83 millions.

La production annuelle est évaluée à 3 millions de liv. sterl.; soit : 75 millions de francs.

Le nombre total des ouvriers et ouvrières employés serait de 143,000.

(*Reports by the Juries.*)

quelques années il parvint à produire des réseaux supérieurs à ceux des manufactures anglaises.

Placé au centre des fabriques de fleurs d'application, il est en position d'étudier et de satisfaire aux demandes du commerce et d'apporter la plus grande perfection non-seulement au travail de ce tissu, mais encore au gazage, au blanchiment et à l'apprêt.

Il existe, en ce moment, en Belgique, 33 métiers, savoir :

A Bruxelles....................	16
A Termonde....................	8
A Malines.....................	5
A Saint-Josse-ten-Noode...........	4
Total..............	33

Ces métiers, quoique de divers systèmes, ne produisent guère que du tulle réseau uni extra-fin, dit de Bruxelles ; cette sorte de tulle ne se fait pas en France.

Calais, il est vrai, pourrait le faire aussi bien que la Belgique ; mais la difficulté plus minutieuse que réelle de produire des réseaux fins, jointe au peu de consommation qui s'en fait dans notre pays, est cause que nos fabricants préfèrent employer leurs métiers à d'autres genres plus productifs. Ils négligent cet article et ne s'en occupent même pas.

Cependant, depuis que nous produisons des fleurs dites d'application, nos fabricants de dentelles ne peuvent se passer du tulle réseau ; c'est en quelque sorte leur matière première : ils sont donc forcés, n'en trouvant pas à acheter en France, de le tirer en contrebande (le tulle est prohibé) soit de Bruxelles, soit de Nottingham, et, comme la prime du passeur est de 25 à 30 p. o/o, c'est un désavantage très-grand pour cette industrie naissante.

M. Washer a exposé à Londres une belle collection de tulles écrus, dits réseaux de Bruxelles, tous tissés avec des cotons retors, n°s 400, 500 et 530, provenant de la filature anglaise.

Ces produits, il est vrai, n'offraient rien de nouveau; leurs mailles claires, leur légèreté et leur perfection d'ensemble étaient seules à remarquer.

Nous avons admiré aussi de beaux tulles exposés par un commerçant de Bruxelles; mais hâtons-nous de dire qu'ils provenaient presque tous de la fabrication calaisienne. C'est un hommage rendu à nos produits que de venir les acheter en France pour les exposer en Angleterre[1].

De toute la tullerie française, les seuls fabricants qui n'ont pas craint d'exposer à Londres sont MM. Mallet frères, de Calais; ces messieurs ont placé leurs tulles au milieu des plus belles dentelles de la galerie française: c'était, il faut le dire, montrer un certain courage et une grande confiance.

Cette témérité a été récompensée par un véritable succès; chacun pouvait faire la comparaison et se rendre compte de la perfection avec laquelle on parvenait à imiter, à la mécanique, les plus riches dentelles aux fuseaux.

MM. Mallet frères ont exposé une barbe, imitation de valenciennes, d'une exécution parfaite et d'un dessin bien choisi; mais leurs plus beaux produits étaient des tulles d'un genre créé par eux dit *fins-platt*, 14 et 16 points, d'une finesse excessive: rien de pareil ne se fabrique en Angleterre. C'étaient, sans contredit, les plus belles dentelles à la mécanique exposées à Londres[2].

A propos de la barbe exposée par MM. Mallet frères, nous croyons devoir signaler ici l'immense différence qui existe entre le travail de la dentelle aux fuseaux et celui à la mécanique.

[1] Ce fait a été constaté par la commission calaisienne envoyée à Londres, et il figure dans son rapport au ministre.

[2] Le rapport de la commission calaisienne envoyée à l'exposition de Londres s'exprime ainsi sur cette sorte de dentelles: « Nous parlerons avec une « fierté bien justifiée des dentelles valenciennes sur métiers 14 et 16 points; « ces articles, admirables de finesse et d'exécution, qui sont la perfection « même, que nous n'appellerons plus imitations, mais que nous désigne- « rons sous le nom de *dentelles de Calais*, sont incontestablement une des « plus glorieuses productions de l'industrie calaisienne. »

Le métier à tulle fait en dix minutes ce qu'une dentellière, en travaillant douze heures par jour, aurait de la peine à faire en six mois; nous n'exagérons pas en disant que le système Jacquard a produit des résultats merveilleux, dont on ne se doutait pas il y a quinze ans[1].

En présence du succès obtenu à Londres par MM. Mallet frères, nous ne pouvons trop regretter l'abstention à l'Exposition universelle de la tullerie française en général, et de celle de Calais en particulier. Nous croyons devoir y suppléer autant que possible en établissant l'état actuel de ses productions.

En voici la nomenclature aussi exacte que possible :

1° Tulles divers, en filets, points de Paris, etc., connus sous le nom de fantaisies. Ces genres se fabriquent par milliers de dessins et à des prix très-bas (il y en a à 3 centimes le mètre); ils sont destinés à la lingerie et remplacent avantageusement les tattings d'autrefois.

2° Les tulles dits *valenciennes,* 10 et 11 points. Grâce à l'exactitude de leurs dessins, copiés sur ceux de la vraie valenciennes, et à leur excellente fabrication, on les recherche non-seulement pour la consommation française mais aussi pour la consommation étrangère.

3° La dentelle dite *de Calais,* en 14 et 16 points, est aussi une imitation des fines valenciennes; c'est un article admirable par la finesse du tissu et la perfection du travail; il peut, à juste titre, être considéré, surtout celui à mailles carrées, comme la plus belle dentelle produite, jusqu'à ce jour, par la mécanique.

4° Le tulle neuville, entièrement tissé, broché et brodé au métier, est une des plus charmantes productions de l'industrie tullière.

5° Les tulles neuville, 10 et 11 points, brochés à la jacquard puis brodés à l'aiguille avec un fil de lin, sont remar-

[1] Il est vrai de dire que les plus belles dentelles à la mécanique n'ont jamais le toucher, le cachet ni le fini des dentelles aux fuseaux.

quables par la grande variété des dessins et la modicité de leurs prix.

6° Les mêmes tulles neuville, 14 et 16 points, forment de belles et fines dentelles; le bon goût des dessins et leur nouveauté les font rechercher par le commerce et par la confection des objets de lingerie, qui en tire un parti avantageux; cette sorte de dentelle est supérieure à celles du même genre exposées par Nottingham.

7° On fait aussi à Calais et à Saint-Pierre, mais en petites quantités, des tulles brochés en grandes largeurs, propres aux objets d'ameublements, ainsi que des espèces de tulles, dits *points de Venise,* imitant la guipure: ce sont des produits bien rendus et qui ont leur mérite.

8° Nous citerons, en terminant, ces brillantes nouveautés qui ont 3 et 4 mètres de largeur, que nous fabriquons sur métier, 10, 12, 14 et 16 points, avec des dessins disposés soit à bouquets, soit à ramages, par la jacquart, puis brodés à la main avec un fil qui entoure le dessin. Les rares similaires exposés à Londres, nous ont paru inférieurs à ceux de Saint-Pierre-lez-Calais.

RÉSUMÉ.

Il y a vingt-cinq ans à peine, on ne comptait en Europe qu'une seule manufacture importante de tulles, celle de Nottingham.

Aujourd'hui, on en compte deux.

Comme on a pu le voir, Calais a su prendre une place distinguée à côté de sa redoutable rivale.

Certes, il n'entre pas dans notre pensée de comparer l'importance manufacturière de Calais à celle de Nottingham; il y a dans cette dernière ville et dans ses environs 3,200 métiers de tous systèmes. Calais et Saint-Pierre n'en possèdent pas 700; mais, en dehors du nombre de métiers, il y a des éléments tout différents de prospérité qui ne demandent qu'à se développer.

La ville de Nottingham produit des masses énormes de tulles de toutes sortes ; ils sont en général assez communs et s'adressent principalement à la grande consommation. Cette manufacture a tous les éléments nécessaires pour attirer la demande : son matériel est complet, elle achète la matière première à 25 p. o/o meilleur marché que nos fabriques, en sorte qu'il lui est facile de livrer ses articles, dans les genres courants, à des prix tellement avantageux, qu'il nous est impossible de nous présenter sur les marchés étrangers avec des produits similaires. Elle n'a aucune concurrence à craindre pour les tulles et dentelles ordinaires, qu'elle livre au commerce dans une proportion trois ou quatre fois plus grande que toutes les autres fabrications réunies.

Les fabriques de Calais, de Saint-Pierre et des autres centres sont, en revanche, supérieures, non sous le rapport commercial, mais au point de vue artistique, par la variété des genres, la richesse des dessins et la finesse du tissu. Leurs imitations sont toujours exactes, les dessins sont appropriés avec goût à chaque genre spécial, et, comme, en définitive, depuis l'application du système Jacquard, la valeur des dentelles mécaniques, en certains genres, réside pour ainsi dire dans le dessin, comme nous innovons toujours, nous avons l'espoir fondé que la fabrication française grandira.

Jusqu'en 1834, nos fabriques imitaient servilement toutes les productions anglaises, nos manufactures luttaient difficilement à l'intérieur contre la concurrence illicite des produits similaires; aujourd'hui, non-seulement notre fabrication vit de ses propres idées, elle a ses genres spéciaux, ses dessins sont recherchés et imités partout, mais encore nos voisins, naguère nos vendeurs, viennent faire des achats à Calais.

C'est une situation que nous nous plaisons à constater : elle indique la mesure des progrès que nous avons faits et de ceux auxquels nous pouvons atteindre; elle nous donne l'espérance de voir bientôt cette belle fabrication, en ce moment si prospère, arriver, par la puissance de la nouveauté des genres et des dessins, à prendre tout le développement dont elle est susceptible, et à conquérir en France le rang qu'elle occupe en Angleterre.

FIN.

TABLE DES MATIÈRES.

XIXE JURY.

LES TAPISSERIES

ET LES TAPIS DES MANUFACTURES NATIONALES,

PAR M. CHEVREUL,

MEMBRE DE L'INSTITUT,

PROFESSEUR AU MUSÉUM D'HISTOIRE NATURELLE, AUX GOBELINS, ETC.

DIVISION DU SUJET.

1. Voulant donner à ce rapport tout l'intérêt dont il me paraît susceptible, j'entrerai dans des détails propres à montrer au public éclairé ce que les manufactures nationales de tissus ont exécuté comme grands ouvrages de tapisseries et de tapis et ce que les travaux scientifiques accomplis dans ces manufactures ont fait pour l'industrie en général. J'atteindrai ce but, j'espère, en divisant ce rapport en quatre parties :

Ire Partie. — Caractères du tissu qui constitue : 1° les tapisseries des Gobelins et de Beauvais ; 2° les tapis de la Savonnerie.

IIe Partie. — Résumé de l'histoire des manufactures de tissus.

IIIe Partie. — Travaux scientifiques exécutés aux Gobelins.

IVe Partie. — Produits des manufactures des Gobelins, de la Savonnerie et de Beauvais exposés au Palais de cristal à Londres en 1851.

J'explique, comme supplément au rapport, pourquoi, dans

l'ouvrage publié à Londres en 1852, sous le titre de *Repo*
by the juries, etc., on a omis de faire mention de l'*invention*
cercles chromatiques dans l'exposé des motifs qui ont valu u
grande médaille aux Gobelins.

PREMIÈRE PARTIE.

CARACTÈRES SPÉCIAUX DES TAPISSERIES ET DES TAPIS DES MANUFACTURES NATIONALES.

I.

TAPISSERIES DES GOBELINS ET DE BEAUVAIS.

2. Les tapisseries des Gobelins pour tentures, et les tapisseries de Beauvais pour meubles, appartiennent au même procédé de tissage.

3. Comme tout tissu, elles présentent une chaîne et une trame, mais la trame seule paraît à l'endroit et à l'envers.

TAPISSERIES DES GOBELINS.

A. Métier de haute lisse.

4. Les tapisseries des Gobelins sont faites au *métier de haute-lisse.*

La chaîne est tendue verticalement. Les fils, parallèles les uns aux autres et dans un même plan, sont passés alternativement sur un *bâton* placé horizontalement dit *de croisures,* de sorte que, relativement au tapissier assis entre la chaîne et le modèle lorsqu'il travaille, une moitié des fils est en *avant* et l'autre moitié en *arrière*[1]. Mais les *fils d'arrière* peuvent être tirés en avant au moyen de ficelles appelées *lisses* qui les embrassent et qui se réunissent sur une *perche* dite *des lisses,* laquelle est mobile et placée au-dessous du *bâton de croisures* et en dehors du métier.

La trame est enroulée sur de petits morceaux de bois

[1] Il est nécessaire de bien se représenter la position du tapissier, car, si on regardait la surface de la chaîne où sera *l'endroit de la tapisserie,* les mots d'*avant* et *arrière* seraient employés en sens inverse.

appelés *broches*, allongés et terminés en pointe à une extrémité.

Lorsqu'on veut faire le tissu, on passe la *broche* de droite à gauche entre les *fils de devant* et les *fils d'arrière*. Supposons-les au nombre de dix, cinq de devant, cinq d'arrière. La trame ainsi passée forme une *demi-duite;* elle couvre, à l'égard du tapissier, les *cinq fils d'arrière;* en tirant ceux-ci *en avant* au moyen des lisses, puis, passant la broche entre les *fils d'arrière* et les *fils de devant,* on fait une seconde *demi-duite*, laquelle couvre les *cinq fils de devant:* on presse la trame avec la pointe de la broche.

A chaque passe de trame, on *abat* celle-ci avec un peigne d'ivoire dont les dents pénètrent entre chacun des fils de la chaîne, afin que les demi-duites superposées se touchent et cachent conséquemment la chaîne. Les *cinq fils de devant* et les *cinq fils d'arrière* sont complétement couverts par la trame en devant et en arrière, et ils sont ramenés dans un même plan.

5. On conçoit la possibilité de faire une figure quelconque dont la circonscription ou le *trait* sera oblique à la chaîne, lorsqu'on fera varier la longueur de chaque *demi-duite*, ou, si elles sont d'égale longueur, en faisant varier le point de départ de chacune d'elles; mais évidemment le trait oblique ne sera point rectiligne ou régulièrement curviligne, car il sera toujours *dentelé*.

6. D'un autre côté, la surface de la tapisserie, loin d'être plane ou unie comme la surface d'une peinture, d'une mosaïque, est cannelée par les fils de la chaîne, et ces cannelures sont striées par les fils de la trame qui leur sont perpendiculaires. De cette structure il résulte que la surface d'un tissu de tapisserie de soie des Gobelins fond *blanc* n'aura jamais le brillant d'un *satin* pareillement blanc formé de fils parallèles dont la surface est aussi plane que possible; tandis que la surface de la tapisserie présente des parties saillantes qui réfléchissent la lumière et des cannelures et stries qui l'absorbent en partie.

Nous verrons plus tard les conséquences de cette structure relativement au choix des modèles qui conviennent le mieux à la tapisserie.

7. Le tapissier, pour le trait des figures, est guidé par un *trait noir,* ou un *trait rouge* dans les carnations, tracé sur la chaîne par l'intermédiaire d'un papier transparent qui a servi de calque au dessin du modèle. Ce trait est produit sur les deux côtés de la chaîne; conséquemment le tapissier ne cesse jamais de le voir dans son travail.

8. La trame de la tapisserie, roulée sur une *broche,* est formée d'*un* fil de laine, ou bien de *deux* fils de soie, du moins c'est ce qui a lieu aujourd'hui aux Gobelins.

1er cas. Les deux fils de soie peuvent être identiques de couleur.

2e cas. Les deux fils de soie peuvent être d'une même couleur, mais à des hauteurs de *ton* différentes; c'est-à-dire que l'un est plus foncé ou plus clair que l'autre.

3e cas. Les deux fils de soie peuvent être de deux couleurs différentes, ordinairement au même ton ou à peu près.

Ce mélange de deux fils permet de varier et le ton[1] et la couleur des fils mélangés.

1er *exemple.* Que vous mêliez un fil qui soit au 10e ton avec un fil qui soit au 11e ton, vous aurez un mélange qui sera au 10e 1/2 ton.

2e *exemple.* Que vous mêliez un fil jaune avec un fil bleu, vous aurez un mélange vert.

Vous pouvez donc modifier le ton et les couleurs sur la *broche* par le *mélange de fils.*

9. Lorsqu'il s'agit de fondre la couleur d'une duite *a* dans une autre couleur de duite *b,* vous y parvenez par l'intercalation des duites de la couleur *a* dans les duites de la couleur *b.*

[1] J'appelle *tons* d'une couleur les divers degrés d'intensité dont cette couleur est susceptible: par exemple, le *lilas* est un ton clair d'une certaine couleur *violette;* le *rose* est le ton clair d'une certaine couleur *rouge;* le *cramoisi,* l'*amaranthe,* sont des tons foncés de certains *violets-rouges.* J'appelle *gamme* l'ensemble des différents tons d'une même couleur.

Ce mode de fondre les couleurs les unes dans les autres est le *mélange par hachures.*

10. Dans le métier de haute lisse, le tapissier est placé entre le modèle et la chaîne, et cette chaîne lui présente l'envers de la tapisserie qu'il exécute. Mais, si on comprend bien ce que j'ai dit du travail de la tapisserie, on s'expliquera aisément comment l'artiste reproduit le modèle, quoiqu'il ne voie que l'envers de sa copie; car, chaque *demi-duite* apparaissant à l'envers comme à l'endroit, l'effet de la *duite complète* est le même à l'envers qu'à l'endroit. En outre, le tapissier a toujours sous les yeux le *trait noir* ou *rouge* tracé sur la chaîne conformément au modèle qu'il s'agit de reproduire (7); ce trait lui indique l'étendue de chaque duite. Si les bouts de fils des duites ne paraissaient pas à l'envers de la tapisserie, on pourrait dire que ce tissu n'a pas d'envers.

11. Le métier de haute lisse, aujourd'hui le seul d'usage aux Gobelins, se prête à toutes les exigences du modèle le plus grand, soit qu'il s'agisse de la grandeur des images ou du nombre des détails. Il est donc essentiellement propre au travail des tentures ou de copies des tableaux d'histoire les plus grands.

B. Métier de basse lisse.

12. Le *métier de basse lisse* diffère essentiellement du *métier de haute lisse* en ce que la chaîne est tendue à peu près horizontalement et que le tapissier est couché sur elle; il travaille d'ailleurs à l'envers comme fait le tapissier de haute lisse. Les petits morceaux de bois sur lesquels la trame est enroulée sont nommés *flûtes* et non *broches.* Il n'y a pas de trait tracé sur la chaîne, parce qu'il l'est sur un papier fixé à une table placée sous la chaîne.

Le métier de basse lisse est aujourd'hui le seul d'usage à la manufacture de Beauvais. Il se prête à toutes les exigences du travail le plus achevé des tapisseries pour meubles.

Il a été employé aux Gobelins jusqu'en 1826, concurremment avec le métier de haute lisse; mais il servait principalement à la fabrication de la tapisserie pour meubles.

La tentative faite pour travailler à l'endroit n'a pas été heureuse. Un des inconvénients était le temps qu'il fallait pour éloigner la malpropreté de la tapisserie causée par le contact de l'ouvrier et la poussière.

II.

TAPIS DE LA SAVONNERIE.

13. Les tapis de la Savonnerie sont exécutés d'après un procédé de tissage absolument différent du précédent, car ils rentrent dans la catégorie des *velours*. La structure en est fort compliquée: ni la chaîne, qui est de laine, ni la trame, qui est de fil de chanvre, n'apparaissent quand ils sont en place; le tapissier voit l'*endroit* du tapis et non l'*envers*, comme cela a lieu pour le tapissier des Gobelins.

14. La chaîne est tendue verticalement, comme dans le métier de haute lisse des Gobelins, mais les dimensions du métier pour tapis sont plus fortes.

La chaîne se compose de fils de laine parallèles compris dans deux plans également parallèles; le *bâton de croisure* sépare la série des fils *d'arrière b b' b''*..... de la série de fils *de devant a, a' a''*...., de sorte que chaque fil de devant correspond à un fil d'arrière, le fil *a* au fil *b*, le fil *a'* au fil *b'*.

On commence le tapis par faire ce qu'on en appelle la *lisière*. Celle-ci est identique au tissu de la tapisserie des Gobelins.

Une trame de laine est enroulée sur une *broche*.

On la passe entre les *fils de devant* et les *fils d'arrière*, de droite à gauche : c'est ce qu'on appelle *tramer*.

Puis, ayant tiré les *lisses* à soi, on passe la trame de gauche à droite entre les *fils d'arrière* tirés en avant et les *fils de devant:* c'est ce qu'on appelle *duiter*.

Après ce double passage de la broche, tous les fils de la chaîne sont entourés de trame à l'endroit et à l'envers.

La trame, à chaque passage, est *abattue* ou *frappée* avec un *peigne* de fer, afin que la chaîne n'apparaisse pas.

15. Il s'agit de dire comment on fait le *point noué* des tapis de la Savonnerie lorsque la lisière est suffisamment haute.

Le *point noué* se fait avec un *brin* de laine enroulé sur une broche. Ce *brin* est presque toujours formé de cinq fils de laine et quelquefois de six ; le mélange des fils présente trois cas :

a) Les fils sont identiques; pour les fonds presque toujours;

b) Ils peuvent être d'une même gamme de couleur, mais à des tons différents;

c) Ils peuvent appartenir à des gammes de couleur différentes, mais généralement on les prend au même ton.

Le mélange des fils composant un brin permet de varier excessivement les couleurs, non-seulement quant au ton, mais encore quant à la nuance.

La laine qui sert à faire le *point noué* ou le *brin* est le seul élément du tapis qui soit visible quand celui-ci est en place.

Pour faire le *nœud*,

On passe de droite à gauche la broche du *brin* derrière un des *fils de devant*, par exemple le *fil* a^{10}. On laisse une *sorte de boucle* sur le devant de ce fil, en évitant de serrer dessus le *brin* de la broche.

En tirant une lisse à soi on ramène en avant le *fil de derrière* b^{10}, le correspondant du *fil de devant* a^{10}. C'est sur b^{10} qu'on fait le *nœud*.

Pour cela, on passe la broche de droite à gauche derrière b^{10}; on la ramène en avant de manière à nouer le *brin* autour du fil b^{10}.

On repasse la broche sur le *fil de devant* a^{9}, qui précède a^{10}, en partant de la gauche du tapis. On noue le *brin* sur b^{9}, le correspondant de a^{9}.

Ainsi de suite.

On abat chaque nœud avec le pouce et l'index.

On ouvre les *boucles* avec des ciseaux.

Ou, afin d'économiser le *brin*, on se sert du *tranche-fil* : c'est une tige de fer cylindroïde de 5 millimètres de diamètre, terminée en lame de couteau.

Avant de faire le *nœud* on le dispose horizontalement à la hauteur du nœud projeté, la lame à la gauche du tapissier; après avoir passé la broche sur le *fil* a^{10}, on enveloppe la partie cylindrique du tranche-fil avec le *brin*, c'est ce qui remplace la *sorte de boucle* dont j'ai parlé plus haut; puis on fait le nœud sur le *fil* b^{10}, et cette fois on passe la broche derrière le tranche-fil, tandis que la première fois la broche a passé devant pour le couvrir.

On passe la broche derrière le *fil* a^{9}, etc.

Lorsqu'il y a une série horizontale de nœuds dont les *boucles* entourent la partie cylindroïde du tranche-fil, on tire celui-ci de gauche à droite, pour les couper de manière à diviser la boucle en deux brins qui sont implantés perpendiculairement sur la chaîne.

On voit que, dans le tapis de la Savonnerie, chaque fil de la chaîne est double, puisque chacun d'eux se compose d'*un fil a*, des fils de devant, et d'un *fil b*, son correspondant des fils d'arrière, tandis que chaque fil de la chaîne est simple dans les tapisseries des Gobelins et de Beauvais.

16. Lorsqu'on a achevé une *série horizontale de nœuds* d'une certaine longueur, il faut la consolider avec des *fils de chanvre*.

Ceux-ci sont disposés sur deux broches :

Sur l'une d'elles on a enroulé un *double fil de chanvre* qu'on appelle *duite;*

Sur la seconde on a enroulé un simple fil de chanvre qu'on appelle *trame*.

On fixe la *série horizontale de nœuds* en passant de droite à gauche la *duite* entre les *fils de devant a* et les *fils d'arrière b;* puis on la frappe avec le peigne pour la tasser sur les nœuds. Si on ne coupe pas la *duite* qui excède la *longueur des nœuds* qu'on veut consolider, on peut la ramener de gauche à droite dans l'intérieur du tissu.

On ramène en avant les *fils d'arrière b* au moyen des lisses, puis on passe de droite à gauche la *trame* entre les fils de *devant a* et les *fils d'arrière b* ramenés en avant.

On frappe de nouveau avec le peigne.

Par ce moyen, le *point* se trouve consolidé.

Évidemment les fils de chanvre font avec les fils de laine de la chaîne un vrai tissu, car chaque fil de laine est entouré de fils de chanvre. C'est ce qu'on voit parfaitement en regardant le tapis à l'*envers* : l'image apparaît bien, mais c'est en *ras* et non en *velours*, et les brins de laine sont séparés par les fils de chanvre.

17. Lorsqu'on a *plusieurs séries de nœuds* superposées et consolidées, on en coupe les brins perpendiculairement à leur axe, au moyen de ciseaux à larges lames dont les branches de la poignée sont deux fois courbées à angle droit, de manière que les anneaux qui reçoivent le pouce et le médius sont dans un plan parallèle et superposé à celui des lames, quand celles-ci posent sur un plan horizontal.

C'est par cette coupe que l'intérieur des *brins* de laine est mis à découvert, et qu'il présente la surface visible du tapis mis en place. Pour que l'effet en soit satisfaisant, il est évident que les coupes partielles doivent être faites de manière à présenter l'effet d'une coupe unique opérée dans un même plan.

18. Comment le tapissier parvient-il à reproduire le modèle coloré à figures quelconques ?

Tous les fils de la chaîne présentent les repères suivants dans le sens horizontal : par exemple, partant de la gauche, on trouve 9 fils blancs et 1 fil de couleur, puis 9 fils blancs et 1 de couleur, et ainsi de suite [1].

La surface du tapis est supposée partagée par carrés de 25 millimètres de côté, dont les angles sont figurés sur le modèle par des points.

[1] On peut faire l'inverse pour employer des laines anciennement teintes; mais, toutes choses égales d'ailleurs, celles-ci n'ayant pas la ténacité des laines blanches, on ne doit les employer en chaîne que par économie.

Les fils de la chaîne sont disposés de manière que *10 fils a* ou *10 fils b*, dans le sens horizontal, représentent 25 millimètres; maintenant, pour faire le carré, il faudra 7 rangées horizontales superposées de nœuds : vous aurez ainsi 70 points pour chaque carré. Le tapissier a soin de tirer sur la chaîne des lignes horizontales noires écartées de 25 millimètres.

19. Ce sont ces carrés qui servent de *repère* au tapissier. Après avoir examiné la couleur dominante du modèle, il cherche à la reproduire avec des *brins* de laine composés chacun de cinq ou six fils; et, comme il travaille par carré de 70 nœuds, il cherche à reproduire dans chacun d'eux les effets de couleur que le carré du modèle lui présente dans les parties correspondantes aux places que chacun de ces 70 nœuds occupera dans le tapis. C'est précisément dans le choix des brins de laine que le tapissier juge les plus propres à imiter un modèle donné, et dans l'art avec lequel il les fond ensemble que réside son mérite, parce qu'il y a autre chose qu'un travail mécanique.

20. En résumé :

Les manufactures des Gobelins et de Beauvais représentent la fabrication des tapisseries la plus perfectionnée quant à la beauté des effets.

La *manufacture des Gobelins* représente la fabrication des tapisseries pour tentures et la reproduction du tableau d'histoire.

Elle fait usage du métier de haute lisse.

La *manufacture de Beauvais* représente la fabrication des tapisseries pour meubles.

Elle fait usage du métier de basse lisse.

Enfin, la *Savonnerie* représente la fabrication du *tapis-velours*, dite *façon de Turquie*, la plus perfectionnée.

On voit donc combien il importe, pour juger avec connaissance de cause les produits de ces manufactures, de distinguer d'abord les différences qui existent entre les tapisseries des Gobelins et de Beauvais, d'une part, et les tapis de la Savonnerie, d'une autre part; ensuite, de distinguer les tapisseries pour tentures ou les copies de tableaux exécutées aux Gobelins d'avec les tapisseries pour meubles exécutées à Beauvais.

SECONDE PARTIE.

RÉSUMÉ

DE L'HISTOIRE DES MANUFACTURES NATIONALES DE TISSU.

SOUS LES VALOIS.

FRANÇOIS Ier (de 1515 à 1547).

21. Sauval, auteur d'un excellent ouvrage sur les *antiquités de Paris*, fait remonter à François Ier la fondation de la première manufacture royale de tissu. Elle fut établie à Fontainebleau pour fabriquer des tapisseries de *haute lisse en broderie.*

Le surintendant des bâtiments de cette maison royale, Philibert Rabou, sieur de la Bourdaizière, en eut la direction en 1535. Il eut bientôt pour adjoint Nicolas de Neuville, sieur de Villeroi.

En 1541, Sébastien Serlio, peintre et architecte ordinaire du roi, fut nommé directeur de la fabrique.

Un grand nombre de peintres, dont Félibien[1] et M. Léon de Laborde[2] ont cité les noms dans leurs ouvrages, firent des *patrons, cartons* ou *modèles*, pour les tapisseries; mais l'artiste qui exerça le plus d'influence en France, depuis 1540 jusqu'à sa mort, en 1570, le Primatice, que François Ier avait appelé d'Italie, et dont le nom restera toujours attaché à la renaissance des arts en France, eut une grande part dans tout ce qui concerne le choix des modèles, le bon goût de la forme et des couleurs.

Les tapissiers de Fontainebleau étaient venus de Flandre

[1] Entretiens sur la vie et sur les ouvrages des peintres.

[2] De la renaissance des arts à la cour de France, ou études sur le XVIe siècle.

et d'Italie. Payés à la journée, ils recevaient du roi les objets nécessaires à la fabrication des tapisseries, comme laine, soie, fils d'argent, fils d'or.....

Henri II (de 1547 à 1559).

22. Henri II, successeur de François Ier, son père, donna la direction de la fabrique de Fontainebleau à Philibert de Lorme, surintendant des bâtiments royaux et son architecte ordinaire. Il ne s'en tint pas là : voulant encourager l'art de la tapisserie, il fonda dans l'hôpital de la Trinité de Paris une institution bien propre à le répandre en France. Deux noms de personnes attachées à cette fabrique ont été conservés dans l'histoire de l'art de la tapisserie, Henri Lerambert, dessinateur, et Dubourg, maître tapissier.

François II (de 1559 à 1560).

23. François II nomma le Primatice surintendant des bâtiments royaux.

Charles IX (de 1560 à 1574).

24.

Henri III (de 1574 à 1589).

25.

26. Les guerres civiles qui désolèrent la France sous les deux derniers Valois restreignirent l'essor que l'art du tapissier devait prendre en France après tout ce que François Ier et Henri II avaient fait pour l'encourager, et ce que la reine-régente, Catherine de Médicis, avait montré de goût pour les tapisseries.

SOUS LES BOURBONS.

Henri IV (de 1589 à 1610).

27. Sauval raconte que Henri IV, après avoir vu les ta-

pisseries de Saint-Merry, que Dubourg exécutait, en 1594, à la fabrique de la Trinité, d'après les dessins de Lerambert, les trouva tellement à son gré, qu'il résolut de rétablir à Paris les manufactures de tapisseries que le désordre des règnes précédents avait abolies, ajoute Sauval (livre IX).

28. Deux fondations principales et fort distinctes honorent le règne de Henri IV sous le rapport de l'art et de l'industrie : la première concerne la *fabrication des tapisseries de haute lisse*, comme celle de Fontainebleau et de la Trinité, et la seconde la fabrication des *tapis façon de Turquie;* c'est de celle-ci que la fabrique actuelle des tapis de la Savonnerie tire son origine.

A. Fabrique de tapisseries de la haute lisse.

29. En 1597, Laurent, tapissier renommé, fut choisi par Henri IV pour diriger une fabrique de tapisseries de haute lisse dans la maison professe des jésuites, bannis de France depuis 1595; Dubourg lui fut bientôt associé. En 1604, les jésuites ayant été rappelés, la fabrique fut transférée dans les galeries du Louvre où elle était encore sous la régence de Marie de Médicis.

30. Henri IV ne se contenta pas de la fondation de cette fabrique; il fit venir de Flandre des ouvriers tapissiers de haute lisse. En 1601, ils étaient sous la direction suprême du sieur de Fourcy, intendant des bâtiments du roi, et bientôt ils furent sous la direction immédiate de deux fameux fabricants flamands, Marc de Comans et François de la Planche, auxquels le roi donna des lettres de noblesse en 1607.

31. La fabrique des tapisseries *façon de Flandre* fut longtemps à s'asseoir. Établie d'abord dans des bâtiments qui restaient de l'ancien palais des Tournelles, malgré le désir de Henri IV elle ne put rester place Royale; enfin, elle fut transférée au faubourg Saint-Germain, rue de Varennes.

B. Fabrique de tapis de Turquie ou de Perse.

32. En 1604, une commission consultative pour le commerce et l'industrie, qui avait été créée en 1601, d'après l'ini-

tiative de Barth Laffemas, valet de chambre de Henri IV, proposa au monarque de fonder une fabrique de tapis dits de Turquie ou de Perse, dont un sieur Jehan Fortier serait le directeur. La fabrique fut établie au Louvre en 1604, non sous la direction de J. Fortier, mais sous celle d'un sieur Pierre Dupont, qui, en 1608, était logé au-dessous de la grande galerie et y avait ses ateliers; il s'y trouvait sous Louis XIII, en 1626, et même encore en 1633.

Louis XIII (de 1610 à 1643.)

33. Louis XIII protégea les fabriques de tapisser es et de tapis, à l'instar de Henri IV, son père.

A. Fabrique de tapisseries.

34. Il accorda de nouveaux priviléges à Marc de Comans et à François de la Planche en 1625, directeurs de la fabrique des tapisseries façon de Flandre.

En 1629, de la Planche ayant donné sa démission, son fils Raphaël le remplàça; en outre, Charles de Comans, fils de Marc, succéda à son père.

Raphaël de la Planche et Charles de Comans vinrent s'établir aux Gobelins en 1630; mais, s'étant brouillés, un arrêt du conseil, à la date du 30 de juillet 1633, les autorisa à se séparer et à jouir du privilége accordé à leurs pères.

Charles de Comans resta aux Gobelins; il mourut à la fin de 1634, et fut remplacé par son frère Alexandre.

Raphaël de la Planche établit une fabrique de tapisserie dans la rue à laquelle il a donné son nom. Il paraît l'avoir dirigée jusqu'à l'époque où fut fondée la *manufacture royale des meubles de la couronne.*

B. Fabrique de tapis de Turquie.

35. Louis XIII accorda à Pierre Dupont et à Lourdet, qui avait été l'*apprenti* de celui-ci, le privilége de fabriquer des

tapis du Levant pendant dix-huit années, à partir du 1er de juillet 1627.

Ils dûrent enseigner leur fabrication à un certain nombre d'enfants pauvres que leur donneraient les administrations des hôpitaux; il y en avait cent pour la ville de Paris. Ils furent logés dans la maison de la *Savonnerie*, près de Chaillot, où les entrepreneurs eurent aussi leur logement : telle est l'origine du nom de *tapis de la Savonnerie*, car la fabrication en a continué dans cette maison jusqu'en 1826.

Louis XIV (de 1643 à 1715).

36. Louis XIV fit encore plus que ses prédécesseurs pour l'industrie des tapisseries et des tapis; et, si on veut juger l'influence qu'il exerça sur les progrès de l'art de les fabriquer de manière à en obtenir les plus beaux effets, il *faut distinguer* l'état de la fabrication avant la fondation de la *Manufacture royalle des meubles de la couronne* d'avec l'état de la fabrication après cette fondation.

Il conserva toutes les fabrications de tapisseries et de tapis qui avaient été encouragées par Louis XIII. Ainsi :

Alexandre de Comans faisait de la tapisserie aux Gobelins, tandis que Raphaël de la Planche, l'ancien associé de son frère Charles de Comans, en faisait au faubourg Saint-Germain ;

Pierre Lefebvre, venant de Florence en 1648, était logé sous la grande galerie du Louvre comme maître tapissier, et, en 1656, lui et son fils Jean recevaient un brevet de logement dans les galeries du même palais, avec l'autorisation d'y établir leur atelier et boutique ;

J. Jans, maître tapissier, venait d'Oudenarde, en 1650, s'établir à Paris, et, en 1654, il était nommé maître tapissier du roi.

37. En 1662, Louis XIV achetait l'*hostel des Gobelins* d'un conseiller au parlement du nom de Leleu, lequel l'avait acheté au dernier héritier de la famille Gobelin. Outre l'hôtel, il

y avait des prés, des bois et des *aulnayes* sur le bord de la Bièvre; huit autres immeubles furent réunis de 1662 à 1668 à cette acquisition. En 1667 parut l'édit d'organisation des Gobelins, sous le nom de *Manufacture royalle des meubles de la couronne*. Tous les maîtres tapissiers du roi qui étaient à Paris s'établirent aux Gobelins, et le célèbre Le Brun en eut la direction de 1663 jusqu'à sa mort, en 1690.

38. En 1664, Louis XIV fonda à Beauvais une fabrique de haute lisse et de basse lisse dont Hinart fut le directeur.

Il protégea la fabrique des tapis de la Savonnerie comme les fabriques de tapisseries, et continua le privilége de la fabrication des premiers à Philippe Lourdet, le fils de Simon Lourdet.

39. Mais, avant de passer outre, il est utile de résumer aussi brièvement que possible ce que les Gobelins avaient été avant 1662, époque à laquelle Louis XIV en acquit la plus grande partie. Par là des méprises seront prévenues, et un sujet peu connu de beaucoup de personnes qui en parlent avec une certaine autorité sera éclairci désormais.

40. Il paraît que la famille Gobelin était originaire de Reims et qu'un de ses membres s'établit, dès le xve siècle, sur les bords de la Bièvre.

Diderot dit[1] au mot *les Gobelins :* lieu particulier du faubourg Saint-Marceau, à Paris, où coule la petite rivière de Bièvre; ce lieu est ainsi nommé de *Gilles Gobelin,* teinturier en laine qui mit en usage, sous le règne de François Ier, l'art de teindre la *belle écarlate* appelée depuis *écarlate des Gobelins*......

Je ferai deux remarques sur ce passage :

41. La *première* est que Sauval, auteur de recherches si détaillées sur les antiquités de Paris, cite *Jean Gobelin* et non Gilles, comme teinturier célèbre en laine et en soie[2];

42. La *seconde* est que la *belle écarlate* de Gilles ou de Jean

[1] *Encyclopédie*, 3e édition, tome XVI, page 275.

[2] *Antiquités de Paris*, tome I, p. 209.

Gobelin était fort différente de la belle écarlate que l'on teignit, sous Louis XIV jusqu'en 1789, dans l'établissement même fondé par un Gobelin, et qui, depuis Louis XIV, fut tout à fait indépendant de la *manufacture royale des meubles de la couronne,* ainsi que je vais le dire.

L'*écarlate des Gobelins*, l'*écarlate de France*, n'était en réalité que l'*écarlate de Venise*, faite avec l'alun, le tartre et le kermès. Gilles ou Jean Gobelin réussit mieux à la faire que les teinturiers français et étrangers, et ce fut une des causes de sa réputation et de sa fortune. L'étendue des terrains de la teinturerie, l'argent qu'on y dépensa, la firent appeler la *Folie-Gobelin ;* mais, devenue célèbre, et après avoir enrichi son fondateur, le peuple disait que le teinturier avait fait un pacte avec le diable et racontait comment Gobelin, après avoir eu l'esprit de tromper le diable, avait fini sa vie en bon chrétien.

43. Le célèbre teinturier eut un fils, Philibert, et des petits-fils qui soutinrent la réputation de la teinturerie et augmentèrent la fortune dont ils avaient hérité. On dit qu'à la troisième ou quatrième génération, les descendants du célèbre Gobelin quittèrent leur profession et achetèrent des titres. Ainsi on cite un Jacques Gobelin, correcteur des comptes en 1544; un Balthazar Gobelin, trésorier de l'épargne, qui eut une fille mariée, en 1594, à Raymond Phélippeaux, président au parlement.

Il est probable qu'il y eut plusieurs branches dans la famille, et qu'à l'époque où la teinturerie était encore dirigée par des Gobelin, il y en avait d'autres qui appartenaient à l'administration ou à la magistrature : par exemple Jacques Gobelin, correcteur des comptes en 1544, était certainement contemporain des Gobelin teinturiers.

44. On ne dit pas l'époque à laquelle la famille Canaye succéda aux Gobelin teinturiers; on croit qu'elle se livra non-seulement à la teinture, mais encore à la fabrication des tapisseries. Quoi qu'il en soit, il est certain, comme nous l'avons vu (34), que, sous Louis XIII, Raphaël de la Planche

et Charles de Comans s'établirent aux Gobelins. Y firent-ils u établissement nouveau, ou travaillèrent-ils avec des tapi siers qui se trouvaient déjà dans l'établissement de Canaye C'est ce que j'ignore. Rappelons-nous encore que J. Jan maître tapissier d'Oudenarde, venu à Paris en 1650, s trouve, en 1654, associé avec Canaye. Enfin nous verron qu'en 1642 il y avait aux Gobelins un Estienne Gobelin teinturier (49).

45. La remarque faite plus haut (39) sur la différence d l'*écarlate des Gobelins ou de France* d'avec l'écarlate *à la com position d'étain au tartre et à la cochenille* est si juste, que la dé couverte de cette dernière ne remonte qu'à l'année 1630 époque où il n'y avait, dit-on, plus de Gobelin teinturiers on en est redevable à Cornélius *Drebbel*. Kuffelar, son gendre teinturier à Leyde, en tint secret le procédé, qu'il avait per fectionné. C'est de cette circonstance qu'elle tira son nom d'*écarlate de Hollande*.

46. Le procédé pour la faire fut importé en France pa Jean Gluck ou Kloech. Louis XIV accorda quelques avantage à l'importateur, et bientôt celui-ci devint l'associé des Ju lienne, successeurs immédiats de la famille Canaye et suc cesseurs médiats des Gobelin teinturiers.

Après la fondation de la *Manufacture royalle des meubles d la couronne*, Jean Gluck et les Julienne occupèrent l'atelier d teinture situé en aval de la partie de l'ancienne propriét Gobelin, que Louis XIV acheta en 1662; cette teinturerie exis tait encore en 1789. C'est là que l'on teignait les draps écar lates de Hollande pour les *compagnies rouges du roi*. Le dernie des Julienne, grand amateur des choses rares, mourut en 1767 : voilà ce qu'on a écrit généralement. Mais, sans contre dire le fond de ces assertions, l'examen d'un manuscrit dont je vais parler y apporte quelques modifications, ou, du moins, suggère des questions qui montrent que le sujet n'est pas par faitement éclairci.

47. Je possède un manuscrit intitulé *Livre contenant la manière de bien gouverner le guesde et préparer le pastel, pour*

teindre en bleu avec autres teintures tant escarlattes rouges, qu'autres, telle que je les ay veu faire et pratiquer chés Monsr *Cheneaix en la bonne teinture des Gobelins au Fauxbourg St Marcel à Paris, es années 1666 et 1667;*

Avec une signature abrégée et paraphe.

Je dois ce manuscrit à feu Adrien de Jussieu, qui le tenait de ses ascendants. Il est fort précieux à mon sens, puisqu'il donne les procédés tels qu'ils étaient pratiqués en 1666 et 1667, dans la teinturerie fondée par Gobelin.

48. On y trouve les moyens de faire les *escarlattes rouges dittes de graine*, au moyen de l'*alun*, du *tartre*, de l'*arsenic* (acide arsénieux), de la *graine* (kermès de Provence ou d'Espagne), et du *pastel* d'escarlatte ou *vermillon*, qu'une note marginale définit *vermisseaux qui s'engendrent dans la graine*. On y donne des recettes pour faire le *pourpre oriental* ou *escarlatte d'Hollande*, qui, par les différences qu'elles présentent, prouvent que l'on n'était point encore fixé sur un procédé préférable à tout autre. En effet, dans une recette on prescrit pour le *bouillon* l'emploi simultané du *tartre*, du sel *armoniac*, de la *farine de poix*, d'*esprits* (qui pouvaient être acide azotique ou acide chlorhydrique, ou bien un mélange en proportion variable de ces deux acides), de l'*alun*, du *sel gemme*, ou bien du sel *armoniac*, du *salpêtre raffiné*, du *tartre*, de la *farine*, de l'*alun*, des *esprits*, dont on donne des proportions diverses.

On prescrit pour la *rougie*, qu'on appelle *cocheniller*, la cochenille dite *mestec*, le *tartre blanc*, l'*amidon* blanc et les *esprits*.

Ces recettes sont remarquables :

1° Par l'absence de la dissolution d'étain dans l'une d'elles : mais, comme on opérait dans une chaudière de ce métal fin, c'était le vaisseau qui fournissait l'oxyde d'étain nécessaire à la constitution de la couleur;

2° Par l'emploi simultané de l'alun et des acides.

Une autre recette, intitulée la vraye manière de faire *l'escarlatte d'Hollande*, prescrit une composition d'étain formée d'*eau forte* et d'*étain :*

Eau forte.............. 2 livres.
Étain fin d'Angleterre..... 4 onces.

La dissolution faite, on l'ajoute ensuite à,

Eau................... 75 seaux.
Cristal de tartre.......... 2 livres.

Voilà le *bouillon* pour un drap de 35 brasses.

Dans la rougie on emploie :

Eau................... 75 seaux.

A laquelle on ajoute une dissolution d'étain composée avec :

Eau forte.............. 4 livres.
Étain fin............... 8 onces.

On fait chauffer et, quand le bain est sur le point de bouillir, on y met :

Cochenille............. 65 à 70 onces.

Si on veut une *couleur* rosée, on ajoute 2 livres de tartre.

Pour que la dissolution d'étain fût possible dans l'eau forte, il fallait que celle-ci renfermât de l'acide chlorhydrique ou un chlorure.

49. Ce manuscrit me fournira encore quelques remarques.

1° Il nous apprend qu'à l'époque où il fut écrit, on consommait dans la teinture en laine une quantité considérable d'acide arsénieux. On en faisait usage :

a) Pour rétablir dans la teinture en cramoisi les bains de cochenille devenus troubles et pourprés ;

b) Pour les couleurs de rose, de chair, quelques incarnats rosés ;

c) Pour l'escarlatte des Gobelins ;

d) Pour les nacarats de bourre ou couleur de feu.

Une conséquence de l'emploi de l'acide arsénieux était de jeter dans la Bièvre une quantité considérable de ce poison. J'ai toujours regretté, depuis que j'ai lu le manuscrit dont je parle, de n'avoir pas recherché l'arsenic dans les premières couches du lit de la Bièvre avant qu'on la canalisât.

2° Le manuscrit donne les prix des teintures réglées :

a) Entre les marchands drapiers et les maîtres teinturiers de Paris, en 1641;

b) Entre les march[ds] *bonnettiers,* en 1642;

c) Entre les march[ds] de soye, en 1642;

d) Entre les tapissiers, en 1642.

C'est au bas de la page où les derniers prix sont indiqués, qu'on lit lesdits prix signés par les sieurs :

Despinay, P[rre] Masson, *Est[ne] Gobelin,* Cabouret et J. Cheneuix, alors teinturiers aux Gobelins.

3° Toutes les recettes s'appliquent à des tissus de laine.

50. La *Manufacture royalle des meubles de la couronne,* fondée dans l'*hostel des Gobelins,* acheté en 1662 du conseiller Leleu, ne prit de grands développements qu'après l'édit de 1667, qui en régla l'organisation. On y lit les considérations suivantes :

« L'affection que nous avons pour rendre le commerce et « les manufactures florissantes dans nostre royaume nous a « fait donner nos premiers soins, après la conclusion de la « paix générale, pour les rétablir et rendre les établissements « plus immuables en leur fixant un lieu commode et certain, « nous aurions fait acquérir de nos deniers l'hostel des Gobe- « lins et plusieurs maisons adjacentes, fait rechercher les « peintres de la plus grande réputation, des tapissiers, des « sculpteurs, orphèvres, ébénistes et autres ouvriers plus ha- « biles, en toutes sortes d'arts et mestiers que nous y aurions « logés, donné des appartemens à chacun d'eux et accordé « des priviléges et advantages ; mais d'autant que ces ouvriers « augmentent chaque jour, que les ouvriers les plus excellents « dans toutes sortes de manufactures, conviés par les grâces que « nous leur faisons, y viennent donner des marques de leur « industrie, et que les ouvrages qui s'y font surpassent nota- « blement en art et en beauté ce qui vient de plus exquis des « pays estrangers, aussi nous avons estimé qu'il estoit neces- « saire, pour l'affermissement de ces establissements, de leur « donner une forme constante et perpétuelle, et les pourvoir « d'un règlement convenable à cet effect. »

51. Voilà l'expression de la pensée de Colbert. Comme nous l'avons vu, les tapissiers de Flandre, établis au faubourg Saint-Germain, le quittèrent pour venir demeurer aux Gobelins (36); Jans, l'associé de Canaye, et Lefebvre, venu de Florence (36), furent nommés chefs des ateliers de haute lisse: des peintres, des sculpteurs, des graveurs, des orfévres, des fondeurs, des lapidaires, des menuisiers en ébène et en bois, des teinturiers et autres ouvriers en toutes sortes d'arts et de métiers, choisis dans le royaume et dans les pays étrangers, furent attachés à la *Manufacture royalle*. On n'épargna rien pour les attacher à leur nouvelle condition et leur faire bénir celui qui les y appelait. La *Manufacture royalle* fut donc instituée pour être à la fois un *établissement modèle,* quant aux produits qu'on devait y élaborer, et une *école des arts* qu'on devait y pratiquer. Non-seulement les maisons royales furent meublées et décorées avec un goût et une magnificence dignes de leur maître, mais les artistes et les ouvriers auteurs des ouvrages qu'on y admirait exercèrent une influence prodigieuse sur l'industrie et le goût de la nation par ces mêmes ouvrages et par des élèves qui répandirent dans les provinces l'instruction dont ils étaient redevables aux ateliers de la couronne. Les étrangers ne tardèrent pas à placer au premier rang les produits des arts et des manufactures de France.

52. Si un ministre a jamais fait preuve de l'intelligence la plus élevée et la plus étonnante comme administrateur, c'est Colbert sans doute. Les institutions dont il proposa l'établissement à Louis XIV avaient toutes en elles un principe de durée. Il en est qui subsistent encore, tant ses prévisions avaient été justes sur leur utilité, et tant elles étaient en harmonie avec le caractère national. Quand on les étudie, on est surpris de ce qu'il fallut à Colbert de force de conception et de connaissance des détails pour constituer chacune des institutions qu'il créait, avec les éléments les plus propres à en assurer la durée. De son temps, l'idée de fonder des académies n'était pas nouvelle, puisque l'Académie française, l'œuvre de Richelieu, existait déjà depuis un quart de siècle à

peu près; mais ce qui, à mon sens, témoigne de l'élévation et de la grandeur des vues de Colbert, c'est que, plus d'un siècle avant la fondation de l'*Institut national des sciences, des lettres et des arts*, il avait parfaitement apprécié les avantages qu'il y aurait, pour les progrès de l'esprit humain, à rattacher par un même lien l'Académie française avec l'Académie des sciences et l'Académie des inscriptions et des belles-lettres, qui venaient d'être créées. Il avait donc senti l'avantage de l'alliance de la beauté de la forme littéraire avec la pensée scientifique, de même qu'en donnant des manufactures à la France il avait su apprécier les services rendus à l'industrie par la science qui en *assure* les procédés, et par les beaux-arts, qui, au moyen du bon goût de la forme, ajoutent tant à la valeur de ses produits!

Ces considérations n'étaient pas superflues pour celui qui se demande comment les manufactures de tissus de fondation royale, créées pour fabriquer des meubles somptueux destinés aux palais du souverain, se sont maintenues pendant près de deux siècles, sous trois dynasties et deux républiques.

La *cause immédiate* de leur durée tient, sans aucun doute, à la beauté et à la perfection de leurs produits, si propres à frapper d'étonnement l'homme de goût et le vulgaire, qui n'ont pas intérêt à dissimuler leur impression, et la *cause éloignée* est la pensée par laquelle Colbert parvint à obtenir ce résultat en faisant concourir au but qu'il s'était proposé d'atteindre l'*élément technologique*, l'*élément artistique* et l'*élément scientifique:* car, dès l'origine de la fondation, les tapissiers les plus habiles y représentaient l'*élément technologique;* des artistes éminents tels que Le Brun, l'*élément artistique;* enfin Colbert, dans l'impossibilité de tirer immédiatement de l'*élément scientifique* les mêmes avantages que des deux autres, parce que l'état d'avancement des sciences ne le permettait pas, eut l'extrême mérite de prévoir l'influence qu'il exercerait un jour, et de savoir lui préparer la place qu'il occuperait alors dans ces établissements. Ainsi il aperçut clairement l'importance future dont la science serait, pour le progrès de la teinture, chargée de préparer la palette du tapissier.

53. La preuve de ce que j'avance est un petit livre qui parut en 1671, quatre ans après l'édit de règlement de la manufacture des Gobelins, sous le titre d'*Instruction générale pour les teintures des laines et manufactures de laines de toutes couleurs, et pour la culture des drogues ou ingrédiens qu'on y employe* (in-12, 175 pages). Cet ouvrage est vraiment étonnant par l'esprit qui l'a dicté, par l'heureuse solution des questions qu'on y traite dans l'intérêt de l'industrie du pays, de son commerce et de son agriculture en ce qui concerne les plantes utiles aux arts. Aussi le grave et savant Berthollet, en en parlant, dit : *laquelle (instruction) mérite attention.* Quel en est l'auteur? Je l'ignore. Quoi qu'il en soit, elle renferme plus de vues générales sur l'administration, l'économie des arts et la teinture, qu'on n'en trouve dans la plupart des écrits auxquels cet art a donné lieu dans le XVIIIe siècle et même dans le nôtre, bien entendu en tenant compte de l'institution des jurandes et maîtrises, nécessité des temps où elle parut. Au reste, il fallait que le mérite de cette *instruction* fût bien réel, puisqu'en 1708 on la réimprima en Hollande sous ce titre : *le Teinturier parfait,* ou *Instruction* NOUVELLE *et générale, etc....* Théodore Haak, libraire de Leyde, chez lequel elle se trouvait, sans parler de son origine, en fait un éloge mérité dans une sorte de lettre *dédicatoire* imprimée au commencement du livre et adressée à *monsieur Staltmiller.* Cette publication n'avait pas donné grand'peine au libraire-éditeur, puisqu'il s'était borné à écrire cette lettre, à imposer le titre de *Teinturier parfait* et à ajouter la qualification de *nouvelle* à l'*instruction générale* publiée par Colbert. L'instruction de 1671, réimprimée en Hollande trente-six ans après avoir paru en France, est donc, à mon sens, un des plus grands éloges qu'on puisse faire du grand ministre de Louis XIV; conséquence de la grandeur de ses vues, en même temps que de leur justesse, elle montre à tous que l'institution des deux manufactures des Gobelins et de Beauvais et l'extension de la manufacture de

la Savonnerie n'avaient pas seulement pour but de meubler les palais royaux, mais de donner encore à l'industrie française l'impulsion la plus puissante.

54. Le Brun, comme je l'ai déjà dit, eut la direction de la manufacture des meubles de la couronne (37).

J. Jans fut chargé, comme tapissier, de la fabrication des tapisseries de haute lisse. On lui adjoignit Girard Laurent, Pierre Lefebvre et son fils.

Jean de la Croix et Mozin dirigèrent la fabrication de basse lisse.

Verrier, tapissier en basse lisse, fut chargé de la *rentrayure.*

Van der Kerchove était chef de l'atelier de teinture.

Il y avait, en outre, des peintres pour les batailles, les fleurs, les animaux, etc.

Je ne parle pas des lapidaires, des sculpteurs, etc.

En définitive, on voit que, dans l'origine, l'*élément technologique* et l'*élément artistique* étaient représentés par les hommes les plus habiles comme les plus distingués.

55. En 1690, Le Brun mourut; P. Mignard lui succéda de nom, mais, en réalité, l'architecte de la Chapelle-Bessé dirigea les travaux.

Sous sa direction fut fondée une école de dessin d'après l'antique et le modèle vivant.

Mais, à partir de 1694, la pénurie du trésor royal, les malheurs de la France, restreignirent considérablement les travaux des Gobelins.

56. Ils se relevèrent en 1699, lorsque la surintendance des bâtiments, arts et manufactures, eut passé à Jules-Hardouin Mansard, de M. de Villacerf, qui avait succédé à Louvois.

Le peintre Mathieu fut nommé inspecteur résident,

Et l'architecte Robert de Cotte eut la direction particulière des manufactures royales.

57. Le fils du marquis de Montespan, le duc d'Antin, successeur de Mansard, eut la direction suprême des manufactures royales de tissus depuis 1708 jusqu'en 1736.

En 1712, Louis XIV rendit un édit concernant la Savonnerie. Robert de Cotte fut continué dans les fonctions de directeur particulier.

Louis XV (de 1715 à 1774).

58. L'administration du duc d'Antin ne fut pas favorable aux manufactures royales; on ne fit guère que des reproductions d'anciens modèles, et l'école de dessin tomba.

59. Orry, devenu contrôleur général en 1736, rétablit l'école et fit exécuter des tapisseries d'après de nouveaux modèles.

60. M. de Tournehem succéda à Orry.

61. M. de Vandières, successeur de M. de Tournehem en 1751, devint, en 1755, marquis de Marigny et fut directeur général jusqu'en 1773. C'est lui qui nomma le peintre Boucher inspecteur des Gobelins en 1755, après la mort d'Oudry qui en exerçait les fonctions, et ce fut aussi cette même année que l'architecte Soufflot eut la direction des Gobelins et de la Savonnerie, et la conserva jusqu'en 1780.

Sous la direction de Soufflot eut lieu la substitution du métier de basse lisse actuel à l'ancien; c'est le célèbre Vaucanson qui, en trois mois de l'année 1757, imagina le nouveau métier encore employé à Beauvais.

62. Mais ici se présente un chef d'atelier entrepreneur de tapisserie du nom de Neilson. Entré aux Gobelins en 1749, il y resta jusqu'en 1788. L'influence qu'il exerça sur tous les travaux de la manufacture fut des plus heureuses, non-seulement comme tapissier mais par les connaissances qu'il avait dans le mécanisme de la fabrication : aussi donna-t-il à Vaucanson d'excellents renseignements sur les qualités que devait avoir le métier de basse lisse qu'il s'agissait de perfectionner. Appelé par M. de Tournehem, en 1749, aux Gobelins, pour relever les tapisseries exécutées avec ce métier, il réussit parfaitement et mérita d'être appelé le restaurateur de cette branche de l'art de fabriquer la tapisserie. Il inspirait tant de

confiance à l'autorité supérieure, qu'en 1769 on mit l'atelier de teinture à la disposition des trois entrepreneurs de la tapisserie, Neilson, Cozette et Audran, mais Neilson en eut réellement la direction. Depuis très-longtemps on se plaignait de la mauvaise qualité des laines et des soies teintes aux Gobelins, malgré les inspections faites par des membres de l'Académie des sciences dont les connaissances en teinture étaient incontestables. Sans remonter à la cause, on convenait généralement que les couleurs de ces laines et de ces soies avaient bien moins de fixité que celles qui étaient sorties de l'atelier de Van der Kerchove.

A une époque que je fixe de 1770 au moins à 1774 au plus, Neilson fit la connaissance d'un sieur *Quemizet,* qui prenait le titre de *teinturier par privilége* dans une brochure de onze pages intitulée *Cours d'observations sur l'art de la teinture :* c'était le programme d'un cours dont il avait fixé la souscription à deux louis d'or. Les leçons devaient se faire à Rouen et avoir pour objet l'application sur le coton des cinq couleurs primitives distinguées par Hellot, le bleu, le jaune, le rouge, le fauve et le noir. Ce programme était terminé par le *permis d'imprimer à Rouen, le 9 novembre 1769.*

Louis XVI (de 1774 à 1793).

63. Quemizet, avant d'entrer aux Gobelins, avait subi une sorte d'examen de la part de Macquer, ainsi qu'on le voit par un rapport que M. de Montucla, secrétaire de la direction des bâtiments, adressa, en 1775, au comte d'Angivilliers alors directeur général. M. de Montucla parle d'un mémoire sur la *perfection de la teinture,* présenté à l'Académie royale des sciences par Quemizet, et d'un tableau *déjà avancé* de toutes les couleurs et de toutes leurs nuances, avec une instruction sur la manière de les exécuter.

En 1775 parut l'*Art d'apprêter et teindre toutes sortes de peaux,* par M. Quemiset, teinturier sous le bon plaisir du roi, privilégié de M. le duc de Bourgogne, à la manufacture royale des ouvrages de la couronne aux Gobelins. Il est probable que Quemiset recourut à une plume étrangère : autrement, comment expliquerait-on que le nom de l'auteur eût été écrit en 1769 par un *z* et en 1775 par un *s*?

En 1778, un rapport adressé à M. le comte d'Angivilliers par MM. Macquer, Soufflot et de Montucla, donne des détails sur les travaux de Quemizet et de Neilson, qui me paraissent assez intéressants pour en reproduire quelques-uns.

Ils reconnaissent d'abord que, dans l'état actuel de la teinture, il n'y a de procédés fixes et constants que pour un très-petit nombre de couleurs premières; que les couleurs composées grises ou brunes ont été faites sans aucune règle.....

Les travaux de Neilson ont pour objet principal d'assurer les procédés susceptibles de donner des couleurs composées stables.

Le plan que MM. Neilson et Quemiset ont suivi dans leurs recherches déjà très-avancées était le *seul* dans lequel on pût espérer de réussir. Ils ont commencé par mettre en très-bel ordre, dans un grand registre, la suite très-nombreuse de toutes les couleurs simples et composées qu'ils voulaient exécuter. Ils ont ensuite observé et déterminé avec attention le nombre et l'intensité de chacune des couleurs simples dont le mélange était nécessaire pour produire chacune des couleurs composées, et ont conservé des échantillons de ces couleurs principales ou premières dont résultait la couleur mixte; en sorte que, par la seule inspection de ces couleurs constituantes et de leur produit, on a sous les yeux ce qu'on peut regarder comme la dissection, l'anatomie ou plutôt l'analyse, des couleurs composées. Ces procédés pour obtenir toutes ces teintes étant, d'ailleurs, bien constatés et inscrits en bon ordre dans les registres de MM. Neilson sous les numéros de chaque teinte, il est évident qu'il n'y en a aucune qu'on ne puisse exécuter, d'après ces registres, sans tâtonnement et sans courir le moindre risque de la manquer; en ajoutant à cela que la plupart des couleurs essentielles étant rendues plus solides par les nouveaux procédés de MM. Neilson et Quemiset qu'elles ne le sont par les anciens, comme on le voit par les résultats de nos épreuves, *on peut dire que leur travail est le plus beau, le plus étendu et le plus nécessaire qu'on ait encore fait dans l'art de la teinture;* il est même si essentiel en particulier pour la manufacture des Gobelins, qu'il est étonnant et fâcheux qu'on n'ait point pensé à l'entreprendre dès le commencement de son établissement.....

64. Malheureusement les travaux de Neilson et de Quemiset ne profitèrent point aux Gobelins; ils furent délaissés par des causes que j'ignore : je vis, en 1824, à mon entrée dans l'éta-

blissement, des débris de recueils in-folio d'échantillons numérotés, en partie moisis et rongés par les vers; je retrouvai des morceaux de tapisseries qui probablement étaient des fragments du *tableau* de Quemiset. J'y reviendrai plus loin.

65. En 1778, un élève gagnant maîtrise entra dans l'atelier des Gobelins; il travailla comme apprenti, quoique âgé de quarante ans, sous la direction de Quemiset; il se nommait Homassel. Dans un livre qu'il publia en l'an VII de la République (de 1798 à 1799), à l'âge de soixante ans, il traite Quemiset d'excellent ouvrier; il prétend que, de concert avec lui, ils travaillèrent au perfectionnement des teintures. *Ce projet* (de faire un tableau de toutes les couleurs nécessaires à la manufacture) *exigeait*, dit-il, *plusieurs années de travaux pour le porter au plus haut degré de perfection; je le terminai seul en deux ans, car mon maître d'apprentissage, Quemisset, mourut la même année.* Cela dut être de 1779 à 1780.

66. Évidemment Homassel a cherché à dépouiller son maître de ses travaux. Quoi qu'il en soit, il quitta les Gobelins en 1787, et ce fut dix ans après qu'il publia son livre intitulé : *Cours théorique et pratique sur l'art de la teinture en laine, soie, fil, coton, fabrique d'indiennes en grand et petit teint,* suivi de l'*Art du teinturier dégraisseur et du blanchisseur,* avec les expériences faites sur les végétaux colorants; par le citoyen Homassel, élève gagnant maîtrise et chef des teintures de la manufacture nationale des Gobelins depuis l'année 1778 jusqu'en 1787. Paris, Courcier, an VII.

Homassel ne resta que neuf ans aux Gobelins. Il était envieux, et, s'il traite son maître Quemiset d'excellent ouvrier, il cherche à se faire passer pour l'auteur de son tableau, comme je viens de le dire.

Son livre est *dédié* au docteur Sacombe, fondateur de l'école anti-césarienne de Paris. Deux alinéa de la dédicace sont des injures adressées au savant et respectable Berthollet.

Dans un *avant-propos* qui la suit, il traite Neilson d'intrigant, Audran d'ambitieux, et parle des *fourberies* qu'on se permet d'employer aux Gobelins.

Les phrases les plus injurieuses sont à l'adresse de plusieurs membres du Gouvernement et de l'Administration de ce temps; s'il ne les nommait pas, il les désignait suffisamment pour qu'alors tout le monde les reconnût.

Enfin, dans un alinéa, Fourcroy est le sujet d'injures les plus grossières.

67. Il serait difficile de s'expliquer de pareils faits si l'on ignorait ceux que je vais exposer.

Le docteur Sacombe, après avoir adressé un *hommage au premier Consul* (in-8°, 1801), fit du royalisme dans le Midi, et présentait, en 1814, une *réclamation à S. M. Louis le Désiré* (in-8°). Condamné en 1803, comme pamphlétaire calomniateur contre Baudelocque, à des dommages-intérêts assez considérables, il s'enfuit en Russie et rentra en France en 1807.

Dans une brochure publiée en 1818 sous le titre de *Résurrection du docteur Sacombe*, il se donne publiquement pour avoir été l'éditeur de l'ouvrage d'Homassel : cet aveu montre la source des injures imprimées dans ce livre, et est parfaitement d'accord avec ce que j'ai entendu dire plusieurs fois à Fourcroy et à ses sœurs des auteurs de l'accusation tout à fait calomnieuse portée contre lui, Fourcroy, de n'avoir pas sauvé Lavoisier du supplice lorsqu'il en avait le moyen. L'auteur public de la calomnie était un préparateur infidèle qui, pour se venger du congé que Fourcroy lui avait donné, fit distribuer ou vendre un pamphlet chez un des libraires du Palais-Royal, voisin de l'Athénée, où Fourcroy professait alors avec éclat; le docteur Sacombe dirigeait encore le pamphlétaire.

68. Le directeur Soufflot mourut et fut remplacé, en 1781, par Pierre Meunier, peintre du roi; et celui-ci le fut, en 1789, par l'architecte Guillaumot.

69. En 1783, un règlement institua un inspecteur des teintures. De cette année à 1787 le chimiste Cornette en exerça les fonctions, et, de 1787 à 1792, Darcet le père.

70. Enfin, depuis la fondation des Gobelins jusqu'en 1792, les chefs d'ateliers de tissage étaient à l'entreprise; ils payaient les ouvriers, et, plus tard, ils recevaient le prix des tapisseries

qu'ils livraient à la Couronne; le travail *à la tâche* fut aboli à la fin de l'année 1790.

71. Le 4 de septembre 1792, le jour où l'on proposait au peuple un serment portant *haine aux rois et à la royauté*, le ministre de l'intérieur Roland, ayant dans ses attributions les manufactures de la couronne, guidé par des raisons d'économie et des vues opposées à la nature de ces établissements, supprima, comme *inutiles*, les trois peintres qui étaient attachés à la manufacture des Gobelins et le chimiste inspecteur de l'atelier de teinture, destitua Guillaumot, et nomma à sa place Audran, l'un des trois chefs entrepreneurs.

RÉPUBLIQUE. (Du 21 de septembre 1792 à l'Empire.)

72. Audran fut destitué le 13 de novembre 1793 et remplacé par Augustin Belle, fougueux républicain, déjà attaché aux Gobelins comme peintre; il était fils d'un ancien inspecteur nommé en 1755.

(Année 1794.)

73. Le 24 de mai, les manufactures des Gobelins, de Beauvais, de la Savonnerie et de Sèvres, sont, par arrêté du comité de salut public, mises sous la surveillance et la direction de la commission de l'agriculture et des arts.

Le 18 d'août, le comité de salut public remet l'atelier de teinture en activité et un praticien habile, Galley, en est nommé le chef le 8 de novembre.

Le 25 de septembre, Duvivier, entrepreneur de la Savonnerie sous Louis XVI, en est nommé le directeur.

(Année 1795.)

74. Le 14 d'avril, Audran est nommé de nouveau directeur des Gobelins; il meurt le 20 de juin.

Guillaumot, l'architecte, l'ancien directeur, lui succède : il en exerce les fonctions jusqu'en 1810.

75. Le 27 de septembre 1803, sous le ministère de Chaptal, Roard, professeur de physique et de chimie à l'école centrale de Beauvais, est nommé directeur des teintures des manufactures nationales des Gobelins, de la Savonnerie et de Beauvais.

L'atelier de teinture est sous sa direction avec un budget spécial dont il dispose : c'est une administration qui relève immédiatement du ministère; il est tenu seulement envers les manufactures à livrer des laines et des soies teintes, conformes aux échantillons qui lui sont remis par ces manufactures; elles doivent être du meilleur teint.

Une école pratique de teinture est bientôt fondée. Six élèves français reçoivent chacun 1000 francs par an et doivent rester deux ans aux Gobelins.

Plusieurs élèves sont devenus des teinturiers distingués : je citerai M. Renard, de Lyon, et M. Perdreau, de Tours.

Empire (du 18 de mai 1804 au 2 d'avril 1814).

76. Les manufactures nationales deviennent impériales et font partie de la liste civile de l'Empereur.

Elles atteignent à un haut degré de prospérité, relativement au grand nombre d'ouvrages qu'elles exécutent, et grâce à la protection que le souverain leur accorde.

Chanal, chef de division au ministère de l'intérieur, est chargé par intérim de la direction des Gobelins après la mort de Guillaumot.

En 1811, le peintre Lemonnier est nommé directeur.

Première Restauration (du 2 d'avril 1814 au 20 de mars 1815).

Les Cent Jours (1815).

Seconde Restauration (Louis XVIII), (du 8 de juillet 1815 au 16 de septembre 1824).

77. Les manufactures, redevenues royales après les Cent jours, passent dans l'administration de la liste civile.

Sous l'intendance de M. de Pradel, M. Desrotours, ancien officier d'artillerie, est nommé administrateur des Gobelins et en remplit les fonctions jusqu'en 1833.

78. M. le comte Laboulaye-Marillac est nommé directeur des teintures. Il est chargé, en outre, de faire un *cours de chimie appliquée à cet art.*

Les 6000 francs attribués à l'école pratique continuent à être payés par le ministre de l'intérieur, les dépenses de l'atelier étant à la charge de la liste civile. 2000 francs furent attribués comme honoraires au directeur devenu professeur, et 1000 le furent à un élève dont le séjour aux Gobelins devenait ainsi permanent : le nombre des élèves fut restreint à trois ou deux.

Malheureusement l'instruction scientifique manquait au professeur, et son âge, son caractère, ses inclinations, le disposant peu à s'occuper de l'administration de l'atelier, celle-ci s'absorba dans l'administration des tapisseries des Gobelins.

79. Le 9 de septembre 1824, je fus nommé, sous Louis XVIII, à la place de directeur des teintures, devenue vacante par le décès du comte Laboulaye-Marillac.

Charles X (du 16 de septembre 1824 au 30 de juillet 1830).

80. Je fus confirmé dans la place de directeur des teintures par Charles X à la date du 24 de septembre 1824.

A mon entrée aux Gobelins, je ne trouvai ni baromètre, ni thermomètre, ni balances de précision, ni vaisseaux de platine, ni cuve à mercure, ni réactifs; une espèce d'écurie ou de cuisine pavée et humide était, disait-on, le laboratoire. Heureusement, M. Sosthènes de La Rochefoucauld, directeur des beaux arts, fit tout ce qui était en son pouvoir pour faciliter les recherches scientifiques du directeur des teintures. Le ministre de l'intérieur, M. de Corbière, ne partagea pas cette manière de voir : sous le prétexte qu'il n'avait pas concouru à ma nomination, il supprima le crédit qui, depuis l'Empire, avait été accordé par tous les ministres de l'intérieur à l'école de teinture. En conséquence, le cours dut cesser.

M. Sosthènes de La Rochefoucauld, appréciant l'utilité dont il pouvait être, m'engagea à le reprendre à des conditions fort différentes de celles qu'on avait faites à mon prédécesseur. Mais, n'ayant rien à lui refuser, je les acceptai, et, depuis lors jusqu'en 1852, je n'ai pas cessé de faire, chaque année, au moins trente leçons sur la teinture, et, à partir de 1830, j'en ai fait bénévolement tous les deux ans sur le contraste et l'harmonie des couleurs. Ces leçons, d'abord au nombre de trois, furent portées au nombre de douze et quinze; par des motifs que je tais, j'ai cessé de les faire en 1852.

Louis-Philippe (du 30 de juillet 1830 au 24 février 1848).

81. M. Lavocat, en 1833, remplace M. Desrotours mis à la retraite.

République (du 24 de février 1848).

82. M. Badin, peintre, remplace M. Lavocat et est chargé en même temps de l'administration de la manufacture de Beauvais et de celle de la Savonnerie bien entendu.

83. M. Lacordaire, architecte et ingénieur, devient, en 1850, administrateur des Gobelins et de la Savonnerie, tandis que M. Badin le devient de la manufacture de Beauvais.

---

84. Mon intention n'ayant pas été d'écrire l'histoire des manufactures nationales de tissus, mais d'en présenter un résumé propre à rattacher aux *éléments technologique, artistique et administratif, l'élément scientifique,* que j'ai l'honneur de représenter spécialement, on ne devra pas s'étonner des détails dans lesquels je suis entré à l'égard du dernier *élément,* et de ma brièveté à l'égard des trois autres. Un motif de convenance m'a engagé, d'ailleurs, à me restreindre à ce que j'ai dit: c'est

que M. Lacordaire, l'administrateur actuel des Gobelins et de la Savonnerie, s'occupe avec le zèle le plus louable de rassembler tous les documents authentiques qui se rattachent à l'histoire de ces établissements, afin de composer un ouvrage dont le besoin est senti de tous ceux qui s'intéressent à l'histoire des arts. L'*essai* qu'il a publié, parvenu déjà à deux éditions, fait vivement désirer l'ouvrage complet que M. Lacordaire a promis.

TROISIÈME PARTIE.

TRAVAUX SCIENTIFIQUES EXÉCUTÉS AUX GOBELINS.

INTRODUCTION.

85. Trois éléments ont contribué immédiatement au développement des manufactures de tissus de la couronne, l'*élément technologique*, l'*élément artistique* et l'*élément scientifique;* enfin, pour ne rien omettre, l'*élément administratif* a eu une influence incontestable.

Lors même que je le voudrais, il me serait impossible, faute de documents, d'apprécier d'une manière précise chacun d'eux en particulier; mais l'élément scientifique m'a suffisamment occupé pour que mes études se soient étendues au delà du cercle où elles sembleraient devoir être rigoureusement restreintes par la science proprement dite.

Je partagerai cette troisième partie en deux divisions :

La PREMIÈRE sera consacrée exclusivement à l'élément scientifique, considéré depuis la fondation de la *Manufacture royale des meubles de la couronne,* en 1662, jusqu'en 1803, qu'un savant fut attaché d'une manière permanente à l'atelier de teinture;

La SECONDE, le sera à l'élément scientifique depuis 1803 jusqu'à nos jours.

PREMIÈRE DIVISION.

TRAVAUX SCIENTIFIQUES EXÉCUTÉS AUX GOBELINS DE 1662 À 1803.

---

86. Nous avons vu que, si l'*élément scientifique* ne fut pas représenté dans la Manufacture royale des meubles de la

couronne lors de sa fondation, comme le furent l'*élément technologique* et l'*élément artistique*, on ne devait pas en attribuer la cause à Colbert; car c'était l'état des sciences qui ne l'avait pas permis. Évidemment, dans la prévision de l'excellent esprit qui avait présidé à la rédaction de l'*Instruction sur la teinture des laines*, de 1671, cet *élément* devait tôt ou tard intervenir avec les deux autres dans la confection des produits de la manufacture. L'importance que le grand ministre attachait aux progrès de l'art de la teinture, dans l'intérêt de la France même, est si nettement appréciée par cette *instruction*, qu'une de ses conséquences a été, sans aucun doute, l'attention donnée par les successeurs de Colbert dans l'administration du royaume de France à tout ce qui pouvait hâter les progrès de cet art, dont l'influence s'étend à la valeur des produits d'un si grand nombre d'industries variées!

Je citerai, à l'appui de ma manière de voir, les travaux sur la teinture de Dufay, de Hellot, de Macquer et de Berthollet dans le XVIIIe siècle, dont l'initiative, partie de l'Administration, l'honorera toujours dans l'histoire de l'industrie.

87. Dufay, né en 1698, nommé lieutenant dans le régiment de Picardie en 1712, adjoint chimiste de l'Académie des sciences en 1723, et surintendant du jardin du Roi en 1732, mourut en 1739 avant d'avoir accompli sa quarante et unième année et après avoir assuré sa place à Buffon.

Dufay, esprit si distingué, fut chargé par le ministère de travailler au perfectionnement de la teinture. Le travail principal auquel il se livra fut la révision des statuts, ordonnances et règlements des teinturiers, en ce qui concerne particulièrement la distinction des teintures en grand et bon teint d'avec les teintures en petit teint. Les règlements révisés étaient surtout ceux des années 1669 et 1671.

Voici le résumé et les conclusions de son travail :

Une couleur est réputée de bon teint lorsqu'elle résiste au soleil et à la rosée des nuits douze jours d'été ou dix-huit jours d'hiver; elle est réputée de petit teint lorsqu'elle est plus ou moins effacée dans les mêmes circonstances.

Cette règle une fois admise, on juge une couleur A, en exposant à l'air un petit morceau d'étoffe teint en une couleur que l'on sait être du petit teint B, comparativement avec un morceau de l'étoffe teinte en couleur A, jusqu'à ce que la couleur B soit devenue ce qu'elle devient par une exposition au soleil de douze jours d'été. Ce résultat obtenu, on compare A et B et l'on conclut.

Dufay a choisi ensuite des débouillis tels que l'alun de Rome, le tartre rouge et le savon blanc, d'après la considération de ne pas décolorer les étoffes de grand teint et de réduire autant que possible les couleurs de petit teint à la même apparence que le fait l'exposition de douze jours d'été au soleil.

88. Hellot, né en 1685, fut chargé, en 1740, de l'inspection générale des teintures. Il publia une nouvelle instruction sur le *débouilli des laines et des étoffes de laine,* en suivant les règles proposées par Dufay, et y ajoutant quelques réflexions judicieuses. En 1750, il publia l'*Art de la teinture des laines et des étoffes de laine en grand et petit teint, avec une instruction sur les débouillis.* Ce livre, quoique vieux de plus d'un siècle, est encore excellent, à cause de la clarté de la description des procédés et du choix de ces procédés.

89. Macquer, né en 1718, fut commissaire du conseil pour les objets d'art et de manufactures dépendant de la chimie; c'est à ce titre qu'il s'occupa de la teinture et de la fabrication de la porcelaine. Il pensa, le premier, à appliquer le bleu de Prusse sur les étoffes (1749). En 1763, il publia l'*Art de la teinture en soie,* ouvrage remarquable, comme tous les écrits de l'auteur, par la clarté et la correction du style. En 1768, il fit connaître un moyen de teindre la soie en un rouge vif de cochenille, en recourant aux dissolutions d'étain. Il fut chargé de composer un traité général de teinture; mais le mauvais état de sa santé l'en ayant empêché, l'autorité supérieure en chargea Berthollet. Macquer mourut en 1785.

90. Berthollet, né en 1748, justifia le choix que l'autorité avait fait de lui en publiant, en 1791, les *Éléments de l'art*

de la teinture, en deux volumes in-8°. Pour la première fois, les nouvelles théories chimiques furent appliquées à expliquer les procédés des ateliers de teinture. Et le savant, qui avait su si bien apprécier les conséquences pour l'industrie de la propriété décolorante que possède l'*acide marin déphlogistiqué* de Scheele (le chlore), était mieux préparé que personne à montrer l'intimité de la teinture avec la chimie; mais il faut reconnaître qu'à l'époque où Berthollet écrivit son ouvrage, il n'y avait pas assez de recherches chimiques spéciales scientifiques pour qu'il fût possible d'ajouter beaucoup à la précision des procédés de teinture, même à celle des procédés qui avaient été décrits d'une manière satisfaisante par les praticiens.

91. Si l'on veut apprécier complétement l'heureuse influence de l'administration supérieure du XVIIIe siècle, sur les progrès de la teinture en France, il faut tenir compte des avantages qu'elle accordait à tous ceux qui lui paraissaient capables, au point de vue pratique, de doter la France de procédés qui y étaient inconnus, ou de perfectionner ceux qu'on y pratiquait déjà. Dans l'impossibilité de tout citer, je parlerai des sacrifices qu'elle fit pour introduire, en France, l'art de teindre le coton en rouge d'Andrinople, et d'une pension accordée à un négociant de Rouen qui s'occupait de rendre utiles à la teinture les plantes indigènes.

Le 26 d'août 1747, des avantages furent accordés aux fabriques de Darnetal et d'Aubenas pour le rouge d'Andrinople, en faveur de MM. d'Haristoy, Fesquet, Gaudard et compagnie.

Par un arrêt du conseil d'État du 21 décembre 1756, divers privilèges et exemptions le furent pareillement à la manufacture de Saint-Chamond, pour teintures de toutes sortes de cotons, soies, poils de chèvre, fils, etc. Les frères Flachat étaient à la tête de cet établissement, qui devint alors *manufacture royale*. En 1766, *Jean-Claude Flachat* publia, dans ses *Observations sur le commerce et sur les arts*, le procédé de *teinture du coton rouge incarnat d'Andrinople.*

Enfin, en 1783, Louis XVI donna une pension de 1000 francs à Dambourney, négociant à Rouen, qui se livrait, depuis plusieurs années, à des recherches sur les propriétés tinctoriales des végétaux indigènes, et, en 1786, le Gouvernement publia à ses frais *le Recueil des procédés et des expériences* de Dambourney, *sur les teintures solides que nos végétaux indigènes communiquent aux laines et aux lainages.*

92. Enfin, ce ne fut pas tout à fait la faute de l'administration supérieure si les travaux de Neilson et de Quemiset, exécutés aux Gobelins, ne furent pas aussi profitables qu'ils semblaient devoir l'être pour les progrès de la teinture en général et pour la perfection des teintures des Gobelins en particulier.

93. Je ne trouve pas de meilleure conclusion à ce qui précède que la citation suivante, que j'emprunte à François Home, d'Édimbourg, à qui l'on doit un très-bon ouvrage sur les *principes de l'agriculture et de la végétation* et un excellent *traité sur le blanchiment des toiles.* Il rend parfaite justice à l'administration et aux savants de France, relativement à l'heureuse influence qu'ils ont exercée sur les progrès de l'industrie. Je copie la page 380 de la traduction française de ce dernier ouvrage; elle date de 1762 :

« Je regarde (dit F. Home) comme une perte pour la « Grande-Bretagne, et pour les arts et les manufactures, que « nous n'ayons point d'Académie établie par autorité publique « et à ses dépens, pour prendre soin de leurs progrès. Les « membres de cette Académie, ayant un honnête nécessaire, « se livreraient à leur génie et pourraient sans inconvénients « prêter l'oreille à la voix de la renommée. Il en coûte si peu « à la France pour l'Académie des sciences! et quels avan- « tages [1] n'a-t-elle pas procurés aux arts et aux manufactures de « ce pays? C'est à elle que les Français doivent la supériorité « qu'ils ont en plusieurs arts et surtout dans celui de la tein-

[1] Qu'aurait donc dit M. Home, si les Mémoires sur les arts avaient commencé à paraître dans le temps qu'il composait son ouvrage? (*Note du traducteur.*)

« ture. En établissant cette Académie, Louis XIV a triomphé « de ceux qu'il n'avait pu vaincre par les armes. »

SECONDE DIVISION.

TRAVAUX SCIENTIFIQUES EXÉCUTÉS AUX GOBELINS

DEPUIS 1803 JUSQU'À CE JOUR.

PREMIÈRE SECTION.

TRAVAUX DE M. ROARD, DE 1803 À 1815.

94. Roard, qui exerça le premier les fonctions de directeur des teintures, s'est livré à des recherches que je vais faire connaître.

En l'an x (1801), il débuta par une notice sur l'oxyde de fer, dont le but était de montrer qu'il pouvait être enlevé aux toiles non-seulement par le sel d'oseille, mais par l'acide sulfurique étendu depuis 50 parties d'eau jusqu'à 500 et par la solution bouillante de bitartrate de potasse.

Il annonça bientôt après que Bouillon la Grange avait produit des encres, des teintures noires pour les chapeaux et les tissus, au moyen des astringents naturels.

Le 10 nivôse an XIII, il publia un mémoire sur *l'alunage des laines* et les *différents états* où celles-ci peuvent être relativement *à la teinture*.

Roard recherche la cause de la diversité des laines à prendre la teinture qu'on observe dans les ateliers en teignant les laines en bottes ou en écheveaux.

Il l'attribue à ce que les écheveaux renferment des mélanges de laine qui ont appartenu à des animaux sains, à des animaux malades et à des animaux morts de maladie. Bien entendu, la laine d'animaux malades ou morts est inférieure à la laine des animaux bien portants.

Il dit que le dessuintage des laines ne doit pas être porté à plus de 60^{d} et que les laines ne doivent pas rester dans le bain plus d'un quart d'heure. C'est exactement ce qu'on fait dans la pratique.

Le savon de Flandre est, selon lui, le meilleur agent de dessuintement.

Les laines filées en suint deviennent plus blanches que les laines filées après le dessuintage.

Enfin, il a observé que les laines alunées dans des vaisseaux de cuivre sont susceptibles de se colorer en jaune verdâtre ou en jaune d'ocre.

L'auteur se borne à constater les effets sans en rechercher les causes.

Le 12 d'avril 1807, Roard lut à l'Académie des sciences un travail sur l'analyse immédiate de la soie et son décreusage.

Il confirma ce que l'on savait déjà, savoir que la soie écrue renferme de 0,23 à 0,24 de matière qu'on appelle gomme, parce qu'elle est soluble dans l'eau et qu'elle ne cristallise pas.

Il y reconnut, en outre, une *huile volatile odorante*, de la *cire* et une *matière colorante*, fluide à 30 d.

Quant à celle-ci, je ferai remarquer que c'est une *matière colorée* et non un *principe colorant*, car celui-ci n'est dans la soie écrue jaune ou orangée de belle qualité, que dans une proportion extrêmement faible.

Le point le plus intéressant du mémoire est la possibilité de décreuser la soie plus rapidement et plus économiquement qu'on ne le fait lorsqu'on opère le procédé en trois actes, le *dégommage*, la *cuite* et le *blanchiment*. Ces trois opérations exigent de cinq à six heures, tandis que le procédé de Roard n'exige qu'une heure de bouillon. Voici le procédé :

Pour une partie de soie on emploie 15 p. d'eau ;

De 50 à 60 p. de savon pour 100 p. de soie jaune grenade ;

De 8 à 16 p. de savon pour 100 de soie écre blanche.

Lorsque le savon est dissous dans l'eau une demi-heure avant le bouillon, on y plonge la soie et on la maintient une heure au bouillon.

Il est incontestable qu'en opérant avec soin ce procédé réussit.

En 1810, MM. Thenard et Roard présentèrent à l'Académie des sciences un mémoire sur les *mordants employés en teinture*, dont les conclusions sont celles-ci :

1° L'*alun* se combine intégralement à la soie, à la laine et au ligneux;

2° L'*acétate d'alumine* s'y combine pareillement, mais, par la dessiccation à l'air, il se réduit en sous-acétate d'alumine et en acide acétique qui s'évapore.

3° Le *bitartrate de potasse*, dissous dans l'eau, est réduit par la laine en acide tartrique qui s'y unit, et en tartrate de potasse qui reste dans l'eau. Dans le mordançage de la laine avec l'alun et le bitartrate, la laine s'unit à l'alun et à l'acide tartrique;

4° Le *tartrate de peroxyde d'étain*, dissous dans l'acide chlorhydrique prépare la laine à fixer la couleur de la cochenille, comme le fait la composition d'écarlate;

5° La *couleur écarlate* est formée d'acide tartrique, d'acide chlorhydrique, d'oxyde d'étain et du principe colorant de la cochenille.

Ce mémoire est sans doute le meilleur de ceux auxquels Roard a attaché son nom.

SECONDE SECTION.

TRAVAUX DE M. LE COMTE LABOULAYE-MARILLAC.

95. Laboulaye-Marillac fut nommé directeur des teintures le 1er de janvier 1817; il mourut le 25 d'août 1824.

Dans l'ignorance où je suis des travaux de Laboulaye-Marillac, exécutés aux Gobelins, je ne puis parler que de ce qu'il avait fait avant d'y entrer.

Avant sa nomination, il était connu par une traduction française du dernier voyage de Pallas en Sibérie, à laquelle le naturaliste Tonnelier avait coopéré. Il était auteur d'un mémoire concernant des *couleurs inaltérables*, pour lesquelles il avait pris un brevet d'invention le 2 de mai 1806.

Ces couleurs furent soumises à une commission de l'Académie des sciences, qui termina son rapport par les conclusions suivantes :

« Quoique M. de Laboulaye-Marillac se soit trompé à l'é- « gard de plusieurs autres couleurs qu'il avait annoncées « comme inaltérables, il faut convenir que son erreur sur ce « point est bien excusable. Il s'est laissé entraîner par les rai- « sonnements fondés sur l'analogie, qui ne donne pas cons- « tamment des résultats certains......

« Quoi qu'il en soit du résultat des différents travaux de « M. de Laboulaye sur les couleurs, toujours est-il certain « qu'il a enrichi la palette de plusieurs couleurs très-utiles; « telles que le *pourpre de Dalberg*, le *vert de Vauquelin*, le « *jaune-brun*, l'*orangé de l'aubépin*, etc.

« On a donc des obligations réelles à M. de Laboulaye-Ma- « rillac, et nous avons lieu de penser qu'encouragé par ses « premiers succès, par l'intérêt que l'Institut prend à ses tra- « vaux, et guidé par sa propre expérience, il atteindra le but « utile qu'il s'est proposé. »

Il n'a jamais décrit ses procédés de préparation; mais, dans le sixième volume de la *Description des mentions et procédés spécifiés dans les brevets d'invention*, imprimé en 1824, l'année de sa mort, on voit (page 170) que ces couleurs n'étaient que des composés inorganiques connus, savoir :

1° *Blanc inaltérable et demi-transparent*, le phosphate d'acide antimonique;

2° Le *blanc opaque* ou le *blanc de plomb*, fixé pareillement au moyen de l'acide phosphorique et de l'ébullition;

3° Le *vert émeraude*, composé de 1 partie de phosphate de cuivre et de 2/3 d'alumine à l'état gélatineux, fixé par la calcination.

4° Le *même vert*, composé de phosphate de cuivre et de phosphate de chaux;

5° Le *même* avec le chromate de plomb, fixé par la calcination, avec le phosphate de soude et $\frac{1}{10}$ de terre d'os;

6° Le *jaune de chromate de plomb,* fixé par le moyen de la calcination avec le phosphate de soude, employé comme fondant, et le phosphate de chaux;

7° Le *violet,* provenant de l'oxyde de manganèse fixé par le phosphate de soude et la calcination;

8° Le *violet de cobalt,* obtenu par la demi-fusion du phosphate de cobalt et de l'alumine;

9° Le *même violet,* fixé avec le phosphate de magnésie;

10° Le *bleu de cobalt,* préparé avec le phosphate de chaux au lieu de l'alumine;

11° Le *jaune-paille,* obtenu par la calcination du phosphate de titane;

12° Le *rouge-brun*, correspondant à la terre de Sienne calcinée, composée de phosphate de fer et d'alumine.

13° Le *rouge foncé* provenant de la calcination du phosphate de fer et du phosphate de cuivre avec de l'alumine ou de la terre d'os.

14° *Pourpre inaltérable.* Oxyde d'or fixé.

a) Par voie sèche. Calcination du phosphate d'or et d'alumine.

b) Par voie humide. Pourpre de Cassius avec alumine, gélatine et tannin, à l'aide de l'ébullition.

15° Le *phosphate de molybdène* et terre des os, calcinés plus ou moins fortement donnent le bleu pur, le vert émeraude et le violet pourpre.

16° L'*oxyde de nickel,* fixé par la calcination de son phosphate et de l'alumine, donne le jaune serin.

Additions.

Je renvoie au brevet pour les additions.

En définitive, l'idée principale de l'auteur a été de remplacer l'alumine par le phosphate de chaux ou les os calcinés.

Il prescrit d'employer le phosphate de soude avec les phosphates métalliques qu'on calcine : le phosphate alcalin rend la couleur du produit plus homogène et empêche la réduction de plusieurs oxydes phosphatés.

Il prescrit l'emploi du phosphate de plomb et du phosphate de chaux dans les couvertes des poteries.

Si Laboulaye-Marillac ne donna pas de publicité à ses procédés, c'est qu'il avait l'intention d'en tirer parti en les vendant.

Dans ses cours des Gobelins, il indiquait des procédés mécaniques pour faire pénétrer les matières dans l'intérieur des draps, particulièrement lorsqu'il s'agissait de la teinture en écarlate et en bleu de cuve.

Je ne sache pas qu'aucun de ses procédés ait jamais été employé en grand. Au reste, Laboulaye-Marillac ne s'était guère occupé de chimie autrement qu'en suivant des cours, et particulièrement celui de Vauquelin, où je l'ai souvent rencontré.

TROISIÈME SECTION.

TRAVAUX DE M. CHEVREUL, DE 1824 JUSQU'À CE JOUR[1].

INTRODUCTION.

96. Considérer les manufactures nationales des Gobelins, de Beauvais et de la Savonnerie exclusivement sous le rapport de leurs produits, c'est les envisager d'une manière restreinte, qui ne permet pas d'apprécier l'utilité dont elles sont et dont elles peuvent être à l'industrie; mais considérer les recherches scientifiques auxquelles ont donné lieu :

1° La préparation des fils teints, éléments des produits qu'elles confectionnent;

2° Les effets de ces fils teints mélangés ensemble;

3° Les effets de ces fils, en tant qu'ils présentent des surfaces diversement colorées juxtaposées,

C'est considérer les manufactures nationales sous des rapports propres à démontrer l'utilité dont je parle.

[1] Je ne parle, bien entendu, dans cet exposé de mes travaux, que de ceux que j'ai faits pour les manufactures nationales.

97. En effet, les travaux entrepris pour la préparation des fils de laine et de soie teints intéressent l'art de teindre la laine et la soie, et, en général, les industries si variées qui font usage de ces matières. Voilà pour les *premières recherches.*

98. L'art de mélanger les fils diversement colorés, soit en en réunissant plusieurs ensemble pour former un fil *complexe,* (8 et 15) ou en les entrecroisant à la manière de ce qu'on nomme des *hachures* en dessin (9), et, dans les deux cas, avec l'intention de ne produire que la sensation d'une seule couleur et de la produire sûrement telle qu'on la veut, dérive d'un principe très-général que je nomme le *principe du mélange des couleurs;* les études concernant ce principe sont les *deuxièmes recherches.*

99. Enfin, lorsque l'œil voit des surfaces diversement colorées et contiguës, qu'il en détermine les limites et les couleurs respectives, il se produit en nous une sensation absolument contraire à celle qui résulterait du mélange de ces couleurs; loin d'éprouver une sensation unique, les couleurs sont vues aussi différentes que possible relativement à leur intensité, qui constitue le clair et le foncé, et relativement à leur composition optique. Les effets si variés qui se présentent alors dépendent d'un *principe* que j'appelle le *contraste simultané des couleurs.* C'est à ce principe que se rattachent les *troisièmes recherches.*

100. En définitive,

a) Les *premières recherches* qui ont la teinture pour objet intéressent les nombreuses industries qui emploient des filaments teints ou des filaments incolores, soit qu'elles les façonnent en tissus, soit qu'elles emploient les tissus façonnés.

b) Les *secondes recherches* ne s'appliquent pas seulement à faire sûrement en teinture des couleurs binaires, ou à rompre ou rabattre des couleurs simples ou binaires par du noir, en appliquant sur des étoffes des matières colorées aussi intimement mélangées que le sont celles des peintres; mais elles s'appliquent à ces dernières aussi bien qu'au mélange de fils colorés qu'emploient le tisseur de châles, le tisseur d'étoffes de soie, le fabricant de mosaïques, etc.

c) Enfin, les *troisièmes recherches* composent aujourd'hui un ensemble de faits coordonnés en une doctrine qui s'applique à la confection des tapis, des tapisseries, des vitraux peints, des mosaïques, des papiers peints, à la jardinique, à l'architecture polychrome et à toutes sortes de peintures.

On peut dire que l'art de reproduire exactement un modèle coloré sans tâtonnement et avec la conscience de l'effet à produire n'existe qu'autant que l'artiste connaît le principe du *contraste simultané* et j'ajoute le principe du *contraste successif* et celui du *contraste mixte*.

101. Il manquerait quelque chose aux trois catégories des recherches précédentes, s'il n'y avait pas un moyen de nommer et de définir les couleurs de manière que ceux qui ont besoin de s'entendre sur leurs effets, sur l'emploi des couleurs matérielles, sur l'arrangement des objets colorés et la description de ceux-ci, puissent toujours se comprendre sans hésitation et sans erreur. C'est ce moyen que j'ai trouvé; il est assez important pour en faire une quatrième catégorie des recherches qui m'ont conduit à le formuler tel que je le fais aujourd'hui dans les dix cercles chromatiques qui réalisent, pour l'application, ce que j'ai appelé dans mon livre *De la loi du contraste simultané des couleurs*, la *construction chromatique-hémisphérique*.

102. On voit donc qu'indépendamment des qualités des produits confectionnés des manufactures nationales, les quatre catégories de recherches entreprises pour donner à ces produits la perfection qui les distingue, ne sont pas restreintes à leur confection spéciale; mais qu'elles s'étendent à des industries nombreuses et encore aux arts d'imitation dont les effets résultent du mélange et de l'association de matières colorées quelles qu'elles soient.

CHAPITRE PREMIER.

DE LA PRÉPARATION DES FILS TEINTS ; ÉLÉMENTS DES PRODUITS DES MANUFACTURES DE TISSUS, OU RECHERCHES SUR LA TEINTURE.

---

§ Ier. — DÉFINITION DE LA TEINTURE.

103. L'art de teindre consiste à imprégner, aussi profondément que possible, le ligneux, la soie, la laine et la peau, de matières colorées qui y restent fixées mécaniquement ou par affinité chimique, ou enfin à la fois par affinité et mécaniquement.

Imprégnation mécanique.

104. Depuis vingt ans, on colore, dans l'atelier de teinture des Gobelins, des fils au moyen de matières qui y sont fixées mécaniquement par adhésion ou par interposition. Ce procédé ne donne que des couleurs très-claires; mais, si on emploie du charbon, de l'outremer, du peroxyde de fer, de l'ocre jaune, de l'oxyde vert de chrome, du cinabre, etc., etc., on obtient des couleurs inaltérables pour ainsi dire, tandis que, si on préparait les couleurs de nom correspondant au moyen des procédés chimiques qu'on employait autrefois exclusivement, les couleurs seraient très-altérables. J'ai teint, par imprégnation mécanique, des soies et des laines en gris de perle au moyen de charbon mêlé d'outremer d'une extrême solidité; employées en tapisseries pour meubles, je les ai vues, après dix ans d'usage, parfaitement conservées, tandis que quinze jours de soleil auraient suffi pour décolorer la même teinte préparée par les procédés chimiques ordinaires.

Imprégnation chimique.

105. Les étoffes de coton et de soie, plongées quelques heures dans la solution d'un sel de peroxyde de fer, se colorent par affinité chimique; elles enlèvent du peroxyde à

l'acide; c'est l'exemple d'une fixation de couleur par affinité chimique.

Imprégnation chimique et imprégnation mécanique.

106. D'un autre côté, si les mêmes étoffes, avant d'être lavées à grande eau à leur sortie du bain ferrugineux, sont passées dans une eau alcaline, elles en sortent bien plus foncées qu'elles ne l'auraient été sans l'intervention de l'alcali. La raison en est que, outre le peroxyde de fer fixé par affinité chimique, il y a une autre portion de l'oxyde colorant qui est interposée mécaniquement entre les fibres des étoffes; c'est le peroxyde provenant de la décomposition par l'alcali de la solution ferrugineuse qui pénétrait ces étoffes quand on les a eu retirées du bain ferrugineux. Une certaine quantité d'alcali qui s'unit à l'oxyde de fer contribue un peu à foncer la couleur des étoffes.

Voilà des exemples des trois cas généraux qui se présentent en teinture.

§ II. — DÉTERMINATION DE L'EAU HYGROMÉTRIQUE DES ÉTOFFES[1].

107. Je dois mentionner, avant toute recherche entreprise sur la teinture, la détermination que j'ai faite de l'eau hygrométrique des étoffes.

La connaissance des proportions d'eau hygrométrique que le ligneux, la soie et la laine sont susceptibles de contenir, dans les différents états de coton en poil, de filasse de lin et de chanvre, de soie écrue et de soie décreusée, de laine en suint et de laine lavée, enfin de ces étoffes à l'état de fils et de tissus, est très-importante, puisque les chambres de commerce ont établi, dans plusieurs villes de France, *des conditions* où l'on détermine la quantité réelle de soie et de laine que contiennent les soies écrues et les laines filées qui sont l'objet des transactions commerciales.

108. Après m'être assuré qu'une étoffe, séchée absolument

[1] 2e Mémoire sur la teinture, lu à l'Académie le 21 mars 1836.

à 100^{d}, 110^{d} et 120^{d}, absorbait une quantité d'eau égale à la proportion qui se trouvait dans un échantillon de la même étoffe placée dans la même atmosphère que la première, sans avoir été préalablement desséchée, j'ai déterminé, par la synthèse, les proportions d'eau que des étoffes absolument sèches absorbent à la température de 20^{d} dans des atmosphères à 65^{d}, à 75^{d}, à 80^{d} et à 100^{d} de l'hygromètre de Saussure.

Les étoffes étaient séchées dans un tube de verre, plongé dans un bain d'huile à 120^{d} pendant trois heures. De l'air séché par du chlorure de calcium passait lentement dans le tube.

La perte n'a pas été plus grande dans le vide sec.

J'ai, en outre, reconnu que la perte était la même à 100^{d} lorsque les étoffes étaient exposées à *un courant d'air sec.*

109. J'avais non-seulement constaté l'influence d'un courant gazeux sec pour la parfaite dessiccation des matières organiques en général dès 1821, mais encore l'influence de la chaleur pour changer l'équilibre des éléments d'un grand nombre des matières organiques, et leur faire éprouver des modifications plus ou moins profondes dans leurs propriétés en vertu de la *caisson.* Avant que le mot *isomérisme* eût été imaginé pour désigner le phénomène où ces modifications de propriétés s'effectuent dans des matières sans changement de poids, j'avais observé que l'*albumine cuite,* séchée dans le vide, a le même poids qu'une quantité d'albumine égale à celle qui est cuite, mais qu'on a séchée sans l'exposer préalablement à la chaleur. C'est sur cette observation, aujourd'hui incontestable, que repose :

1° Le procédé d'analyse organique immédiate convenable pour séparer des principes immédiats, sans leur faire éprouver la cuisson (voyez mes *Considérations sur l'analyse organique immédiate,* 1824, p. 145);

2° La théorie du fixage des matières colorées sur les étoffes;

3° La théorie de la dessiccation des légumes et des viandes

par des procédés où la température ne dépasse pas 45 à 50 degrés.

Ces faits sont exposés dans un mémoire lu à l'Académie des sciences, le 9 de juillet 1821, et imprimé dans les mémoires du Muséum, tome XIII, page 166.

§ III. — De la préparation des étoffes de ligneux, de soie et de laine.

Art. 1er. — *Ligneux.*

110. Les préparations du ligneux sont très-simples : car le coton, et même le lin et le chanvre après le rouissage bien fait, ne renferment que très-peu de corps étrangers ; il suffit donc de les traiter par des lessives de soude, par de l'acide chlorhydrique et ensuite par l'alcool et par l'eau, pour les obtenir dans un état de pureté propre à les préparer aux opérations de teinture proprement dites, faites dans les conditions les plus simples et conséquemment les plus convenables, pour établir la théorie de ces opérations.

J'ai montré, il y a longtemps, que les acides très-faibles sont susceptibles d'altérer les étoffes, en en désagrégeant les parties, sans qu'il y ait altération chimique proprement dite.

Art. 2. — *Soie.*

111. Je n'ai point encore achevé mes recherches sur la composition immédiate de la soie, mais j'ai constaté :

1° Que la matière appelée *gomme* est susceptible de se prendre en gelée comme la gélatine;

2° Que le principe colorant jaune n'existe qu'en une proportion excessivement faible dans la soie, de sorte que Roard ne l'a point obtenu à l'état de pureté (page 44); ce qu'il a étudié était un mélange de deux corps au moins.

La soie préparée pour mes essais est traitée par l'eau bouillante après avoir été décreusée, puis elle l'est également et successivement par l'acide chlorhydrique très-étendu, l'alcool et l'eau. Le traitement par l'alcool a pour objet d'enlever les acides gras du savon, et le traitement à l'eau de séparer tout l'alcool.

Art. 3. — *Laine.*

112. Depuis trente ans je m'occupe de la laine, et mes travaux ne sont point encore terminés, mais les publications déjà faites montrent combien ce sujet de recherches est difficile : on en jugera par le résumé suivant.

113. La laine en suint agitée rapidement dans un grand volume d'eau cède à celle-ci la matière soluble du suint et retient presque toute la matière grasse. Celle-ci, à l'état de de pureté, est insoluble dans l'eau; cependant elle peut être enlevée par elle à l'état d'émulsion, lorsque la partie du suint soluble dans l'eau est concentrée, et qu'elle reste un temps suffisant en contact avec la matière grasse.

A. Partie du suint soluble dans l'eau froide.

114. Elle est, en général, essentiellement formée de *potasse carbonatée*, de *sulfate de potasse*, de *chlorure* de *potassium*, de *phocénate de potasse*, d'un *autre sel de potasse dont l'acide est volatil, mais faiblement odorant*, d'une *matière organique azotée et sulfurée*, enfin de deux sels savonneux à base de potasse, dont les acides sont l'*acide stearérique* et l'*acide élaïérique;* acides nouveaux que j'ai obtenus en traitant par la potasse, deux matières grasses neutres que l'on trouve adhérentes à la laine qui a été lavée à l'eau, et auxquelles j'ai donné les noms de *stéarérine* et d'*élaïérine*. Il y a, en outre, un *sel ammoniacal.*

B. Partie du suint insoluble dans l'eau froide.

115. Celle-ci se dépose en partie du lavage de la laine, opéré comme je viens de le dire (113), une autre très-divisée reste en suspension. On ne peut la séparer que par la filtration.

Cette matière contient la *terre* qui s'est appliquée mécaniquement à la toison;

Une *matière azotée et sulfurée;*

Enfin, une petite quantité de *stéarérine* et d'*élaïérine* à l'état d'émulsion.

C. Laine lavée à l'eau froide traitée par l'alcool.

116. C'est dans un appareil particulier que ce traitement doit être opéré.

L'alcool enlève ainsi presque toute la matière grasse à la laine; il est évident que celle-ci doit être considérée comme excrétée par l'appareil glanduleux du poil et comme faisant partie du suint.

Des brins de laines mérinos, lavés à l'eau froide avec les précautions précédentes, montrent souvent, au microscope, la matière grasse excrétée sur le brin, comme le sont la gomme et la résine laque sur de jeunes branches d'arbres.

117. La matière grasse de la laine est au moins formée de deux matières neutres, la *stéarérine* et l'*élaïérine*. Très-difficiles à saponifier, elles donnent des acides stéarérique et élaïérique, et une certaine quantité d'acide phocénique; il est probable que celui-ci était uni à l'état latent à une matière organique distincte de la *stéarérine* et de l'*élaïérine*.

D. Laine lavée à l'alcool, traitée par l'acide chlorhydrique, l'eau, l'alcool et l'eau.

118. Cet acide n'enlève à la laine que très-peu de matière inorganique, lorsque la laine a été dépouillée de toute matière terreuse provenant du suint.

Il est nécessaire, quand on veut l'avoir bien pure, de la laver à l'eau pour enlever tout l'acide chlorhydrique, puis, de la sécher et de la traiter par l'alcool qui dissout un peu de matière grasse, et enfin par l'eau pour en séparer tout l'alcool; la laine, après ce traitement, peut être considérée comme pure.

119. La laine, qui a subi ce traitement, diffère absolument par une proportion notable de soufre de la soie qui comme elle est azotée; pourtant le soufre n'est pas combiné immédiatement à la laine, mais il fait partie élémentaire d'un composé organique qui y est uni.

Le soufre peut être séparé de la laine en faisant macérer celle-ci dans un lait de chaux pendant trente à quarante heures; la traitant successivement par l'acide chlorhydrique et par l'eau; puis recommençant ces traitements successifs jusqu'à ce que l'eau de chaux n'enlève plus de soufre.

Comme on peut séparer ainsi la plus grande partie de cet élément de la laine; et que celle-ci, sauf des déchirures et une diminution de tenacité qu'elle a subie après avoir été soumise jusqu'à vingt-huit fois à l'action successive de la chaux et de l'acide chlorhydrique, conserve toujours sa forme filamenteuse, on est conduit dès lors à considérer le soufre comme un élément, non de la laine, mais d'un autre principe immédiat à laquelle elle est unie.

120. La laine privée de soufre se rapproche beaucoup plus de la soie par la manière dont elle se comporte à chaud avec les sels métalliques, dont les oxydes sont susceptibles de se sulfurer facilement, qu'elle ne le faisait avant d'être désulfurée. Et c'est le cas de rappeler la cause que j'ai assignée, en 1837, à des taches qui s'étaient manifestées sur des laines soumises *blanches* à la vapeur et devenues colorées par l'opération. Je reconnus que ces étoffes avaient été accidentellement en contact avec des sels de cuivre, d'antimoine, d'étain, de plomb ou leurs oxydes, avant leur passage à la vapeur, et que, sous l'influence de cet agent il y avait eu production d'un *sulfure coloré*. Je fis voir que la couleur brune que la laine prend dans le mordançage opéré avec l'acétate d'alumine, mêlé d'acétate de plomb, a la même origine, etc., etc.

§ IV. — De la manière de se représenter la couleur des étoffes teintes par affinité chimique.

121. On a défini assez généralement la teinture, l'art d'appliquer des matières colorantes sur les étoffes de ligneux, de soie et de laine, par l'intermédiaire d'un corps souvent incolore, appelé *mordant*.

Je n'ai jamais admis cette définition, bien plus, je l'ai combattue par les motifs suivants :

1° Elle ne comprend pas le cas où l'on teint par l'imprégnation d'une matière qui n'adhère que mécaniquement à l'étoffe;

2° Elle ne comprend pas le cas où l'on teint par affinité, en plongeant une étoffe dans une solution ferrugineuse, dans du sulfate d'indigo, dans une cuve d'inde, dans une solution de brou de noix;

3° Elle ne comprend pas le cas où, après avoir combiné du peroxyde de fer à du ligneux ou de la soie, on le convertit en bleu de Prusse en passant l'étoffe dans un bain de cyanoferrite de cyanure de potassium acidulé.

122. Je ne proscris pas le mot *mordant,* mais je ne l'emploie que comme expression d'atelier, dont il est impossible de donner une définition *rationnelle.* Aussi, quoique je dise sans scrupule, qu'on passe une étoffe dans un *mordant d'alun* avant de fixer la matière colorante de la garance, de la gaude, etc., cependant il serait préférable, ce me semble, de ne pas sacrifier encore dans ce cas à l'usage.

123. Je cherche à ramener les étoffes colorées à un *composé* coloré défini, dans la nature, la proportion et l'arrangement des éléments, lorsqu'il s'agit d'une teinture où l'affinité a agi sur plusieurs corps mis en présence. Ce composé peut être binaire, comme le peroxyde de fer; ternaire, comme la carthamine; quaternaire, comme l'indigotine. Il peut être un principe colorant quaternaire, comme l'indigotine; ou ternaire, comme l'hématine, la carmine, la lutéoline, uni avec une base ou avec un acide insoluble, ou encore avec un sous-sel, ou même un sel neutre, etc.

124. Dans tous les cas, la proportion du poids de l'étoffe est toujours très-forte relativement à celui du composé coloré, et, comme la première doit conserver sa ténacité, il faut éviter, dans la teinture, de la mettre en contact avec des corps qui pourraient en altérer la nature.

125. La science de la teinture, ou, ce qui est la même chose, la chimie appliquée à cet art, doit déterminer les corps nécessaires à toutes les opérations d'atelier, les circonstances les plus favorables à l'action mutuelle des étoffes et des corps

mis en contact avec elles, les circonstances les plus favorables à fixer solidement les composés colorés sur les étoffes, et les propriétés de ces composés colorés; elle doit encore enseigner les moyens de reconnaître la nature des corps fixés aux étoffes, car, une fois ces connaissances acquises, et lorsqu'il ne s'agit pas d'une matière colorante nouvellement employée en teinture, il est aisé de se rendre compte de ce qui arrivera à une étoffe teinte dont on aura déterminé la composition de la matière colorée, dans le cas où elle sera soumise à l'action de l'atmosphère et au contact des différents corps auxquels cette étoffe sera exposée dans l'usage qu'on en fera.

C'est pour atteindre le but que je viens de définir que je me suis livré aux recherches qui me restent à faire connaître.

126. Il est évident qu'il n'existe pas de difficulté lorsqu'une étoffe, mise en contact avec une matière colorante tenue en solution dans un liquide, la précipite en s'y unissant et formant avec elle un composé insoluble.

Telle est l'action du sulfate d'indigotine sur une étoffe : il reste sur celle-ci une matière colorante qui résiste à l'eau froide; c'est du sulfate d'indigotine, et non de l'indigotine, puisqu'on peut l'enlever à l'étoffe avec de l'eau alcalisée chaude.

Telle est encore l'action d'une étoffe sur la solution d'un sel à base de peroxyde de fer : il se produit, suivant toute apparence, un sous-sel de peroxyde, lequel peut être réduit, par des lavages ultérieurs, à du peroxyde pur.

127. Mais, lorsqu'un corps acide, alcalin ou salin, dissous dans l'eau, n'est pas dans le cas de laisser un corps coloré sur les étoffes, ou que, le corps étant coloré, l'eau, employée en lavage suffisant, peut dissoudre tout le corps qui a pu s'y fixer d'abord, comment reconnaître s'il y a une action mutuelle entre les corps mis en présence? On le peut par une méthode *qui consiste à comparer l'état d'une solution acide, alcaline ou saline, avant et après son contact avec une étoffe donnée*[1]. On peut reconnaître alors :

[1] 9e Mémoire sur la teinture.

1° Que l'étoffe a absorbé proportionnellement plus d'eau que du corps dissous;

2° Que le contraire a eu lieu;

3° Que la solution est, après le contact, dans l'état où elle était auparavant. Ce résultat n'est point un motif de conclure qu'il n'y a pas d'action, parce que, à la rigueur, il peut y en avoir une. Si on la soupçonne, il est nécessaire de répéter l'expérience en employant des solutions faites dans des proportions différentes de celle qu'on a employée en premier lieu.

128. J'ai constaté qu'une solution aqueuse d'acide sulfurique et d'acide chlorhydrique qui se concentrent sur le ligneux, parce que celui-ci attire proportionnellement plus d'eau que d'acide, devient plus étendue par le contact de la soie ou de la laine, celles-ci absorbant plus d'acide que d'eau.

129. J'ai constaté qu'il est des sels solubles qui s'unissent aux étoffes par une affinité assez forte pour que l'eau froide cesse d'en dissoudre une quantité sensible aux réactifs, et cependant ces étoffes en retiennent une quantité appréciable. Tel est l'azotate de plomb et la laine : la laine, lavée jusqu'à ce qu'elle ne cède plus de sel de plomb sensible à l'acide sulfhydrique, en retient assez pour brunir immédiatement lorsqu'on la plonge dans cet acide.

130. C'est après avoir étudié les actions des acides, des alcalis et des sels, sur les étoffes, qu'on peut penser à rechercher ce qui leur arrivera lorsqu'on les mettra en contact avec des principes colorants, particulièrement ceux de la nature organique.

Il peut arriver que l'alun, en se fixant à une étoffe qu'on mettra en contact avec un principe colorant et de l'eau chaude, éprouve une décomposition, de sorte qu'il se produira un sous-sel ou même un composé d'alumine et de principe colorant, au lieu d'un composé d'alun et de principe colorant. Cet effet se produira lorsqu'on passera une étoffe alunée ou colorée dans une eau alcaline : il ne restera plus sur l'étoffe que de l'alumine unie au principe colorant, comme je m'en suis assuré.

§ V. — Recherches sur les causes de la stabilité des couleurs des étoffes teintes.

131. On sait, depuis longtemps, que des principes colorants d'origine organique, tels que ceux de la garance, de la gaude, des bois de teinture, etc., se fixent en plus grande quantité sur les étoffes qui ont été préalablement passées aux *mordants* que sur celles qui n'ont pas subi ce passage; on sait, d'un autre côté, que les principes colorants acquièrent, par la présence du mordant, une stabilité à l'atmosphère qu'ils n'auraient pas sans cela.

Si toutes ces notions ont été fournies par l'empirisme, on doit avouer, pour être vrai, qu'avant l'application de la théorie de l'affinité à la fixation des principes colorants sur les étoffes, les savants qui ont écrit sur la teinture, tels que Hellot et Macquer, s'étaient plus occupés qu'on ne l'a fait après eux d'expliquer les effets des mordants ou de tirer des conséquences de la manière dont ils se représentaient leur action. C'est ainsi que Macquer a cherché à expliquer pourquoi on recourt à des mordants tels que l'alun, etc., lorsqu'il s'agit de fixer des matières colorantes solubles dans l'eau; tandis qu'on s'en dispense lorsqu'on veut fixer soit les matières qu'il appelle *résino-extractives*, savoir, les matières du brou de noix, de la racine de noyer, du sumac, du santal, de l'écorce d'aune; soit des matières *résineuses*, telles que l'indigo, le rocou, l'orseille, le carthame. L'objet de la teinture, dans les idées de Macquer, était de précipiter les matières *résino-extractives* ou les matières *résineuses* sur l'étoffe; les mordants n'étaient nécessaires que pour les *matières solubles*, parce qu'ils formaient avec elles un corps insoluble.

132. En considérant les mordants, ainsi que je l'ai dit, comme des principes entrant dans la composition d'un composé coloré fixé à l'étoffe par le teinturier, j'ai été conduit à étudier chaque procédé de teinture au point de vue des circonstances les plus propres à assurer la stabilité des composés colorés fixés aux étoffes. Et c'est cette recherche qui m'a con-

duit d'abord à me faire une idée nette de l'influence de la chaleur sur cette stabilité, et ensuite de voir si les raisons données par Macquer du non-emploi des mordants dans les teintures faites avec les matières qu'il appellait *résineuses extractives* et *résineuses* avaient quelque fondement.

133. Lorsque j'eus observé que deux portions égales d'albumine d'un même blanc d'œuf, dont l'une était coagulée par la chaleur, tandis que l'autre ne l'était pas, soumises toutes les deux à la dessiccation dans le vide sec laissaient des résidus égaux, mais différant cependant l'un de l'autre par leurs propriétés (109), cela me conduisit à les considérer comme ayant la même composition élémentaire, mais différant par l'arrangement de leurs molécules. J'insistai sur l'importance de ce résultat, et ce n'était point une illusion, puisque le fait généralisé est devenu *l'isomérisme,* qui aujourd'hui a tant d'importance dans la science.

Influence de la chaleur sur la stabilité des étoffes teintes.

134. J'avais remarqué que la zircone et l'oxyde de titane, préparés par la voie humide, chauffés à une température voisine du rouge, devenaient incandescents et perdaient ainsi leur solubilité dans les acides, phénomènes déjà observés par Berzélius sur des antimoniates et quelques oxydes métalliques; je rapprochai ces phénomènes de la coagulation de l'albumine, et je me servis du mot générique de *cuisson* pour les désigner.

135. L'exemple de l'albumine cuite, tel que je viens de le définir, me parut très-propre à expliquer l'action de la chaleur en teinture. En effet, supposons de l'albumine fraîche appliquée sur une étoffe : on la fait sécher, et, lorsqu'elle est sèche, on la met dans l'eau et elle s'y dissout; tandis que, si l'albumine fraîche eût été étendue sur une étoffe et coagulée ensuite, elle n'eût plus été soluble dans l'eau. On *voit donc comment la chaleur peut fixer une matière soluble sur un tissu,* soit que la matière *cuite* ait de l'affinité avec l'étoffe, soit qu'elle n'en ait pas.

136. Maintenant, supposons plusieurs substances appliquées à froid ou à tiède sur une étoffe : il n'y a pas d'affinité ou il n'y en a qu'une faible à froid. En élevant la température l'affinité naît ou augmente d'intensité et la matière est fixée. On conçoit le cas où une *matière colorée complexe* insoluble serait le résultat de l'action d'une certaine température, et que cette matière insoluble resterait fixée à l'étoffe, soit que celle-ci eût réellement de l'affinité pour la matière colorée, soit qu'elle n'en eût pas.

Dans tous les cas, on voit comment la chaleur peut fixer une matière colorée sur les étoffes lorsqu'elles sont soumises à l'action de la vapeur.

Pour que le fixage s'opère bien sur des étoffes imprimées, il faut que la matière imprimée soit convenablement humide.

137. Un autre fait montre que ce qui se passe dans le fixage à la vapeur se reproduit dans la chaudière du teinturier.

Appelé comme expert à découvrir la cause de taches de couleur de rouille qui s'étaient produites sur des étoffes de laine blanchies lorsqu'on les eut exposées à la vapeur, je reconnus qu'un sel cuivreux les occasionnait, sa base passant de l'état d'oxyde à l'état de *sulfure*, par la réaction du soufre naturel à la laine (119 et 120). Ayant plongé à froid de la laine dans la solution d'un sel cuivreux, je reconnus qu'au moyen de l'eau froide j'enlevais la plus grande partie du sel qui s'était séché sur l'étoffe après qu'elle eut été retirée du bain froid; mais, en la plongeant dans l'eau bouillante, de bleuâtre qu'elle était, elle devenait couleur de rouille, et dès lors on ne pouvait plus séparer la moindre quantité de la matière cuivreuse qui s'était fixée, par la raison qu'il y avait eu formation d'un sulfure de cuivre insoluble absolument comme il s'en produit dans le cas où la laine imprégnée d'un sel à base de ce métal est passée à la vapeur.

138. Il n'est donc pas possible de se refuser à admettre l'influence de la chaleur pour fixer les couleurs sur les étoffes.

139. Je me demandai si l'adhérence de l'indigo aux étoffes

passées en cuve ne serait pas augmentée par leur exposition à la vapeur. L'expérience fut conforme à ma présomption. J'ai donc pu, dans le mémoire où j'exposais ces faits à l'Académie des sciences, le 23 de novembre 1846, dire qu'il y aurait avantage dorénavant à passer toutes les couleurs faites à froid ou à tiède à l'action de la vapeur pour les assurer.

Influence de l'alunage sur l'indigotine.

140. Enfin, avant de passer à la vapeur des étoffes teintes en indigo de cuve, les ayant alunées, j'ai vu que l'alunage augmentait encore l'effet de la chaleur. Conséquemment, si l'on veut assurer l'indigo sur les étoffes, autant que possible, il faut les bouillir à l'alun et les passer ensuite à la vapeur.

On voit donc comment l'intervention d'un corps non coloré, comment ce qu'on appelle un mordant peut agir, en concourant avec la chaleur à donner plus de stabilité à une matière colorante.

§ VI. — De l'action des agents atmosphériques sur les étoffes teintes.

141. Depuis longtemps, mes recherches sur l'analyse organique immédiate m'avaient appris que les principes d'origine végétale ou animale, que l'on juge très-altérables, l'étaient, en réalité, moins qu'on ne pensait, lorsqu'on tenait compte des circonstances où leur décomposition avait lieu; ainsi :

a) Ces principes, exposés à la chaleur, soutenaient une température plus élevée lorsqu'ils n'avaient pas le contact de l'oxygène que quand ils y étaient exposés.

b) Tels se conservaient des années entières dans le vide lumineux ou dans l'air obscur, qui s'altéraient, au bout de quinze jours, au contact de l'air et de la lumière; de sorte que leur décomposition était le résultat de l'action simultanée de la lumière et de l'oxygène atmosphérique.

c) Tels s'unissaient aux alcalis solubles sans le contact de l'oxygène et se conservaient sans altération des mois entiers, qui s'altéraient très-rapidement au contact de l'air.

142. Les expériences auxquelles j'ai soumis le curcuma, le rocou, le carthame, l'orseille, l'acide sulfo-indigotique, l'indigo et le bleu de Prusse, ont donné des résultats conformes à ces observations, ou, s'ils ne l'étaient pas, on pouvait aisément en trouver la cause. Chacune des matières colorantes que j'ai nommées était appliquée sur le coton, la soie et la laine, et, dans cet état, elle éprouvait l'influence de la lumière dans le vide sec, dans l'air sec, dans l'air saturé d'eau, dans l'atmosphère, dans la vapeur d'eau, dans le gaz hydrogène sec et dans le gaz hydrogène saturé de vapeur d'eau. La durée de l'exposition a été de deux ans.

143. Le rocou, le carthame, l'orseille, l'indigo, l'acide sulfo-indigotique sur la soie se conservent dans le vide.

Le curcuma s'altère dans le vide, mais moins rapidement que dans l'air.

Les étoffes peuvent avoir une aptitude différente pour conserver la même couleur; ainsi le curcuma et le carthame sont plus stables sur le coton que sur la soie et la laine.

Le rocou l'est plus sur la soie que sur le coton et sur la laine.

L'orseille est moins stable sur le coton que sur la soie et la laine.

L'acide sulfo-indigotique est beaucoup plus stable sur la soie que sur la laine.

144. J'ai reconnu que les matières incolores sont altérées à l'instar des matières colorées dans l'air lumineux.

Enfin il existe des corps incolores d'origine organique qui agissent à la manière des mordants, pour donner plus de stabilité aux principes colorants.

C'est dans cette série d'expériences que le bleu de Prusse, exposé dans le vide à la lumière, m'a présenté les résultats si curieux que j'ai exposés dans un mémoire qui est le sixième de mes recherches chimiques sur la teinture.

J'ai observé que la lumière perd beaucoup de son énergie en traversant un verre, qu'en conséquence, une glace est un obstacle à l'altération des dessins colorés.

145. Parmi les conséquences de mes expériences, il en est deux que je dois rappeler.

La première concerne le blanchiment et la *seconde la destruction des matières organiques dont la présence peut être dangereuse pour l'homme et les animaux.*

146. Le blanchiment des étoffes de ligneux serait possible lors même que la matière colorante qu'il faut détruire serait plus altérable que l'étoffe elle-même, par la raison que la quantité de la matière colorée étant excessivement faible, on pourrait la détruire en détruisant une quantité égale de l'étoffe, sans que celle-ci fût sensiblement affaiblie dans sa ténacité.

147. D'un autre côté, l'influence de la lumière pour détruire par des combustions lentes toutes les matières colorées des étoffes teintes, montre la nécessité, dans les villes populeuses, de faire pénétrer cet agent dans les rez-de-chaussée ou sur les murs extérieurs, afin de détruire les matières organiques qui s'y portent toujours. Mes expériences montrent donc le rôle bienfaisant de la lumière pour opérer des combustions lentes indépendamment de l'utilité de l'action qu'elle exerce pour sécher comme chaleur.

§ VII. — Moyens de remédier à l'altération que les tons clairs des gammes faites avec des principes colorants organiques éprouvent de l'action des agents atmosphériques.

148. La remarque que j'ai faite qu'à la rigueur on pourrait blanchir une étoffe dont la matière colorante ne serait pas plus altérable que l'étoffe (146), explique parfaitement comment des matières colorées, telles que l'indigotine, les principes colorants de la garance, de la cochenille, de la gaude, etc., qui de tout temps ont été réputées de bon teint, ne le sont plus, à proprement parler, lorsqu'elles ne sont appliquées qu'en faible quantité, de manière à faire les tons les plus clairs des gammes dont les tons foncés sont, avec juste raison, réputés de grand teint.

149. Cette remarque est si bien fondée, que M. Lacordaire

a inséré dans la deuxième édition de sa *Notice sur les Gobelins*, une citation de Roard, relative à l'exécution en tapisserie du tableau du sacre de Napoléon Ier, d'après laquelle le premier directeur des teintures parle de l'impuissance de l'art de la teinture à reproduire toute la partie du tableau où se trouvent les dames de la Cour, habillées d'étoffes blanches ou de couleurs très-claires.

150. Grâce aux tons clairs que l'on prépare aujourd'hui dans l'atelier de teinture des Gobelins, par interposition ou imprégnation (104), on peut, à la rigueur, exécuter tous ces tons faibles, en recourant à des matières colorées, inaltérables à l'air, comme l'outremer, le cinabre, les sesquioxydes de fer, de chrome, etc., etc.

151. Je dirai encore que les couleurs rabattues y ont été perfectionnées par le procédé suivant : au lieu de ternir les couleurs comme on le faisait auparavant avec une composition appelée *rabat*, qui, sauf la gomme, ressemble à de l'encre, on rabat aujourd'hui généralement les couleurs au moyen de couleurs de bon teint, qui sont complémentaires; ainsi avec l'indigo de cuve, la garance, la gaude, on fait des couleurs grises ou rabattues, qui ont une résistance bien plus grande que le gris fait avec un astringent et un sel de fer. Il y a plus de vingt ans que j'appelle l'attention de mes élèves sur les avantages qu'offre ce moyen d'avoir des couleurs rabattues solides, et je dirai que M. Boutarelle exposa, en 1844, des gris très-solides teints conformément à ce principe.

152. Depuis mes recherches sur la stabilité des couleurs, j'aurais vivement désiré avoir, dans l'atelier des Gobelins, un générateur de vapeur qui m'eût permis de donner à certaines couleurs une stabilité qu'elles n'ont pas. Malheureusement ce désir n'a point eu d'effet, jusqu'ici.

153. Enfin, il est une dernière observation que je n'ai pu réaliser, c'est qu'on pourrait obtenir des tons clairs moins altérables que ceux qu'on teint, en filant un mélange de laine blanche et de laine de couleur foncée, car, à cause de la ténuité de la laine, à la distance où l'on voit une tapisserie,

l'œil ne distinguerait pas la laine blanche d'avec la laine colorée et recevrait du mélange la résultante du blanc et de la couleur qui le constitue. C'est à l'aide de ce procédé qu'on fait du gris solide en mélangeant de la laine noire avec de la laine blanche.

CHAPITRE II.

RECHERCHES SUR LE PRINCIPE DU MÉLANGE DES COULEURS.

154. Mes recherches sur les applications du principe du mélange des couleurs sont applicables à des cas extrêmement nombreux et très-variés, qui se présentent dans des arts fort différents, comme je vais le dire.

Art de la teinture. — 1° Lorsqu'on applique sur des étoffes des matières colorées qui n'ont point d'action chimique mutuelle, capable d'en modifier les couleurs respectives, par exemple, si on applique le jaune de la gaude sur une étoffe déjà passée en bleu de cuve, les deux couleurs restent ce qu'elles sont et produisent du vert par leur mélange;

Peinture à l'huile, à l'aquarelle, etc. — 2° Lorsqu'on applique, au moyen du pinceau ou par un moyen quelconque, des matières colorées divisées à l'infini, pour ainsi dire, sur des surfaces quelconques, tels sont tous les genres de peinture; les résultats sont les mêmes.

Art du tapissier, art de la mosaïque, etc. — 3° Lorsqu'on juxtapose des matières de couleurs différentes d'une étendue sensible, mais assez petite cependant pour qu'à la distance où on les regarde, l'œil n'en distingue pas les limites; on en reçoit une sensation unique, absolument comme si elles avaient été divisées à l'infini puis mélangées.

155. Rappelons maintenant les principes que j'ai établis ailleurs.

1er principe. Pour obtenir des couleurs franches, orangées, vertes et violettes, du mélange du rouge avec le jaune, du jaune avec le bleu, et du bleu avec le rouge, il faut que chaque mélange ne renferme que les deux couleurs qui doivent constituer l'orangé, le vert et le violet.

2ᵉ *principe.* Si les couleurs mélangées sont au nombre de trois, il en résulte toujours du noir ou du gris; dès lors on a,

1° Du noir ou du gris normal, si le mélange présente des couleurs mutuellement complémentaires;

2° Du noir ou du gris normal, plus une couleur sensible, si le mélange des couleurs n'est pas mutuellement complémentaire. Ce résultat est ce que les teinturiers appellent une couleur *rabattue* et les peintres une couleur *rompue.*

156. Ces deux principes sont applicables à tous les arts qui parlent aux yeux par des couleurs.

157. *Application à la teinture.* — Si le teinturier a analysé optiquement les couleurs qu'il sait appliquer sur les étoffes, il est toujours sûr de faire des couleurs binaires pures, en n'employant pas de matière capable de porter une troisième couleur dans le mélange qu'il en fera.

D'un autre côté, il fera à coup sûr du noir ou une couleur rabattue convenable, en fixant sur une étoffe des couleurs mutuellement complémentaires qui se neutraliseront exactement si on veut du noir ou du gris normal, ou dont l'une sera en excès si on veut une couleur rabattue.

J'ai montré que, pour obtenir une étoffe qui paraisse blanche, au lieu de paraître légèrement colorée, il suffit d'en neutraliser la teinte par sa complémentaire. Tel est le principe de ce qu'on nomme l'azurage des étoffes qui ont une légère couleur rousse.

Ce principe repose sur ce que l'œil juge une étoffe, ou généralement une surface quelconque, blanche quoiqu'elle soit teintée d'une ombre légère, tandis qu'il la jugerait colorée, si cette teinte ombrée se réduisait en les deux teintes complémentaires qui y sont équivalentes.

Ainsi, comme je l'ai dit, l'art de faire du noir en teinture donnant le moyen de neutraliser une couleur en y ajoutant sa complémentaire, le blanchisseur emploie ce moyen pour qu'une étoffe très-légèrement colorée paraisse plus blanche qu'elle ne le paraîtrait, s'il n'avait pas neutralisé sa couleur par la complémentaire de celle-ci.

158. *Art de la peinture avec des matières divisées à l'infini, pour ainsi dire.* — Pour qu'un peintre fasse avec certitude des couleurs franches ou des couleurs rompues, il faut qu'il sache la composition optique des couleurs qu'il mêle sur sa palette ou sur la surface qu'il peint, car il est absolument dans le cas du teinturier, quant à l'observation du principe du mélange des couleurs.

Par exemple, qu'il emploie un jaune inclinant à l'orangé, tel qu'un chromate de plomb, avec un bleu inclinant au violet comme l'outremer, et il aura un vert rabattu, bien moins pur qu'un vert fait avec du bleu ou un vert bleu et du jaune inclinant au verdâtre.

L'analyse optique dont je parle ici, je l'ai faite pour les principales couleurs employées en peinture.

159. *Art du tapissier des Gobelins. Art du tapissier de l'industrie particulière.* — Rappelons que le tapissier des Gobelins ne parvient à produire l'effet de la peinture :

1° Qu'en mélangeant deux fils de soie l'un à l'autre sur une même broche (8);

2° Qu'en intercalant des fils disposés sur plusieurs broches de manière à les mélanger en procédant par *hachures* (9). On peut dire que c'est la partie la plus essentielle du travail de la tapisserie, parce qu'elle donne le moyen de varier les teintes avec un petit nombre de couleurs et de soutenir la durée de l'ouvrage. Il n'y a que les personnes qui connaissent les procédés de l'art de la tapisserie des Gobelins, qui soient capables d'apprécier tous les avantages de cette manière de travailler. En outre, les tapisseries sont plus faciles à tendre et moins sujettes à se *gripper* que les tapisseries travaillées sans *hachures*.

160. *L'art du tapissier de l'industrie particulière* peut profiter

des règles que nous avons posées sur le mélange des couleurs, et, s'il procède par *hachures*, lui qui n'a qu'un nombre de couleurs très-borné, il doit éviter, pour passer d'une couleur à l'autre, de mélanger des couleurs complémentaires, parce qu'alors le mélange présenterait une ombre ou un gris qu'il ne voulait pas produire. Ainsi qu'il fonde un bleu violet avec un jaune inclinant à l'orangé, pour faire du vert, et une partie du mélange présentera du *gris* et non du *vert*.

161. *Art du fabricant de tapis de la Savonnerie.*

162. *Art du fabricant de tapis du commerce.* — L'art du tapissier de la Savonnerie comporte moins de couleurs que l'art du tapissier des Gobelins, par la raison que le brin qui est sur une même broche se compose de cinq ou six fils (15). On comprend dès lors la possibilité de faire des mélanges qui équivaudront pour la hauteur ou valeur du ton et pour la composition optique de la couleur a des gammes homogènes qui sont nécessaires au tapissier des Gobelins.

Les tapis du commerce, qui sont faits d'après le principe de fabrication des tapis de la Savonnerie, peuvent, selon moi, être fabriqués d'une manière bien plus économique que celui-ci, si l'on veut observer rigoureusement le principes que j'ai posés.

163. *Art de fabriquer des tissus de couleurs mêlées, des tissus de soie façonnés, des châles, etc.* — Le fabricant de tissus de couleurs mélangées doit prendre en sérieuse considération les principes précédents, car la première condition à observer, pour faire des couleurs brillantes, est d'éviter de faire des mélanges complémentaires, lorsqu'il s'agit des tissus qui ne doivent pas présenter les effets des étoffes appelées *glacées*.

164. C'est surtout aux fabricants de châles qui veulent simplifier leur travail à l'instar de M. Deneirouse, qui a commencé déjà à le faire heureusement en employant huit fils de couleur au lieu de seize, que les principes dont nous parlons

sont nécessaires; c'est en les observant que les couleurs faites par mélange auront le *brillant* ou le *terne* qu'ils veulent obtenir. Rappelons donc encore que, si le jaune employé est orangé ou le bleu violeté, leur vert sera constamment rabattu; qu'il en sera de même de l'orangé, si le rouge, associé au jaune, tire sur le violet. Entre des mains ignorantes, le procédé de ne travailler qu'un petit nombre de couleurs pour obtenir des effets variés pourra donc donner de mauvais résultats sans que cela compromette le procédé que nous recommandons.

CHAPITRE III.

RECHERCHES SUR LE CONTRASTE DES COULEURS.

165. Les recherches sur le contraste des couleurs ont été assez multipliées, mes publications assez nombreuses, surtout depuis la mission que j'ai reçue du ministre du commerce, en 1842 et 1843, de les professer à Lyon, pour que je me croie dispensé d'entrer dans aucun détail.

166. Je rappellerai que le principe du contraste est l'inverse du principe du mélange : ainsi, lorsque le jaune et le bleu mélangés font du vert, une surface jaune, vue juxtaposée à une étoffe bleue, paraît plus orangée, et celle-ci paraît plus violetée.

Ce phénomène se produisant dans tous les cas où deux couleurs sont vues simultanément, on sent combien l'observation de la loi qui comprend ces cas nombreux importe à tous les artistes qui emploient les couleurs.

Sans elle, il est impossible qu'un peintre copie avec connaissance de cause, conscience de ce qu'il fait, les couleurs d'un modèle quelconque, parce que ces couleurs, par leur vision simultanée, produisent une sensation différente de celles qu'elles produiraient si elles étaient vues isolément.

167. Les phénomènes des contrastes, classés en contraste simultané, en contraste successif et en contraste mixte, m'ont

permis de donner à l'enseignement de la perception des couleurs une certitude dont il manquait auparavant.

168. On sait aujourd'hui que le contraste de deux couleurs juxtaposées porte à la fois sur le ton et la couleur.

Ainsi, si les deux couleurs juxtaposées sont à des tons différents, la plus foncée paraît plus foncée qu'elle ne l'est en réalité, comme la couleur claire paraît plus claire qu'elle ne l'est aussi en réalité.

Si les couleurs appartiennent à des gammes différentes, elles nous affectent comme si la complémentaire de l'une s'ajoutait à l'autre.

Par exemple, si les couleurs juxtaposées sont le jaune et le bleu, le violet complémentaire du jaune s'ajoute au bleu et l'orangé complémentaire du bleu s'ajoute au jaune; du moins ce sont les sensations que nous éprouvons des couleurs juxtaposées.

169. Je ne puis citer toutes les applications dont cette loi est susceptible, cependant je dirai qu'elle seule donne les moyens de faire que des dessins blancs ou gris sur fond de couleur ne paraissent pas teintés de la couleur complémentaire de ce fond. Ce moyen consiste à teinter le blanc ou le gris de la couleur du fond. Par exemple, un dessin blanc et surtout gris sur fond bleu paraît roux, en le teintant de bleu on fait disparaître le roux.

Ce procédé, applicable à la tapisserie, l'est à la peinture de tout genre, à la fabrication des papiers peints, etc., etc.

CHAPITRE IV.

CERCLES CHROMATIQUES.

170. Tous les arts qui parlent aux yeux par des couleurs ne peuvent atteindre parfaitement leur but, quand il s'agit de prescrire des règles propres à en obtenir des effets exactement définis qu'à la condition de décrire les couleurs qu'ils emploient d'une manière précise, en rapportant chacune d'elles à des types fixes susceptibles d'être reproduits par-

tout, et cette condition est encore indispensable lorsqu'il s'agit d'apprécier d'une manière précise les effets des produits que ces arts ont élaborés respectivement.

Or la condition dont je parle peut être remplie aujourd'hui au moyen de dix cercles chromatiques que je viens de faire exécuter aux Gobelins par M. Lebois, chef de l'atelier de teinture. Ils ne sont que la réalisation de la *construction chromatique-hémisphérique* que je décrivis en 1839, dans mon livre de *la Loi du contraste simultané des couleurs.*

171. Supposons 72 couleurs simples et binaires disposées circulairement sur une table ronde, de manière qu'il y ait 23 couleurs entre le rouge et le jaune, 23 entre le jaune et le bleu et 23 entre le bleu et le rouge : supposons, en outre, que chaque couleur soit à égale distance de ses deux voisines, vous aurez ainsi 72 types. Si vous supposez la couleur de chaque type allant du blanc, qui occupe le centre du cercle, au noir qui est à la circonférence, par gradation équidistante, vous formerez 20 tons, je suppose, d'une même couleur, dont l'ensemble est ce que je nomme la gamme de cette couleur. Enfin, si vous supposez que 21 de ces gammes sont semblables à 21 des couleurs occupant une place fixe dans le spectre de Fraunhofer, il est évident que le cercle chromatique ne sera plus arbitraire; car, partout où, après avoir imité ces 21 couleurs normales par des matières colorées quelconques, on pourra intercaler entre leurs imitations les couleurs équidistantes indiquées par le cercle, on reproduira fidèlement ce cercle sans l'avoir sous les yeux. Tel est le *premier cercle chromatique.*

172. Supposons maintenant que l'on intercale entre chaque type du premier cercle et le gris normal, c'est-à-dire le gris du noir qui représente une ombre dépourvue de couleur, 9 types formés de la couleur de ce type terni par $\frac{1}{10}$, $\frac{2}{10}$, $\frac{3}{10}$, $\frac{4}{10}$, $\frac{5}{10}$, $\frac{6}{10}$, $\frac{7}{10}$, $\frac{8}{10}$, $\frac{9}{10}$ de noir, qu'on réunisse ensuite dans un même cercle toutes les couleurs ternies par la même fraction de noir, de manière à avoir

Un second cercle dont les gammes seront ternies par $\frac{1}{10}$ de noir,
Un troisième........................ $\frac{2}{10}$ *id.*
Un quatrième........................ $\frac{3}{10}$ *id.*
Un cinquième........................ $\frac{4}{10}$ *id.*
Un sixième........................ $\frac{5}{10}$ *id.*
Un septième........................ $\frac{6}{10}$ *id.*
Un huitième........................ $\frac{7}{10}$ *id.*
Un neuvième........................ $\frac{8}{10}$ *id.*
Un dixième enfin........................ $\frac{9}{10}$ *id.*

On obtiendra ainsi 720 types, lesquels divisés chacun en 20 tons donneront 14400 tons. En y ajoutant 20 tons de gris normaux, nous aurons 14420 tons pour l'ensemble de la construction chromatique hémisphérique.

Au moyen de ces 10 cercles, on peut se représenter toutes les couleurs qui se trouvent dans la condition de pouvoir être juxtaposées près des types, car on définit la gamme, le ton ou l'intensité, et le noir qui peut ternir la couleur. Ainsi l'expression 3 rouge 12 $\frac{3}{10}$ signifie la couleur correspondant à la gamme 3 rouge, 12 ton, terni par $\frac{3}{10}$ de noir; c'est la couleur garance des uniformes français.

173. Conséquemment, il est possible aujourd'hui de définir toutes les couleurs des produits de la nature et de l'art, d'une manière invariable par le langage.

Je citerai, comme un exemple remarquable de la détermination, l'écarlate. Des laines teintes à Berlin, par M. Fischer, et aux Gobelins, des draps teints à Sedan, par MM. Bertèche, Bonjean jeune et Chesnon, des draps pour les uniformes de l'armée française, teints par différents teinturiers travaillant sous l'inspection des officiers d'habillement du ministère de la guerre, se sont tous rapportés au 3e rouge du premier cercle chromatique.

174. Je citerai les applications de ces cercles à la solution des questions relatives au *principe du mélange des couleurs* et au *principe de leur contraste.*

175. J'ai dit plus haut la condition à remplir pour obtenir des couleurs binaires franches; eh bien, le premier cercle chromatique montre que l'orangé, fait par le mélange du rouge et du jaune, ne sera franc qu'autant que, dans la couleur mélangée, le rouge du cercle ne dépassera pas le rouge, et le jaune, le jaune; de même pour le jaune et le bleu, s'il s'agit du vert, et pour le bleu et le rouge, s'il s'agit du violet. L'outremer, appartenant au 4ᵉ bleu, ne peut produire avec le jaune qu'un vert rabattu.

Si l'on veut ternir une couleur par du noir, il s'agit de voir quelle est la complémentaire de cette couleur; en l'y ajoutant on la noircira, ou, en d'autres termes, on la *rabattra*, on la *rompra*. Or, le cercle donnant la complémentaire de toutes les couleurs qu'il renferme, il est toujours facile de trouver une couleur convenable pour en rabattre une autre.

176. Passons aux questions relatives *au principe du contraste.*

Toutes les couleurs prises sur les rayons d'un même diamètre étant complémentaires l'une de l'autre, et, d'après le principe du contraste, la modification de deux couleurs juxtaposées étant donnée par l'addition de la complémentaire d'une des couleurs à l'autre, on peut donc toujours savoir l'effet de deux couleurs juxtaposées : ainsi, le vert ayant le rouge pour complémentaire, et le violet le jaune, le vert juxtaposé au violet paraîtra plus jaune, et le violet plus rouge ou moins bleu.

CONCLUSIONS GÉNÉRALES DE LA TROISIÈME PARTIE.

177. Je viens d'exposer de la manière la plus brève les recherches qui n'ont pas cessé de m'occuper depuis plus d'un quart de siècle que je suis aux Gobelins. Je les ai présentées au point de vue analytique, parce qu'aucun ensemble de choses dont on entreprend l'étude ne peut être envisagé autrement. Mais l'examen spécial des parties une fois achevé, leur ensemble doit être revu, afin de connaître le rapport des parties avec le tout.

178. L'*élément scientifique*, qui concourt avec *l'élément technologique* et *l'élément artistique* à la production des tissus des manufactures nationales, occupe maintenant la place que Colbert lui avait préparée. Cet *élément* a franchi l'enceinte de ces manufactures et a été utile, je l'espère du moins, à l'industrie du pays; car aucune de mes *recherches sur l'art de la teinture et du blanchiment*, pas plus qu'aucune de celles dont le *contraste et l'harmonie des couleurs* ont été l'objet, n'a été mise en réserve; tout ce qui a été suffisamment élaboré a été publié. (Voir, à la fin de cette troisième partie, la liste des recherches que j'ai exécutées comme directeur des teintures des manufactures nationales.)

179. Les travaux dont je viens de parler ne pouvaient être entrepris, suivis et achevés, que dans ces établissements; supposez un savant hors des conditions qu'ils réunissent, et l'exécution de ces travaux eût été impossible. Ces paroles sont l'expression d'un sentiment de reconnaissance pour des hommes habiles et modestes, que j'ai connus dans les ateliers de tapisseries et de tapis des Gobelins. Je citerai parmi eux M. Deyrolle, chef de l'ancien atelier de basse lisse; M. Laforest, aujourd'hui chef de l'atelier des tapisseries de haute lisse; M. François, M. Le Beau, anciens chefs de l'atelier des tapis de la Savonnerie, et M. Théodore Legrand, qui en est le chef actuel. C'est pour avoir profité de leurs connaissances et soumis les conclusions que je tirais de mes recherches au contrôle de leur habile pratique que j'ai pu avoir en tels de mes travaux une confiance que je n'aurais pas eue sans cela.

180. Hors des Gobelins il n'y avait donc pour moi ni recherches sur la teinture, ni recherches sur le contraste des couleurs, possibles, et, sans les lumières que j'y ai puisées, j'aurais été incapable de faire, à Lyon, en 1842 et 1843, les leçons sur la *théorie des effets optiques des étoffes de soie*, qui ont été imprimées aux frais de la chambre de commerce de cette ville[1]. Je cite cet ouvrage, non pour le louer, mais pour

[1] *Théorie des effets optiques que présentent les étoffes de soie*, par M. E. Chevreul.

montrer la *science abstraite* appliquée à l'*art de fabriquer des tissus de soie glacés, moirés et façonnés*, et faisant rentrer les effets optiques de ces tissus dans les *principes de la réflexion de la lumière par un système de cylindres parallèles, dont la surface est lisse ou cannelée perpendiculairement à leur axe,* dans le *principe du mélange des couleurs* et *celui de leur contraste.*

181. Ces *quatre principes* donnent l'explication des effets optiques que présentent les étoffes de soie, les plus simples comme les plus façonnées, et indiquent les conditions que la fabrication doit remplir pour atteindre la perfection.

182. De ces *principes* découlent des règles positives pour la fabrication des étoffes glacées, lorsqu'il s'agit de décider laquelle de deux couleurs données devra être employée pour la chaîne, afin d'obtenir des deux couleurs le plus beau glacé, quand, d'ailleurs, l'on connaît le rapport existant entre l'effet de la chaîne et celui de la trame dans l'espèce de tissus qu'il s'agit de fabriquer; *par exemple :*

1° Dans le *gros de Naples,* l'influence de la chaîne domine sur la trame; si, toutes choses égales d'ailleurs, on se rappelle que la chaîne devant avoir plus de force que la trame, est plus torse, que dès lors elle a moins de brillant, on expliquera les règles suivantes :

S'il s'agit d'un glacé de deux couleurs, la couleur la moins brillante ou la plus sombre doit faire la chaîne, et la plus lumineuse la trame; pour un glacé de noir et de couleur, la règle est la même.

S'il s'agit d'un glacé de blanc et d'une couleur, le blanc doit faire la chaîne, et la couleur la trame; autrement la trame étant l'élément le plus brillant, si elle était blanche, la couleur alliée serait trop affaiblie.

2° Dans les *glacés de marcelline et de florence,* où la trame prédomine sur la chaîne, les règles précédentes souffrent des exceptions comme on devait s'y attendre, mais ces exceptions confirment les règles.

183. Ces *principes* expliquent très-bien pourquoi la *moire,* qui ajoute tant d'agrément aux étoffes d'une seule couleur,

ne présente pas le même avantage lorsqu'on l'applique aux glacés, surtout à ceux dont la couleur de la chaîne contraste le plus avec la couleur de la trame.

La beauté de la moire réside dans un dessin léger, produit par un simple contraste du clair et de l'ombre d'une même couleur, du blanc, du gris, ou du noir, et changeant avec la position du spectateur; la moire n'apparaît jamais avec plus d'avantage que quand l'étoffe est tendue.

La beauté du glacé réside dans un fort contraste de couleurs, variant d'aspects avec la position du spectateur et n'apparaissant jamais avec plus d'avantage que quand l'étoffe est plissée.

L'explication de ces effets montre comment le moiré embellit les étoffes monochromes, et ne peut jamais leur nuire, tandis que le moiré est toujours défavorable aux glacés, dont le bel effet naît du contraste des couleurs les plus différentes.

J'ai insisté sur ces exemples qui, montrant clairement la *raison de la beauté de certains effets* d'étoffes, peuvent être cités à l'appui d'une *esthétique* que je nomme *expérimentale*, parce que les règles qu'elle met en avant sont susceptibles d'être démontrées par des observations faciles à faire.

---

184. S'il m'est permis d'exprimer des vœux pour la prospérité des manufactures nationales de tissus, c'est que chacune conserve dans ses produits le caractère qui lui est essentiel, et que toutes les trois soient appelées à concourir simultanément à décorer un même lieu d'après une pensée qui soit *une*. Dans un temps où le style des ameublements, préféré par la mode, est précisément un style appartenant à des époques absolument passées, depuis le *gothique* et la *renaissance* jusqu'au *style Louis XVI* inclusivement, ne semble-t-il pas que ce temps d'indépendance où nous vivons soit tout à fait favorable à un artiste doué d'un véritable génie, pour qu'il tire un parti merveilleux d'un programme qui lui prescrirait de dé-

corer un palais avec les produits des manufactures nationales ? Sa position ne serait-elle pas des plus heureuses pour un succès ? Il aurait l'expérience des effets que les tapisseries peuvent produire, puisque, depuis longtemps, elles ont été employées à la décoration des palais. Mais la plupart de celles qu'on y voit actuellement étant plus ou moins passées, il aurait l'avantage d'en présenter au public qui, sortant du métier, brilleraient de l'éclat des couleurs les plus fraîches ; il aurait l'avantage de présenter des images plus en harmonie avec le goût actuel pour le dessin et les sujets, que ne le sont la plupart des images des anciennes tapisseries. Enfin, en faisant rentrer ce genre de tissus dans l'ameublement actuel, il trouverait un public, parfaitement préparé par la mode même à accueillir son œuvre de la manière la plus favorable.

185. Qu'on se représente un palais décoré, d'après une pensée unique, avec les tentures des Gobelins, les siéges en tapisserie de Beauvais, des tapis de la Savonnerie, assortis de manière à se faire valoir mutuellement, par le dessin et les couleurs, par les encadrements de bois sculptés, peints ou dorés, et conformes aux harmonies que l'artiste aurait choisies ; enfin qu'on y fasse concourir des porcelaines de Sèvres, et l'on aura l'idée d'un système de décoration possible en France seulement ; car hors d'elle, il n'existe rien de comparable aux manufactures nationales, dont la création a eu précisément pour but la réalisation de ce que je viens de dire. Incontestablement un système de décoration, exécuté conformément à ces vues, exercerait une heureuse influence sur le goût des particuliers, et, dès lors, disparaîtraient des salons un ensemble des objets les plus disparates par l'usage, par la forme et la bigarrure des couleurs, ensemble contraire à toutes les règles du bon goût et du beau.

186. Le rappel des manufactures nationales à leur destination première, répondait aux objections qu'on a faites à leur conservation.

Leurs produits auraient une destination arrêtée d'avance.

Les tentures des Gobelins, exécutées d'après des modèles

peints pour un but déterminé, auraient une originalité incontestable. Dès lors, on ne leur reprocherait plus d'être des *copies* beaucoup plus chères que les œuvres originales qui ont servi de modèle.

Un modèle de tenture pouvant être copié plus rapidement qu'un tableau, le prix de la tapisserie serait moins élevé que ne l'est la reproduction d'une peinture qui n'a pas été faite exprès pour servir de modèle de tapisserie.

Le tapissier fait tous ses efforts, lorsqu'il a sous les yeux le tableau d'un grand maître, pour que la copie soit digne de l'original; son travail est donc aussi lent que possible. D'un autre côté, le peintre inspecteur des travaux, juste appréciateur des beautés du modèle, est, malgré lui, entraîné à juger sévèrement l'ouvrage du tapissier, et souvent une partie est assez défectueuse à ses yeux pour qu'il la fasse recommencer, tandis qu'il l'aurait tolérée, si elle eût reproduit un simple modèle de tenture.

187. Une autre cause tend à ralentir le travail : c'est le choix des laines et des soies teintes destinées à copier des tableaux, dont les couleurs sont généralement plus ou moins altérées, s'ils ont été peints par d'anciens maîtres.

Le tapissier, au lieu de chercher à imiter le modèle avec les couleurs du magasin, préfère faire teindre des laines et des soies conformément aux couleurs du tableau qu'il copie, parce qu'en effet, il a une difficulté de moins à vaincre. Dès lors, il arrive souvent que, quand on a teint plus de laine ou de soie qu'il n'en faut pour un tableau, le surplus pourra rester longtemps sans emploi, si on ne le reporte pas à l'atelier de teinture afin de le reteindre en d'autres couleurs. Cette cause augmente considérablement les quantités des laines et des soies du magasin, et conséquemment la somme du capital.

188. Il faut le dire, l'habitude de copier des tableaux a introduit un changement dans la composition des gammes du magasin qui a eu plus d'un inconvénient; je me rappelle que, lors des premières années que j'ai passées dans les manufactures royales, toutes les anciennes gammes de carnation firent

défaut pour reproduire en tapisserie les tableaux de Rouget, qui, à cette époque, étaient à la mode, du moins aux Gobelins. A ces tableaux succédèrent heureusement les Rubens, qui servirent de modèles aux tapisseries que l'on voit aujourd'hui à Saint-Cloud; eh bien, toutes les carnations durent être refaites, conformément aux anciennes gammes, parce que les carnations des tableaux de Rubens sont fraîches et non pas violâtres et rabattues comme celles des tableaux de Rouget.

189. En définitive, la tapisserie, ne pouvant triompher de la peinture, ne doit point user son temps à lutter avec elle en cherchant à reproduire des détails et des effets pour lesquels elle n'est pas faite.

Rappelons que sa structure cannelée, que la forme filamenteuse de ses couleurs s'y oppose; rappelons que ses ombres ne peuvent avoir la vigueur des ombres d'une peinture à l'huile, ni ses clairs l'éclat des blancs de celle-ci (6). Les extrêmes de contraste de ton se trouvent donc plus éloignés dans la peinture à l'huile que dans la tapisserie.

Il importe, dans le choix des modèles propres à la tapisserie, d'avoir égard à ce fait et à l'impossibilité où l'on est de limiter les formes aussi bien qu'on le fait en peinture. La conséquence de cet état de choses est, autant que possible, que les modèles présentent des couleurs franches, et que les contrastes de couleurs et de tons concourent à rendre les formes distinctes à une distance où les cannelures et les sillons de la tapisserie disparaissent. Une tapisserie exécutée d'après un système contraire à celui dont je parle aura toujours le défaut d'être trop sombre, et il faut ajouter que les couleurs rabattues ont l'inconvénient d'être plus longues à préparer que les couleurs franches, et d'avoir, en général, moins de résistance aux agents atmosphériques.

190. En parlant des moyens d'accélérer le travail des tapisseries, ne perdons pas de vue les moyens que je propose; autrement on pourrait m'attribuer une opinion que je suis loin d'avoir, celle *d'accélérer le travail aux dépens de sa perfection*. Il faut, au contraire, à mon sens, que les tapissiers

persévèrent à suivre la voie dans laquelle ils sont entrés depuis une vingtaine d'années, et qu'ils aient toujours présent à l'esprit que les grands progrès qu'ils ont faits récemment tiennent surtout à l'emploi fréquent des *hachures* et à leur manière habile de les exécuter (9). L'accélération du travail doit naître de la reproduction de modèles peints exprès pour faire valoir les qualités inhérentes à la tapisserie. Du moment où l'accélération compromettrait la beauté des ouvrages, il n'y aurait plus de raison de conserver les Gobelins, et ce que je dis de cet établissement s'applique absolument à la Savonnerie, à Beauvais et à Sèvres, car, si leurs produits cessaient d'être à une grande distance des produits de l'industrie privée, le temps de ces manufactures serait passé; elles n'auraient plus de *raison d'être*.

APPENDICE

A LA TROISIÈME PARTIE.

TRAVAUX

EXÉCUTÉS AUX GOBELINS PAR M. CHEVREUL.

191. Les recherches que j'ai faites aux Gobelins forment trois séries.

1re SÉRIE.

Recherches physiques et physiologiques sur la vision des couleurs.

1. *Mémoire sur l'influence que deux couleurs peuvent avoir l'une sur l'autre quand on les voit simultanément.* Lu à l'Académie des sciences, le 7 avril 1828.

Mémoires de l'Académie des sciences, tome XI, page 447 (76 pages); réimprimé dans la *Revue industrielle.*

2. *De la loi du contraste simultané des couleurs et de l'assortiment des objets colorés, considéré d'après cette loi dans ses rapports avec la peinture, les tapisseries des Gobelins, les tapisseries de Beauvais pour meubles, les tapis, la mosaïque, les vitraux colorés, l'impression des étoffes, l'imprimerie, l'enluminure, la décoration des édifices, l'habillement et l'horticulture.* Paris, Pitois-Levrault, 1839, 1 vol. in-8° (xv pages, 735 pages).

Il y a eu deux éditions d'une traduction allemande.

3. *Théorie des effets optiques que présentent les étoffes de soie.*

Ouvrage imprimé aux frais de la chambre de commerce de Lyon. Typographie de Firmin Didot frères, 1846 (208 pages).

Il a été composé avec les matériaux de quatre leçons que je fis à Lyon sur ce sujet en 1842 et 1843.

4. *Exposé d'un moyen de définir et de nommer les couleurs, d'après une méthode rationnelle et expérimentale, et application de ce moyen à la*

définition et à la dénomination des couleurs d'un grand nombre de corps naturels et artificiels.

La première partie de l'ouvrage a été imprimée dans la *Revue industrielle.*

2e SÉRIE.

Recherches physico-chimiques.

Je les appelle ainsi, parce que, dépendant *du principe du mélange des couleurs,* qui est du domaine de la physique, elles se rattachent en même temps aux actions chimiques dans tous les cas où il s'agit d'appliquer ce principe à la fixation de plusieurs matières colorées sur les étoffes, au moyen des procédés de la teinture. Lues à l'Académie des sciences, le 27 de janvier 1840 (19 pages).

Tome XVII des mémoires de l'Académie, page 835.

3e SÉRIE.

Recherches chimiques, proprement dites, sur la teinture.

1er mémoire. — Introduction et considérations générales sur la teinture (27 pages). Lu à l'Académie des sciences, le 4 de janvier 1836.

Tome XV des mémoires, page 383.

2e mémoire. — Des proportions d'eau que les étoffes absorbent dans des atmosphères à 65d, 75d, 80d et 100d de l'hyg. de Saussure (38 pages). Lu à l'Académie des sciences, le 21 de mars 1836.

Tome XV des mémoires, page 109.

Introduction aux troisième, quatrième, cinquième et sixième mémoires. Lue à l'Académie des sciences, le 2 de janvier 1837.

Tome XVI, page 41.

3e mémoire. — De l'action de l'eau pure sur des étoffes teintes avec différentes matières colorantes. Lu, par extrait, à l'Académie des sciences, le 2 de janvier 1837.

Tome XVI, page 47.

4e mémoire. — Des changements que le curcuma, le rocou, le carthame, l'orseille, l'acide sulfo-indigotique, l'indigo et le bleu de Prusse, fixés sur les étoffes de coton, de soie et de laine, éprouvent de la part de la lumière, des agents atmosphériques et du gaz hydrogène. Lu par extrait à l'Académie des sciences, le 2 de janvier 1837.

Tome XVI, page 53.

(Introduction. 3° et 4° Mémoires, 76 pages).

5° mémoire. — Des changements que le curcuma, le rocou, le carthame, l'orseille, l'acide sulfo-indigotique, l'indigo, le bleu de Prusse et autres matières colorantes fixées sur des étoffes de coton, de soie et de laine, éprouvent de la part de la chaleur et des agents atmosphériques (48 pages).

Lu, par extrait, à l'Académie des sciences, le 7 d'août 1837, t. XVI, p. 181.

6° mémoire. — De plusieurs changements de couleur qu'éprouve le bleu de Prusse fixé sur les étoffes, et appendice à ce mémoire, contenant quelques considérations générales et inductions relatives à la matière des êtres organisés vivants.

Lu, par extrait, à l'Académie des sciences, le 7 d'août 1837.

1re note sur le bleu de Prusse.

2° note, lue le 17 de septembre 1849 (le tout 97 pages).

Tome XXIII des mémoires de l'Académie.

Tous les mémoires précédents ont été réimprimés dans le *Recueil des mémoires du Muséum* et dans la *Revue industrielle.*

7° mémoire. — Sur la composition immédiate de la laine, sur la théorie de son dessuintage, et sur quelques propriétés diverses de sa composition immédiate qui peuvent avoir de l'influence dans les travaux industriels dont elle est l'objet.

Il a été lu par fragments à l'Académie à partir de 1828.

8° mémoire. — Considérations sur la théorie de la teinture, et application de cette théorie au perfectionnement de plusieurs procédés pratiques en général, et à celui de la teinture d'indigo dite en bleu de cuve en particulier.

Lu à l'Académie des sciences, le 23 de novembre 1846.

9° mémoire. — De l'action que les corps solides peuvent exercer, en conservant leur état, sur un liquide tenant en solution un corps solide ou liquide.

Lu à l'Académie des sciences, le 6 de juin 1853.

10e mémoire. — De l'action de l'indigotine et du bleu de Prusse sur la soie;

Lu à l'Académie des sciences, le 29 de mai 1826.

Ce travail est une application de mes procédés pour faire les essais en teinture en général, et dégrader les couleurs avec précision.

Les 8e, 9e et 10e mémoires comprennent 140 pages et sont imprimés dans le XXIVe volume des mémoires de l'Académie des sciences.

J'ai publié encore des recherches sur plusieurs principes colorants inconnus avant moi, savoir :

La lutéoline,

Le quercitrin,

Le morin,

Le morin blanc,

L'aurine.

Ces recherches s'ajoutent à celles que j'avais publiées, avant d'être directeur des teintures, savoir:

Sur les matières astringentes,

Sur le pastel,

Sur l'indigo de Guatimala,

Sur l'extractif,

Sur les bois de campêche et de Brésil.

J'ai découvert l'acide phocénique dans la racine d'orcanette.

Le 26 décembre 1837, j'ai fait connaître la nature des taches qui se produisent sur des étoffes de laine pendant que l'on fixe, au moyen de la vapeur, les matières colorantes qu'on y a imprimées. (Comptes rendus des séances de l'Académie des sciences.)

J'ai publié des recherches

Sur la garance d'Algérie,

Sur la cochenille récoltée, en 1845, à la pépinière centrale d'Alger (comptes rendus de l'Académie),

Sur une cochenille indigène du midi de la France (comptes rendus de l'Académie),

Sur la présence du plomb à l'état d'oxyde ou de sel dans divers produits qui peuvent exercer une influence fâcheuse en teinture. (Comptes rendus de l'Académie des sciences, 16 de septembre 1846.)

La première partie du cours de chimie appliquée à la teinture a été publiée par leçons sténographiées, en 1829; elle forme deux gros volumes, aujourd'hui épuisés.

Il a paru dans le Dictionnaire technologique un article *Teinture* (*Généralités*), qui est un résumé de la seconde partie de ce cours.

Je publierai cette seconde partie dès que mes neuf cercles chromatiques seront corrigés.

QUATRIÈME PARTIE.

PRODUITS DES MANUFACTURES DES GOBELINS,

DE LA SAVONNERIE ET DE BEAUVAIS,

QUI ONT ÉTÉ EXPOSÉS AU PALAIS DE CRISTAL, À LONDRES, EN 1851.

---

192. Avant de donner la liste des produits des manufactures nationales de tissus qui ont été exposés au Palais de Cristal, j'exprimerai le regret que les circonstances n'aient pas permis d'exposer certaines tapisseries qui n'étaient pas encore tout à fait achevées à l'époque de l'Exposition; par exemple, l'*Olympe*, ce plafond du palais Chigi, aujourd'hui *la Farnesina*, qui fut peint par Raphaël, et que les Gobelins ont reproduit en une tapisserie dont l'exécution, tout à fait supérieure, n'a été surpassée par aucune autre. Je dirai, en outre, que les tapisseries et tapis ne se trouvaient pas, au Palais de Cristal, dans des conditions favorables, eu égard au défaut d'intensité de la lumière qui les éclairait ordinairement, et aux objets qu'on avait exposés dans leur voisinage.

193. Beaucoup de personnes ignorent combien les tableaux, les tapisseries et les tapis les plus beaux, perdent de leur supériorité, par le voisinage de certains objets, soit que la cause de la fâcheuse influence tienne à une différence de grandeur, à une différence de forme, d'arrangement dans les images que l'œil perçoit, soit qu'elle tienne à des différences de couleur: et j'ai hâte de dire qu'on commet une grave erreur en croyant qu'une *œuvre achevée* gagne nécessairement et toujours par le voisinage d'une *œuvre analogue,* dont l'exécution est absolument mauvaise, ou, du moins, médiocre.

194. Les choses ne se passent point ainsi pour la moyenne des spectateurs, parce qu'il n'en est qu'un très-petit nombre qui, sachant faire la part des influences dont je parle, en

tiennent compte dans le jugement définitif qu'ils portent sur une œuvre d'art placée dans des conditions qui lui sont défavorable, quand, toutefois, ils ne la regardent pas de manière à n'apercevoir que ce qu'ils veulent juger à l'exclusion des objets voisins.

195. On ne peut bien apprécier les mauvais effets des causes que je signale, qu'après s'être familiarisé avec les lois des contrastes de différence portant sur la grandeur, sur le ton et sur la couleur, et avec la distinction des contrastes simultané, successif et mixte, parce qu'alors, sachant avec certitude, l'origine de certains effets de vision, on n'hésite plus à faire la part de ceux de ces effets qui sont accidentels, c'est-à-dire, produits par des circonstances absolument étrangères aux objets qu'on veut voir, et qui pourraient n'être pas.

196. Les deux plus grandes pièces de l'exposition, le *Massacre des Mameluks,* tapisserie des Gobelins reproduisant une belle œuvre d'Horace Vernet, et le grand *tapis de la Savonnerie,* exécuté d'après un modèle de MM. Alaux et Couder, auraient gagné beaucoup, s'ils avaient été mieux éclairés, si le second eût été mieux tendu; et enfin, s'ils eussent été vus isolément, à l'exclusion des objets qu'on leur avait associés. Il y avait surtout une tapisserie à grandes figures de plantes, et un tapis à médaillons et à couleurs crues, qui leur nuisaient excessivement.

Il ne m'appartient point de juger l'œuvre de MM. Alaux et Couder, mais il est incontestable que l'encadrement-bordure de leur tapis est d'un magnifique dessin et d'une grande vigueur de couleur; que la partie moyenne présente un fond clair parsemé de fleurs très-pâles; enfin, que les couleurs sont aussi bien fondues ensemble que possible. Eh bien, le contraste de la tapisserie à grandes figures de plantes, le tapis aux couleurs heurtées nuisaient excessivement au tapis de la Savonnerie, en lui donnant l'apparence d'un *tapis passé.*

CHAPITRE PREMIER.

197. ÉTAT DES TAPISSERIES DE LA MANUFACTURE DES GOBELINS QUI ONT ÉTÉ EXPOSÉES AU PALAIS DE CRISTAL EN 1851.

DÉSIGNATION des tapisseries.	AUTEURS des modèles.	ARTISTES tapissiers.	DIMENSION en mètres carrés.
	MM.	MM.	
Le Massacre des Mameluks [1].	Horace Vernet..........	Rançon.............	21m,20
Le Palais de Saint-Cloud [2].	Alaux et Couder........	Flamand père.......	12 ,87
Le Palais de Pau [3]......	*Idem*................	Maloisel...........	11 ,70
La Psyché [4]............	Raphaël...............	Munier............	6 ,27
Le Christ au tombeau...	Sébastien del Piombo....	Flamand père.......	3 ,18
Sujet de chasse.........	D'après Desportes.......	Lucas aîné et Lemoine père.	5 ,26
Idem.................	*Idem*.		
Le Printemps..........	Stenheil. (Imitation libre d'un tableau de Lancret.)	Alexandre Durruy et Prudhomme.	2 ,41

[1] Cette tapisserie, exécutée de 1835 à 1844, est un très-bel ouvrage. Aussi M. Horace Vernet exprima-t-il, de la manière la plus vive, le sentiment de satisfaction qu'il éprouva la première fois qu'il la vit. Je fus témoin de l'admiration qu'elle excita à Londres. Le Gouvernement français l'a offerte à la reine Victoria.

[2] Cette tapisserie faisait partie d'une tenture destinée au *salon de famille* des Tuileries, sous Louis-Philippe.

[3] *Idem*.

[4] Ce tableau est un des *pendentifs* de la Farnésine.

CHAPITRE II.

198. ÉTAT DES TAPIS VELOUTÉS DE LA MANUFACTURE DE LA SAVONNERIE.

DÉSIGNATION des pièces.	AUTEURS des modèles.	ARTISTES tapissiers.	DIMENSION en mètres carrés.
	MM.		
Tapis velouté..........	Alaux et Couder........	Le nombre des artistes tapissiers est trop considérable pour donner leurs noms.	78m,79
Un siége et un dossier fond bleu (fauteuil).	....		1 ,58
Un siége et un dossier fond bleu (chaise).	....		0 ,97
Un siége et un dossier fond vert d'eau (chaise).	....		1 ,70

CHAPITRE III.

199. ÉTAT DES TAPISSERIES DE LA MANUFACTURE DE BEAUVAIS.

INDICATION DES OBJETS.	NOMS des peintres.	ARTISTES TAPISSIERS qui les ont exécutés.	CHEFS d'ateliers.
	MM.	MM.	MM.
1 canapé, siége et dossier.	M*** er Chabal.	César et Grouchy, pour le siége; Crépin et Dangoisse, pour le dossier.	Dangoisse père.
1 fauteuil style Louis XIV.	Godefroy.	Auguste Milice, pour le dossier et Athanase Chevalier, pour le siége.	*Idem.*
Idem................	*Idem.*	Eugène Chevalier, pour le dossier, Onésime Moncomble, pour le siége.	Vellaud.
1 fauteuil fond bleu avec bouquet.	*Idem.*	Moncomble père..........	Dangoisse.
Idem................	*Idem.*	Ferdinand Préjan.........	Vellaud.
Idem................	*Idem.*	Régimbart...............	Lefèvre.
1 fauteuil fond rose.....	*Idem.*	Grenon	*Idem.*
1 chaise style Louis XIV.	*Idem.*	Perrin, pour le dossier et Dangoisse, pour le siége.	Lefèvre.
1 écran style Louis XIV..	*Idem.*	Eugène Chevalier.........	Vellaud.
1 panneau, fleurs et fruits	Baptiste.	Rigobert Milice et Fallou...	Dangoisse.
1 panneau, fleurs......	*Idem.*	Génie Lefèvre et Crépin....	*Idem.*
1 panneau représentant l'hiver.	Stenheil.	Louis Préjan et Vérité......	*Idem.*
1 panneau, animaux....	Baptiste.	Génie Lefèvre...........	*Idem.*
1 tapis turc..........	D'après un tapis original fabriqué en Turquie.	Hariel et Beaumer........	Lefèvre.
Idem................	*Idem.*	Dérécusson et Bourguignon..	Vellaud.
1 tapis pour dessus de table.	*Idem.*	Soufflier père et Calain.....	*Idem.*
1 tapis garance; tissu double.	....	Soufflier, Huemann et autres.	*Idem.*
1 tapis chinois........	Stenheil.	Marlé, Huemann et autres..	Lefèvre.
1 tapis genre cachemire..	....	Soufflier père et Binet.....	Vellaud.
1 tapis garance, tissu double.	....	Louis Germain et Binet.....	*Idem.*

CHAPITRE IV.

EXPOSITION DU PREMIER CERCLE CHROMATIQUE DE M. CHEVREUL.

200. Lorsqu'on eut appris, au ministère du commerce, la distinction dont le cercle chromatique avait été l'objet à

l'Exposition de Londres, M. le secrétaire général écrivit à M. l'administrateur des manufactures des Gobelins et de la Savonnerie, à la date du 7 août 1851, la lettre que je vais transcrire.

Monsieur l'administrateur, j'avais pensé que la table chromatique de M. Chevreul, en raison de l'intérêt spécial qu'elle présente et de l'honneur qui peut en résulter pour la manufacture des Gobelins, devait figurer parmi les produits exposés à Londres par cet établissement. Cependant, je suis informé que cette table ne se trouve pas à l'Exposition, je le regrette vivement et je vous invite, en conséquence, à vouloir bien vous entendre avec M. Chevreul pour que cette omission puisse être réparée le plus tôt possible, ou bien à me faire connaître quels seraient les obstacles qui s'y opposeraient.

Veuillez, je vous prie, ne pas perdre de vue cette affaire à laquelle j'attache une importance particulière.

Recevez.....

Le Secrétaire général,
Victor de LAVENAY.

201. Quelques jours après, l'article suivant fut inséré au *Moniteur :*

Le ministre du commerce vient d'envoyer à l'Exposition de Londres le premier cercle chromatique de M. Chevreul : ce cercle comprend les couleurs simples et binaires, fixées sur des écheveaux de laine au moyen de la teinture.

Ce cercle, qui, dans quelques jours, figurera dans le Palais de cristal, présente cette particularité remarquable qu'il a été teint aux Gobelins par un jeune Égyptien, pensionnaire du vice-roi d'Égypte, M. Abd-el-Aziz, qui, avec l'autorisation du ministre du commerce, suit les travaux de la teinture dans l'atelier de cet établissement, depuis dix-huit mois environ.

Pendant que M. Lebois, chef de l'atelier, exécutait, sous la direction de M. Chevreul, le cercle qui a été présenté à l'Académie des sciences, dans la séance du 12 mai 1851, M. Abd-el-Aziz, guidé par les conseils de M. Lebois, exécutait le sien.

Telle est l'histoire du cercle chromatique qui a été exposé à Londres.

SUPPLÉMENT.

En 1851, *le Moniteur universel* du 16 d'octobre et du 19 de novembre annonce que la grande médaille de l'exposition de Londres est décernée aux manufactures des Gobelins et de Beauvais, avec le considérant suivant :

Invention du cercle chromatique pour la teinture des tapisseries; beauté et originalité des dessins, et perfection extraordinaire d'exécution de la plupart des produits exposés.

Le 25 de novembre 1851, dans une séance tenue dans la salle du Cirque Olympique des Champs Élysées, le Président de la République fait la distribution des récompenses aux exposants français. La manufacture de tapisseries des Gobelins figure dans la liste des cinquante-six exposants français qui ont obtenu la grande médaille, d'après le considérant précité.

Lorsqu'en 1852 parurent les *Reports by the juries, etc.*, plusieurs personnes me firent part de leur étonnement de ce qu'à l'article de la manufacture des Gobelins il n'était pas fait mention de l'*invention du cercle chromatique*, ainsi que cela avait eu lieu dans l'article officiel inséré au *Moniteur*, je fis une réclamation écrite dans une des séances du jury français; mais je perdis l'affaire de vue jusqu'au moment où plusieurs Anglais de mes amis m'exprimèrent leur surprise de ce que je ne m'étais pas adressé à M. Lyon Playfair, commissaire spécial du jury de l'exposition de 1851, pour avoir l'explication d'un fait qui leur paraissait si étrange.

Une occasion s'étant présentée ce printemps, j'écrivis à M. Playfair, et c'est la traduction de sa lettre que je donne ici avec la réponse que j'y ai faite[1].

A MONSIEUR CHEVREUL.

Londres, Marlborough-house, 19 mai 1854.

Cher Monsieur,

J'ai reçu de M. Calvert, il y a quelques semaines, un message

[1] L'original de la lettre de M. Playfair a été déposé par moi à la bibliothèque du Muséum d'histoire naturelle.

de vous relativement à ce que les motifs de la décision par laquelle une médaille a été décernée aux tapisseries des Gobelins n'avaient pas été insérés complétement dans le rapport des jurés; mais, n'ayant pas compris la nature de votre observation, je ne pus faire de recherches à ce sujet. Hier, cependant, le docteur Price, qui vous a vu récemment, m'expliqua plus pleinement que le sujet sur lequel vous pensiez avoir à vous plaindre, était qu'*une partie de cette décision, relative au système chromatique d'après lequel les tapisseries sont colorées,* avait été omise dans la publication.

En comprenant la nature de la question, j'ai immédiatement senti que c'était mon devoir d'examiner à fond toute l'histoire de la décision. Je recourus à la gazette qui, vous le savez, est l'organe officiel du Gouvernement, et dans laquelle les décisions ont été d'abord publiées; j'y trouvai la décision formulée dans les termes suivants :

Tapisseries des Gobelins. *Manufacture* *du Gouvernement.*	Pour l'originalité et la beauté des dessins des différents ouvrages destinés à l'ameublement, et l'excellence extraordinaire de la plupart des productions exposées.

Cette décision a été évidemment transcrite dans les rapports du jury. J'examinai alors soigneusement les registres des minutes du jury XIX et du jury XXX et aussi les registres des minutes des procès-verbaux du conseil des présidents. Il ressortit de cet examen, que, comme plusieurs jurés étaient disposés à récompenser la manufacture des Gobelins, et comme le conseil des présidents recevait diverses opinions quant aux termes dans lesquels cette décision devait être rendue, ce dernier corps nomma une commission spéciale pour examiner le sujet. J'ai le plaisir de vous envoyer un extrait des minutes de la séance du conseil des présidents du 11 juillet 1851.

Par cet extrait vous verrez que votre opinion sur le cas dont il s'agit, est *pleinement établie :* la décision était non-seulement telle qu'elle a été mise dans la gazette, mais *ENCORE POUR L'INVENTION DU SYSTÈME CHROMATIQUE D'APRÈS LEQUEL LES TAPISSERIES SONT COLORÉES.*

De quelle manière cette *partie de la décision a-t-elle été omise?*

c'est ce que je ne puis expliquer. Dans la minute originale, ce paragraphe est placé à quelque distance du second paragraphe, et je suis frappé de l'idée que le copiste n'en a pas remarqué la connexion, et a ainsi transcrit la décision incomplétement. Mais ceci est une simple supposition et ne me décharge pas, moi, commissaire spécial surveillant les travaux des jurés, de la responsabilité d'avoir laissé enregistrer inexactement la décision. Mais je suis sûr que vous ne penserez pas un instant que cette erreur ait été volontaire, et j'ai saisi le premier moment où je l'ai découverte pour la réparer autant qu'il était en mon pouvoir; j'ai, en conséquence, informé de l'erreur S. A. R. le Président de la commission, et je suis chargé par S. A. R. de vous exprimer son regret de cet accident, et la satisfaction que S. A. R. éprouve de ce que les archives des commissaires ont pu fournir les moyens de rétablir la décision dans toute sa valeur primitive.

Acceptez de moi-même les assurances de la plus haute considération et du plaisir que j'ai de pouvoir rectifier jusqu'à un certain degré une erreur d'un caractère si sérieux.

Je suis, etc.

LYON PLAYFAIR,

Commissaire spécial des Jurys de l'exposition de 1851.

EXTRAIT DES MINUTES DU CONSEIL DES PRÉSIDENTS.

À SA SÉANCE DU 11 JUILLET 1851.

Les jurés, associés pour faire un rapport sur les tapisseries des Gobelins, ont soumis les propositions suivantes au Conseil des Présidents :

11 juillet 1851.

Membres,

MM. le professeur COCKERILL,
le docteur WAAGEN,
DUMAS,
GRAHAM,

qui ont été chargés, par le Conseil des Présidents, de faire un rapport sur les tapisseries des Gobelins, s'étant réunis, et ayant considéré le sujet,

Proposent, pour les raisons suivantes, de décerner une grande médaille :

L'invention du système chromatique, d'après lequel les tapisseries sont colorées;

L'originalité et la beauté des dessins des ouvrages exposés pour ameublement, et l'excellence extraordinaire de la plupart des productions exposées.

Signé S. Dumas.
P. Graham.

La proposition de décerner une grande médaille à la Manufacture des Gobelins, *sur les motifs ci-dessus*, ayant été mise aux voix, a été unanimement adoptée.

Signé Canning.

Vraie copie des minutes :

Lyon Playfair,
Commissaire spécial.

RÉPONSE DE M. CHEVREUL

A LA LETTRE DE M. LYON PLAYFAIR.

1er de juin 1854.

Mon cher monsieur Playfair,

Mille remercîments de la lettre que vous m'écrivez. J'accepte avec plaisir votre explication de l'omission, commise dans la gazette officielle de votre Gouvernement, de l'un des motifs qui ont valu une grande médaille aux Gobelins; car je ne vous cacherai pas que la manière peu bienveillante pour moi et pour un autre membre du jury, dont une personne parlait de ce fait qui, disait-elle, était à sa connaissance particulière, me donnait le désir que la vérité fût connue en France.

Quant à la pensée que l'omission eût été préméditée de votre part, ou même de celle d'un de vos compatriotes, je n'ai, je vous le jure, jamais pu l'avoir; mes relations avec votre pays ayant toujours été des plus agréables. Je l'ai dit plus d'une fois, et j'aime à vous le répéter dans cette circonstance, un de mes souvenirs les plus précieux de ma vie scientifique est d'avoir été présenté à une place d'associé étranger de la Société royale de Londres, sous la présidence de l'illustre H. Davy, quatre mois avant ma nomination de membre de l'Institut de France; et il y a de cela vingt-huit ans. Vous voyez donc, mon cher monsieur L. Playfair, que je n'ai pas attendu la guerre d'Orient pour être votre allié.

Il me reste un devoir à remplir, c'est que vous soyez auprès de S. A. R. le président de la commission royale, l'organe de ma respectueuse reconnaissance des paroles si bienveillantes qu'elle vous a chargé de me transmettre. Assurez S. A. R. que ce témoignage d'intérêt de sa part m'a si vivement touché, que je me félicite aujourd'hui de l'accident qui me l'a valu.

Recevez, mon cher monsieur L. Playfair, l'expression de mes sentiments affectueux et dévoués.

E. CHEVREUL,

Membre de l'Institut et de la Société royale de Londres.

TABLE DES MATIÈRES.

QUATRIÈME PARTIE.

XXe JURY.

TISSUS
APPLIQUÉS AUX ARTS VESTIAIRES,
PAR M. BERNOVILLE,

MANUFACTURIER.

COMPOSITION DU XXe JURY.

MEMBRES.

MM. William FELKIN, maire de Nottingham, fabricant de dentelles, Président	Angleterre.
Philippe WALTHER, Vice-Président	Suisse.
T. CHRISTY, fabricant de chapeaux de soie et de poils de castor, à Londres T. BROWN, fabricant de chapeaux de paille à Londres.	Angleterre.
F. BERNOVILLE, fabricant de tissus légers en laine, à Paris et en Picardie	France.
ELLIOT CRESSON	États-Unis.
HULSSE, ayant pour suppléant M. E. BLANK, commerçant	Zollverein.
E. SMITH, tailleur à Londres	Angleterre.

ASSOCIÉS.

MM. E. BLANK, commerçant à Londres Robert DWON-BOX, bottier et cordonnier à Londres William BURCHETT, *idem* Seymour HADEN, chirurgien à Londres William MACLAREN, bottier et cordonnier à Londres. John-Baptiste SOLDI, à Southwark, faubourg de Londres	Angleterre.

CONSIDÉRATIONS GÉNÉRALES.

L'historique de l'industrie des vêtements confectionnés, qui sont compris dans la XXe classe, ne peut s'appuyer, en ce qui concerne l'antiquité, que sur quelques documents épars dans les auteurs anciens; mais nous ne saurions, en géné ral, préciser l'époque à laquelle la confection de chacun d ces vêtements a pu mériter le nom d'industrie propremen dite.

En parcourant les ouvrages de Savary, Rolland de la Pla tière, Peuchet, M. Moreau de Jonnès, on trouve à peine quel ques données suffisantes pour fonder des assertions.

La chaussure était connue du temps d'Abraham, puisque en refusant les présents du roi de Sodome, il dit : « qu'i « n'acceptera ni la trame du tissu, ni le cordon du soulier. Chez les Grecs et chez les Romains, où déjà existaient de corporations d'ouvriers ayant leurs dieux tutélaires comme les nôtres ont leurs saints, le perfectionnement de la chaus sure a suivi les progrès du luxe, et les tableaux trouvé dans les ruines d'Herculanum nous montrent des danseuse chaussées d'élégantes bottines dont quelques-unes sont asse semblables à celles d'aujourd'hui. Les Romains faisaient usage des guêtres, et le patricien, comme le paysan, les portait à la campagne.

Les bas, les chemises, les caleçons, les culottes, n'existaien point dans l'antiquité. Septime-Sévère, au IIIe siècle, revêtit à Rome la première chemise, qui était en soie ; ce fut vers le déclin de l'Empire que les Romains empruntèrent aux Égyp tiens la chemise de lin se portant sur la peau.

On ne sait à quelle époque remonte l'invention du tricot Pline dit que les premiers objets tricotés vinrent des Gaules Les hauts-de-chausses furent introduits à Rome par les barbares.

Les chapeaux de paille, selon Peuchet, étaient déjà connus des femmes de l'ancienne Grèce et ressemblaient à ceux don se coiffent, de nos jours, celles de la Lombardie.

De toute antiquité on porta des gants. Homère en fai porter à Laërte, et Pline en donne à son secrétaire pour qu'i puisse écrire malgré le froid.

Après cette esquisse nécessairement fort incomplète, nous allons prendre en particulier chacune des industries de la

XXe classe, à l'époque où les faits qui la concernent acquièrent le caractère d'exploitation industrielle, c'est-à-dire vers le XVIe siècle. La comparaison entre le rapport relatif à ces industries en France et ceux qui concernent les nations concurrentes pour les mêmes industries mettra le lecteur à même de décider sur le degré d'avancement de chacune d'elles, sans que nous ayons besoin de nous prononcer sur cette question.

La quantité d'exposants de la XXe classe était considérable : il en était venu de presque tous les pays, et chaque peuple arrivait au concours avec des produits adaptés à ses habitudes, à ses coutumes plus ou moins anciennes, et avec le goût particulier qui le distinguait.

Nous avons dû apprécier chaque chose au point de vue de l'utilité que lui attribuait la nation productrice, et classer son mérite relatif, abstraction faite du progrès ou des usages consacrés chez les peuples de l'Europe dont la civilisation et l'industrie sont les plus avancées. Il a fallu devenir un moment par la pensée Anglais, Allemand, Slave, Américain, Turc, Arabe, etc. C'est ainsi que le jury tout entier de la XXe classe a procédé. Il a pu de cette façon seulement remplir sa tâche avec la plus stricte impartialité.

Quelques-uns des jurés étant peu versés dans les connaissances spéciales de ces industries variées, nous avons eu recours, pour nous éclairer, à des experts anglais, dont les appréciations, presque toujours justes, nous ont aidés à porter un jugement impartial sur les produits exposés. Lorsqu'il leur arrivait d'apprécier les industries étrangères un peu trop au point de vue anglais, nos observations les ramenaient promptement au principe adopté ; c'est ainsi que l'entente la plus cordiale et la plus stricte équité ont présidé à la distribution des récompenses.

Toutes les fois que cela nous a été possible, nous nous sommes conformé au désir de M. le baron Dupin, en traçant un historique rapide des progrès accomplis dans ces industries depuis l'origine de notre siècle jusqu'à nos jours, et nous avons fait, pour chacun des pays ayant obtenu des récompenses, un travail particulier.

Le peu de documents se rattachant à la statistique ont été obtenus avec peine, et nous nous sommes assuré de leur exactitude. Nous regrettons de n'avoir pu trouver des statistiques générales assez complètes pour donner une idée exacte de la production de chaque État; nous regrettons surtout que l'étendue d'une telle œuvre ne nous ait pas permis de l'accomplir, même pour la France. Le magnifique ouvrage publié par la Chambre de commerce sur les industries parisiennes n'a pu s'achever qu'avec des peines inouïes et un personnel assez nombreux, c'est-à-dire que cette tâche ne pourrait être entreprise pour toute la France qu'avec un labeur et une dépense proportionnés. Nous renverrons donc, pour ces détails intéressants, à l'enquête parisienne et aux rapports du jury central de 1849, et nous nous bornerons à constater pour quelques industries, les progrès accomplis comme chiffre de production depuis que la France, rassurée sur son avenir, s'est remise à cette œuvre d'enfantement perpétuel qui affermit plus que jamais dans ses mains le sceptre du monde, en tant qu'il s'agit des consommateurs aisés.

Nous divisons les nations qui ont exposé à Londres en trois catégories. La 1re comprend 14 États qui n'ont point fourni de produits aux industries de la XXe classe; il nous paraît inutile d'en citer les noms.

La 2e comprend 9 États ayant exposé si peu de chose dans cette classe, qu'il a été impossible d'en apprécier le mérite réel et de les récompenser : nous les passons donc sous silence.

La 3e se compose des nations où ces diverses industries ont pu être analysées et qui ont soutenu la lutte avec assez d'avantage pour mériter la médaille de prix ou la mention honorable. C'est de cette dernière catégorie que nous allons rendre compte.

ANGLETERRE.

BONNETERIE.

Quelques auteurs anglais ont recueilli des notes historiques sur l'industrie de la bonneterie. Le dictionnaire de Mac-Culloch en contient quelques-unes ; M. Felkin, qui a consacré plusieurs années à faire une statistique remarquable sur cette industrie, a aussi rassemblé des faits intéressants. Comme rien n'a encore été publié sur ce sujet d'aussi complet en Angleterre, que le travail de M. Felkin, monument remarquable de patience et de persévérance, nous nous appuierons sur lui comme sur la seule autorité qui nous offre de l'exactitude.

Howell, dans son Histoire du monde, dit que Henri VIII ne portait que des bas de drap, excepté lorsque par hasard il arrivait en Angleterre une paire de bas de soie d'Espagne. Cet historien dit aussi que le fameux marchand sir Thomas Gresham en offrit une paire à Édouard VI ; il ajoute que, dans la troisième année de son règne, Élisabeth reçut une paire de bas noirs tricotés, et qu'à partir de cette époque elle cessa de porter des bas de drap ou de soie taillés dans l'étoffe et ajustés à la mesure du pied. Howell tire de là cette induction, que l'art de tricoter les bas de soie a dû prendre naissance en Espagne vers le commencement du XVIe siècle. Ce qui est certain, c'es que l'art de tricoter se perd dans la nuit des temps, et qu'on ne peut attribuer aux Espagnols que l'idée d'avoir les premiers appliqué le tricot à la soie. Il est également certain qu'avant le règne d'Élisabeth on ne tricotait en Angleterre que de gros bas de laine.

Vers 1589, un pasteur protestant de Woodborough, nommé William Lee, irrité de voir sa fiancée tricoter sans relâche, chercha les moyens de suppléer à cet ennuyeux travail et inventa le premier métier à tisser les bas. Il rencontra dans la pratique de grandes difficultés, et il les surmonta. La reine encouragea ses débuts, et l'on espérait de si grands résultats de cette invention, que W. Carey (lord Hudson), parent de la reine, se mit en apprentissage chez Lee ; plus tard, ce dernier, découragé par l'indifférence de Jacques Iᵉʳ, qui le délaissait, accepta les propositions de Sully et s'établit en France. Lee mourut à Rouen, après vingt-deux ans de succès mêlés de revers ; son frère revint alors en Angleterre et s'établit à Londres, qui fut longtemps le siége principal de la fabrication de la bonneterie (la compagnie des bonnetiers existe encore dans la Cité; ses armes sont un métier à bas supporté, d'un côté, par un ecclésiastique, et, de l'autre, par une femme qui lui présente une aiguille à tricoter).

A partir de cette époque, le progrès devint rapide : en 1669 on comptait à Londres 400 métiers, dont les trois cinquièmes étaient appliqués aux bas de soie ; le comté de Nottingham en possédait 100.

En 1695, il y avait 1,500 métiers à Londres; on en comptait 2,500 en 1714, et 8,600 dans toute l'Angleterre : à cette époque, l'exportation des métiers à bas était défendue.

En 1753, le nombre des métiers se réduit à 1,500 à Londres; celui de Nottingham augmente de 1,500, celui de Leicester de 1,000, et le chiffre total pour l'Angleterre s'élève à 14,000. La fabrique d'Aberdeen seule, qui datait du xviiᵉ siècle, fournissait à l'exportation annuelle pour environ 2 millions de francs de bas de coton.

En 1782, la bonneterie de coton prend de l'extension et le nombre des métiers monte à 20,000, dont 17,350 dans les comtés du centre; Saint-Aubin, dans l'île de Jersey, produisait 10,000 paires de bas par semaine.

C'est en 1776 que le métier à bas donna naissance au métier à faire du tulle.

L'exportation était encouragée, antérieurement au xixᵉ siècle, par une prime de 1 shilling 3 pence par livre avoir du poids. Cette exportation était considérable en Allemagne, en Danemark et en Suède; au xviiiᵉ siècle, les États-Unis, alors qu'ils étaient encore colonie anglaise, recevaient de l'Angleterre presque tout ce qu'ils consommaient en bas de laine et autres. C'est vers le milieu du xviiiᵉ siècle que M. Jedediah Sturt inventa les bas à côtes faits au métier. Les Anglais eurent aussi l'idée des tricots étoffés ayant un envers peluché très-chaud; les tricots à mailles nouées sont attribués à un sieur Marsh.

En 1812, 29,590 métiers à bas étaient en activité en Angleterre, et les bras commençaient à manquer.

On évaluait, en 1834, la production de la bonneterie à environ 50 millions de francs, et l'exportation à près de 20 millions de francs; il est difficile d'apprécier l'exportation de la bonneterie d'une manière exacte, car elle est comprise dans le chiffre général de l'exportation des lainages et tissus.

La statistique générale de 1841 (occupations du peuple) porte à 42,763 le nombre des métiers et à 50,955 celui des personnes occupées par eux, dont 13,086 femmes.

La statistique imprimée en 1845 estimait comme il suit, à la même époque, la production des quatre branches de la bonneterie pour 1841, savoir :

Soie......	333,763 liv. st.	pour	470,000 douzaines;
Coton.....	998,700	pour	2,872,000 douzaines;
Laine.....	1,223,750	pour	2,360,000 douzaines;
Lin......	6,500	pour	3,600 douzaines.
Total....	2,562,713 liv. st.	(64,067,825 francs).	

Les salaires entrent dans cette somme pour 1,049,130 liv. st. et les apprêts et bénéfices divers pour 468,127 liv. st. On s'accorde généralement à trouver ces chiffres exagérés.

Les machines s'étendent, en Angleterre, sur 240 paroïsses : dans les comtés de Nottingham, Derby, Leicester; à Newark, Ashby de la Zouch, Market et Harborough, dans un espace de 70 milles de longueur et de 45 milles de largeur. La bonneterie d'Irlande se fait à Balbriggan, celle d'Écosse à Hawick; celle tricotée à la main se fait à Kendal, Aberdeen et aux îles Shetland.

Avant 1844, on pouvait considérer les ouvriers employés à la bonneterie comme les plus misérables de l'Angleterre : il étaient accablés de travail et de privations de toute espèce, maltraités par les contre-maîtres, qui les payaient en nature, c'est-à-dire avec des provisions à des prix exorbitants, et leur louaient leurs métiers très-cher. Cette location variait de 9 deniers à 3 shillings par semaine; en outre, l'ouvrier devait remplacer à ses frais les pièces qu'il cassait. M. Felkin, qui donne tous ces détails, assure que beaucoup de ces malheureux ne renouvelaient pas leurs vêtements extérieurs dans l'espace de vingt-cinq ans. Les seuls ouvriers qui aient joui d'un meilleur sort à cette époque sont ceux de Sutton et de Skegby, auxquels le duc de Portland et M. Dodsley louent, pour un prix très-modique, un millier de jardins dont le produit les aide à vivre; ceux-là seulement deviennent propres et se moralisent.

L'échelle des salaires, déduction faite des frais, varie entre le maximum de 6 sh. 2 d. 1/2 par tête et 3 d. 1/2 par semaine. En moyenne, le travail des campagnes donnait alors 1 sh. 6 d. net par individu pour subvenir à la nourriture et à l'habillement : la condition du jeune homme était bonne, celle des ménages ou de la vieillesse était affreuse[1].

A partir de 1844, cette situation s'est considérablement améliorée : les ouvriers travaillent plus en ateliers et avec mo-

[1] Voici un exemple de la répartition des salaires et des charges qui pesaient sur cette classe d'ouvriers :

Deux vieillards travaillant ensemble.

					Détail des frais.		
L'un gagnant brut....	3^sh	6^d	3/4	Couture............	0^sh	8^d	1/2
L'autre............	2	5	3/4	Aiguilles...........	0	2	1/2
				Chandelles..........	0	5	1/2
	6	0	1/2	Métiers.............	1	6	
A déduire : Frais..	5	5	1/2	Loyer..............	1	6	
				Charbon............	0	10	1/2
Différence.......		5		Savon..............	0	2	1/2
					5	5	1/2

Il reste donc 5 deniers pour deux personnes par semaine pour la nourriture, l'habillement, etc.

teurs à vapeur; leur salaire s'est accru de beaucoup; ils satisfont aux premiers besoins de la vie avec moins de dépense, et, s'ils n'économisent guère, la misère, du moins, n'habite plus leur chaumière, que le vice fuit également.

Voyons maintenant quels progrès se sont accomplis depuis 1841 :

Il y avait, en 1844, 48,482 métiers à tricoter dans tout le Royaume-Uni; la somme annuelle des affaires était de 2,565,000 livres sterling (64 millions de francs environ),

dont	305,000 liv. st.	pour la matière première étrangère;
	400,000	pour celle du pays;
	1,350,000	pour main-d'œuvre;
	510,000	pour les apprêts, blancs et bénéfices.
	2,565,000	

Un homme de 40 ans travaillant pour lui et huit personnes.

					Détail des frais.		
Salaire brut	17^{sh}	2^{d}		Couture	2^{sh}	3^{d}	
Frais à déduire	10	4	1/2	Aiguilles	0	2	1/2
				Chandelles	0	5	1/2
Différence	6	9	1/2	Huiles	0	5	1/2
				Métier	4		
				Loyer	2		
				Charbon	1		
					10	4	1/2

Il reste donc 8^{d} 3/4 par tête pour nourriture et habillement.

Un jeune homme de 22 ans seul.

					Détail des frais.		
Salaire brut	11^{sh}	8^{d}		Métier	2^{sh}	6^{d}	
Frais à déduire	5	5	1/2	Montage	0	3	
				Dévidage	0	7	1/2
Différence (pour nourriture, habillem., etc.)	6	2	1/2	Aiguilles	0	2	
				Huile et chandelles	0	2	
				Logement	0	6	
				Cuisine	1		
				Blanchissage	0	3	
					5	5	1/2

La main-d'œuvre était alors fort basse, comme pendant les trente-cinq années antérieures.

Depuis 1844, le nombre des machines s'est accru, les matières premières ont haussé, la main-d'œuvre a augmenté de près de 40 p. 0/0 et les bénéfices ont suivi modérément cette progression, qui a porté la somme annuelle des affaires, pour 1850, à environ 3,600,000 livres sterling (90 millions de francs).

L'exportation anglaise a pris un développement considérable sur tous les points du globe. Le nombre des personnes employées dans cette industrie, quand le commerce prospère, est de 100,000, dans une proportion égale de chaque sexe.

Les machines exposées par l'Angleterre et par la France sont connues; celles de France étaient le plus en progrès. M. Felkin assure que trois autres métiers anglais, nouvellement patentés, n'avaient pas été exposés : l'un d'eux, fonctionnant avec une vitesse beaucoup plus grande que celle appliquée jusqu'à ce jour, peut être manié par un jeune homme, et produire, selon l'activité de son conducteur et la qualité relative du fil employé, de 80 à 100 douzaines de bas par semaine.

Il entre dans une douzaine de paires de ces bas 394 grammes de coton, et leur prix est de 22 cent. 1/2 la paire. C'est l'exemple le plus frappant de finesse et d'économie de matière qui se soit encore produit. Le plus bas prix des bas coupés et cousus faits sur l'ancien grand métier est, en Angleterre, 3 shillings 7 pences la douzaine, c'est-à-dire 37 cent. 1/2 la paire, et la douzaine contient 488 grammes de coton.

La bonneterie de Leicester est d'une variété étonnante, et s'adapte à toutes les consommations. Une maison de cette ville avait envoyé à l'Exposition des produits représentant sa fabrication, qui se compose de 12,500 articles de prix différents, occupant 4,000 ouvriers, qui reçoivent, par semaine, une paye de 35,000 francs.

L'esprit de volonté et l'aptitude à perfectionner, pour satisfaire aux besoins des masses, règnent à un haut degré dans la fabrique de Leicester. La prospérité de cette ville a quadruplé sa population : elle comptait, il y a quarante ans, 16,000 habitants; elle en contient aujourd'hui 64,000.

Nous avons rapporté quelques spécimens de la bonneterie anglaise, notamment des bas gradués de finesse et de prix; ces spécimens sont déposés au Conservatoire des arts et métiers. Nous appelons surtout l'attention des fabricants de bonneterie de coton de Troyes sur les bas à 22 cent. 1/2 la paire: ces bas, non coupés, ne reçoivent la forme de la jambe et du pied qu'à l'apprêt, et bien évidemment sur des moules gradués de dimension; il résulte de cela que le consommateur ne peut les laver; et doit les jeter lorsqu'il les juge assez sales pour les quitter. La quantité qui se vend de ces bas est considérable, surtout dans les États du centre de l'Amérique, et cela prouve que le bon marché apparent séduit toujours, même lorsque la raison devrait plaider en faveur des bas cousus à 37 cent. 1/2 la paire, qui peuvent se laver souvent et chaussent mieux. Les Anglais se font, avec les bas à 22 cent. 1/2, une réputation de bon marché, et nous engageons nos fabricants à les imiter.

La bonneterie de coton anglaise brille par la régularité des fils et le toucher moelleux de la matière; l'apprêt en est vraiment magnifique.

Un exposant écossais, M. Dougald, d'Inverness, avait apporté des spécimens faits à la main par les pâtres écossais, qu'il habitue à travailler tout en soignant leurs troupeaux : ces paysans lavent, peignent et teignent leurs laines; ils se servent;

Pour obtenir la couleur brune, d'une mousse du pays;

Pour le jaune, de la pointe d'une bruyère;

Pour le vert, de la fleur de bruyère;

Pour le noir, de l'écorce de sureau;

Pour l'olive, de la racine du lis d'eau:

toutes substances à leur portée. On consomme ces produits en Écosse, et il s'en exporte aussi du prix de 12 à 24 shillings la douzaine. On a encouragé l'idée moralisatrice de cet exposant par une médaille de prix.

La bonneterie de bourre de soie, dite fantaisie, ainsi que la bonneterie de filoselle, était bien représentée, et le bas prix en était saillant.

L'exposition de la maison J. et R. Morley, de Nottingham, était fort remarquable, depuis les spécimens les plus grossiers jusqu'aux plus fins, dont les mailles se distinguent à peine.

Nous avons admiré des bas de soie pesant 100 grammes la douzaine et ne laissant rien à désirer : il y entrait pour 1 fr. 85 cent. de soie par paire et la main-d'œuvre en valait 18 fr. 75 cent. Ces bas pouvaient entrer en comparaison avec ceux de France, qui sont si admirables; mais ils étaient évidemment faits extraordinairement pour la circonstance.

Nous avons pu juger des progrès de l'industrie anglaise par la bonneterie de la maison Allen et Solly, de Nottingham, présentant des spécimens faits depuis l'année 1700 jusqu'à nos jours : cette exposition historique, unie à de beaux produits, lui a valu la médaille de prix.

Les objets destinés à l'usage des goutteux et des rhumatisés sont admirablement fabriqués et confortablement compris.

Un ouvrier du nom de John Shaw, habitant Radford, près Nottingham, a trouvé le moyen d'appliquer la mécanique Jacquart au métier à bas : ses produits n'étaient pas encore parfaits et les dessins en étaient mauvais.

Quelques essais de gilets et autres articles s'ajustant sur le corps et fabriqués à mailles graduées ne manquaient pas de mérite, mais étaient loin de valoir ceux innovés par la France.

La maison Ward et Sturt, de Londres, était hors ligne pour les produits destinés à l'exportation; c'est à elle qu'on devait les bas à 22 cent. 1/2 dont nous avons parlé. La médaille lui a été accordée avec mention toute particulière.

C'est à MM. Harris et fils, de Leicester, qu'on devait les 12,500 spécimens de bonneterie : cette maison fait de beaux articles avec l'adjonction du jacquart au métier à tricoter; elle avait présenté :

Des cravates de laine à 2 fr. 20 cent. la douzaine;

Des jaquettes de laine à 85 centimes la pièce;

Des gilets de coton très-beaux à 10 francs la douzaine, et une foule d'autres objets à des prix aussi extraordinaires et dont l'exportation est immense.

La bonneterie de laine et coton mélangés, nommée vigonia, est d'une douceur qui la fait ressembler au cachemire pur, et les fils qu'on y emploie sont d'une régularité admirable, telle que celle des beaux fils de coton.

Il existe encore des droits à l'entrée sur la bonneterie confectionnée :

Celle de soie paye 15 p. 0/0,

Celle de coton paye 10 p. 0/0,

Celle de laine paye 10 p. 0/0.

Le tricot en pièces, coton ou laine, ne paye pas.

On fixait, pour les dernières années, l'exportation de la bonneterie à 1,500,000 livres sterling; mais on ne peut accepter ces chiffres, d'abord parce que la bonneterie de soie n'y est pas spécifiée; ensuite parce qu'on y comprend les dentelles, les tulles, etc.

La France exporte en Angleterre beaucoup de bonneterie de soie; nous lui vendons peu de celle de coton et presque pas de celle de laine.

En résumé, l'Angleterre est suivie de bien près par la France et l'Allemagne, et nous gagnons chaque année du terrain, que nous ne reperdrons plus.

Les exposants de l'Angleterre ont obtenu :

19 médailles de prix et 10 mentions honorables.

Le nombre des exposants pour la bonneterie était assez grand.

CHAUSSURES.

Nous trouvons dans l'ouvrage de Peuchet qu'au milieu du XVIIIe siècle l'Angleterre exportait peu de souliers d'hommes, surtout en Amérique, où l'on fabriquait des chaussures; mais elle exportait une très-grande quantité de souliers de femmes. Les Anglais passaient, dit cette chronique, pour mieux préparer le cuir et mieux fabriquer les chaussures de femmes que la France. Si le fait est exact, nous avons pris une vigoureuse revanche, surtout pour les chaussures élégantes et particulièrement celles des femmes. L'Angleterre nous demande maintenant ce qu'elle passait pour faire mieux que nous il y a un siècle, et, malgré sa fabrication considérable qui occupait, à Londres seulement, en 1849, 28,579 cordonniers, elle recevait encore de nous, de 1849 à 1850, dans l'espace d'une année :

22,436 paires de bottines et galoches de femmes;
4,856 paires de bottines double semelle et socques;
114,564 paires de souliers en étoffe;
31,178 paires de souliers d'enfants;
603,302 paires de tiges de bottes.

L'exportation anglaise est considérable, mais c'est surtout en chaussures communes. Lorsqu'on arrive aux souliers, bottines ou bottes fabriqués dans les mêmes conditions de matière première et de perfection que les nôtres, l'avantage nous reste et l'étranger nous donne largement la préférence. Ce qu'il importe aussi de noter, c'est que les cuirs français servent beaucoup dans la confection des chaussures faites en Angleterre.

Les bottes et souliers pour femmes sont principalement fabriqués dans les comtés de Stafford et de Northampton. Les tiges se coupent dans des fabriques spéciales; les bordeurs et les apprêteurs travaillent aux pièces chez eux.

On fait beaucoup de chaussures dans d'autres districts, mais c'est surtout pour la consommation locale; tandis que les fabriques précitées et celles de Londres vendent en gros et exportent sur une grande échelle.

Le siége principal de la fabrication des chaussures de femmes est à Londres : on fournit tous les matériaux aux ouvriers qui travaillent en famille.

La chaussure forte est établie à bon marché en Angleterre, mais il ne s'agit toujours ici que de celle commune; pour les chaussures spéciales, celles de chasse, les chaussures d'hommes élégantes, celles de dames, la France n'a pas de rivale.

L'échelle de prix nous est ainsi donnée par une des plus fortes maisons de Londres, MM. Hickson et fils, et se rapporte à la grande consommation et à l'exportation :

	La paire.	
Souliers d'enfants, de 5f à 50f la douzaine.	0f 42c à	4f 10c
Souliers de femmes, de 7f 50c à 75f.....	0 62½	6 25
Bottines de femmes, de 25f à 127f 50c...	2 10	10 75
Souliers d'hommes, de 37f 50c à 105f...	3 15	8 75
Souliers montants et bottines d'hommes, de 45f à 135f...................	3 75	11 25
2/3 de bottes et bottes, de 120f à 300f...	10 00	25 00

Salaires par semaine :

Hommes, 12 fr. 50 cent. à 37 fr. 50 cent.;

Femmes, 3 fr. 75 cent. à 8 fr. 75 cent.

Les hommes qui découpent gagnent de 30 à 32 fr. 50 cent., leur appointement est fixe.

Les femmes qui n'ont pas les soins d'un ménage gagnent de 7 fr. 50 cent. à 17 fr. 50 cent. par semaine.

Les bottines de femmes commencent à 25 francs la douzaine. En France, le plus bas prix de ces bottines pour l'exportation est de 36 francs, mais la qualité et la confection en sont bien supérieures.

Certes tout cela paraît extraordinaire : des souliers d'enfants à 41 centimes 1/2 la paire, et de femmes à 62 centimes 1/2! C'est réellement fait pour attirer l'attention de l'acheteur; mais, si le fabricant français examinait ces produits de près, il s'engagerait facilement à arriver au même but avec une légère étude des moyens employés. Quelle que soit, du reste, la manière dont la fabrication est faite, l'exportation de ces produits est considérable et se soutient.

Pour la chaussure, c'est plutôt la perfection dans le travail et le bon marché relatif que les inventions nouvelles que le jury a eu à constater.

Dans toute l'Exposition, l'unique invention réelle ayant une grande valeur, et renversant toutes les idées anciennes et les moyens de fabrication habituels, était celle des souliers à vis de M. Lefébure, dus aux machines de M. Duméry, l'habile ingénieur.

Nous allons citer une innovation anglaise dont l'utilité et le mérite réel n'avaient pu être constatés ou consacrés par l'usage. La nouvelle coupe de M. Atloff, de Londres (New Bond Street, 69), était digne d'attention par son économie : elle emploie 20 p. 0/0 de moins de cuir que le soulier actuel de l'infanterie anglaise, appelé *blücher.* Comme il n'y a qu'un côté à joindre au lieu de deux, on économise 50 p. 0/0 de main-d'œuvre sur la couture; enfin, avec un cinquième de cuir en moins, M. Atloff fait une bottine au lieu d'un blücher. Cette bottine dure plus longtemps, se met vite et ne laisse pas entrer la poussière autant que le soulier ordinaire de la troupe : on peut la fabriquer, en Angleterre, à 5 fr. 60 cent., et, en France, à 4 fr. 50 cent. avec un bon bénéfice, d'après le dire de l'auteur, qui est Français d'origine et natif de Strasbourg. Nous avons cru devoir rapporter une paire de ces souliers militaires pour faire apprécier aux hommes compétents le parti qu'on pourrait en tirer pour l'armée française, et ce spécimen est au Conservatoire des arts et métiers.

MM. Hickson et fils, de Londres.

Toutes leurs chaussures sont destinées à l'exportation et variées à l'infini : cette maison fait des affaires considérables.

En dehors de ces deux citations, l'Exposition offrait tout ce qu'on rencontre ailleurs, avec quelques modifications sans importance : un emploi des élastiques assez varié, des bottes à semelles de bois, des formes en bois pour la chaussure, s'allongeant à volonté, voilà les seules innovations à citer. Les chaussures en caoutchouc étaient rares.

L'Angleterre a fait de grands progrès dans l'industrie de la chaussure. La perfection française, qu'une importation plus abondante lui a permis d'apprécier, a stimulé l'amour-propre national. Le droit, réduit à 12 fr. 50 cent. les 100 peaux, a facilité cette concurrence et aidé au perfectionnement des produits, qu'on ne peut plus comparer aujourd'hui à ceux datant de sept ou huit ans. La consommation anglaise a augmenté, depuis l'abaissement des prix, d'au moins 20 p. 0/0; mais la France n'introduit presque plus de chaussures ordinaires en Angleterre, et elle en importait beaucoup il y a quelques années.

Douze exposants ont obtenu la médaille de prix, et seize la mention honorable.

GANTERIE.

La fabrique des gants de peau avait déjà une assez grande importance au XVIIIe siècle : elle se faisait principalement a Londres, à Bampton (comté d'Oxford) et à Berwick, et le commerce en était assez considérable. L'industrie anglaise de la ganterie a pris un grand accroissement au XIXe siècle.

Les lieux de production sont :

Londres, qui fabrique les gants de chevreau pour un chiffre qui équivaut au moins au tiers de tout ce qui se produit en Angleterre ;

Le comté de Worcester, qui confectionne les gants d'agneau et de chevreau ;

Le comté d'Oxford, pour les gants de castor et de daim ;

Le comté de Somerset, pour la grosse ganterie de peau.

Worcester, Woodstock, Tonington, Hexham et Witney, sont les centres principaux de cette industrie. La production totale peut être estimée de 18 à 20 millions de francs environ, et le nombre des personnes qu'elle occupe à peu près à 25,000.

La consommation nationale emploie peu de gants anglais : ils s'exportent principalement aux colonies anglaises et aux États-Unis, où les gants français sont préférés de beaucoup.

Cependant la ganterie anglaise a fait de grands progrès dans ces dernières années; elle a gagné en perfection et en élégance. Ce qui a facilité singulièrement chez les Anglais la production et le progrès en ce genre, ce sont les modifications profondes faites par sir Robert Peel au tarif anglais, pour l'introduction des peaux, qui ne payent aucun droit. Cette importation, autrefois assez minime, s'élève aujourd'hui à près de 2,500,000 peaux préparées ou non préparées. La différence dans la production anglaise est maintenant de 100 p. o/o, malgré le prix très-élevé des peaux de chevreau françaises, qui deviennent de plus en plus rares.

Cependant, dans cet accroissement, il ne faut considérer l'influence de la loi que pour 1/4 : les nécessités du luxe ont augmenté la consommation de 75 p. o/o.

Les exportations anglaises se sont aussi accrues de 30 p. o/o et par les mêmes causes.

Si les gants anglais ont gagné en distinction comme nuance et en élasticité, c'est à nos peaux préparées qu'ils le doivent. Toutefois, malgré l'avantage obtenu par la suppression du droit sur les peaux, l'introduction des gants confectionnés s'est accrue dans une proportion beaucoup plus grande, et la raison en est simple : la réduction du droit a été de 9 pence 1/2 en moyenne par douzaine de paires de gants; celle sur les peaux a été de 10 shillings par 100 peaux: il résulte de là que seize douzaines de paires importées ont joui d'une réduction de 12 shillings 8 pence, et seize douzaines fabriquées en Angleterre de 10 shillings seulement, ce qui favorise l'importation des gants fabriqués.

Les gants de femmes payent un droit de 3 sh. 6 p. la douzaine;

Les mitaines, de 2 sh. 4 p.;

Les gants d'hommes, de 3 sh. 6 p.;

Les gants et mitaines longs, de 4 sh. 6 p.

Voici quelle a été la conséquence du changement de tarif sur l'importation des gants confectionnés :

On a importé du continent :

En 1827, 864,202 paires de gants, estimées alors 30 shillings la douzaine, et représentant une valeur de 2,700,000 francs.

En 1830, 1,093,441 paires.

En 1842, 1,623,713.

En 1844, 1,871,027.

En 1845, 2,196,155. Ici l'influence du tarif commence à se faire largement sentir.

En 1849, 3,656,752 paires, estimées maintenant 35 shillings la douzaine, donnant un total de 13,400,000 francs environ, soit 500 p. o/o de plus qu'en 1827.

Sur les 3,656,752 paires introduites en 1849, on a acquitté les droits sur 2,868,760 paires, consommées à l'intérieur; le reste a été exporté par les Anglais. Il faut joindre à ce chiffre celui non connu des introductions en contrebande.

Les Anglais ne se gantent pas juste; ils aiment à mettre leurs gants sans effort. Ils sont donc prévenus contre les admirables gants Jouvin et sur la complication de sa référence pour les mesures. C'est par cette cause seule que ces gants, si appréciés du monde élégant, n'ont point encore en Angleterre tout le succès qu'ils méritent. Nous avons même rencontré une certaine opposition chez les experts appelés à l'Exposition de Londres, qui eussent volontiers accordé le second rang à cette excellente invention. Nous leur avons fait observer que le goût du monde entier dominait leur prévention nationale et qu'il devait faire loi. Ils se sont rendus à cette objection avec une loyale impartialité.

Le jour où les Anglais sentiront le besoin de se ganter plus élégamment et de dessiner mieux la forme de la main, la consommation des gants français prendra encore un plus grand élan, et nos exportations en ganterie et en peaux préparées augmenteront beaucoup.

MM. Dent, Allcroft et Cie, Wood-street, se distinguaient par leur ganterie élégante, qui se rapprochait de celle de la France; ils ont obtenu la médaille de prix.

MM. Fownes frères ont fabriqué, avec des peaux de chevreau d'Irlande, des gants estimés.

Nous avons remarqué chez M. Foster-Porter des gants fort jolis en peluche de soie, et chez M. J. Ensor des gants à deux doigts fabriqués de façon à éviter le froid.

Il n'existait aucune innovation dans la coupe, et nous n'avons eu à constater que le plus ou moins de perfection dans la couture.

Six exposants ont obtenu la médaille de prix.

CHAPELLERIE.

L'Angleterre possédait déjà, en 1482, l'art de faire des chapeaux. On défendait alors de fouler et de lustrer. En 1549, des émigrants français vinrent s'établir à Norwich et y furent protégés par Édouard VI; ils y amenèrent la belle fabrication des chapeaux de feutre.

Le commerce de la chapellerie était très-florissant au XVIIe siècle, et Londres seulement occupait 10,000 ouvriers chapeliers. Les autres districts où cette industrie avait de l'importance étaient Leicester, et Warwick, et le Derbyshire, etc.

Vers la fin du XVIe siècle, sous le règne d'Élisabeth, les bonnetiers, alarmés des progrès de la mode qui tendait à adopter les chapeaux de feutre, sollicitèrent vivement et obtinrent une loi qui défendait de porter des chapeaux. Les filles et dames de qualité, les lords et les gentilshommes propriétaires de terres étaient exceptés de cette mesure, qui ne servit qu'à en répandre le goût. La consommation des bonnets au métier ou tricotés diminua sensiblement, et tout le monde porta bientôt des chapeaux.

Dès 1628, les Anglais s'étaient emparés du commerce du castor au Canada, la compagnie française n'ayant pu s'y soutenir. Leurs immenses capitaux leur permettaient l'accaparement spéculatif sur tous les points où la matière existait. Leurs chapeaux furent préférés aux nôtres pendant longtemps; plus légers, plus apparents et surtout moins chers, ils obtinrent sur tous les marchés un succès qu'à cette époque nous ne cherchâmes pas à reconquérir. Vers 1740, cette concurrence avait déjà réduit les exportations françaises de plus de moitié, malgré la supériorité de notre fabrication. Les Anglais possédaient alors un apprêt imperméable excellent, et qui fut longtemps inconnu des chapeliers français. La fabrication était très-économiquement organisée. Ils travaillaient et apprêtaient si bien, qu'on prenait souvent pour du castor des chapeaux qui n'en contenaient pas un brin.

Charles Ier protégea la chapellerie, et défendit l'importation des chapeaux de castor et de toute autre espèce. Les chapeaux de castor ne devaient contenir aucun mélange; les castors mélangés ne pouvaient être fabriqués que pour l'exportation.

La chapellerie anglaise n'atteignit réellement un haut degré de perfection que lors de l'émigration causée en France par la révocation de l'édit de Nantes.

De 1748 à 1768, la fabrication anglaise languit; la France avait pris sa revanche et lui faisait une rude concurrence. L'Angleterre alors leva tous les droits sur les peaux de castor; elle défendit la destruction des garennes de lapins, et fit des efforts inouïs pour reconquérir le terrain perdu. Elle y parvint en partie, et balança de nouveau notre influence sur les marchés étrangers. Ses exportations, en Espagne seulement, étaient, vers la fin du XVIIIe siècle, de 100,000 livres sterling. Les matières qu'elle employait alors étaient les poils de castor, de lièvre, de lapin, de vigogne, etc., et des laines fines d'Angleterre et d'Espagne.

Les chapeliers anglais de nos jours n'ont de supériorité réelle sur nous que pour les feutres fins, qu'ils font admirablement; ils nous sont inférieurs pour les feutres poil ras, le flamand et le feutre de fantaisie.

Pour le chapeau de soie, les Anglais nous font une grande concurrence. Ils emploient les peluches les plus belles de France et de Prusse. Ils les fabriquent bien, et il est à craindre qu'ils ne nous nuisent beaucoup pour l'exportation de cette fraction de la chapellerie.

Quant au chapeau mécanique, ils n'y attachent aucun prix, et leur prévention a dominé dans l'appréciation de ceux que la France a exposés. C'est peut-être la seule chose de la XXe classe que les experts anglais aient appréciée à l'unique point de vue de leurs habitudes nationales.

La concurrence étrangère a porté atteinte aux exportations anglaises. La chapellerie envoyait sur les marchés du monde :

En 1814, pour 371,135 livres sterling.
En 1819..... 213,230
En 1824..... 202,072
En 1828..... 183,276
En 1831..... 150,557
En 1841..... 73,576
En 1849..... 25,747

C'est une diminution de plus de 1,450 p. 0/0 en trente-six années.

L'Angleterre importait, en 1849, 75,000 kilogrammes de peluches de soie, qui payent encore 2 shillings de droit par livre anglaise (5 fr. 50 cent. par kilogramme).

M. Christy, membre du jury anglais, qui a procédé à l'examen des produits étrangers avec la plus remarquable impartialité, est l'un des plus forts manufacturiers en chapellerie de l'Angleterre. Il possède, près de Manchester, une grande usine qui occupe plus de 2,000 ouvriers; il a des ateliers où se tissent mécaniquement les peluches, et qui occupent 150 personnes. Il importe, en outre, une grande quantité de peluches et de soies filées de France. Les bons ouvriers gagnent jusqu'à 30 shillings par semaine, en moyenne; cependant ils ne font pas d'économies.

S'il est des chapeaux de castor fins valant jusqu'à 25 francs en fabrique, il en est en feutre de laine qui ne valent que 70 centimes.

Nous avons remarqué un chapeau d'amazone en feutre gris assez beau, tout garni de passementerie de soie et d'une ganse avec glands en soie, et qui s'exporte au prix de 7 francs.

Les droits sur les chapeaux étrangers sont de 2 shillings, et l'on n'en importe pas ou fort peu.

La chapellerie anglaise est assez importante pour occuper 100,000 ouvriers selon les uns et 60,000 selon le rapporteur anglais, dont nous adoptons le chiffre, malgré la réduction de ses exportations.

La fabrication est divisée en quatre classes :

1° Les chapeaux de castor;

2° Les chapeaux de soie;

3° Les chapeaux de feutre en poils de lièvre et lapin;

4° Les chapeaux en feutre de laine d'agneau.

Chaque pays avait apporté ses modes particulières, et la diversité des formes était immense. Celles des Anglais varient peu, et les fabricants trouvent étonnant que, pour ce genre de coiffure, nos fabriques françaises donnent carrière à leur imagination et varient la mode, comme cela se pratique pour les autres parties de l'habillement.

A part la belle fabrication des chapeaux en feutre fins, les deux seules innovations anglaises portaient sur la casquette. M. J. Lyon avait exposé une casquette militaire reprenant sa forme après avoir été pressée dans le hâvre-sac. M. Braund avait adapté à la casquette une visière en *talc* permettant de voir, tout en évitant la poussière qui aveugle souvent le voyageur.

Deux exposants ont obtenu la médaille de prix, et quatre la mention honorable.

CHAPEAUX DE PAILLE ET MODES.

Il existe peu de détails sur l'importance de l'industrie des chapeaux de paille en Angleterre avant le XIXe siècle.

Nous trouvons une note indiquant que l'importation des chapeaux de paille avait lieu de Livourne, vers le milieu du XVIIIe siècle, moyennant un droit, et qu'il s'en consommait beaucoup de toutes les sortes fabriquées par l'Italie. L'Angleterre acquit aussi, à cette époque, une certaine habileté dans cette industrie; elle établit des fabriques dans divers comtés, notamment dans celui de Bedford, où elles avaient une grande réputation, qui s'est perpétuée jusqu'à nos jours. Les premières fabriques ne datent donc que d'un siècle.

On peut s'expliquer les progrès et l'agrandissement de ce

commerce par la quantité innombrable de chapeaux de paille qu'on voit porter en Angleterre. Depuis les dames de l'aristocratie jusqu'à la mendiante, toutes les femmes portent des chapeaux de paille, tandis que, chez les autres peuples l'usage en est partiel.

On évalue à près de 70,000 les personnes employées à cette industrie, qui donne lieu à un commerce de 8 à 900,000 liv. st. (20 à 23 millions de francs).

Il se fait des chapeaux de femmes de 21 à 24 francs la douzaine, des chapeaux d'hommes à 9 francs la douzaine, des chapeaux d'enfants et de jeunes filles à 8, 9 et 10 francs la douzaine. On y emploie la paille de froment d'Angleterre en grande majorité, ou le bois de saule appelé communément paille de riz, le roseau, le crin, l'écorce, et, pour chapeaux d'hommes, des feuilles de latanier.

Le plus bas prix que se vendent certains chapeaux est de 30 centimes. Le plus haut est de 18 à 20 francs.

Les ouvrières novices gagnent 30 centimes par jour, les femmes expérimentées de 90 centimes à 1 fr. 60 cent. On comprendra facilement que l'épargne ne soit pas possible à cette classe d'ouvriers.

L'Angleterre importe maintenant peu de chapeaux et de tresses d'Italie et de Toscane, mais beaucoup de la Suisse.

En 1849 on a importé 1,704 chapeaux en bois, jonc et crin;
En écorce, 426 livres, avoir du poids;
En paille, 7,719 livres, avoir du poids.
On a importé, en outre, en 1849 :

Tresses en jonc, bois et crin..	880 quint.	soit 900,000 kilogrammes environ.
Tresses en écorce.........	13,396	
Tresses en paille.........	3,106	
Matériaux pour tresses, paille ou autres................	664	

Toute l'importation représente un chiffre de 50 à 60,000 liv. st. (1,250,000 à 1,500,000 francs). L'exportation figure pour 2,500,000 francs. La consommation intérieure est donc de 650 à 750,000 liv. st. (16 à 18 millions de francs environ). C'est ainsi que se décomposent les 8 à 900,000 liv. st. dont nous venons de parler : d'après quelques renseignements obtenus depuis peu, il y a lieu de croire le chiffre de l'exportation un peu exagéré.

Les chapeaux de femmes payent les droits d'entrée suivants :

Chapeaux de paille, 3 sh. 6 p. la livre, 9 fr. 50 cent. le kilogramme ;

Chapeaux en bois ou crin, à 22 pouces de diamètre, 7 sh. 6 p. la douzaine, 9 fr. 40 cent. la douzaine ;

Chapeaux en bois ou crin, au delà de 22 pouces de diamètre, 10 shillings, 12 fr. 50 cent. la douzaine.

Les pailles et les tresses ne payent aucun droit.

Pour cette industrie comme pour beaucoup d'autres, les Anglais ont maintenu des droits d'entrée.

Aucune invention ou innovation n'a été remarquée chez les exposants de cette industrie. On a constaté un haut degré de perfection dans la main-d'œuvre et quelques tresses d'un joli dessin.

Six exposants ont reçu la médaille de prix.

VÊTEMENTS CONFECTIONNÉS POUR HOMMES ET POUR FEMMES.

Le jury avait à examiner ici les vêtements de dessus.

1° Pour usage de dames, comprenant toute la confection ;

2° Pour hommes, comprenant tout ce qui est l'ouvrage des tailleurs.

Les produits entrant dans la consommation journalière étaient peu abondants et leur exposition moins importante qu'on ne s'y attendait, vu le développement de cette industrie en Angleterre et en France.

A Londres seulement, le nombre des individus occupés aux habits d'hommes dépasse 30,000, si nous nous en rapportons à notre collègue du jury chargé de cette spécialité. Un autre document réduit ce nombre à 23,517 tailleurs ; mais nous devons en croire notre collègue mieux informé, et nous adoptons son chiffre, qui ne nous paraît pas inacceptable en présence de l'immense commerce et de la grande exportation que font les divers dépôts de Londres.

Il serait inexact de dire que la confection se fait mieux et plus solidement à Londres que partout ailleurs : on y vise avant tout à la quantité et au bon marché, et les touristes savent à quoi s'en tenir sur les étiquettes étonnantes qu'offrent les vitrines des marchands d'habits et sur la difficulté de résister au bas prix prodigieux par lequel on est tenté.

L'exportation anglaise, pour les vêtements confectionnés, s'est élevée :

En 1844, à 15,839,000 francs;
En 1845, à 18,724,000
En 1850, à 22,737,450

Les habits cousus ou collés se font bien; mais l'Angleterre ne peut réclamer la supériorité que sur un seul point : le bon marché. Nous dirons même que la presque totalité des articles de cette branche d'exportation se compose d'objets assez grossiers, mal taillés, mal exécutés. Chez les Anglais, la matière est relativement plus belle; chez les autres nations, la façon l'emporte sur eux. Le bas prix de la façon dans l'industrie des vêtements confectionnés est arrivé en Angleterre, à Londres surtout, aux dernières limites du possible et à des taux incroyables.

Nous avons remarqué quelques innovations, dont une ou deux assez bizarres. Ainsi :

1° L'introduction du caoutchouc dans les pantalons, pour monter à cheval, avait un certain caractère d'utilité hygiénique;

2° Des surtouts d'été en alpaga, légers et brillants, et qu'on peut mettre dans sa poche;

3° Un double surtout, dont l'envers et l'endroit sont de couleurs différentes et présentent chacun une garniture de boutons permettant de porter le vêtement d'un côté ou de l'autre : idée originale, mais sans but utile, le dessous devant s'user aussi vite que le dessus par suite du frottement.

Nous n'avons distingué dans la confection pour dames rien de saillant ou de bon goût. Voici les objets qui nous ont frappé le plus :

1° Un manteau à deux fins, servant aussi de châle, constituant une idée neuve, mais sans utilité réelle;

2° Une robe de bal couverte de broderies imitant les fleurs naturelles, et qui avait demandé une année de travail : c'était richement lourd plutôt qu'élégant.

Trois exposants ont obtenu la médaille de prix et dix la mention honorable.

LINGERIE.

L'art des chemisiers, car il n'y avait guère, en fait de lingerie, que des chemises, et fort peu de mouchoirs et de cravates, n'est pas encore arrivé, en Angleterre, à un degré de perfection remarquable. Le jury a pu mentionner le plus ou le moins de talent apporté à la couture, mais rien que cela : aucune innovation ne s'était produite. Cette industrie commence néanmoins à prendre un certain développement en Angleterre, et le bon marché des chemises de toile ou de calicot n'étonnera pas ceux qui savent de quelle façon s'exploitent les industries immenses du coton et du lin chez les Anglais : il n'y a de cher que la main-d'œuvre. La confection des chemises donne à gagner un salaire de 9 à 12 shillings (11 à 15 francs) par semaine.

Les ouvrières n'ont point à faire des chemises entières. A Londres comme à Paris, il y a division du travail dans cette industrie : chacune d'elles s'occupe d'une partie de la chemise, et cette constance à produire le même objet les y rend très-habiles : elles travaillent à la tâche, et c'est à la vitesse de leur aiguille qu'elles doivent le salaire assez élevé qu'elles touchent.

La couture perfectionnée, la coupe de certains gilets de flanelle et quelques broderies bien faites ont valu à leurs auteurs cinq mentions honorables.

CORSETS.

L'infériorité des corsets de luxe fabriqués en Angleterre, relativement à la confection de ceux produits par nos fabricants, est notoire.

Le jury anglais, en mentionnant dans le rapport que les perfectionnements obtenus dans les corsets de la classe aisée étaient de peu d'importance, s'est trompé. Il n'a pas apprécié à leur juste valeur l'excellence du travail français et l'utilité de ses nombreuses inventions, qui n'ont réellement été appréciées qu'au point de vue hygiénique.

Néanmoins, il a reconnu que la médaille de prix était due à la France, et son impartialité s'est traduite ici comme dans les autres catégories de la XXᵉ classe.

Si les corsets de luxe anglais ne pouvaient être cités, en revanche il y avait de grandes améliorations introduites dans la fabrication de ceux destinés à la masse des consommateurs: nous avons remarqué des corsets faits à la mécanique, coûtant 6 pences (60 centimes)! Certes, un tel bon marché, quand il ne nuit pas à la santé, est digne de louanges! Malgré cela, les jurés et experts anglais n'ont accordé aux deux maisons anglaises signalées, l'une pour ses corsets hygiéniques pour enfants et l'autre pour des corsets qui, une fois lacés, ne se desserrent pas, que la mention honorable.

CANADA.

Nous n'avons à constater que bien peu de produits soumis à l'appréciation des jurés : cette colonie anglaise avait envoyé à l'Exposition des chapeaux de paille assez ordinaires, des souliers pour la neige, des pantoufles, des habits d'Indiens, des robes en fourrures pour aller en traîneau, etc.

Deux exposants sur neuf ont été récompensés par la mention honorable.

INDES ORIENTALES.

La Compagnie des Indes avait eu le bon goût, l'heureuse

idée de présenter aux regards des visiteurs les merveilles de ses populations de l'Hindoustan. Les costumes variés en cachemire du tissu le plus fin, ceux enrichis de broderies d'or et de soie, attiraient l'attention de l'observateur.

Toute cette splendeur, que notre art moderne ne peut surpasser, brillait déjà de toutes les richesses de l'imagination et du travail, quand les peuples de l'Europe vivaient encore à l'état de barbarie, et il n'est pas probable que l'avenir en efface l'éclat.

La France doit plus qu'aucune nation apprécier l'immobilité de ces vieilles traditions des premiers âges de l'Asie, car nous trouvons dans les matériaux qu'ils nous ont transmis avec fidélité une source abondante où notre imagination puise sans cesse au profit de nos diverses industries.

AUTRICHE ET LOMBARDIE.

Il existe fort peu de documents sur les industries de la XXe classe antérieurement au XIXe siècle. L'état de quelques-unes d'entre elles n'a pu être constaté d'une manière précise que lors de l'Exposition de Vienne, en 1845. Le rapport de M. Mayer d'Aveman et quelques fragments de notre correspondance depuis l'Exposition de Londres sont les seules sources auxquelles nous ayons pu puiser pour rendre compte des faits antérieurs à 1851.

BONNETERIE.

La Bohême fabriquait déjà des bas et des bonnets de coton et de laine au XVIIIe siècle; cette industrie était même assez considérable et ses prix réputés fort bas. C'est encore elle qui produit la majeure partie de la bonneterie de l'empire. On évaluait cette production, en 1845, à 7 ou 8 millions de francs; elle s'est accrue de plus de 10 p. 0/0 depuis cette époque. On en consomme une partie à l'intérieur; le reste est exporté dans le Levant ou se vend à la foire de Leipsick : ce sont surtout les Américains qui l'achètent sur ce marché.

Vienne contient des fabriques de bas de soie et de fil d'Écosse où fonctionnent des métiers faits en France.

Milan possède une manufacture très-importante de bas et de gants de soie, qui a de la réputation.

C'est la France qui fournissait jadis tous ces divers articles à l'Autriche.

Les bas de soie payent un droit d'entrée de 46 fr. 61 cent. le kilogramme; les bas de fil d'Écosse payent 5 fr. 44 cent. le kilogramme.

Nous rangerons dans la catégorie des objets de bonneterie les bonnets nommés *fez* : c'est un des produits que l'Autriche fabrique en grand et à très-bon marché, grâce au bas prix de ses matières et de sa main-d'œuvre ; elle nous fait une concurrence très-vive, qui chaque jour diminue le chiffre de notre exportation dans le Levant. Les acheteurs turcs, grecs, arméniens, font des demandes si considérables aux maisons autrichiennes, qu'elle n'y peuvent suffire. La Bohême seule en vend pour près de 2 millions de francs par an; la monarchie entière en fabrique aujourd'hui pour plus de 4 millions de francs. Les fabricants français auront de grands efforts à faire pour regagner le terrain perdu.

La bonneterie autrichienne n'était pas représentée à Londres.

CHAUSSURES.

Les chaussures pour hommes se font en général avec des cuirs tirés de Mayence et de Paris, surtout ceux destinés à la classe élégante: aussi la chaussure de ce genre coûte-t-elle 10 à 15 p. o/o de plus qu'en France.

Les souliers de Vienne pour dames ont de la réputation. Ceux de Prague, de Vienne, s'exportent en grande quantité, surtout pour la Turquie, qui demande des formes particulières et en achète pour plus de 600,000 francs par an. Trieste exporte aussi une grande quantité de chaussures pour hommes qui se fabriquent plus particulièrement dans les provinces du sud de la Hongrie. Ces chaussures ne pourraient lutter contre le bon marché et l'élégance de celles de Paris, et nos fabricants, en étudiant cette consommation, pourraient faire dans le Levant des affaires assez importantes.

L'industrie de la chaussure occupe en Autriche plus de 120,000 maîtres et ouvriers cordonniers.

M. A. Kunerth, de Vienne, avait exposé de ravissantes pantoufles dans le genre turc, bien brodées, ornées de dessins gracieux et originaux : le jury lui a décerné une médaille de prix. Une autre médaille et trois mentions honorables ont été accordées pour de bonnes chaussures de campagne et de chasse et quelques souliers de dames.

Cette industrie ne comptait que 7 exposants.

GANTERIE.

Vienne compte un grand nombre de petites fabriques de gants; il y en a 250, produisant aujourd'hui au moins pour 3 millions de francs. Prague fabrique aussi ce produit dans la proportion de 7 à 800,000 francs environ, et ses gants ont presque autant de renom que ceux de Vienne. Une assez forte partie de la fabrication de Vienne et de Prague s'exporte dans les provinces du Danube et en Turquie. Cette industrie occupe près de 5,000 personnes. Cette fabrication progresse en Autriche; les gantiers deviennent habiles et l'importation des gants de Paris diminue. Les gants de luxe coûtent plus cher que les nôtres, mais le droit à l'entrée nivelle cette différence.

Cette industrie ne comptait à Londres que deux exposants. La société des gantiers de Prague, qui possédait des spécimens remarquables, a été récompensée par la médaille de prix..

CHAPELLERIE.

L'industrie des chapeaux pour hommes avait une certaine importance à Vienne au XVIIIe siècle. En 1714, cette ville, outre ce qu'elle fabriquait pour l'empire, exportait en Allemagne et en Italie 25,000 chapeaux de feutre. La Bohême faisait considérablement de chapeaux en poil de lièvre. On employait et on exportait de Vienne seulement 1,500,000 peaux de lièvres. Cette fabrication s'est accrue et ses produits ont gagné en perfection. Vienne fait bien les chapeaux de feutre et les vend moins cher que la France.

L'exportation de la chapellerie pour le Levant se monte annuellement à près de 1,500,000 francs.

Les peluches de soie n'ont pas la perfection de celles de la France, et, malgré le droit d'entrée dont ce produit est chargé, nous en vendons en Autriche, où il est très-estimé.

Nous avons examiné à Londres les produits de trois exposants que le jury n'a pu mentionner, malgré le bas prix qui les distinguait : quelques chapeaux de soie étaient cotés de 3 fr. 75 cent. à 7 fr. 50 cent.; d'autres, en feutre de poil de lièvre, valaient 7 fr. 50 cent. La matière employée était bonne, mais tout cela péchait par la confection, qui laissait à désirer.

CHAPEAUX DE PAILLE ET MODES.

Les chapeaux de paille se fabriquent en Bohême, en Autriche et en Lombardie. Vienne occupe à cette industrie près de 3,000 personnes; les autres fabriques ont leurs principaux centres à Prague, Milan, Bassano, Venise, Brescia, Padoue et Lodi. Les tresses employées à la confection de ces chapeaux sont évaluées à près de 1,200,000 francs. Cette industrie, mal représentée à Londres, ne comptait que trois exposants : deux de la Bohême et un de Bassano.

Le jury n'a accordé ni médaille ni mention honorable.

HABITS CONFECTIONNÉS.

Nous n'avons pu nous procurer aucun document sur l'importance de cette industrie. Elle était représentée à Londres par sept exposants. L'un d'eux avait apporté un habit à double fin, pouvant se retourner et présenter, selon le caprice de son possesseur, une couleur ou une autre. Les six autres présentaient des spécimens fort originaux et fort jolis : des costumes hongrois nommés szièr, des costumes valaques, etc. Le guba, manteau hongrois, blanc et gris, abondait aussi. Les vêtements nationaux des provinces de l'empire étaient variés : le jury les a appréciés au point de vue artistique, et il a décerné trois médailles de prix.

RUSSIE.

BONNETERIE.

C'est à peine si l'on peut trouver, en remontant au XVIIIe siècle et à la fin du XVIIe, quelques traces des industries naissantes de la nature de celles qui concernent la XXe classe.

Presque tous ces produits étaient importés d'Angleterre, de Hollande ou de France, et nos articles en bonneterie de soie ou en laine feutrée, dans le genre du bonnet nommé fez, y étaient appréciés et s'y vendaient en quantité considérable. Saint-Pétersbourg achetait plus de 50,000 douzaines de bas de soie et de coton, et la France en fournissait la plus forte partie.

La Crimée, la Bessarabie et la Circassie ne coiffaient leurs habitants qu'avec nos bonnets fez, privilége que nous avons perdu au profit des manufacturiers de l'Autriche.

Il existait cependant à Saint-Pétersbourg, vers la fin du XVIIIe siècle, deux belles manufactures de bas et gants de soie appartenant à un Arménien : elles se soutenaient malgré la concurrence française et grâce à la protection.

Le gouvernement de Moscou fabrique quelque peu de bonneterie; il s'en fait aussi dans les autres provinces de l'empire. Nous ne possédons que les chiffres relatifs à Moscou pour l'année 1842 : il y avait alors 4 fabriques occupant 156 ouvriers et 132 métiers; la valeur de leur production était estimée à 220,000 francs.

Cette industrie n'était pas représentée à Londres, et quelques rares bonnets, quelques paires de gants en tricot de soie valant de 11 à 20 francs la douzaine, n'ont pu obtenir de récompense.

CHAUSSURES.

Les ouvrages en maroquin de Tarjok (gouvernement de Novogorod), sur les bords de la Tvertza, ainsi que ceux de Kazan, ont un grand mérite et justifient leur célébrité ; le goût en est exclusivement oriental, et l'exécution remarquable.

Les Russes ont emprunté le travail de ces chaussures aux Tartares et les y ont surpassés. On fait, dans ces deux villes et dans leurs environs, des bottes, des souliers, des pantoufles, des gants, des bonnets, etc., en maroquin de couleurs éclatantes brodés d'or et d'argent.

Les produits de Kazan sont plus riches, et leurs broderies contournent des parties de maroquin de plusieurs nuances ; ce qui produit des mosaïques d'un excellent effet, habilement relevées par l'or et l'argent.

Les broderies de Tarjok se font sur un maroquin d'une seule couleur, et n'offrent pas ce contraste, ce bariolage ingénieux et tout asiatique des objets fabriqués à Kazan.

Les prix de ces gracieuses fantaisies, quoique relativement modérés, limitent cette consommation à la classe riche. On les obtient à meilleur marché dans les bazars de Moscou et de Saint-Pétersbourg que sur les lieux où ils se fabriquent.

L'ouvrier reçoit le cuir du maître fabricant, mais il fournit le fil d'or et d'argent ou la soie dont il a besoin.

Un zolotnik d'or (4 gr. 1/4) coûte 1 fr. 80 cent. environ et suffit pour une paire de souliers de femme.

Une paire de pantoufles toute faite revient au fabricant à 4 roubles assignats (4 fr. 40 cent. environ), et il la vend 8 à 10 roubles.

Le salaire se règle sur l'habileté de l'ouvrier ; il reçoit en hiver 1 fr. 25 cent., et en été 2 francs environ, et il est nourri, logé et chauffé ; les jours fériés et les dimanches lui sont comptés également.

Dans le gouvernement de Tver, on retrouve la corporation industrielle ; il y a des communes entières dont tous les habitants, hommes, femmes, enfants, s'occupent d'une seule industrie.

Dans le village Jourkinskaïa (commune de Volost), on confectionne des bottes et des souliers qu'on expédie à Moscou; quelques paysans y sont chargés de la vente en détail et en gros au bénéfice commun de la corporation.

Chez les Tchouvaches, les Baschkirs, les Kalmouks, les chaussures comme les autres parties de l'habillement des hommes et des femmes se vendent le même prix que dans le gouvernement de Tver.

Les femmes du gouvernement de Kharkov portent des bottes à hauts talons de même que les hommes.

Une paire de bottes d'homme coûte 7 roubles argent et les souliers de cuir 1 rouble 1/2 environ.

Presque tous les spécimens de chaussures russes étaient représentés à l'Exposition, et les prix variaient entre 15 et 140 francs pour les souliers ou bottes de Tarjok et de Kazan.

Nous avons remarqué de gros souliers en feutre épais et sans coutures que portent les paysans du gouvernement de Nijnei-Novogorod.

Une paire de bottes pesant 180 grammes et assez solidement cousue nous a paru curieuse plutôt qu'utile.

Deux exposants ont obtenu la médaille de prix, et trois la mention honorable.

GANTERIE.

La fabrication des gants, quoique inférieure à celle de France, a fait, en Russie, de grands progrès, qui sont dus à des ouvriers parisiens chassés par nos troubles et nos révolutions. On leur a donné toute l'aide désirable, et l'argent ne leur a pas manqué, comme cela a lieu pour toute industrie utile au pays dans lequel elle émigre.

Un gantier français, aidé de cette manière, occupe aujourd'hui 200 ouvriers et fait annuellement pour 300,000 francs d'affaires.

Pour cette industrie comme pour tant d'autres, c'est Paris,

c'est la France qui fournit aux autres nations les maîtres dont elles ont besoin : on trouve réuni chez nos ouvriers l'habileté, l'intelligence et le goût. On les recherche, et cette préférence nous coûte cher! Certes, c'est là un des plus cruels arguments qu'on puisse produire contre les révolutions : chacune d'elles produit, sur une échelle plus ou moins large, les tristes résultats dont la France a souffert lors de la révocation de l'édit de Nantes. Fort heureusement nos ouvriers ne trouvent pas à l'étranger ce milieu plein de goût, d'élégance, d'émulation, de vivacité, dans lequel l'esprit industriel artistique se maintient toujours jeune et original.

La fabrication des peaux pour ganterie de la Russie ne le cède à aucune autre en Europe, celle de la France exceptée; car, malgré ce progrès, elle fait venir une assez grande quantité de peaux préparées en France.

L'ukase du 23 novembre 1850 en a profondément modifié le tarif : le droit d'entrée sur les peaux, qui était de 73 fr. 17 cent. est descendu à 29 fr. 26 cent.; c'est un indice suffisant du perfectionnement qui s'est produit dans la fabrication de la ganterie russe.

Cette industrie n'était pas représentée à Londres; quelques paires de gants ont fixé l'attention du jury, mais leur prix était exorbitant et enlevait à la perfection tout son mérite.

CHAPELLERIE.

Les bonnets d'Astrakhan en peaux d'agneau grises ou noires, ondées et frisées étaient fort estimés au XVIIe et au XVIIIe siècle; leur poil avait un éclat surprenant. Les peaux de la Boukharie et de Khiva étaient fort recherchées, et d'autant plus chères que, dans certains cas, on éventrait la brebis pour avoir l'agneau qu'on écorchait aussitôt. Une peau d'agneau de Boukharie se vendait 125 à 150 francs, tandis que celles provenant des Kalmouks ou des Tartares des steppes, ne valaient que 2 fr. 40 cent.

La Crimée faisait un grand commerce de ces peaux d'agneau

Le chapeau russe en feutre présente deux formes différentes

adoptées par les paysans. Depuis Saint-Pétersbourg jusqu'au gouvernement de Tver, l'on porte le chapeau évasé du haut, noir, petit et à larges bords : il est orné d'un ruban et d'une boucle en métal. A mesure que l'on approche de Moscou, il change de forme, devient pointu vers le haut et étroit des bords.

Certaines femmes de paysans riches portent un bonnet brodé d'or et d'argent sur lequel elles attachent un voile nommé *fata* d'un luxe inouï : il est en étoffe de soie brochée de fleurs et d'arabesques d'or et d'argent d'un goût excellent; le prix de ce voile monte quelquefois jusqu'à 350 roubles assignats (400 francs environ).

L'Exposition ne contenait que quelques chapeaux de 24 à 32 francs, n'ayant rien qui méritât une mention particulière, et nous regrettons que, comme pour la chaussure, la Russie ne nous ait pas envoyé ses coiffures nationales.

VÊTEMENTS CONFECTIONNÉS.

Il y a des villages entiers, dans le sud de la Russie, dont tous les habitants sont tailleurs et voyagent dans les environs pour y chercher de l'ouvrage. Le paysan tailleur passe successivement d'une maison à l'autre, il n'en sort qu'après avoir remonté complétement la garde-robe des habitants. Pendant tout le temps que dure le travail, il est logé et nourri aux frais de ceux qui l'occupent, et reçoit en sus un salaire pour chaque pièce qu'il confectionne.

Pour un simple caftan gris, il reçoit 50 à 60 kopeks (75 centimes), et, pour un caftan bleu, de 2 fr. 50 cent. à 4 fr. 50 cent. : on n'explique cette différence que par le plus ou le moins d'ornements dont il est décoré.

L'habillement ordinaire d'un paysan aisé de la Russie revient à 80 roubles assignats (94 francs environ), et celui de sa femme à 105 francs. Les mêmes objets de même étoffe ne coûteraient guère que la moitié de ce prix confectionnés en France ou en Allemagne.

Voici le coût détaillé du costume complet des hommes et des femmes :

VÊTEMENTS POUR HOMMES.

Les bottes ordinaires coûtent 3 1/4 et même 7 roubles argent.

Le chapeau en feutre de laine vaut un rouble 50 kopeks.

Le caftan bleu (qui sert de dix à quinze ans) coûte 4 roubles assignats.

La touloupe large de drap, de [illegible] à 4 roubles assignats.

L'écharpe ou ceinture, de laine, de 1/2 à 5 roubles assignats.

VÊTEMENTS POUR FEMMES.

Une robe en cotonnade coûte de 7 à 10 roubles assignats;

en étoffe de laine, de 15 à 25 *idem*;

[illegible] de 15 à [illegible] *idem*.

Une paire de souliers 1 rouble 80 kopeks argent.

Elles tricotent elles-mêmes leurs bas.

La robe en damas, brodée d'or, garnie de fourrure, qui fait partie du grand costume, varie entre 200 et 2,000 francs.

Tout cela est fort solide, et dure à raison de la nature de l'étoffe.

Les femmes du gouvernement de Kharkof confectionnent des habits d'hommes; et leurs maris vont vendre ces vêtements dans les foires voisines; il y a 88 foires dans ce gouvernement.

Ces habits sont en général en laine, en peluche, etc. Les femmes sont pleines de goût; elles les ornent de broderies.

La Russie n'avait apporté à Londres qu'un ou deux spécimens assez ordinaires, ce qui n'a pas permis au jury de récompenser cette industrie fort curieuse, et qu'il est regrettable que nous n'ayons pu analyser.

Les corsets, les chapeaux de paille et la lingerie manquaient dans l'exposition russe.

ÉTATS DU ZOLLVEREIN.

Les diverses industries qui font l'objet de ce rapport, une partie d'entre elles du moins, ont pris naissance en Allémagne qu'à l'époque de la révocation de l'édit de Nantes. En compulsant les rares archives qui traitent de l'état de l'industrie au XVIIe et au XVIIIe siècle, on retrouve pour tous les États un peu importants de l'Europe cette triste page de la fin du règne du grand roi. On voit clairement que c'est aux émigrés français que les nations voisines durent les commencements de leur fabrication en tous genres, et que là où existait le chaos ou l'inhabileté routinière, succéda sans école, de prime saut, une exploitation intelligente du progrès qui s'était accompli en France sous l'admirable impulsion que lui avait imprimée le génie de Colbert.

La Prusse, la Saxe, la Silésie, la Suède, le Danemark et une foule de petits États profitèrent de cette émigration; mais, entre tous, c'est à l'électeur de Brandebourg et à l'électeur de Saxe que l'Allemagne dut l'implantation de toutes les richesses chassées du sol français. Priviléges, pensions, rien ne leur coûta pour retenir les hôtes intelligents qui leur arrivaient; c'est donc à eux que l'Allemagne est redevable de la place qu'elle a conquise dans le grand concours, où elle a souvent balancé la puissance industrielle de la France et de l'Angleterre.

L'industrie de la bonneterie et de la chapellerie ne prit naissance ou ne se transforma en Brandebourg qu'à cette fatale époque; on faisait déjà, en France, les bas au métier; les Allemands profitèrent de cette invention. Berlin comptait, dès 1755, 139 métiers fabriquant des bas de soie et 300 métiers faisant des bas de laine; en 1783, ce nombre était réduit, pour les bas de laine, à 160 par la concurrence de la Saxe: on évaluait à 28,000 paires le nombre des bas de soie que produisait Berlin en 1783, et on leur attribuait le même degré de perfection qu'à ceux de la France. Magdebourg prenait rang immédiatement après: la bonneterie de laine et de soie au métier et à l'aiguille, la chapellerie, la ganterie, s'y exploitaient comme à Berlin et occupaient un grand nombre d'ouvriers; la Souabe était dans le même cas. La Silésie, la haute et basse Saxe, la Lusace, le Palatinat, étaient rem-

plus de petites fabriques de bonneterie, de chapeaux et de gants.

Les chapeaux de Görlitz et de Christianstadt étaient faits de si belles matières, qu'ils différaient peu de ceux de castor.

Bautzen était déjà, en 1783, renommé pour sa bonneterie de laine : ses bas se vendaient de 25 à 50 francs la douzaine, et ses gants de bonne fabrication.

Ces industries diverses s'exploitaient dans tous les cercles; mais quelques centres seulement faisaient le commerce en grand.

C'est dans les grandes foires de l'Allemagne que tous ces produits trouvaient leur débouché.

Hambourg possédait des fabriques de bonneterie importantes et vendait ses produits en Allemagne ou en Italie. Le Hanovre fabriquait bien la bonneterie de coton; celle de Gœttingue avait une grande réputation.

Tel était sommairement l'état des industries qui nous occupent au XVIIIe siècle, époque où la science de la statistique n'était avancée qu'en France et en Angleterre et fort négligée partout ailleurs. On s'en occupa moins encore pendant les guerres de la Révolution et de l'Empire, et il faut remonter jusque vers 1840 pour trouver les premières traces d'un travail de ce genre sur la situation industrielle de l'Allemagne. M. Dieterici commence à fonder, vers cette époque, un compte rendu des progrès du Zollverein, et plus tard, le beau rapport si consciencieux et si substantiel de M. Legentil nous initie aux progrès accomplis à l'époque de l'Exposition de 1844, et tout ce qu'il dit, tout ce qu'il a analysé et observé est d'accord avec la traduction que nous avons fait faire de la statistique de M. Dieterici, qui continue avec ordre et méthode son excellent travail jusqu'en 1849.

BONNETERIE.

Un document allemand prétend attribuer aux Suisses la découverte de l'art de tricoter les bas : s'il s'agit du tricot à la main, il se trompe, car l'origine de ce travail se perd dans l'obscurité des siècles; s'il parle du métier à bas, il fait encore erreur, car son inventeur est bien William Lee de Nottingham.

Les principaux centres de l'industrie de la bonneterie du Zollverein sont en Saxe et en Thuringe; les autres États s'en occupent peu; c'est dans les environs de Chemnitz, à Limbach, à Waldenbourg, à Hohenstein, à Lichtenstein, à Bautzen, et même un peu à Weimar, que cette fabrication est la plus active; Chemnitz concentre presque toute la bonneterie de coton, et Bautzen celle de laine.

En fait de bonneterie de laine, ce n'est pas l'Angleterre qu'il faut regarder comme la rivale la plus redoutable; c'est l'Allemagne. La Saxe bat l'Angleterre, et y est aidée par sa matière première, de la laine douce et à bon marché; une main-d'œuvre exceptionnelle, tels sont les avantages qui assurent à la Saxe une exportation importante en Amérique et en Orient, où se vend une grande partie de la fabrication de Bautzen; la Saxe l'emporte aussi sur l'Angleterre pour plusieurs de ses produits en coton, ou, du moins, cette dernière est obligée de compter sérieusement avec elle.

Cette industrie est tombée en Prusse; Berlin fabrique aujourd'hui trois fois moins que de 1835 à 1841.

Selon la statistique de M. Felkin, le Zollverein comptait, en 1844, 25,000 métiers et près de 45,000 ouvriers; il lui attribue aujourd'hui 30,000 métiers et près de 60,000 ouvriers, dont la Saxe et la Thuringe fournissent plus des sept huitièmes. Les environs de Chemnitz seuls contiennent 3,000 maîtres et plus de 30,000 ouvriers occupés à la bonneterie de coton; cette fabrication a fait de grands progrès; la blancheur des produits de laine est éclatante, et les Anglais ont tout fait pour l'imiter.

La bonneterie de coton est encore un peu inférieure à celle de l'Angleterre, et même à celle de la France, où les bas fins se font mieux et plus élégamment, mais le bas prix des produits du Zollverein est écrasant; nous avons remarqué des bas de coton blancs et de couleur à 3 fr. 75 cent. la douzaine; des chaussettes à 2 fr. 25 cent. et des bas à jours pour femmes de 6 à 8 francs la douzaine, et si l'on considère que ces bas sont cousus et solides, on est forcé de convenir que ce n'est pas à l'Angleterre qu'on devrait donner la récompense qu'on décernait au bon marché.

Le Wurtemberg avait aussi quelques spécimens remarquables pour la confection des bas. Tout cela néanmoins n'égale pas la forme des produits français.

Les ouvriers saxons sont peu payés et ne gagnent guère que 5 à 6 francs par semaine; il règne cependant un certain bien-être chez eux, et la plupart possèdent un petit coin de terre qu'ils cultivent dans les moments de repos. Il est fort intéressant d'examiner l'intérieur des maisons des bonnetiers saxons : partout se décèle un goût prononcé pour la musique et la lecture; on trouve dans la majeure partie des chaumières divers instruments de musique et un rayon chargé de 30 à 40 volumes; tout y respire l'ordre et l'honnêteté.

Le jury a rendu pleine justice à cette belle exposition saxonne.

Sept exposants ont obtenu la médaille de prix.

CHAUSSURES.

Cette industrie s'est largement développée dans le Zollverein depuis vingt ans. Jadis l'étranger vendait à l'Allemagne toutes les chaussures fines et de luxe; la France, l'Angleterre et la Russie se partageaient cette alimentation et enlevaient les ouvriers allemands habiles à cette industrie en leur donnant un salaire qu'ils ne pouvaient obtenir chez eux. Aujourd'hui c'est le contraire; l'émigration cesse et le commerce de la chaussure fine ou commune prend un grand développement; l'exportation s'en fait sur une large échelle, dont nous regrettons de ne pouvoir donner le chiffre, confondu qu'il se trouve avec celui de l'exportation de la sellerie sur les états de la douane. L'Amérique du Sud et l'Amérique du Nord font, en ce genre, des achats importants au Zollverein.

En 1805 on ne comptait en Prusse seulement qu'un nombre de 46,509 maîtres cordonniers; en 1831, il atteignit le chiffre de 65,870 maîtres et 32,630 ouvriers; en 1843, celui de 81,126 maîtres et 45,455 ouvriers. Ces derniers chiffres sont doublés depuis bientôt neuf ans, et ce résultat existe aussi bien pour le Zollverein que pour la Prusse seule. Les chaussures envoyées à Londres avaient un mérite réel pour la qualité de la matière et le fini du travail.

Le jury a décerné 2 médailles de prix et 3 mentions honorables.

GANTERIE.

Le Zollverein demande à l'étranger de la ganterie de peau dans une proportion d'au moins sept fois la quantité qu'il exporte; Berlin, cependant, a la prétention d'être le lieu de toute l'Allemagne, y compris l'Autriche, où se fabrique le mieux la ganterie façon de France. Nous croyons, nous, d'après l'examen que nous avons fait avec l'aide d'experts, des gants de Vienne et de Prague, que c'est à ces deux villes et surtout à la première, qu'appartient la prééminence, à moins que les gantiers de Berlin n'aient un peu négligé leurs envois à l'Exposition universelle.

La fabrication de Berlin, de Potsdam, de Magdebourg et d'Halberstadt, quoique très-importante, ne peut suffire aux besoins des consommateurs, et c'est la France qui est la grande pourvoyeuse du Zollverein.

La ganterie de Potsdam a dégénéré; elle se vend à bas prix et manque d'élégance.

Les fabriques sont répandues dans les provinces prussiennes de l'ouest, et celle de Breslau, qui imite la ganterie française, est très-estimée. La teinture des peaux se fait assez bien, surtout dans les nuances claires. La Prusse occupait à cette fabrication :

En 1805 . . . . . 763 individus.
En 1831 2,038
En 1843 2,618

Le progrès n'a pas été très-sensible depuis 1838, comme on le voit.

Le nombre des exposants était minime, et le jury, qui n'a pu suffisamment apprécier les rares spécimens, ne les a point récompensés.

CHAPELLERIE.

En général, les fabriques de chapellerie sont loin de suffire aux besoins du pays; le Zollverein importe un grand nombre de chapeaux de la France, de l'Angleterre et de la Belgique. C'est la France qui en vend le plus; elle donne le ton, et ses produits sont plus estimés. C'est à cette supériorité qu'elle doit d'être copiée à Hanau, à Dusseldorff, à Offenbach. Les produits de ces dernières fabriques se répandent, concurremment avec les nôtres, dans le nord et dans l'ouest de l'Allemagne. La fabrique de Rösler, à Hanau, fait les meilleurs chapeaux de feutre de toute l'Union.

Les chapeliers allemands ont cependant un grand avantage sur nous par le bon marché des peaux de lièvre et de lapin qu'ils ont abondamment à leur portée; mais leurs chapeaux, quoique mieux tournés que ceux des Anglais, ne peuvent soutenir la lutte avec ceux de Paris.

Les chapeliers de Berlin ne subviennent pas à la moitié des besoins de cette ville populeuse : c'est Paris, Breslau et Hanau qui fournissent le reste. Paris envoie surtout les chapeaux de soie.

La production étrangère domine de jour en jour davantage sur les marchés allemands; cependant les peluches de soie se font fort bien à Berlin et sur les bords du Rhin; on cite surtout les peluches en bourre de soie, chaîne en coton, qui sont d'excellente qualité et ne jaunissent pas.

La Prusse seule comptait, en 1805, 1,632 chapeliers, en 1832, 2,966, et en 1843, 2,561; cette industrie ne prend pas de développement et paraît, au contraire, en voie de décroissance.

Le jury n'a décerné ni médaille ni mention honorable.

TRESSES ET CHAPEAUX DE PAILLE ET D'ÉCORCE.

La manufacture des chapeaux de paille commence à former une branche assez importante des industries du Zollverein : elle existe aujourd'hui dans toutes les villes principales, et surtout à Berlin, où l'on emploie particulièrement les tresses de Florence. Les pailles allemandes sont fort bien apprêtées sur les lieux, où on les choisit avant de les envoyer dans les fabriques; les tresses se font assez bien pour qu'on commence à les comparer à celles de la Suisse; elles valent celles de la Belgique.

Berlin, Mayence, Hambourg et Thierchen dans le grand-duché de Bade, font des produits gracieux et appréciés. Cette dernière fabrique mélange avec art et distinction la paille et le crin; elle exporte beaucoup en Amérique. L'institut des pauvres à Schramberg, sur les frontières du Wurtemberg, fabrique le genre florentin avec un succès réel, de même que les chapeaux en feuilles de palmier. Les chapeaux de luxe se font dans toute l'Union avec les pailles de l'Italie, de la Suisse et de la Belgique, et quelques pailles choisies du pays; les qualités ordinaires se font avec les pailles de l'Allemagne et surtout de la Saxe.

La Prusse comptait, en 1831, 1,560 fabricants de chapeaux de paille ou modistes, et, en 1843, 3,608.

Cette industrie était à peine représentée : le jury n'a pu l'apprécier assez exactement pour lui décerner des récompenses; examinée dans le pays même, elle eût été jugée tout autrement.

HABITS CONFECTIONNÉS.

On ne connaît pas le chiffre de la production du Zollverein en ce genre, et la statistique fait également défaut pour ce qui concerne le nombre des ouvriers qu'on y emploie. Nous trouvons dans le livre de M. Dieterici des détails qui ne vont que jusqu'à l'année 1843 et ne concernent que la Prusse seulement.

La Prusse comptait,

En 1805, 39,672 tailleurs;

En 1831, 53,919 maîtres et 21,290 ouvriers;

En 1843, 65,946 maîtres et 36,411 ouvriers.

La différence pour la période de douze années qui sépare ces deux dernières époques est de 27,148 personnes, soit environ 37 p. o/o. La statistique manque pour la période de 1843 à 1851, mais on évalue l'accroissement à près de 20 p. o/o.

Le Zollverein exporte en vêtements beaucoup plus qu'il n'importe.

La moyenne de l'entrée, de 1843 à 1845, est de 1,000 kilogrammes; celle de la sortie, de 61,050 kilogrammes.

La moyenne d'importation de 1846 à 1848 est de 4,250 kilogrammes seulement, et celle de l'exportation de 105,850 kilogrammes. La balance est donc à l'avantage de l'Union douanière.

Ces vêtements se confectionnent surtout dans les provinces rhénanes et dans le sud du Zollverein, et l'exportation s'en fait plus spécialement en Suisse, en Italie, et quelque peu en Belgique. La Russie et la Pologne ne demandent presque rien en ce genre à l'Union.

La confection pour les vêtements de dames est peu en progrès: le manque de goût des fabricants d'abord, et l'habitude qu'ont la plus grande partie des familles de prendre chez elles des couturières que les jeunes filles de la maison aident à faire leurs objets de toilette, sont les entraves au développement de cette industrie. En somme, le Zollverein est tributaire de la France et de l'Angleterre pour les vêtements de luxe.

Il n'a été donné par le jury ni médaille ni mention honorable.

CHEMISES.

Cette industrie n'était pas représentée à Londres; il existe cependant quelques établissements assez importants, dont un à Berlin, occupant plus de 500 ouvrières et produisant des objets qu'on pourrait comparer à quelques-uns des nôtres.

Malgré la surveillance de la police, cette classe d'ouvrières travaille quatorze heures par jour, et trop souvent dans de petits ateliers, qui sont en général malsains; elles ne travaillent que dix heures par jour dans les grands ateliers.

GRAND-DUCHÉ DE HESSE.

La chaussure seule figurait à l'Exposition; il y avait absence complète de toutes les autres industries de la XXe classe.

Sur trois exposants, un seul a obtenu la mention honorable.

GRAND-DUCHÉ DE LUXEMBOURG.

Deux industries ont été examinées par le jury :

L'une, la ganterie, n'a obtenu aucune mention.

L'autre était représentée par M. Wemmer, excellent fabricant de bottes de chasse et d'autres genres, qui lui ont valu la médaille de prix.

BELGIQUE.

La bonneterie de la Belgique n'était pas représentée à l'Exposition universelle. Cela nous a paru d'autant plus étonnant, que les fils de laine pour tricot s'y font bien et en assez grande quantité. Il en était de même de la ganterie, de la lingerie, des habillements confectionnés, des articles de modes et des chapeaux de paille.

La chapellerie pour hommes comptait 4 exposants, qui n'ont pu être mentionnés, quoiqu'ils eussent des spécimens cotés à bas prix.

CHAUSSURES.

Le jury n'a constaté rien de remarquable dans cette industrie. Cependant un exposant de Namur, M. Cabu-Février, présentait au concours des bottes en bonne qualité, faites pour l'exportation et valant 14 francs; c'est au bas prix qu'il a dû la mention honorable, accordée également à un exposant de Bruxelles pour bonne confection.

Il y avait des collections nombreuses de sabots valant de 25 centimes à 16 francs la paire, et bien inférieurs à ceux exposés par la France.

CORSETS.

On ne pouvait signaler aucune invention dans cette industrie; nous n'y avons même pas remarqué la contrefaçon des corsets élégants de la France.

Le jury a accordé une médaille de prix et une mention honorable.

SUISSE.

Cette active et intelligente nation avait envoyé à l'Exposition universelle un très-petit nombre d'objets représentant les industries de la XXe classe. La bonneterie, la chaussure, la ganterie, la chapellerie, la lingerie et les corsets faisaient défaut, et cependant la Suisse pouvait concourir pour certains objets de ce genre qui déjà faisaient une partie de son commerce au XVIIIe siècle.

CHAPEAUX DE PAILLE ET TRESSES.

La seule industrie bien représentée était celle des chapeaux de paille, et surtout des tresses et des garnitures de fantaisie; ces dernières occupent une place éminente, et le commerce auquel elle donne lieu est assez considérable. Nous n'avons pu, malgré nos démarches, arriver à connaître le chiffre de cette fabrication, qui brille par un goût parfait et de charmants dessins, qui justifient pleinement les demandes considérables de l'Angleterre. Les échantillons de paille indigène de diverses finesses étaient nombreux, et nous avons pu admirer leur choix et leur blancheur.

Les tresses ne laissaient rien à désirer; les brins étaient bien triés et de même grosseur. Le grain du tressé était bien carré et régulier. Les bordures, les agréments, offraient à l'œil une variété infinie et une exécution irréprochable. Aucune nation n'avait apporté une aussi grande quantité de spécimens de ce genre que la Suisse, et ses premières maisons illustraient cette exposition.

Nous citerons celles de MM. ABT frères, SULTZBERGER et AKERMANN et WOHLER et Cie, comme tenant le premier rang. Toutes trois ont obtenu la médaille de prix.

Il a été accordé deux mentions honorables seulement.

TOSCANE.

L'unique industrie, entre toutes celles de la XXe classe, qui fût représentée à l'Exposition universelle par la Toscane était celle des chapeaux de paille, qui a une grande et antique réputation. Ce n'est ni par les tresses de fantaisie ni par les garnitures variées ou les agréments qu'elle brille, comme celle de la Suisse, mais par des pailles merveilleuses, par des tresses d'une égalité et d'un fini aussi remarquables dans les chapeaux ordinaires que dans ceux qui atteignent un degré de finesse idéal, et dont le grain serré ne s'analyse, pour ainsi dire, qu'à l'aide de la loupe.

La dame élégante qui veut satisfaire son caprice et porter ce qui atteint la plus extrême limite de finesse doit payer un chapeau de 500 à 700 francs, et nous en avons examiné quelques-uns à Florence même, chez le fabricant, qui valaient près de 600 francs, et qui, passant par les mains de nos modistes françaises en réputation, doivent atteindre des prix que la raison réprouverait, si l'on pouvait mettre la raison d'accord avec la mode.

Nous n'avons pu nous procurer aucun document statistique sur cette industrie en Toscane.

Deux maisons ont obtenu la médaille de prix; ce sont: Mme Agnès NANNUCCI et MM. VYSE et fils.

ÉTATS-UNIS.

Les industries de la chaussure et des chapeaux pour hommes ont été de tout temps, aux États-Unis, l'objet de soins spéciaux, la matière première y étant en grande abondance et à la portée de tout le monde.

Les autres industries qui nous occupent étaient, au XVIIIe siècle, dans la plus complète enfance. La bonneterie en tricot de qualité commune se faisait bien un peu en Pensylvanie, mais la fabrication qui dominait partout était celle de la chaussure (surtout des souliers), de la chapellerie et des gants de peau; ces divers produits jouissaient d'une certaine réputation pour la consommation usuelle. Quant aux objets de luxe de même nature, et surtout la bonneterie de soie, les modes toutes faites, la ganterie fine et les habits élégants, la France les leur fournissait presque exclusivement.

La ville de Lynn avait cependant une certaine renommée pour les souliers de femmes en soie et autres étoffes, et la fabrication s'en élevait annuellement à 170,000 paires.

Les Anglais entravaient autant qu'ils le pouvaient le développement de certaines industries dont ils cherchaient à conserver le monopole à la métropole : ainsi, un décret de 1732 défendait aux Américains d'exporter des chapeaux d'une province à une autre et même d'une plantation à l'autre; il limitait le nombre des apprentis, et il fut tout à fait interdit aux nègres de fabriquer des chapeaux. Toutes ces entraves tombèrent lors de la déclaration de l'indépendance des États, et c'est de cette ère nouvelle seulement que l'industrie américaine commence à dater.

Nous n'avons pu nous procurer de chiffres certains que jusqu'en 1843, et seulement pour quelques-unes des industries de la XXe classe; nous regrettons de n'avoir pu réunir jusqu'en 1851 les documents authentiques.

BONNETERIE.

Les importations de la bonneterie, qui étaient, en 1839, de 2,900,000 dollars (15 millions de francs environ), tombèrent, en 1842, à 1,400,000 dollars, seulement pour ce qui concerne les objets de laine et de coton, ceux en soie étant compris dans le chiffre d'importation des soieries.

Vers 1843, on constatait un accroissement notable dans la fabrication indigène, grâce à l'introduction du métier mécanique. Le chiffre de la production américaine atteignait alors 500,000 dollars (2,600,000 francs). Les États consommant pour 2,500,000 dollars (13 millions de francs), l'Europe leur fournissait donc pour plus de 10 millions de francs. La bonneterie à bon marché en laine et en coton était vendue par la Saxe et par l'Angleterre. La France prenait sa bonne part de ce chiffre, mais pour celle de luxe principalement; notre exportation en ce genre tend à s'accroître d'année en année, et nos produits sont plus goûtés que jamais.

La bonneterie des États-Unis n'était représentée que par un seul exposant, dont les bas de soie ne pouvaient entrer en lutte avec les spécimens des autres nations.

CHAUSSURES.

Nous ne possédons, comme chiffre de production, que ce qui concerne l'État de Massachusetts, dont la statistique, dressée en 1838 par M. J. P. Bigelon, est bien faite.

Cet État produisait alors 1,672,808 paires de bottes et 15,016,969 paires de souliers.

Leur valeur était estimée à 14,642,500 dollars (environ 77 millions de francs).

Cette industrie occupait 23,702 hommes et 15,366 femmes.

L'exportation de la chaussure s'élevait, en 1843, à 115,365 dollars (6 millions de francs environ). Elle doit être aujourd'hui beaucoup plus importante ; l'emploi des chaussures de caoutchouc étant devenu considérable aux États-Unis, les produisent mieux et à meilleur marché que toutes les autres nations.

Neuf exposants avaient apporté des chaussures d'hommes et de dames, et surtout en caoutchouc.

Ce qui devait surtout attirer l'attention de nos collègues du jury anglais, c'étaient les objets en caoutchouc constituant une industrie neuve et importante, admirablement exploitée par les Américains. Ils l'ont cependant laissée sans récompense, cet usage n'étant pas encore bien compris de leurs consommateurs.

M. Hearn (W. H.) avait exposé des chaussures de dames d'une admirable exécution, mais coûtant [illegible] plus jolis souliers de [illegible] Dufossé Melot. Le jury lui a décerné une médaille de prix.

M. Armstrong a été désigné pour une médaille de prix pour ses souliers à l'usage des ouvriers mineurs. On a accordé une mention honorable à quelques jolis souliers d'enfants.

CHAPELLERIE.

L'industrie de la chapellerie ayant repris un grand essor après la guerre de l'indépendance, la production des chapeaux de feutre était arrivée, en 1810, au chiffre de 4,323,744 dollars pour tous les États-Unis.

En 1838, on fabriquait dans l'État de Massachusetts plus de 460,000 chapeaux de feutre ou de peluche de soie, occupant 556 hommes et 304 femmes.

Cette fabrication représentait une valeur de 3,600,000 francs environ.

La production générale s'est élevée, en 1840, à 8,704,342 dollars (45,700,000 francs environ), occupant de 11 à 12,000 individus. Il y a eu un nouveau progrès depuis cette époque, mais nous n'avons pu recueillir de détails précis à cet égard.

Cette industrie n'était représentée que par trois exposants, dont les produits n'ont pu être mentionnés.

Quelques peluches de soie pour chapeaux exposées par M. Dumont, de New-Jersey, nous ont semblé assez bien fabriquées.

MODES, CHAPEAUX DE PAILLE.

L'importance de l'industrie des chapeaux de femmes était, en 1840, de 1,476,505 dollars (7,400,000 francs environ). Ce chiffre comprend les modes de tous genres; cette fabrication utilisait 2,176 individus.

L'importation des chapeaux de paille ou de fantaisie a été, en 1842, de 575,000 dollars (environ 3,000,000 francs). La France y figure pour 175,000 dollars (900,000 francs), l'Angleterre pour 94,000 seulement. L'Italie, et sans doute la Suisse, ont introduit le reste qui s'élève à 245,000 dollars; et c'est surtout l'Italie qui prend la plus forte part de ces 1,275,000 francs. MM. [illegible] et fils ont exposé des bonnets et chapeaux en tresses de coton, dont la beauté a décidé le jury à leur accorder la médaille de prix.

HABITS CONFECTIONNÉS.

Cette industrie est assez importante aux États-Unis, si nous en croyons les chiffres de la production pour l'État de Massachusetts seulement. On y fabriquait, en 1838, pour 2,013,346 dollars (10,600,000 francs environ), et le nombre des individus occupés à cette confection était de 3,936. Ici encore la statistique nous a manqué pour donner le chiffre actuel de la production.

Un seul exposant a paru à l'Exposition, il a obtenu une mention honorable.

LINGERIE.

Les spécimens exposés par cinq fabricants n'avaient rien de saillant. Quelques chemises brodées et piquées avec une rare perfection ont valu à M. Height, de New-York, une médaille de prix.

FRANCE.

BONNETERIE.

Nous venons de voir que les étoffes à mailles remontent fort loin dans l'antiquité. On a supposé, dit Savary, que les anciens savaient quelque chose du tricot au métier, mais rien ne le prouve. Longtemps on ne porta que des bas d'étoffe ou des espèces de caleçons, qu'on ajustait et qu'on moulait sur la jambe, non en saisissant la coupe avec assez d'adresse. L'usage de ces vêtements est fort ancien et les formes en varièrent selon le goût des peuples divers jusque vers le XVIe siècle. Ce fut sous le règne de Henri II que l'on vit les premiers bas de soie tricotés : il en portait, dit un auteur, aux noces de sa fille. Les rois et les reines de cette époque ne portaient ces bas de soie que dans les grandes cérémonies. Si l'on ne peut préciser l'origine du tricot à la main, l'invention du métier à tricoter touche d'assez près à notre temps.

Savary prétend que les Anglais se vantent à tort d'être les inventeurs du métier à bas, et que c'est à un Français qu'en appartient le mérite. Méconnu en France, dit-il, il passa en Angleterre, y fut récompensé, et l'exportation de sa machine fut défendue sous peine de mort. Le journal économique de 1767 produit une version qui se rattache au récit de Savary et attribue à un serrurier bas-normand l'invention de ce métier : cet ouvrier aurait remis à Colbert une paire de bas de soie, pour être présentée à Louis XIV ; mais les marchands bonnetiers, alarmés de cette découverte, gagnèrent un valet de chambre et lui firent couper quelques mailles qui devinrent des trous au moment où le roi les chaussa. Ainsi fut repoussé l'inventeur, et son invention enrichit l'Angleterre. Pour que l'opinion de Savary et le récit du journal économique fussent vrais, il faudrait que ces faits se fussent passés au moins dix ou quinze ans avant la mort du cardinal Mazarin qui eut lieu en 1661. Or Jean Hindret éleva la première manufacture de bas au métier au château de Madrid, dans le bois de Boulogne, en 1656. Il est notoire que cet homme courageux importa au péril de sa vie les plans de la machine anglaise, qu'il dressa de mémoire, et qui servirent à élever les métiers de sa fabrique. Il demeure évident que les partisans de Colbert lui attribuent à tort l'honneur de la fondation de cet utile établissement, antérieure de quelques années à son entrée au ministère.

Il est également certain que les premiers essais faits en France avec le métier à bas remontent au ministère de Sully. Il encouragea William Lee qui, méconnu en Angleterre, vint s'installer à Rouen, où il mourut. Son fils porta de nouveau à Nottingham le métier perfectionné, qui fut alors apprécié et devint l'objet du séquestre jaloux de l'Angleterre. C'est quelques années plus tard que l'habile Jean Hindret s'empara des plans et vint en doter définitivement la France : toutes les dates coïncident et s'arrangent parfaitement avec les versions anglaises et doivent en faire repousser d'autres.

L'établissement d'Hindret eut un grand succès : cet homme habile forma, en 1666, une compagnie pour l'exploiter largement, et, en 1672, on créa la corporation des maîtres ouvriers en bas au métier. Le chef-d'œuvre à produire pour être admis maître consistait en une paire de bas façonnés à coins, et faite devant les jurés siégeant en la chambre de la communauté.

Avant 1684, les ouvriers en bas au métier ne pouvaient travailler que des bas de soie; à partir de cette époque, on leur permit d'en fabriquer en laine, en fil, en poil ou en coton, mais chaque maître était tenu d'occuper la moitié de ses métiers pour la bonneterie de soie.

Paris fut la première ville de France où l'on fabriqua des bas de soie au métier et fut longtemps la seule à jouir de ce privilége.

Colbert accorda toute sa sollicitude à cette branche d'industrie comme à toutes les autres, et contribua beaucoup à répandre en France l'usage du métier à bas. Bientôt la bonneterie se fabriqua partout, mais plus particulièrement dans une quinzaine de provinces, et, vers le milieu du XVIIIe siècle, l'exportation en était déjà considérable: on la portait à 40 millions de paires de bas, ce qui nous était acheté par l'étranger en 1744.

C'est vers le milieu du siècle que les Anglais inventèrent les bas à côtes. Un fabricant français nommé Sarrazin importa cette innovation vers 1740; il établit une fabrique à Paris, et s'installa ensuite à Lyon, chez M. Chaix.

En 1774, un sieur Jolivet monta, à Lyon, une fabrique de tricots avec dorures, imités des Anglais. On importa, à la même époque, en 1775, le tricot à mailles nouées de M. Marsch, inventeur anglais. Le sieur Caillon fit, pour la première fois en France, le tricot dentelle. M. Rivey emprunta aussi à l'Angleterre le tricot à fleurs, et on imprima également des tricots peluchés. Enfin, vers la fin du règne de Louis XVI, on fabriquait en France une grande variété de produits tels que les tricots guillochés, brochés, peluchés, veloutés, à côtes, à mailles coulées, à colonnes, chinés, tigrés, etc., qui donnèrent un grand élan au commerce de la bonneterie. L'exportation diminua cependant un peu, à cause de la concurrence étrangère; mais la consommation intérieure fit plus que compenser ce déficit.

La fabrication s'était accrue considérablement de 1750 à 1780, et nous alimentions l'Italie, l'Espagne, le Portugal, l'Allemagne, la Hollande, la Russie, les Indes, les deux Amériques. Quelques-uns de ces pays se mirent à fabriquer eux-mêmes et se protégèrent par des droits. Il y eut alors un temps d'arrêt dans notre production. Nos fabricants eurent très grand tort, dit M. Roland de la Platière, de ne pas imiter les Anglais dans leur fabrication plus apparente que parfaite, mais toujours à bon marché. Nîmes se résigna à fabriquer à bon marché, et visa à l'apparence et au bon apprêt de ses produits. Son industrie prospéra aux dépens de Lyon et de Paris.

Presque toutes les fabriques du continent furent installées ou dirigées par des Français.

En 1780, la bonneterie était classée en quatre divisions. Celle faite de soie se fabriquait à Paris, qui possédait 2,000 métiers; à Lyon, qui en avait 2,000; à Nîmes, Montpellier, Gange et environs, qui en comptaient 12,000, et enfin à Dourdan. Nîmes seul fournissait à l'Espagne 25,000 douzaines de paires de bas de soie. Le Languedoc faisait aussi la bonneterie de laine et y occupait 4,000 ouvriers produisant 20,000 douzaines de paires.

C'est à MM. Sénart qu'on doit l'établissement dans le Santerre de la bonneterie de laine; ils créèrent les premières filatures à la main pour ce genre de filé en 1720. Les fils se dirigeaient d'abord sur Paris; mais, en 1745, ils fondèrent la fabrique de Plessis-Rosainvillers, qui prit une grande extension, et leurs produits s'exportèrent avec succès au Canada, dans le Levant, en Espagne, etc.

D'autres fabriques s'élevèrent, et 30,000 personnes y étaient occupées, en 1780, dans un arrondissement de 30 à 40 lieues, pour l'alimentation de 6,000 à 8,000 métiers, donnant un produit de près de 4 millions de francs.

Les pays où se faisait la bonneterie de laine étaient la Picardie et le Santerre, Grandvillers, Abbeville et Campeaux, l'Artois, la Normandie, l'Orléanais, le Poitou, la Beauce, la Champagne, le Béarn, etc.

Paris renfermait des fabriques de bonneterie drapée employant la laine, les poils de castor, de lapin, de vigogne. Le tout s'exportait avec succès.

La bonneterie de coton avait ses fabriques, en 1780, à Troyes et à Arcis, à Arcq-en-Barrois, à Vitry-le-Français, à Rouen et à Saint-Germain-en-Laye. Ces diverses localités contenaient 12,000 métiers environ, occupés à faire des qualités de moyenne finesse ou communes. Les bas fins se faisaient dans le Gard.

La bonneterie de fil se fabriquait en Artois, à Hédin, à Angers, à Vitré en Bretagne. De même que des autres genres en laine, en coton ou en soie, on en faisait partout pour la consommation locale, mais les lieux précités avaient seuls une fabrication importante.

C'est en 1670 que l'emploi du métier à bas s'introduisit en Picardie. De 1780 à 1785, la production y était évaluée à 5,280,000 francs et occupait 50,000 personnes.

La France entière livrait à la consommation, en 1784, et d'après l'estimation la plus consciencieuse, pour 60 millions de francs de bonneterie, occupant :

18,000 métiers pour la fabrication utilisant la soie;
25,000 .... la laine;
15,000 .... le coton;
8,000 .... le fil.

En 1788, on comptait 20,000 métiers travaillant la soie.

L'exportation des produits de cette industrie était, en 1784 :

de 173,100 pour la bonneterie de fil;
83,400 .... de bourre de soie;
355,520 ..... les bas de laine;
413,100 ..... les bonnets de laine;
916,380 ..... la bonneterie de poils mêlés de laine;
3,375,100 ..... la bonneterie de soie.

Total... 5,312,520

Le métier à bas introduit par Hindret a été perfectionné de nos jours (dit M. le comte Chaptal, en 1812) par le métier à maille fixe de Chevrier; celui à chaînettes de Chevallier; celui à tricot sur chaîne et à maille transposée d'Aubert, de Lyon; celui à manivelle de Flavereau; un autre à roulettes de Landeau et Julien Leroy; enfin ceux de Dantry, Viandot, Jollivet, Cochet, etc. C'est M. Moisson, chanoine d'Alais, qui a le plus simplifié le métier à bas sous le rapport du mécanisme et de l'économie.

Vers 1840, et même un peu avant, quelques perfectionnements furent introduits encore. L'invention du poinçon mobile adapté au métier supprima une partie de la couture des pieds, avantage que le consommateur apprécia beaucoup. Ce dernier perfectionnement n'est encore appliqué qu'en France, où toute marchandise faite autrement est réputée invendable.

La grosse bonneterie de Romilly-sur-Seine subit, après 1835, toute une révolution. On exploitait à Biard, près Poitiers, un métier circulaire faisant du tricot et produisant autant que dix ouvriers. Ce métier, très-étroit, ne servait qu'à faire des bonnets, lorsqu'un habile mécanicien de Troyes, M. Jacquin, lui donna de plus grandes dimensions, qui permirent d'étendre la fabrication aux gilets, camisoles, jupons, etc. On put le faire marcher à la vapeur, et les objets de tricot coupés à la pièce purent se fabriquer par le métier circulaire, auquel certains rouages donnèrent la facilité de faire des tricots damassés. Ce chef-d'œuvre de mécanique amène souvent de l'encombrement sur le marché de Troyes, tant est grande sa puissance productive.

On ne comptait, en 1812, que 8,000 métiers employés à la bonneterie de coton, et répartis dans neuf départements. Celui de l'Aube en possédait seul 4,190.

En 1834, M. Fontaine, de Troyes, faisant le relevé des métiers de la Champagne, en comptait 10,000, et 12,000 ouvriers, produisant pour 7 millions de francs.

Un travail consciencieux, que nous devons à l'obligeance de MM. Cochois et Colin, habiles négociants, porte à 7,000 métiers, à 10,000 ouvriers et à 10 millions de francs la production du département de l'Aube. M. Colin évalue que la statistique générale pour la bonneterie de coton doit être de 11,000 métiers, employant 15,000 à 16,000 ouvriers et livrant au consommateur pour plus de 20 millions de francs. Cette statistique démontre que, avec le même nombre de métiers, on arrive à une production presque double de celle obtenue par les anciens procédés.

Les cotons employés sont généralement filés dans le département de l'Aube. L'ouvrier des villes fabrique mieux que celui de la campagne; il est aussi mieux payé. Beaucoup d'ouvriers possèdent un ou deux métiers. Ceux de la campagne sont sobres; ceux des villes ont une assez mauvaise conduite et chôment un jour et quelquefois deux ou trois par semaine. L'ouvrier des villes gagne de 1 fr. 50 cent. à 2 fr. 50 cent.; celui de la campagne, de 1 franc à 1 fr. 50 cent., et, dans les moments de crise, à peine 75 centimes.

Le progrès ne date guère, pour la bonneterie de coton, que de 1816. La période qui commence à la paix jusqu'à 1830 vit se produire des améliorations dans la manière de proportionner les dimensions des bas et chaussettes, et des contours des talons et bouts de pied, en même temps qu'on acquit la grâce et la commodité. La crise de 1830 fut cruelle, mais, si elle occasionna de grands sacrifices, elle fit faire des efforts nouveaux aux fabricants de Troyes, qui parvinrent à fabriquer avec un immense succès la ganterie de fil d'Écosse. Ils sortirent de leurs habitudes routinières et réalisèrent de beaux bénéfices. De 1831 à 1837, les bons ouvriers, habiles à faire ces gants, gagnèrent de 3 et jusqu'à 6 francs par jour, et plusieurs, qui purent s'établir à leur compte, devinrent chefs de maisons assez importantes. Après les gants de fil d'Écosse vinrent l'emploi de la bourre de soie, les mélanges de matières, et une nouvelle fabrication en objets de fantaisie variés s'établit et se maintint jusqu'en 1840. De 1840 à 1851, rien de nouveau ne surgit; mais la prospérité se soutint, et les fabriques font aujourd'hui tous les produits, spécialement la ganterie, et le tricot circulaire, etc., ce qui [illegible] consommation [illegible]

La bonneterie de coton et en fil d'Écosse se fabrique aussi dans les Cévennes avec une supériorité et une élégance qui n'ont d'égales nulle part. Cette fabrique exécute en produits très-fins tout ce que Troyes fait en articles moyens et communs.

La bonneterie de laine est restée plus stationnaire; mais elle se fait toujours admirablement. Il ne lui manque, pour établir sa suprématie dans le monde entier, que les magnifiques laines de la Saxe et leur bon marché. Aussi la France souffre-t-elle de cette concurrence, que l'Angleterre même ne peut supporter, malgré ses importations de laines d'Australie. Le siége de cette fabrication est toujours en Picardie, dans le Santerre. Toutes les inventions appliquées au coton le sont maintenant à la bonneterie de laine. On cherche depuis peu à se servir du métier circulaire, et l'on y parviendra certainement. On estimait, en 1840, la production de la bonneterie de Picardie à près de 25 millions de francs. Ce chiffre est authentique aujourd'hui et constate un immense accroissement sur celui de 1784, qui, nous l'avons vu tout à l'heure, n'était que de 5,200,000 francs et occupait autant de monde qu'il en faut aujourd'hui pour atteindre le chiffre que nous venons de citer.

La bonneterie de soie et de bourre de soie a, comme au XVIIIe siècle, son siége à Lyon, à Nîmes, dans les Cévennes et un peu à Paris, et a fait, depuis 1816, de très-grands progrès. On est parvenu à travailler la soie d'une extrême finesse, et les beaux bas à jours qui se faisaient au poinçon et maille à maille, travail si long et si coûteux, se font aujourd'hui par une mécanique et avec une seule ouvrière au lieu de trois. On est également parvenu à former les dessins très-variés et de bon goût, en soie de diverses couleurs, sur fond blanc ou sur nuances claires. C'est surtout à Ganges que les bas de soie ouvragés, unis, brodés et à jours se font le mieux; ils jouissent d'une grande réputation, qu'aucune nation ne nous dispute. La bonneterie de soie française se vend dans toutes les grandes villes de l'Europe, et l'Angleterre elle-même est notre tributaire. Elle s'exporte aux États-Unis, dans l'Amérique du Sud et surtout au Mexique, qui la préfère depuis des siècles; en Turquie, sur les côtes d'Afrique, etc. Toute notre bonneterie fine, en toutes matières, est dans le même cas.

Nous n'avons pu connaître le chiffre de la production de la bonneterie de soie ou de fil d'Écosse fine; mais, vu le progrès accompli pour le façonnage et la perfection en tous genres, nous devons supposer, et ce n'est pas exagérer, qu'il est au moins égal au tiers de celui de la production de 1784, évalué à

30 millions de francs. Nous la notons donc pour 10 millions environ, la valeur des objets compensant à peu près la diminution du nombre des métiers occupés.

On n'a pu, jusqu'à présent, faire l'application du métier circulaire qu'à la bonneterie de soie commune; les difficultés ont été insurmontables pour celle fine.

Les salaires varient dans les Cévennes entre 1 fr. 50 cent. et 2 fr. 50 cent. Les ouvriers sont aussi peu laborieux que dans l'Aube, et ne travaillent que quatre à cinq jours par semaine; les habiles gagnent de 3 à 4 francs.

La bonneterie en fil est aujourd'hui presque nulle et nous n'avons rien à constater de saillant à son endroit.

La bonneterie de Paris se compose un peu de tous les genres. Les 262 fabricants recensés travaillent toutes les matières et font surtout les objets de fantaisie, qui varient selon le caprice de la mode; ils s'occupent aussi bien des parties de la toilette fashionable que des produits s'ajustant à la poupée des enfants. Paris emploie le coton, la laine, le fil d'Écosse, le cachemire, la soie et les mélanges; il n'est pas un des objets destinés à l'usage des hommes, des femmes ou des enfants, qu'il ne produise. La fabrique de Paris est la carte d'échantillons de la France, comme Paris lui-même en est le moniteur. Les 262 fabricants employaient, en 1847, 1,100 métiers et 2,650 ouvriers des deux sexes, pour faire près de 5 millions d'affaires; cette industrie, tombée en 1848, s'est relevée avec vigueur depuis que la sécurité a reparu.

La moyenne des salaires pour les hommes est de 2 fr. 39 cent., le minimum est de 90 centimes et le maximum de 5 francs; la moyenne est, pour les femmes, de 1 fr. 13 cent. par tête, le minimum est de 40 centimes et le maximum de 2 fr. 50 cent. La bonneterie est de toutes les industries ayant pour objet le fil et le tissu celle dont le salaire est le plus bas. Depuis dix ans, il a baissé de 30 p. 0/0. A Paris, comme en province, l'ouvrier paye la location de son métier, soit au fabricant, soit à des individus qui font de cette location une sorte de commerce; il en est peu qui soient propriétaires de métiers. La location par semaine varie de 50 centimes à 1 fr. 25 cent., le prix par mois de 1 fr. 50 à 5 francs. Le payement régulier de cette taxe a donné lieu à un abus de la part de certains petits fabricants, qui ne veulent donner d'ouvrage aux ouvriers que s'ils consentent à payer ce droit, quand même le métier ne leur est pas fourni : cet usage blâmable tend à disparaître.

L'application du progrès a été aussi grande à Paris que dans le département de l'Aube, quoique Paris n'occupe que 1,100 métiers utilisant 2,650 personnes, tandis que 7,000 métiers n'en utilisent que 10,000 à Troyes et aux environs : cela tient à la variété de sa bonneterie de fantaisie, difficile et savante, qui ne se fait bien que par la petite industrie.

La conduite des ouvriers de Paris laisse à désirer, et leur défaut est le même que celui des ouvriers de la province.

L'exportation de la bonneterie a été en moyenne, de 1827 à 1836, de 4,500,000 francs, chiffres ronds; de 1837 à 1846, de 6,500,000 francs; en 1850, de 6 millions, et, en 1851, de 6,200,000 francs. L'Angleterre ne figure guère que pour 8 à 10 p. 0/0 dans ces chiffres, et le nombre de kilogrammes que nous y avons exportés est descendu de 3,700 à 2,000, de 1841 à 1846.

En résumé, la production générale peut être évaluée, pour la France, à environ 65 millions de francs, en tenant compte de quelques districts où la statistique n'a pas pénétré; c'est à peine 5 millions de plus qu'en 1784. Cela est dû à la concurrence que nous fait le bas prix de la Saxe et de l'Angleterre pour les produits communs ou de moyenne finesse en coton ou en laine. Sur ce terrain nous leur sommes inférieurs, non pour la confection qui les prime, mais pour le bon marché. Nous leur sommes supérieurs de beaucoup pour la bonneterie de luxe en soie, en cachemire, façonnée, et pour les produits destinés aux théâtres.

Le jury a rendu pleine justice aux produits exposés par MM. Cochois et Colin; il a admiré la beauté de cette fabrication régulière, malgré la haute opinion que les jurés anglais avaient de leur bonneterie de coton : cette maison habile occupe 300 ouvriers sur 188 métiers.

MM. MEYRUEIS frères occupent 300 ouvriers à Ganges (Hérault) et 400 à Paris; leur bonneterie de soie était admirable, celle de laine bien faite : une paire de bas de soie faite au métier représentait ce qui s'était fait de plus fin jusqu'à ce jour.

MM. LAURET frères, habitués à recueillir les médailles d'argent et d'or aux expositions de la France, ont dignement soutenu leur réputation et fait honneur à l'industrie des Cévennes; leur fabrication a la même importance que celle de M. Meyrueis.

M. MILON aîné est venu mettre le comble à l'admiration de notre collègue, M. Felkin, qui, à son égard, a épuisé toutes les formules d'éloges pour la bonneterie élégante de la France. L'intelligence et la capacité sont traditionnelles dans cette maison, qui date de plus de deux cents ans; elle applique toutes les matières à sa fabrication. Les artistes de tous pays reconnaissent que ses produits imitent le mieux la nature; les costumes les plus variés sont inventés par elle, et la maille proportionnée est si admirablement graduée qu'elle prend exactement la forme du corps.

Au moment même où le jury jugeait ses produits à Londres, M. Milon prenait, dans les premières maisons aristocratiques de Londres, des commandes pour les costumes destinés à figurer au bal donné par S. M. la reine d'Angleterre.

Quatre médailles de prix ont été accordées à la France.

CHAUSSURES.

La chaussure, toute modeste que paraisse cette industrie, a cependant figuré à toutes les époques pour un chiffre important dans le travail des peuples. Nous avons vu, dans le rapide extrait que nous avons fait de la statistique de l'antiquité de M. Moreau de Jonnès, qu'il en était déjà question du temps d'Abraham. Faire l'histoire des transformations que la chaussure a subies jusqu'à nos jours, demanderait trop de temps et de recherches; nous renonçons donc à esquisser la série des formes qui, dans l'antiquité, et surtout au moyen âge, ont varié plus encore et d'une façon plus excentrique que de nos jours, si soumis qu'ils soient à l'empire de cette reine capricieuse qu'on nomme la mode.

Tout ce qu'on pouvait dire sur cette industrie se trouve consigné dans les rapports de nos expositions françaises, et dans l'admirable enquête de la chambre de commerce. Le mérite de nos fabricants de chaussures y a été constaté largement, et le jury de Londres a confirmé ce jugement à l'unanimité, car nos produits avaient encore gagné du côté de l'élégance.

La statistique générale de la production de la chaussure en France nous a fait complètement défaut, aussi bien pour le XVIIIe siècle que pour le XIXe. Nous ne possédons que celle de cette industrie à Paris, donnée en 1812 par M. le comte Chaptal, et celle que la chambre de commerce a remplie de détails si curieux en 1847. Nous nous bornerons à reproduire quelques chiffres de ces deux statistiques.

Il y avait à Paris 31,000 cordonniers en 1812, mais le travail effectif n'en occupait guère en moyenne que 25,000, fabriquant, à raison de 2 souliers 1/4 par homme, 28,125 paires de souliers. La main-d'œuvre moyenne était alors de 2 francs par jour; cela donnait un salaire de 56,250 francs par jour à distribuer; les entrepreneurs réalisaient la même somme de bénéfices. M. Chaptal attribuait 4 francs en moyenne à la matière et aux fournitures; et 4 francs à la façon et au bénéfice. 28,125 paires à 8 francs donnaient donc une valeur journalière de 225,000 francs, et, pour 300 jours de travail, une somme de 67,500,000 francs. La cordonnerie de Paris envoyait, en 1812, le tiers de sa fabrication en province ou à l'étranger; sur cette quantité de souliers, on estimait que la moitié était pour femmes.

L'enquête de la chambre de commerce pour l'année 1847 divise l'industrie de la chaussure en 4 classes, sans y comprendre celle des sabots et galoches; ce sont :

Les cordonniers fabricants de chaussures,

Les cordonniers travaillant sur mesures,

Les cordonniers confectionneurs,

Les cordonniers façonniers.

Cette industrie occupait alors 46,067 ouvriers à Paris seulement, et donnait lieu à une production de 86,564,974 francs : c'est 20 millions de plus qu'en 1812, pour une augmentation de 15,000 travailleurs. Cela nous donne à penser que le chiffre recueilli par M. le comte Chaptal n'est pas parfaitement exact; en effet, si l'on admet que l'ouvrier a conservé la même habileté de main et produit autant en 1847 qu'en 1812, les 46,000 ouvriers de 1847 auraient dû produire pour 100 millions de francs de chaussures; or, nous croyons que l'ouvrier de nos jours est plus habile, qu'il fabrique plus vite et mieux, et, en renversant la proportion que nous venons d'indiquer, nous trouverions que les 31,000 ouvriers de 1812 ne devraient produire, au maximum, que pour 60 millions, ce qui donnerait, pour 1847, un accroissement de fabrication de près de 27 millions, soit environ 45 p. 0/0.

Une partie des ouvriers de la première catégorie se conduit bien : ce sont, en général, les façonneurs allemands ou les carreleurs lorrains; les autres se dérangent et ne font pas, comme les premiers, des économies pour les mauvais jours.

La main-d'œuvre s'est améliorée depuis trente-cinq ans dans la proportion de 45 à 50 p. 0/0.

De nombreux brevets constatent les innovations considérables introduites dans la chaussure : nous citerons celles dont parle le rapporteur du jury central de 1849, aucune invention n'ayant surgi depuis cette époque. Nous avons aujourd'hui la chaussure à vis de Lefébure et Duméry, à clous dentelés de Pénot et Cie, celle à clous en forme de V de Clovis Bernier (ces deux dernières inventions diffèrent peu); les chevilles en bois; les admirables chaussures de chasse avec une feuille d'étain entre les deux semelles et un ruban de caoutchouc suivant les coutures; celles à élastiques en caoutchouc remplaçant, dans les brodequins, les lacets et les boutons; les bottes imperméables avec ou sans le secours du liége, et une foule de perfectionnements qui ajoutent à la valeur des créations diverses que nous venons de citer.

L'association ouvrière a pris rang à côté des cordonniers en réputation : on a remarqué chez elle l'habileté, l'ordre et l'économie, et elle ajoute à ces qualités celle d'une sage prévoyance, qui lui a fait créer une réserve pour secourir les vieillards et les infirmes incapables de travailler.

De l'élégance, nous n'en parlons pas : c'est la compagne inséparable de l'ouvrier parisien! L'élégance, mais on l'introduit jusque dans les sabots, la plus infime des chaussures! Le sabot était jadis l'enfant des forêts, d'où il sortait tout modelé : cette fabrication est très-active dans les forêts de Bellême (Orne), de Perseigne et de Jupilles (Sarthe), de Darney (Vosges), de Fougères (Ille-et-Vilaine), du Comtat et du Puy-de-Dôme; mais aujourd'hui les sabots, travaillés par les paysans dans les forêts mêmes viennent à Paris s'achever : ils y sont parés, noircis et lissés à la baïonnette, légèrement évidés, sculptés ou gravés, couverts de cuir, de drap ou autre étoffe. On ne fait à Paris que le sabot de fantaisie; les galoches, ou chaussures à semelles de bois, faites à Paris sont, en général, d'un travail soigné; leur usage s'est assez répandu dans ces dernières années.

Les sabots se vendent surtout pour la consommation intérieure; cependant il s'en exporte un peu en Belgique, en Angleterre et en Algérie : cette exportation est tombée, de 1843 à 1847, de 34,000 francs à 17,000.

M. Froment Clolus, de Paris, occupe dans le Cantal un millier de paysans, qui fabriquent pour lui 600,000 paires de sabots : les ouvriers finisseurs gagnent de 65 à 80 francs par mois.

M. Bathier, à la Souterraine (Creuse), a montré beaucoup d'habileté en imaginant le sabot-guêtre et en perfectionnant le soulier à semelles de bois : il imite le pli des chaussures en cuir à s'y méprendre et sait donner au bois l'élégance que le cuir seul permettait d'obtenir.

Le chiffre des affaires qui se font à Paris dans l'industrie des sabots est de 200,000 francs environ : le salaire varie entre 2 fr. 50 cent. et 5 francs; la moyenne est de 3 fr. 42 c. En général, les ouvriers se conduisent bien et sont assidus au travail; les femmes savent presque toutes lire et écrire, et leurs meubles leur appartiennent; néanmoins, quoique actives et rangées, elles vivent dans la gêne.

Le jury de la XXᵉ classe a trop admiré les chaussures françaises pour que nous ne disions pas un mot des exposants qui ont mérité ces éloges.

Quelle est l'élégante de nos jours qui ne tient pas à être chaussée par Meyer, Dufossé, Melnotte, Viault, Esté et tant d'autres habiles cordonniers? Leur réputation est européenne! Les pantoufles brodées en perles et en or, et offertes par M. Meyer à Sa Majesté la reine d'Angleterre, réalisaient tout ce qu'on peut attendre du goût et de l'élégance parisienne.

Les chaussures de chasse et autres de M. Dufossé, rue Saint-Dominique, n'avaient pas leurs similaires dans toute l'Exposition, et rappelaient la justice rendue à cet exposant par le jury de 1849.

Quant à M. Lefébure, les Anglais, si grands appréciateurs des moyens mécaniques, de la division du travail, de l'économie du personnel, n'ont pas eu assez d'éloges pour sa chaussure à vis : avec 184 personnes, dont 130 femmes, aidées par une machine à vapeur de 4 chevaux, et 35 métiers et machines diverses, il atteint 700,000 francs d'affaires. Repoussé par tous les cordonniers et marchands de souliers, il lui a fallu monter des maisons qui s'adressassent au consommateur, et sa persévérance a été égale à la science de son habile ingénieur M. Duméry : cette invention opérera, le jour où le brevet tombera dans le domaine public, une révolution dans les conditions du travail de la cordonnerie, la seule industrie peut-être où existe encore l'ancienne organisation ou corporation, et qui a le moins subi l'influence des idées nouvelles. La force de jonction des semelles vissées est telle, que celles qui résistent à un poids de 2,736 kilogrammes céderaient, dans les semelles cousues par le système ancien, à un poids de 1,274 kilogrammes : cette chaussure, outre les avantages qu'elle présente au même degré ou à un degré supérieur sur celle ordinaire, possède encore celui de pouvoir se raccommoder plusieurs fois de façon à passer pour neuve.

La fabrique de M. Massez, de Paris, est connue comme importante : elle occupe 300 ouvriers; cette maison vend pour l'exportation presque tous ses produits, qui sont fort appréciés aux États-Unis et surtout dans l'Amérique du Sud. A prix égaux, aucune nation ne peut supporter la comparaison avec M. Massez, pour le fini et l'excellente confection : ses souliers de femmes sont cotés depuis 20 fr. jusqu'à 45 fr. la douzaine, et les bottines de 36 à 132 francs. MM. Jolly et sœur partagent le vogue de M. Massez.

Nous avons cité des exemples frappants du bon marché anglais; mais, il faut le dire bien haut, il n'y a aucune analogie de qualité entre les spécimens que nous avons vus et ceux de M. Massez, et les chaussures cotées au même prix que les siennes ne les valent vraiment pas : aussi comprend-on la faveur dont les souliers de France jouissent au Brésil, au Mexique, au Chili et au Pérou, où les femmes apportent à faire valoir leurs petits pieds la coquetterie la plus raffinée.

En résumé, la France ne trouve pas de rivale, dès qu'il s'agit de la chaussure élégante et solide; elle lutte même pour celle plus commune, et, si quelques produits anglais étonnent, c'est, nous le répétons, qu'ils sont fabriqués d'une façon qui, pratiquée en France, amènerait le même résultat, mais peut-être au préjudice de notre réputation.

Neuf exposants français ont obtenu la médaille de prix, et huit, la mention honorable.

GANTERIE.

Il est probable, et c'est l'opinion des auteurs qui ont écrit sur les industries diverses qui nous occupent, que l'on fit d'abord des gants de peau en conservant le poil, puis ensuite sans le poil; plus tard on les tricota en diverses matières, comme les bas; on les fit au métier; et enfin ils devinrent un objet de luxe et de nécessité. Sous Louis XIV, les gants de peau prirent faveur au détriment des gants de soie.

Les gants faits à l'aiguille ou au métier font partie de la bonneterie. Ceux de peau se fabriquaient, au XVIIIᵉ siècle, à Paris, à Blois, à Vendôme, à Grenoble, à Lunéville, à Béziers, etc; les produits de toutes ces villes s'exportaient, surtout ceux de Grenoble, qui avait un tiers de sa population occupé à faire des gants et était alors la première fabrique de France. Les gants de Blois étaient aussi fort estimés; il s'en faisait de si fins, qu'on les vendait dans de petites boîtes faites de coquilles d'œufs ou de coques de noix. M. le comte Chaptal nous donne peu de détails sur l'état de cette industrie en 1812 : il parle de la manière remarquable dont se faisaient la chamoiserie et les gants dits remaillés ou castor.

Grenoble travaillait en chamoiserie 2,000 douzaines de peaux de veau et 50,000 douzaines de peaux d'agneau et de chevreau; les fabriques de Milhau faisaient 100,000 douzaines. Celles du Chayland et d'Annonay avaient une grande réputation. On tirait alors les peaux de France, de Toscane, de Rome et de Naples.

Plus tard, en 1840, nous trouvons dans M. Schnitzler un état de la fabrication de la ganterie de peau. Nous en produisions alors 1,500,000 douzaines, et le chiffre total de cette production était évalué à 30 millions de francs; elle occupait 25,000 ouvriers, non compris les mégissiers. Paris était au premier rang pour la production des gants dits de Suède, faits avec des peaux d'agneau dont l'épiderme est en dedans et le dehors chamoisé. Vendôme ne faisait plus alors que les gants communs, que les gantiers lui envoyaient tout coupés; un millier d'ouvrières étaient occupées à cette couture et gagnaient de 3 à 5 francs par semaine. La fabrique de Niort produisait des gants de castor, de daim, façon daim et chamois, piqués à l'anglaise, pour une valeur de 700,000 francs et occupait 5,500 ouvriers; celle de Lunéville employait près de 10,000 ouvriers fabriquant de la ganterie ordinaire. Rennes faisait aussi les gants de castor. Les chiffres que nous venons d'indiquer sont un peu forcés.

Maintenant, si nous consultons le rapport de M. Rondot sur l'Exposition de 1849, nous constatons un progrès considérable, c'est-à-dire une augmentation de 20 p. 0/0 dans la production pendant une période de huit à neuf années.

Il se confectionnait alors en France pour 36 millions de francs de ganterie de peau. La consommation intérieure n'a pas diminué depuis 1849, et l'exportation s'est accrue dans une notable proportion. Nous croyons devoir noter ici le mouvement de nos ventes à l'étranger; il est curieux à constater :

En 1827, on exportait 138,000 kil. valant alors 40 francs, soit... 5,520,000f

En 1836, ——— 226,584

En 1847, ——— 244,718 valant 118 fr. en moyenne, soit.... 29,000,000f

En 1850, ——— 293,230

En 1851, ——— 313,000

Or, en donnant au kilogramme la même valeur qu'en 1847, nous trouvons que l'exportation de 1851 s'est élevée à la somme de 37 millions de francs. Ces chiffres en kilogrammes sont ceux inscrits sur les états de commerce, et il faut y ajouter 20 à 25,000 kilogrammes ne passant pas en douane, formalité que l'on évite afin de mieux assurer l'entrée en contrebande en Angleterre ou ailleurs. Ce serait donc près de 2 millions et demi à ajouter à l'exportation officielle, et cela indiquerait, en n'admettant aucune augmentation dans la consommation intérieure, une production totale de 47 millions de francs, soit près de 33 p. 0/0 de plus qu'en 1847.

La ganterie de Paris occupe 185 patrons, 1,950 ouvriers, et produisait pour 14,268,247 francs en 1847. Le salaire varie entre 2 et 6 francs pour les hommes et entre 75 centimes et 2 fr. 50 cent. pour les femmes. 99 hommes sur 100 savent lire et écrire, 81 femmes sur 100 sont dans le même cas. Lès deux tiers des hommes se conduisent bien; les deux tiers des femmes, au contraire, se conduisent mal.

M. Rondot estimait la production anglaise, en 1849, à 12 millions de francs. Les notes que nous avons recueillies depuis 1851 la portent à 20 millions, et il est certain que la fabrication de la ganterie a pris, depuis quatre ans, chez les Anglais, un développement énorme.

L'Angleterre entre dans nos exportations de gants pour 126,000 kilogrammes, représentant environ 14 millions de francs, et les États-Unis pour 113,000 kilogrammes. Il faut ajouter au chiffre concernant l'Angleterre une somme assez forte pour la contrebande.

L'augmentation dans la production porte surtout sur les peaux d'agneau. La peau de chevreau devient très-rare, le prix s'en élève, et il viendra un jour où les gants de peau de chevreau seront un objet de luxe. La peau de chevreau française est sans rivale et recherchée avec avidité.

La confection de la ganterie est un travail qui offre des difficultés variées : il y a peu de fabrications dans lesquelles il faille autant d'expérience et d'habileté pour le choix, l'adaptation et le façonnage des peaux. Telle peau est bonne pour gants d'hommes et sera mauvaise pour ceux de femmes; telle autre sera bonne en noir et mauvaise en paille, et il faut beaucoup d'adresse et d'expérience pour le travail des mains.

La consommation des gants de France augmente partout où il faut un gant bien coupé, frais, élégant; elle diminue partout où il faut un gant dont le premier mérite soit un long usage. Les gants de France en chevreau, en agneau ou en castor, sont solides, bien faits, bien coupés; mais on fait en Angleterre et en Allemagne des gants en peau plus épaisse, fortement cousus, qui ont des débouchés considérables en Amérique et dans les colonies.

Il se fabrique dans le royaume des Deux-Siciles, à Naples et à Palerme, des gants en peau d'agneau solides, passablement cousus, coupés sur des modèles de France et dont le bon marché étonne: nous avons vu payer des gants glacés pour hommes 1 franc la paire, des gants de femmes 80 centimes, des gants en peau de Suède 60 centimes, et tout cela ne gante pas mal, la peau est assez bien teinte et bien mégissée.

On ne fait nulle part le gant de chevreau de toilette et le gant d'agneau pour l'exportation aussi bien qu'à Paris. Nos gants sont loyalement faits. La maison Jouvin et Doyon[1] a contribué plus que toute autre à établir cette réputation, que quelques-uns de nos fabricants de gants partagent aujourd'hui avec elle. Partout où l'on tient à se ganter juste, le gant Jouvin est consommé en grande quantité: la réputation de MM. Cl. Jouvin et Doyon est si bien établie à l'étranger, qu'elle jette son reflet même sur la ganterie française portant d'autres marques, et l'on appelle maintenant tous les gants français des jouvins. Les pays étrangers ne vendent leurs gants avec facilité qu'en contrefaisant cette marque estimée. Nous ne reproduirons pas ici ce que M. Rondot a dit, en 1849, sur les inventions et les grandes affaires de cette maison si loyale et si intelligente; nous nous bornerons à donner le chiffre actuel de sa production, qui est aujourd'hui de plus de 45,000 douzaines de paires de gants de chevreau, présentant une valeur de 1,800,000 francs et occupant près de 1,200 ouvriers.

M. Lecocq-Préville, qui jouit aussi d'une réputation méritée, a fait de nombreux perfectionnements à la ganterie: il est l'inventeur du bouton rivé et fixé aux gants par un œillet métallique; il a fait le gant dentelle pour bal et ses dessins

[1] Pour éviter toute erreur, nous désignons par les noms de ses deux chefs, MM. Cl. Jouvin et Doyon, la maison Jouvin et Cie, à laquelle le jury central a décerné, en 1844, la médaille d'argent, et, en 1849, la médaille d'or. La XXe classe a donné la médaille de prix à cette maison ancienne, honorable et renommée.

C'est après notre départ de Londres que la maison veuve Jouvin et Cie a reçu la médaille de prix au lieu de la mention qui lui avait été accordée.

(*Note du Rapporteur.*)

imitant le point Angleterre; il occupe un millier d'ouvriers et confectionne 35,000 douzaines de paires de gants.

En somme, la ganterie française était admirablement représentée à Londres, sauf la ganterie dite de tissus, qui faisait défaut. Cette dernière industrie s'est bien perfectionnée depuis quelques années, et les tricots foulés de MM. Lombard, de Nîmes, et Courvoisier, de Calais, sont magnifiques; on coupe et on coud ces gants à Paris, et avec une précision presque égale à celle de la ganterie de peau. Cette industrie occupait à Paris, en 1847, 40 patrons et 228 ouvriers, pour un chiffre d'affaires de 261,710 francs. Le salaire des hommes en moyenne est de 2 fr. 40 cent., et celui des femmes, de 1 fr. 6 cent. La situation des ouvriers est assez précaire, quoiqu'ils soient en général laborieux; mais ce travail est facile, demande peu d'intelligence, et, par suite, il est peu rétribué.

Le jury a décerné à l'industrie de la ganterie de peau six médailles de prix.

CHAPELLERIE.

Pour faire une histoire complète de cette ancienne industrie, il eût fallu remonter trop loin, compulser trop de documents, pour arriver à n'être que le médiocre compilateur de ceux qui se sont occupés du moyen âge. Nous nous bornerons donc à reproduire quelques notes que nous ont fournies les statisticiens du XVIIIe siècle que nous avons déjà cités.

Au XIIIe siècle, les ecclésiastiques de la Bretagne portaient déjà des bonnets carrés en feutre de laine, et, depuis cette époque, on les voit successivement se faire du chapeau, pour tous les degrés de la hiérarchie, une marque de distinction, soit par la forme, soit par la couleur.

On commença, sous le règne de Charles VI, à porter à la campagne des chapeaux en feutre; sous celui de Charles VII, on en porta dans les villes en temps de pluie, et sous Louis XI en tout temps. Le chapeau que portait Charles VII à son entrée à Rouen, en 1449, était en castor doublé de velours rouge. A partir de ce règne, on substitua les chapeaux de feutre et les bonnets aux chaperons. Dans un très-curieux ouvrage inédit sur les costumes français composé vers la fin du dernier siècle par L. J. Rondot, et que M. Natalis Rondot nous a communiqué, nous avons vu le duc de Bourbon, Charles Ier, qui vivait dans la première moitié du XVe siècle, représenté coiffé d'un chapeau dont la forme répond exactement à celle des chapeaux que, de nos jours, on a appelés *tromblons*.

Les premiers feutres furent faits en laine d'agneau et ensuite en castor; plus tard, on mélangea à la laine le poil de chevreau et de veau ; on se servit du poil du lièvre et du lapin, qu'on appela demi-castor et même castor; puis vinrent les poils de chameau, de vigogne, ceux d'Erzeroum et de Perse.

On classait les chapeaux en quatre sortes : le castor, le demi-castor, le dauphin et les communs, faits de laine pure. Quoique les chapeaux se fabriquassent partout, les fabriques furent longtemps peu importantes; les plus riches particuliers et le roi lui-même ne portaient pas d'autres chapeaux que ceux mêlés de laine et d'autres poils. C'est encore à Colbert qu'on dut les encouragements accordés aux fabriques de ce genre ; il fit de grands efforts pour en accroître le nombre. On employait bien avant lui le poil de castor, mais il en facilita l'emploi plus considérable aux fabricants. Ils atteignirent bientôt, dans les mélanges, un haut degré de supériorité, et le commerce des chapeaux devint fort actif avec l'Espagne, le Portugal, l'Allemagne, le nord de l'Europe et l'Amérique ; vers 1720, nous en fournissions à l'étranger 2 millions de douzaines. Nous pouvions alors tirer les peaux de castor du Canada, les fabriquer, et les exporter, à l'exclusion de l'Angleterre, sur les principaux marchés d'Europe; cela dura jusque vers le milieu du XVIIIe siècle. Un peu plus tard, après la conquête du Canada par les Anglais et la cession que nous leur en fîmes en 1763, nous fûmes privés de nos importations en poil de castor ; les moyens de fabrication des Anglais pour les mélanges se perfectionnèrent, et nos exportations tombèrent si bas, qu'en 1785, supplantés sur tous les marchés, nous n'exportions plus que 150,000 douzaines de chapeaux.

Les principales fabriques de ce produit étaient alors à Rouen, à Paris, à Lyon, en Languedoc, en Provence, en Bretagne, à Lille, en Bourgogne et en Champagne. Toutes nos villes principales fabriquaient des chapeaux pour la consommation locale; mais Paris, Rouen et Lyon accaparaient presque toute l'exportation par leur supériorité réelle.

La fabrication des chapeaux est la plus ancienne industrie de la ville de Lyon: vers la fin du XVIIIe siècle, on évaluait sa production à 8,000 ou 10,000 chapeaux par jour. Les chapeaux d'Aix, en Provence, avaient déjà la réputation qu'ils ont conservée et qui les a fait admirer à Londres en 1851. Le Languedoc en produisait alors 25,000 douzaines. Paris comptait, en 1750, 130 maîtres chapeliers: les chapeaux se vendaient alors au poids. C'est vers la fin de ce XVIIIe siècle que fut adopté le chapeau cylindrique, qu'on connaissait depuis longtemps: cette forme est restée, quoique disgracieuse.

Le chapeau de soie nous vient de Florence, où il fut inventé, vers 1760. Vers 1770, il y en avait déjà 2 fabriques à Paris; cependant cette industrie sommeilla jusqu'en 1828, époque à laquelle elle prit un grand essor. Plus tard, la beauté de nos peluches, qui égalèrent vite celles de la Prusse, augmenta considérablement notre production. Londres nous fait, avec nos peluches, une concurrence active. Ce tissu se fait bien à Manchester; cependant nous gagnons, malgré la vieille réputation de la chapellerie anglaise, du terrain sur elle à l'étranger, et partout où nous mettons le pied, nous nous maintenons par l'élégance et par la variété de nos formes. Ainsi, pour ne citer qu'un seul exemple, le Brésil, qui ne consommait que des chapeaux anglais, préfère aujourd'hui les nôtres, et, avant peu d'années, nous serons en possession de ce marché, qui subit de plus en plus l'empire de notre goût. Cependant notre main-d'œuvre et nos matières sont plus chères qu'en Allemagne; l'Angleterre a de grands établissements disséminant leurs frais généraux sur une production énorme, et les États-Unis ont les poils à plus bas prix que nous. M. Rondot nous dit que l'exportation des chapeaux de soie, qui n'était que de 10,000 en 1832, s'élevait à 90,000 en 1836. Ce seul chiffre démontre tout ce que peut le goût français, si nos fabricants cherchent à joindre à cette précieuse qualité une production organisée comme celle de l'Angleterre, que nous avons citée ailleurs.

Nous faisons aussi mieux que les Anglais, les Allemands et les Autrichiens, le feutre poil ras, le flamand, le feutre de fantaisie, et nous en exportons beaucoup. Le feutre fin se fait néanmoins mieux à Londres que chez nous.

Nos rivaux réels et les plus redoutables sont les Américains du Nord, qui travaillent à bon marché et ont de grandes quantités de belles matières à bas prix; mais ils savent moins bien fouler, dorer et apprêter qu'en France, et, comme tournuriers, nos ouvriers n'ont pas d'égaux. Nous devons avoir sans cesse les yeux fixés sur les Anglais pour les chapeaux de soie et sur les Américains pour ceux faits avec les poils, si nous voulons accroître ou conserver nos exportations.

Quant aux chapeaux mécaniques, ils ne se font bien qu'à Paris.

La chapellerie de soie a remplacé, dans nos campagnes, la grosse chapellerie de feutre.

Nous fabriquons si bien maintenant le castor gris et le chapeau flamand, que nous devons espérer n'être plus distancés par l'Angleterre et le nord de l'Allemagne et regagner du terrain sur New-York, où nos exportations ont diminué et dont la concurrence peut nous devenir nuisible sur d'autres points de l'Amérique; toutefois, nos exportations générales, qui n'étaient, en 1836, que de 500,000 francs environ, ont atteint, en 1847, 2,600,000 francs, et augmentent chaque année. Cependant nous sommes encore loin de l'Angleterre qui exporte pour plus de 8 millions de francs de chapellerie.

M. le comte Chaptal indiquait, dans son rapport de 1812, la production totale de la chapellerie de France comme étant de 24,375,000 francs et occupant 17,000 ouvriers; celle actuelle est de 35 millions de francs, chiffre indiqué par M. Rondot : c'est un accroissement de 50 p. 0/0 en moins de quarante années et cependant nous aurions pu faire mieux.

La chapellerie de Paris compte 644 patrons occupant 4,056 ouvriers des deux sexes, et produit 17 millions d'affaires. Il résulte de ces chiffres, comparés à ceux émis par Chaptal, qu'il fallait, en 1812, le double d'ouvriers pour produire ce qui se fabriquait à Paris en 1847. Le salaire des hommes varie entre 1 fr. 50 cent. et 12 francs; sa moyenne est de 4 fr. 25 cent.

L'industrie des casquettes, bonnets, képys, etc., occupe 542 fabricants, dont 315 femmes, et 4,056 ouvriers, et donne lieu à un chiffre d'affaires de 7,623,851 francs. Le salaire varie, pour les hommes, de 1 fr. 50 cent. à 6 francs; la moyenne est de 2 fr. 98 cent. Celui des femmes varie entre 50 centimes et 3 francs: la moyenne est de 1 fr. 44 cent.; mais elles s'occupent en même temps des soins du ménage : leur habileté de main doit être prodigieuse, si l'on considère qu'on donne, pour faire une douzaine de casquettes d'été, une façon de 50 centimes.

La conduite des hommes est bonne, en général : ils sont assidus et rangés; celle des femmes est passable, leur position est voisine de la gêne.

Les affaires concernant les poils pour la chapellerie s'élèvent à 2,506,186 francs; elles occupent 29 patrons et 596 ouvriers.

Les hommes gagnent, en moyenne, 3 fr. 69 cent.; les femmes, 1 fr. 60 cent.

En résumé, l'avenir de la chapellerie française est dans l'exportation : il faut qu'elle lutte avec ardeur et progresse de manière à annuler en partie la concurrence qui s'est élevée, à l'aide de nos ouvriers et de notre outillage, en Espagne, en Russie, au Brésil, aux États-Unis, à Montévidéo. C'est aussi le seul moyen de réduire les chômages, dont elle souffre si souvent.

Les produits de M. Coupin, d'Aix, ont été appréciés par le

jury : ce fabricant, qui fait bien les feutres, est breveté pour la teinture du poil de lapin avant la fabrication; il obtient ainsi de plus belles couleurs que par les procédés anciens. Il mélange aussi parfaitement les poils teints et le poil naturel. Il occupe 100 ouvriers.

MM. Chenard frères, de Paris, ont bien mérité la distinction que le jury leur a décernée : leur fabrication est variée; ils y emploient presque toutes les sortes de poils. Leurs produits sont surtout destinés à l'exportation; ils ont une fabrique à Lyon et une à Paris, qui occupe 130 ouvriers.

Le jury a accordé à cette industrie deux médailles de prix et une mention honorable.

CHAPEAUX DE PAILLE ET MODES.

Nous n'aurons ni à constater le mérite des fabricants de chapeaux de paille de la France, ni à le faire ressortir en le comparant à celui des exposants étrangers, car aucun de nos compatriotes n'avait jugé convenable d'entrer en lice à Londres, ce qu'ils eussent pu faire avec avantage, en compensant l'inconvénient de tirer la matière de l'étranger par l'exquise délicatesse de leurs formes et leurs combinaisons de diverses matières avec la paille.

Des essais de culture du blé de Toscane ont été tentés aux environs d'Elbeuf et de Grenoble; ils n'ont réussi qu'en partie, aussi bien que le permettait un ciel qui n'est pas celui de la Toscane; et, après avoir coûté des peines et un labeur considérables, on n'a obtenu qu'une paille assez fine, d'un assez beau blanc, mais bien éloignée encore des produits de Florence; les droits favorisent cette industrie.

Les fabricants de chapeaux de paille tirent les pailles et les tresses de la Toscane, de la Suisse et de la Belgique, et Paris compte des fabriques importantes, celle de M. Jean Durst notamment, qui livre à la consommation plus de 80,000 chapeaux.

Le chapeau en feuille de latanier se fait également bien par

M. Sazerat, qui occupe à ce travail quelques maisons de détention.

Les difficultés qu'a rencontrées M. Rondot pour établir la statistique de cette industrie sont dues aux contradictions qui règnent dans les dires des fabricants : les chiffres donnés par les modistes diffèrent au point de ne pouvoir asseoir la moindre donnée.

Cette industrie a fait de grands progrès; le tressage des pailles, des brimbilles de bois, a été perfectionné, et il y a une variété infinie de modèles, d'armures, de dessins et de tresses.

L'exportation des chapeaux de paille et des tresses ne s'est élevée, en 1851, qu'à 1,109,354 francs.

L'importation pour 1851 est de 2,964,535 francs environ.

Les modes parisiennes sont fort recherchées des dames de toutes les parties du monde, et il est à regretter que cette gracieuse industrie n'ait été représentée à Londres que par une seule maison.

On estimait il y a dix ans, les affaires des modistes de Paris à 8 millions seulement, dont 5 pour l'exportation : les affaires ont augmenté de plus de 50 p. 0/0 depuis lors, et l'enquête de la chambre de commerce constate, en 1847, un chiffre de 12,326,113 francs. Cette fabrication occupe 879 modistes et 2,717 ouvriers et ouvrières.

Les hommes gagnent de 2 fr. 50 cent. à 4 fr. 50 cent.; le salaire moyen est de 3 fr. 62 cent.

Les femmes gagnent de 1 à 5 francs; la moyenne est de 1 fr. 98 cent.

Les ouvrières sont, en général, assidues, habiles et intelligentes; celles qui demeurent chez les modistes se conduisent bien et font des économies. Il n'en est pas de même de celles qui travaillent en chambre : elles vivent dans la dissipation et la gêne, mais gagnent cependant de quoi rester à l'abri du besoin.

VÊTEMENTS CONFECTIONNÉS.

Cette industrie n'avait, à Londres, en 1851, qu'un seul représentant français, dont les produits sont fabriqués exclusivement pour les dames.

Les vêtements pour hommes manquaient absolument, et c'est grand dommage, car la lutte eût été sérieuse, et nous eussions attaché un intérêt réel à comparer le travail des deux grandes nations rivales, au double point de vue de la perfection dans la façon et du bon marché relatif.

La confection des habits d'hommes a pris, à Paris, un immense développement, dû à l'aisance générale, à l'accroissement de la population, à la tendance croissante des habitants de la province à se faire habiller à Paris, à l'empire de nos modes sur l'étranger, et surtout à l'abaissement continuel du prix de nos tissus.

Les tailleurs sont partagés en deux grandes divisions : les tailleurs sur mesures et les confectionneurs. On compte à Paris 6,909 patrons, occupant 22,215 ouvriers. Cette fabrication donnait lieu, en 1847, à un chiffre d'affaires de 80,649,380 fr., toujours d'après la statistique de la chambre de commerce. La crise de 1848 a opéré une diminution de 52 p. 0/0 dans cette importante production.

On exporte annuellement de France pour 9 millions de francs d'habillements neufs et environ 10 millions d'habillements vieux. Dans les dernières dix années, l'exportation des premiers a triplé, celle des seconds a presque doublé : des maisons spéciales s'occupent de ce dernier commerce.

La confection des vêtements de femmes s'est développée depuis quelques années, et notamment depuis que les manteaux sont de mode. Il se fait maintenant des formes charmantes, et le luxe des étoffes et des garnitures de passementerie est poussé aussi loin que possible. L'exportation de ce vêtement est considérable, et la faveur dont il jouit a beaucoup nui à la vente des écharpes et des châles.

Les affaires en ce genre se sont élevées à 7,632,000 francs

en 1847, et ont occupé 225 industriels avec un personnel de 1,351 ouvrières.

Le salaire est, en moyenne, de 1 fr. 70 cent.

MM. Opigez et Chazelle comptent parmi les plus élégants fabricants de ces sortes de vêtements, qui leur sont achetés comme modèles par les premières maisons de l'étranger et même par celles de France : ils vendent de ces modèles pour plus de 350,000 francs. Les spécimens exposés à Londres ont obtenu la juste récompense due à un mérite non contesté; le jury leur a décerné la médaille de prix.

LINGERIE.

La lingerie et particulièrement la chemiserie de France étaient bien représentées à Londres, et de façon à faire reconnaître la supériorité réelle de nos fabricants. Les experts ont bien constaté une grande perfection de couture dans les spécimens anglais ou américains de New-York, mais nulle part une coupe plus parfaite, un dessin plus varié et plus élégant, tant pour les plis que pour la broderie qui ornaient les produits de M. Doucet et de MM. Moreau et Cie, de Paris. Les gilets de flanelle, les cravates, mouchoirs, etc., tout était à l'unisson et méritait les éloges dont le jury ne s'est pas fait faute.

La lingerie confectionnée a pris, de nos jours, une extension considérable, et nos exportations augmentent chaque année; elles étaient, en 1837, de 437,360 francs, et, en 1847, de 2,900,000 francs. Nos débouchés principaux sont : l'Algérie, les États-Unis, le Chili, le Pérou, le Brésil, etc.; quelques-uns de nos premiers fabricants ont établi des maisons à Londres, et y ont autant de succès qu'à Paris.

Le prix de la façon s'est constamment abaissé depuis 1838 : de 3 francs que coûtait une chemise fine, il est tombé à 1 fr. 75 cent. en 1847; il a encore baissé depuis, et cette classe d'ouvrières est une des moins rétribuées de celles de Paris. Il est tel chemisier qui occupe 300 à 400 ouvrières.

Il se vend des cols de chemises depuis 1 fr. 50 cent. jusqu'à 21 francs la douzaine, et des chemises fines, mi-fines et ordinaires, de 15 à 24 francs la douzaine.

Le jury a décerné 2 médailles de prix et 3 mentions honorables.

CORSETS.

Cette industrie, si avancée, si ingénieuse en France, a été appréciée à Londres; mais les experts ont eu de la peine à se décider, en raison de la routine de leur fabrication et de leurs habitudes anglaises, à reconnaître l'immense supériorité des inventions françaises, surtout au point de vue de la santé, si cruellement négligée dans les anciens modèles. Ils ont fini cependant par reconnaître que les certificats de l'Académie de médecine de Paris donnaient aux inventions de M. Josselin une autorité que leurs jugements ne pouvaient infirmer, et leur examen minutieux finit par changer en admiration leur défiance première.

Tout en devenant moins nuisible à la santé, le corset n'a rien perdu de son élégance : c'est ce double problème que M. Josselin a résolu. Mmes Bourgogne, Hippolyte, Mlle Dumoulin et autres, ont atteint ce but, qu'une femme ne sent pas le corset qui donne à sa taille une gracieuse et flexible élégance.

Avec les inventions de M. Josselin et les maillots proportionnés de M. Milon aîné, la difformité revêt les formes de la statuaire, et telle déesse de l'olympe de l'Opéra leur doit des succès dont la source est le talent de ces habiles rectificateurs des erreurs de la nature.

L'industrie des corsets donne lieu à un chiffre d'affaires qui, dans Paris, s'élève à 7 millions de francs; elle occupe près de 1,000 fabricants et 8,000 ouvrières. Les corsets orthopédiques figurent pour 500,000 francs dans ce total important. Sur les 1,200,000 corsets produits par ces nombreux ouvriers, Paris en consomme un sixième environ : le reste est envoyé en province ou se vend pour l'exportation, qui grandit tous les jours.

La moyenne des salaires est, pour les hommes, de 3 fr. 06 cent., et, pour les femmes, de 1 fr. 49 cent.

Nous avons emprunté à M. Rondot quelques faits principaux, mais nous renvoyons à son rapport de 1849 et à la statistique de la chambre de commerce pour une foule de détails qui agrandiraient trop le cadre que nous nous sommes tracé.

Les experts ont accordé une attention sérieuse aux inventions de MM. Robert Verly et Cie, de Bar-le-Duc; leurs corsets sans coutures, leurs rondes bosses parfaites, et une flexibilité qui se prête à tous les mouvements du corps, étaient des qualités qui entraient bien dans l'idée anglaise en réunissant l'utile au bon marché. Cette maison livre annuellement à la consommation 27,000 corsets, dont les deux tiers s'exportent. Elle occupe 232 personnes; les hommes gagnent de 2 fr. 50 cent. à 5 francs, et les femmes de 75 centimes à 1 fr. 50 cent. : elle a constamment 60 métiers occupés.

Le jury a décerné 3 médailles de prix et 1 mention honorable.

CONCLUSION.

Si nous exceptons la bonneterie, presque toutes les industries auxquelles nous avons à faire, la ganterie, la chapellerie, les corsets, la lingerie, les chaussures, etc., sont soumises au caprice de la fantaisie. Les questions de prix ne sont pas véritablement aussi essentielles qu'ailleurs : ce qu'il faut, c'est la nouveauté, c'est la forme, c'est le goût. La concurrence étrangère qui inquiète la grande industrie française, ne tourmente pas à beaucoup près autant ces fabricants habiles et ingénieux; elle ne gêne que ceux qui font de la mauvaise marchandise, sans goût et sans élégance, parce que les marchés sont encombrés de ces derniers produits, envoyés par l'Angleterre, l'Allemagne et même les États-Unis.

Pas un gantier habile de Paris ou de Grenoble ne redoute les Anglais ou les Belges; pas un de nos chapeliers de Bordeaux, de Toulouse, d'Aix, etc., ne craint les tournuriers et feutriers de Londres. M. Josselin, Mme Bourgogne et autres, cités en 1849 à l'Exposition française, corsettent les élégantes du monde entier. M. Milon fait les maillots de tous les acteurs et actrices de l'univers et les bas ravissants des lionnes des deux mondes. Nous en citerions beaucoup de ces fabricants dont la confiance en eux et en leurs ouvriers est assez grande pour lutter contre tout venant, et c'est à ces producteurs que la France doit l'immense suprématie qu'elle a exercée, à l'Exposition universelle, pour la plupart des objets de la XXe classe.

Aussi les Anglais ont-ils maintenu des droits sur tous les articles confectionnés où leur industrie aurait eu à souffrir du libre échange; et, du reste, leur système général peut se résumer ainsi :

1° Libre entrée chez eux de la matière première pour produire à bas prix;

2° Libre entrée des produits manufacturés quand les leurs écrasent ceux des autres peuples;

3° Protection là où ils sont encore les plus faibles. C'est ce qu'ils nomment le laisser-faire, le laisser-passer, le libre commerce enfin!

FIN.

TABLE DES MATIÈRES.

www.ingramcontent.com/pod-product-compliance
Ingram Content Group UK Ltd.
Pitfield, Milton Keynes, MK11 3LW, UK
UKHW021838190726
13855UKWH00001B/46